Fortschritte Naturstofftechnik

Reihe herausgegeben von

Thomas Herlitzius, Dresden, Deutschland

AF694579

Die Publikationen dieser Reihe dokumentieren die wissenschaftlichen Arbeiten des Instituts für Naturstofftechnik, um Maschinen und Verfahren zur Versorgung der ständig wachsenden Bevölkerung der Erde mit Nahrung und Energie zu entwickeln. Ein besonderer Schwerpunkt liegt auf dem immer wichtiger werdenden Aspekt der Nachhaltigkeit sowie auf der Entwicklung und Verbesserung geschlossener Stoffkreisläufe.
In Dissertationen und Konferenzberichten werden die wissenschaftlich-ingenieurmäßigen Analysen und Lösungen von der Grundlagenforschung bis zum Praxistransfer in folgenden Schwerpunkten dargestellt:

- Nachhaltige Gestaltung der Agrarproduktion
- Produktion gesunder und sicherer Lebensmittel
- Industrielle Nutzung nachwachsender Rohstoffe
- Entwicklung von Energieträgern auf Basis von Biomasse

This series documents the Institute of Natural Product Technology's work to develop machinery and processes to supply the world's continuously growing population with food and energy. It particularly focuses on the increasingly important aspect of sustainability and the development and improvement of closed material cycles.
Theses and conference reports document engineering analyses and solutions from basic research to practical transfer along the following focal topics:

- Sustainability of agricultural production
- Production of healthy and safe food
- Industrial use of renewable raw materials
- Development of energy sources based on biomass

Florian Peters

Methode zur Bewertung von Erntekonzepten am Beispiel der Getreideernte

Springer Vieweg

Florian Peters
Blankenheim, Deutschland

An der Fakultät Maschinenwesen der Technischen Universität Dresden zur Erlangung des akademischen Grades eines Doktoringenieurs (Dr.-Ing.) genehmigte Dissertation von

Florian Peters, M.Sc.

Gutachter:
Prof. Dr.-Ing. habil. Thomas Herlitzius, TU Dresden
Prof. Dr.-Ing. Hubert Korte, Hochschule Osnabrück

Tag der Einreichung: 23. Januar 2025
Tag der Verteidigung: 29. Oktober 2025

Vorsitzender der Promotionskommission: Prof. Dr.-Ing. Berthold Schlecht

ISSN 2524-3365 ISSN 2524-3373 (electronic)
Fortschritte Naturstofftechnik
ISBN 978-3-658-52385-5 ISBN 978-3-658-52386-2 (eBook)
https://doi.org/10.1007/978-3-658-52386-2

Die Deutsche Nationalbibliothek verzeichnet diese Publikation in der Deutschen Nationalbibliografie; detaillierte bibliografische Daten sind im Internet über https://portal.dnb.de abrufbar.

© Der/die Herausgeber bzw. der/die Autor(en), exklusiv lizenziert an Springer Fachmedien Wiesbaden GmbH, ein Teil von Springer Nature 2026

Das Werk einschließlich aller seiner Teile ist urheberrechtlich geschützt. Jede Verwertung, die nicht ausdrücklich vom Urheberrechtsgesetz zugelassen ist, bedarf der vorherigen Zustimmung des Verlags. Das gilt insbesondere für Vervielfältigungen, Bearbeitungen, Übersetzungen, Mikroverfilmungen und die Einspeicherung und Verarbeitung in elektronischen Systemen.
Die Wiedergabe von allgemein beschreibenden Bezeichnungen, Marken, Unternehmensnamen etc. in diesem Werk bedeutet nicht, dass diese frei durch jede Person benutzt werden dürfen. Die Berechtigung zur Benutzung unterliegt, auch ohne gesonderten Hinweis hierzu, den Regeln des Markenrechts. Die Rechte des/der jeweiligen Zeicheninhaber*in sind zu beachten.
Der Verlag, die Autor*innen und die Herausgeber*innen gehen davon aus, dass die Angaben und Informationen in diesem Werk zum Zeitpunkt der Veröffentlichung vollständig und korrekt sind. Weder der Verlag noch die Autor*innen oder die Herausgeber*innen übernehmen, ausdrücklich oder implizit, Gewähr für den Inhalt des Werkes, etwaige Fehler oder Äußerungen. Der Verlag bleibt im Hinblick auf geografische Zuordnungen und Gebietsbezeichnungen in veröffentlichten Karten und Institutionsadressen neutral.

Planung/Lektorat: Eric Blaschke
Springer Vieweg ist ein Imprint der eingetragenen Gesellschaft Springer Fachmedien Wiesbaden GmbH und ist ein Teil von Springer Nature.
Die Anschrift der Gesellschaft ist: Abraham-Lincoln-Str. 46, 65189 Wiesbaden, Germany

Wenn Sie dieses Produkt entsorgen, geben Sie das Papier bitte zum Recycling.

Interessenkonflikt Der/die Autor*in hat keine relevanten Interessenskonflikte im Zusammenhang mit dieser Publikation.

I Inhaltsverzeichnis

I Inhaltsverzeichnis .... **VII**

II Abbildungsverzeichnis .... **XI**

III Tabellenverzeichnis .... **XIX**

IV Abkürzungsverzeichnis .... **XXI**

V Formelzeichenverzeichnis .... **XXIII**

1 Einleitung **1**

2 Stand der Forschung und Technik **5**

2.1 Grundlagen der Getreideernte 5

2.1.1 Ernte 5

2.1.2 Getreide 6

2.1.3 Entwicklung der Getreideernte 6

2.2 Erntekonzepte 13

2.3 Untersuchungen und Bewertung von Ernteprozessen und landw. Prozessketten 22

2.4 Grundlagen zum Aufbau, der Analyse und Bewertung von Prozessketten 31

2.4.1 Definition und Zusammenhang von System, Prozess und Prozesskette 31

2.4.2 Grundlagen der Prozessanalyse 35

2.4.3 Bewertung und Optimierung von Prozessen 36

3 Zielsetzung, Grundlagen und Anforderungen der Methode **43**

4 Entwicklung der Methode **49**

4.1 Methodenarchitektur 52

4.1.1 Betrieb 52

4.1.2 Produktionssystem 53

4.1.3 Maschinensystem 54

4.1.4 Maschine 55

4.1.5 Komponente 55

4.1.6 Parameter 55

4.1.7 Stoffstrom 56

4.2 Methode zur Abbildung von Ernteprozessen 57

4.2.1 Parameter 57

4.2.2 Komponente 57

4.2.3 Maschine 59

4.2.4 Maschinensystem 60

4.2.5 Produktionssystem 62

4.2.6 Zusammenfassung der Variationsmöglichkeiten 62

4.2.7 Exemplarische Anwendung: Erntekonzept *Mähdrusch* 63

4.3 Methode zur Beschreibung des Systemverhaltens 66

4.3.1 Stoffstrom 66

4.3.2 Parameter 68

4.3.3 Komponente 68

4.3.4 Maschine 76

4.3.5 Maschinensystem 82

4.3.6 Produktionssystem 87

4.4 Bewertungsschema 88

4.4.1 Kennzahlen der Prozesskette 92

4.4.2 Kostenverrechnungssystem und (spezifische) Erntekosten 101

5 Anwendung der Methode 105

5.1 Erntekonzept *Mähdrusch* 109

5.1.1 Referenzkonzept 110

5.1.2 Variation: Konfiguration Maschinensystem 114

5.1.3 Variation: Kontextfaktoren 124

5.1.4 Variation: Maschinenparameter 131

5.2 Erntekonzept *Selbstfahrende Schneidwerke* 158

5.2.1 Voruntersuchung der Ausgangsbasis 170

5.2.2 Optimierung des Erntekonzepts 173

5.2.3 Variation: Massenleistungen & Anschaffungspreise 182

5.3 Erntekonzept *Kompakternte* ... 192

5.3.1 Variation: Schüttdichte, Massenleistungen und Anschaffungspreise ... 200

5.3.2 Variation: Verknüpfung - Kompakternte im Parallelverfahren ... 209

5.3.3 Vergleich der Verknüpfungen - Bedingt-absätziges Verfahren und Parallelverfahren ... 215

6 Ergebnis und Diskussion ... 217

6.1 Ergebnis - Methodenentwicklung ... 217

6.2 Ergebnis - Anwendung der Methode ... 218

6.3 Diskussion - Methodenentwicklung ... 221

6.4 Diskussion -Anwendung der Methode ... 223

6.5 Diskussion - Plausibilität der Methodenanwendung ... 226

7 Zusammenfassung und Ausblick ... 229

8 Literaturverzeichnis ... 233

9 Anhang ... 249

9.1 Standardparametrisierung der Erntekonzepte (Ausgangssituation) ... 249

9.1.1 Standardparametrisierung Erntekonzept *Mähdrusch* (Referenzkonzept) ... 249

9.1.2 Standardparametrisierung Erntekonzept *Selbstfahrende Schneidwerke* ... 252

9.1.3 Modifizierte Standardparametrisierung Erntekonzept *Selbstfahrende Schneidwerke* ... 256

9.1.4 Standardparametrisierung Erntekonzept *Kompakternte* ... 257

9.2 Massenleistung in der Operativzeit in Abhängigkeit der installierten Massenleistung ... 261

9.3 Parametrisierung und Ergebnis KTBL-Feldarbeitsrechner ... 262

II Abbildungsverzeichnis

Abb. 1.1: Potenzial der Effizienz- und Produktivitätssteigerung verschiedener Systemebenen in Anlehnung an Garbers [2013] & Nacke [2013] 2

Abb. 1.2: Entwicklung der Kosten in Abhängigkeit der Produktivität und Kundennutzen ([Herlitzius 2013] verändert) 3

Abb. 2.1: Altägyptische Darstellung der Getreideernte [Geisler 1988] 6

Abb. 2.2: Historische Entwicklung der Getreideernte [Herlitzius 2013] 7

Abb. 2.3: Überführung und Zusammenführung der Arbeitsschritte zur Getreideernte 8

Abb. 2.4: Schematische Darstellung eines Hybridsystems [Schwarz 2017] 9

Abb. 2.5: Entwicklung von produktivitätsbestimmenden Parametern des selbstfahrenden Mähdreschers [Herlitzius 2013] 10

Abb. 2.6: NEXAT Systemfahrzeug in Mähdruschanwendung [NEXAT 2023] 15

Abb. 2.7: Autonomer Schwarm selbstfahrender Mähdrescher in Arbeitsstellung und Transportzustand [Herlitzius et al. 2011] 16

Abb. 2.8: Erweitertes Maschinenkonzept und gesammelte Spreu am Feldrand [Marti et al. 2013] 17

Abb. 2.9: Kompakternter mit Häckselwagen [Rumpler 2023] 18

Abb. 2.10: Alternatives Erntesystem von Siemens et al. [2007] 19

Abb. 2.11: Modulares Erntekonzept [TU Dresden 2011] 21

Abb. 2.12: Systematik zur Einteilung transportgebundener Arbeitsverfahren nach Heege [1977] 26

Abb. 2.13: Allgemeines Maschinenfolgeschema zur Darstellung der Verknüpfungsmöglichkeiten von Ernte und Transport nach Herrmann [1999] 27

Abb. 2.14: System nach Döring [2011] 31

Abb. 2.15: Schematische Darstellung eines Prozesses und Systemparameter nach Götzfried [2013] in Anlehnung an ISO [2005] und Schmidt [2002] 32

Abb. 2.16: Struktur eines Systems in unterschiedlichen Detailierungsgraden (in [Naefe 2012] nach [Ehrlenspiel 2003]) 33

Abb. 2.17: Prozesshierarchie nach Becker [2005] 35

Abb. 4.1: Methodenaufbau 49

Abb. 4.2: Exemplarische Übersicht unterschiedlicher Erntekonzepte 50

Abb. 4.3: Schematischer Aufbau der Methodenarchitektur (Piktogramme [Claas 2017]) 52

Abb. 4.4: Schematische Darstellung des Stoffstrommanagements (Piktogramme [Claas 2017]) 56

Abb. 4.5: Eigenschaftsmatrix und Zusammenhang von Transformationen und Prozessen 58

Abb. 4.6: Abstrahierte Darstellung der Maschinenarten 59

Abb. 4.7: Überblick der Variationsmöglichkeiten je Systemebene (Piktogramme [Claas 2017]) 62

Abb. 4.8: Schematische Abbildung des Mähdruschprozesses (Bilder und Piktogramm [Claas 2017]) 64

Abb. 4.9: Detaillierungsgrade der Stoffstrombestandteile am Beispiel von Weizen 67

Abb. 4.10: Funktionen des Prozesses Bearbeiten 68

Abb. 4.11: Exemplarische Darstellung des Separationsfaktors 71

Abb. 4.12: Funktionen des Prozesses Bewegen 73

Abb. 4.13: Exemplarische Darstellung des Leistungsbedarfs 75

Abb. 4.14: Schematische Darstellung der antriebsspezifischen Systemtechnik und des Energiebedarfs 77

Abb. 4.15: Charakteristische Maschinenzustände am Beispiel des Maschinentyps Mähdrescher ... 80

Abb. 4.16: Status der Komponenten je Maschinenzustand des Maschinentyps Mähdrescher ... 82

Abb. 4.17: Schematische Darstellung des bedingten Maschinenzustands ... 83

Abb. 4.18: Exemplarische Entscheidungsgrundlage für die Zustandsänderung des Mähdreschers für den Maschinenzustand Ernten ... 84

Abb. 4.19: Exemplarisches Zustandsdiagramm des Maschinentyps Mähdrescher .. 85

Abb. 4.20: Exemplarisches Zustandsdiagramm des Maschinentyps Transporteinheit Szenario 1 ... 86

Abb. 4.21: Exemplarisches Zustandsdiagramm des Maschinentyps Transporteinheit Szenario 2 ... 87

Abb. 4.22: Grundlegender Aufbau des Bewertungsschemas ... 88

Abb. 4.23: Zeitgliederungsschema in Anlehnung an Herrmann [1999] nach TGL 22289 ... 90

Abb. 4.24: Zuordnung von Teilzeiten und Maschinenzuständen beim Mähdrescher ... 91

Abb. 4.25: Schematische Darstellung der Reduzierung von Massenleistung ... 94

Abb. 5.1: Vorgehensweise zur Untersuchung des Erntekonzepts Mähdrusch auf Basis des Referenzkonzepts ... 110

Abb. 5.2: Schematische Darstellung der Nutzungsgrade in Bezug auf die Massenleistung ... 113

Abb. 5.3: Übersicht der Variation zur Konfiguration des Maschinensystems ... 115

Abb. 5.4: Variation der Maschinenanzahl und deren Auswirkungen auf die Erntekosten und Massenleistung ... 115

Abb. 5.5: Kostengünstigste Kombinationen der Maschinenanzahl je Maschinentyp ... 116

Abb. 5.6: Spezifische Erntekosten und Maschinenanzahl je Maschinentyp ... 118

Abb. 5.7: Zustandsdiagramm des Maschinentyps Überladeeinheit im bedingt-absätzigen Verfahren 119

Abb. 5.8: Ausgewählte Kennzahlen der Prozesskette 120

Abb. 5.9: Zustandsdiagramm des Maschinentyps Mähdrescher im Parallelverfahren 121

Abb. 5.10: Zustandsdiagramm des Maschinentyps Transporteinheit im Parallelverfahren 122

Abb. 5.11: Zustandsdiagramm des Maschinentyps Überladeeinheit im Parallelverfahren 122

Abb. 5.12: Ausgewählte Ergebnisse zur Bewertung des Parallelverfahrens im Mähdrusch 123

Abb. 5.13: Übersicht der Variation an Kontextfaktoren 125

Abb. 5.14: Massenleistung und spezifische Erntekosten in Abhängigkeit der Schlaglänge 125

Abb. 5.15: Nutzungsgrade des Mähdreschers in Abhängigkeit der Schlaglänge 127

Abb. 5.16: Spezifische Erntekosten in Abhängigkeit der Feldgröße und Hof-Feld-Entfernung 128

Abb. 5.17: Ausgewählte Detailansicht der spezifischen Erntekosten für eine Hof-Feld-Entfernung von 4 bis 6 km 129

Abb. 5.18: Spezifische Erntekosten in Abhängigkeit der Erntetage und Erntestunden 130

Abb. 5.19: Übersicht der Variation an Maschinenparametern 131

Abb. 5.20: Spezifische Erntekosten in Abhängigkeit der installierten Massenleistung des Mähdreschers und der Anzahl an Transporteinheiten 132

Abb. 5.21: Optimum der spezifischen Erntekosten und Nutzungsgrad in Abhängigkeit der installierten Massenleistung und Anzahl der Transporteinheiten 134

Abb. 5.22: Optimum der spezifischen Erntekosten in Abhängigkeit der installierten Massenleistung und des Verlustniveaus 135

Abb. 5.23: Spezifische Ernte- und Opportunitätskosten sowie ausgewählte Kennzahlen in Abhängigkeit des Verlustniveaus 136

Abb. 5.24: Optimum der spezifischen Erntekosten und Verlustniveau in Abhängigkeit der installierten Massenleistung 137

Abb. 5.25: Spezifische Erntekosten in Abhängigkeit der installierten Massenleistung und dem Erlös des Ernteguts 138

Abb. 5.26: Minimum der spezifischen Erntekosten je Verlustniveau in Abhängigkeit des Erlöses 139

Abb. 5.27: Spezifische Erntekosten des Mähdreschers in Abhängigkeit des Anschaffungspreises und der jährlichen Erntetage 140

Abb. 5.28: Spezifische Erntekosten in Abhängigkeit des Anschaffungspreises und der Stundensätze bei divergierenden jährlichen Erntetagen 141

Abb. 5.29: Spezifische Erntekosten des Mähdreschers in Abhängigkeit der installierten Massenleistung und des Anschaffungspreises 142

Abb. 5.30: Installierte Massenleistung in Abhängigkeit des Anschaffungspreises bei konstanten spezifischen Erntekosten 143

Abb. 5.31: Spezifische Erntekosten, Nutzungsgrad und prozentualer spezifischer Energiebedarf in Abhängigkeit der Schneidwerksbreite 145

Abb. 5.32: Gewicht der Schneidwerke in Abhängigkeit der Breite (Datengrundlagen [Claas 2022]) 146

Abb. 5.33: Spezifische Erntekosten und Massenleistungen in Abhängigkeit des Korntankvolumens - Korntankentleerung am Feldrand 147

Abb. 5.34: Spezifische Erntekosten und Massenleistungen in Abhängigkeit des Korntankvolumens - Korntankentleerung während der Fahrt 148

Abb. 5.35: Erntemasse in Abhängigkeit des Korntankvolumens 150

Abb. 5.36: Teilzeiten und Umlaufzeit der Transporteinheit in Abhängigkeit des Korntankvolumens 151

Abb. 5.37: Spezifische Erntekosten und Massenleistung in Abhängigkeit der Lademasse der Transporteinheit 152

Abb. 5.38: Spezifische Erntekosten und Massenleistungen der Transporteinheit in Abhängigkeit des Korntankvolumens und der Massenleistung des Mähdreschers 155

Abb. 5.39: Spezifische Erntekosten und Massenleistung der Transporteinheit in Abhängigkeit des Korntankvolumens und der Lademasse der Transporteinheit 157

Abb. 5.40: Abbildung des Erntekonzeptes Selbstfahrende Schneidwerke 159

Abb. 5.41: Schematischer Ablauf der Stoffstromübergabe von Ganzpflanze (gelb) und NKB (rot) ([Wolf 2011] verändert) 161

Abb. 5.42: Charakteristische Maschinenzustände des Maschinentyps Selbstfahrendes Schneidwerk 163

Abb. 5.43: Status der Komponenten je Maschinenzustand des Maschinentyps Selbstfahrendes Schneidwerk 164

Abb. 5.44: Status der Komponenten je Maschinenzustand des Maschinentyps Dreschmaschine 165

Abb. 5.45: Zustandsdiagramm Maschinentyp Selbstfahrendes Schneidwerk 166

Abb. 5.46: Zustandsdiagramm des Maschinentyps Dreschmaschine 167

Abb. 5.47: Vorgehensweise zur Untersuchung des Erntekonzepts Selbstfahrende Schneidwerke 169

Abb. 5.48: Spezifische Erntekosten und Massenleistung in Abhängigkeit der Anzahl selbstfahrender Schneidwerke - Standardparametrisierung 171

Abb. 5.49: Teilzeiten je Umlauf eines selbstfahrenden Schneidwerks (Basisparametrisierung) 172

Abb. 5.50: Teilzeiten eines selbstf. Schneidwerks in Abhängigkeit der Teilschlaglänge 175

Abb. 5.51: Spezifische Erntekosten und Massenleistungen in Abhängigkeit der Teilschlaglänge 176

Abb. 5.52: Spezifische Erntekosten und Massenleistung in Abhängigkeit der Anzahl selbstfahrender Schneidwerke 178

Abb. 5.53: Teilzeiten je Umlauf eines Schneidwerks - Szenario 2 mit zwei Schneidwerken....179

Abb. 5.54: Massenleistung der Dreschmaschine in der Operativzeit in Abhängigkeit der installierten Massenleistung....184

Abb. 5.55: Spezifische Erntekosten der Dreschmaschine in Abhängigkeit der Massenleistung in der Operativzeit und des Anschaffungspreises....185

Abb. 5.56: Spezifische Erntekosten der Dreschmaschine in Abhängigkeit der Massenleistung sowie des spezifischen Anschaffungspreises....186

Abb. 5.57: Zu erreichende Optima der spezifischen Erntekosten in Abhängigkeit des spezifischen Anschaffungspreises (unterschiedliche Massenleistungen) 187

Abb. 5.58: Massenleistung in der Operativzeit und der spezifischen Erntekosten in Abhängigkeit der Schneidwerksanzahl und Erntegeschwindigkeit 188

Abb. 5.59: Abbildung des Erntekonzepts Kompakternte....193

Abb. 5.60: Status der Komponenten je Maschinenzustand des Maschinentyps Kompakternter....195

Abb. 5.61: Status der Komponenten je Maschinenzustand des Maschinentyps Reinigung....196

Abb. 5.62: Zustandsdiagramm des Maschinentyps Reinigung 197

Abb. 5.63: Zustandsdiagramm des Maschinentyps Transporteinheit....197

Abb. 5.64: Vorgehensweise zur Untersuchung des Erntekonzepts Kompakternte....200

Abb. 5.65: Spezifische Transportkosten in Abhängigkeit der Massenleistung des Kompakternters und der Schüttdichte....201

Abb. 5.66: Massenleistung in der Operativzeit in Abhängigkeit der installierten Massenleistung des Kompakternters....203

Abb. 5.67: Spezifische Erntekosten des Kompakternters in Abhängigkeit der Massenleistung und des Anschaffungspreises ... 204

Abb. 5.68: Spezifische Erntekosten der Reinigung in Abhängigkeit der Massenleistung und des Anschaffungspreises ... 205

Abb. 5.69: Spezifische Transportkosten in Abhängigkeit der Massenleistung des Kompakternters und der Schüttdichte im Parallelverfahren ... 210

Abb. 5.70: Spezifische Erntekosten des Kompakternters in Abhängigkeit der Massenleistung und des Anschaffungspreises im Parallelverfahren ... 212

Abb. 9.1: Massenleistung in der Operativzeit in Abhängigkeit der installierten Massenleistung des Mähdreschers ... 261

Abb. 9.2: Parametrisierung und Ergebnis KTBL-Feldarbeitsrechner [KTBL 2023] ... 262

III Tabellenverzeichnis

Tab. 4.1: Bedingungen für Komponentenstatus ... 81

Tab. 5.1: Spezifische Erntekosten – Referenzkonzept ... 111

Tab. 5.2: Gegenüberstellung der Bewertungsgrößen Ausgangssituation und Optimum ... 180

Tab. 5.3: Übersicht Parametrisierung und Ergebnisse der Szenarien des Erntekonzepts Selbstfahrende Schneidwerke ... 192

Tab. 5.4: Übersicht Parametrisierung und Ergebnisse der Szenarien des Erntekonzepts Kompakternte ... 209

Tab. 5.5: Erweiterte Übersicht Parametrisierung und Ergebnisse der Szenarien des Erntekonzepts Kompakternte ... 214

Tab. 5.6: Gegenüberstellung der Parametrisierung und Ergebnisse der beiden Verfahren ... 216

IV Abkürzungsverzeichnis

CFD	Computational Fluid Dynamics
DEM	Diskrete Elemente Methode
DM	Dreschmaschine
EE	Ernteeinheit
Gl.	Gleichung
GP	Ganzpflanze
KE	Kompakternter
KTBL	Kuratorium für Technik und Bauwesen in der Landwirtschaft e.V.
MD	Mähdrescher
NKB	Nichtkornbestandteile
RE	stationäre Reinigung
SB	Stoffstrombestandteile
SB-a	Stoffstrombestandteil a
SB-b	Stoffstrombestandteil b
SB-n	Stoffstrombestandteil n
SF	Separationsfaktor
SW	selbstfahrende Schneidwerke
TE	Transporteinheit
TGL	Technische Normen, Gütevorschriften und Lieferbedingungen
TK	Teilungskoeffizient
UE	Überladeeinheit
V	Verknüpfung

V1, V2, V3, Vn	Bezeichnung/Kennzeichnung der Verknüpfung
VDI	Verein Deutscher Ingenieure e.V.
ZF	Zustandsänderungsfaktor

V Formelzeichenverzeichnis

Formelzeichen	Einheit	Bedeutung
$A_{Maschine}$	m^2	Flächenbedarf der Maschine
A_S	m^2; ha	Schlaggröße
A_x	m^2; ha	Erntefläche in Bezug auf die Referenz x
AP	€	Anschaffungspreis
AP_{DM}	€	Anschaffungspreis Dreschmaschine
AP_{KE}	€	Anschaffungspreis Kompakternter
AP_{MD}	€	Anschaffungspreis Mähdrescher
AP_{RE}	€	Anschaffungspreis stationäre Reinigung
AP_{SW}	€	Anschaffungspreis selbstfahrendes Schneidwerk
a_a	ha/a	jährliche Erntefläche
a_d	ha/d	tägliche Erntefläche
ap_{DM}	€/(t/h)	spezifischer Anschaffungspreis der installierten Massenleistung
B_{Add}	-	Betriebsstofffaktor für Additive
B_{Sch}	-	Betriebsstofffaktor für Schmierstoffe
b	-	y-Achsenabschnitt
E	kWh	Energie
EK	€	Eigenkapital
e	€/kWh	spezifische Energiekosten
FK	€	Fremdkapital
h	€/kg; €/t	spezifischer Faktor für Hilfsmaterialien

K_A	€	Abschreibungskosten
K_B	€	Kosten für Betriebsstoffe
K_E	€	Erntekosten
K_H	€	Kosten für Hilfsmaterialien
K_K	€	Kapitalkosten
K_M	€	Maschinenkosten
K_O	€	Opportunitätskosten
K_P	€	Personalkosten
K_R	€	Reparaturkosten
K_U	€	Unterbringungskosten
K_V	€	Versicherungskosten
$K_{VGesamt}$	€/a	jährliche Versicherungskosten
K_W	€	Energiekosten
K_s	€	Servicekosten
KS_S	€/h	Kostensatz Service
KS_{T08}	€/h	Kostensatz Personal innerhalb der Gesamtarbeitszeit
KS_{TE}	€/h	Kostensatz Fremdmechanisierung Transporteinheit
k_A	€/kg; €/t	spezifische Abschreibungskosten
k_B	€/kg; €/t	spezifische Kosten für Betriebsstoffe
k_E	€/kg; €/t	spezifische Erntekosten
k_{EDM}	€/kg; €/t	spezifische Erntekosten Dreschmaschine
$k_{EGemisch}$	€/kg; €/t	spezifische Erntekosten Gemisch

k_{EKE}	€/kg; €/t	spezifische Erntekosten Kompakternter
k_{EMD}	€/kg; €/t	spezifische Erntekosten Mähdrescher
k_{ERE}	€/kg; €/t	spezifische Erntekosten stationäre Reinigung
k_{ESW}	€/kg; €/t	spezifische Erntekosten selbstfahrende Schneidwerke
k_{ESW2}	€/kg; €/t	spezifische Erntekosten mit zwei selbstfahrenden Schneidwerken
k_{ESW3}	€/kg; €/t	spezifische Erntekosten mit drei selbstfahrenden Schneidwerken
k_{ETE}	€/kg; €/t	spezifische Erntekosten Transporteinheit
k_{EUE}	€/kg; €/t	spezifische Erntekosten Überladeeinheit
k_H	€/kg; €/t	spezifische Kosten Hilfsmaterialien
k_K	€/kg; €/t	spezifische Kapitalkosten
k_M	€/kg; €/t	spezifische Maschinenkosten
k_O	€/kg; €/t	spezifische Opportunitätskosten
k_P	€/kg; €/t	spezifische Personalkosten
k_R	€/kg; €/t	spezifische Reparaturkosten
k_S	€/kg; €/t	spezifische Servicekosten
k_U	€/kg; €/t	spezifische Unterbringungskosten
k_V	€/kg; €/t	spezifische Versicherungskosten
k_W	€/kg; €/t	spezifische Energiekosten
m	kg; t	Erntemasse
m_I	kg; t	imaginäre Speichermasse
m_{KE}	kg; t	Maschinenmasse Kompakternter

m_{KT}	kg; t	Fassungsvermögen des Korntanks in Bezug auf die Kornmasse
m_{KT+I}	kg; t	überladene Kornmasse
m_{Korn}	kg; t	Masse Korn
m_{LTE}	kg; t	Fassungsvermögen/ Lademasse Transporteinheit
$m_{Potenzial}$	kg; t	potenzielle Erntemasse
$m_{Schneidwerk}$	kg; t	Masse Schneidwerk
$m_{Verlust}$	kg; t	Masse Ernteverlust
$m_{Verlust1}$; $m_{Verlust2}$; $m_{Verlustn}$	kg; t	Masse Ernteverlust unterschiedlicher Verlustarten
$m_{Verwertung}$	kg; t	verwertbare Erntemasse
m_a	kg/a; t/a	jährliche Erntemasse
m_d	kg/d; t/d	tägliche Erntemasse
m_x	kg; t	Erntemasse der Referenz x
$\overline{m}_A$	kg/m^2; t/ha	durchschnittlich erntbarer Ertrag
$\overline{m}_{AKorn}$	kg/m^2; t/ha	durchschnittlich erntbarer Kornertrag
$\overline{m}_{SW}$	kg; t	durchschnittliche Maschinenmasse selbstfahrendes Schneidwerk
$\dot{m}$	kg/s; t/h	Massenstrom
$\dot{m}_{DM1}$ - $\dot{m}_{DM8}$	kg/s; t/h	Massenströme zwischen den Komponenten/Prozessen der Dreschmaschine
$\dot{m}_{DMaus1}$; $\dot{m}_{DMaus2}$	kg/s; t/h	Ausgangsmassenströme der Dreschmaschine
$\dot{m}_{DMein1}$	kg/s; t/h	Eingangsmassenstrom der Dreschmaschine

$\dot{m}_{KE1}$ - $\dot{m}_{KE6}$	kg/s; t/h	Massenströme zwischen den Komponenten/Prozessen des Kompakternters
$\dot{m}_{KEaus1}$; $\dot{m}_{KEaus2}$; $\dot{m}_{KEaus3}$	kg/s; t/h	Ausgangsmassenströme des Kompakternters
$\dot{m}_{KEein1}$	kg/s; t/h	Eingangsmassenstrom des Kompakternters
$\dot{m}_{Komponente}$	kg/s; t/h	installierte Massenleistung der einzelnen Komponente
$\dot{m}_{MDAbgabe}$	kg/s; t/h	Abgabemassenstrom Korn des Mähdreschers/Abtankleistung
$\dot{m}_{MDaus1}$ - $\dot{m}_{MDaus4}$	kg/s; t/h	Ausgangsmassenströme des Mähdreschers
$\dot{m}_{MDein1}$	kg/s; t/h	Eingangsmassenstrom des Mähdreschers
$\dot{m}_{Maschine(i)}$	kg/s; t/h	Massenleistung einer einzelnen Maschine eines Maschinentyps
$\dot{m}_{Potenzial}$	kg/s; t/h	potenzieller Erntemassenstrom
$\dot{m}_{RE1}$ - $\dot{m}_{RE4}$	kg/s; t/h	Massenströme zwischen den Komponenten/Prozessen der stationären Reinigung
$\dot{m}_{REaus1}$; $\dot{m}_{REaus2}$	kg/s; t/h	Ausgangsmassenströme der stationären Reinigung
$\dot{m}_{REein1}$	kg/s; t/h	Eingangsmassenstrom der stationären Reinigung
$\dot{m}_{SB-a}$	kg/s; t/h	Massenstrom des Stoffstrombestandteils a nach der Zustandsänderung
$\dot{m}_{SB-b}$	kg/s; t/h	Massenstrom des Stoffstrombestandteils b nach der Zustandsänderung
$\dot{m}_{SB-n}$	kg/s; t/h	Massenstrom des Stoffstrombestandteils n nach der Zustandsänderung

$\dot{m}_{SW1}$; $\dot{m}_{SW2}$	kg/s; t/h	Massenströme zwischen den Komponenten/Prozessen des selbstfahrenden Schneidwerkes
$\dot{m}_{SWaus1}$; $\dot{m}_{SWaus2}$; $\dot{m}_{SWaus3}$	kg/s; t/h	Ausgangsmassenströme des selbstfahrenden Schneidwerkes
$\dot{m}_{SWein1}$; $\dot{m}_{SWein2}$	kg/s; t/h	Eingangsmassenströme des selbstfahrenden Schneidwerkes
$\dot{m}_{T0}$	kg/s; t/h	installierte Massenleistung
$\dot{m}_{T02}$	kg/s; t/h	Massenleistung in der Operativzeit
$\dot{m}_{T021SW}$	kg/s; t/h	Massenleistung in der Operativzeit eines selbstfahrenden Schneidwerkes
$\dot{m}_{T02SW2}$	kg/s; t/h	Massenleistung in der Operativzeit von zwei selbstfahrenden Schneidwerken
$\dot{m}_{T02SW3}$	kg/s; t/h	Massenleistung in der Operativzeit von drei selbstfahrenden Schneidwerke
$\dot{m}_{T025\,Typ1}$; $\dot{m}_{T025\,Typ2}$; $\dot{m}_{T025\,Typn}$	kg/s; t/h	Massenleistung in der erweiterten Operativzeit unterschiedlicher Maschinentypen
$\dot{m}_{T025}$	kg/s; t/h	Massenleistung in der erweiterten Operativzeit
$\dot{m}_{T025MD}$	kg/s; t/h	Massenleistung in der erweiterten Operativzeit Mähdrescher
$\dot{m}_{T02DM}$	kg/s; t/h	Massenleistung in der Operativzeit Dreschmaschine
$\dot{m}_{T02KE}$	kg/s; t/h	Massenleistung in der Operativzeit Kompakternter
$\dot{m}_{T02KEGemisch}$	kg/s; t/h	Massenleistung in der Operativzeit Kompakternter bezüglich des Gemischs
$\dot{m}_{T02MD}$	kg/s; t/h	Massenleistung in der Operativzeit Mähdrescher

$\dot{m}_{T02RE}$	kg/s; t/h	Massenleistung in der Operativzeit stationäre Reinigung
$\dot{m}_{T02SW}$	kg/s; t/h	Massenleistung in der Operativzeit selbstfahrende Schneidwerke
$\dot{m}_{T02TE}$	kg/s; t/h	Massenleistung in der Operativzeit Transporteinheit
$\dot{m}_{T02TE1}$	kg/s; t/h	Massenleistung in der Operativzeit einer Transporteinheit
$\dot{m}_{T08}$	kg/s; t/h	Massenleistung in der Gesamtarbeitszeit
$\dot{m}_{T08DM}$	kg/s; t/h	Massenleistung in der Gesamtarbeitszeit Dreschmaschine
$\dot{m}_{T08MD}$	kg/s; t/h	Massenleistung in der Gesamtarbeitszeit Mähdrescher
$\dot{m}_{T0DM}$	kg/s; t/h	installierte Massenleistung Dreschmaschine
$\dot{m}_{T0KE}$	kg/s; t/h	installierte Massenleistung Kompakternter
$\dot{m}_{T0MD}$	kg/s; t/h	installierte Massenleistung Mähdrescher
$\dot{m}_{T0RE}$	kg/s; t/h	installierte Massenleistung stationäre Reinigung
$\dot{m}_{T0SW}$	kg/s; t/h	installierte Massenleistung selbstfahrende Schneidwerke
$\dot{m}_{T1}$	kg/s; t/h	Massenleistung in der Grundzeit
$\dot{m}_{T1DM}$	kg/s; t/h	Massenleistung in der Grundzeit Dreschmaschine
$\dot{m}_{T1KE}$	kg/s; t/h	Massenleistung in der Grundzeit Kompakternter
$\dot{m}_{T1MD}$	kg/s; t/h	Massenleistung in der Grundzeit Mähdrescher

$\dot{m}_{T1RE}$	kg/s; t/h	Massenleistung in der Grundzeit stationäre Reinigung
$\dot{m}_{T1SW}$	kg/s; t/h	Massenleistung in der Grundzeit selbstfahrende Schneidwerke
$\dot{m}_{TE1}$	kg/s; t/h	Massenstrom zwischen den Komponenten/Prozessen der Transporteinheit
$\dot{m}_{TEAufnahme}$	kg/s; t/h	Aufnahmemassenstrom/Aufnahmeleistung der Transporteinheit
$\dot{m}_{TEaus1}$	kg/s; t/h	Ausgangsmassenstrom der Transporteinheit
$\dot{m}_{TEein1}$	kg/s; t/h	Eingangsmassenstrom der Transporteinheit
$\dot{m}_{Tx}$	kg/s; t/h	Massenstrom in der Teilzeitreferenz
$\dot{m}_{Typ}$	kg/s; t/h	Massenleistung des Maschinentyps
$\dot{m}_{UEaus1}$	kg/s; t/h	Ausgangsmassenstrom der Überladeeinheit/Abtankleistung
$\dot{m}_{UEein1}$	kg/s; t/h	Eingangsmassenstrom der Überladeeinheit
$\dot{m}_{Verlust}$	kg/s; t/h	Massenstrom Ernteverlust
$\dot{m}_{Verwertung}$	kg/s; t/h	verwertbarer Erntemassenstrom
$\dot{m}_{aus1}$; $\dot{m}_{aus2}$; $\dot{m}_{ausn}$	kg/s; t/h	Ausgangsmassenströme
$\dot{m}_{aus1SB-a}$; $\dot{m}_{aus2SB-a}$; $\dot{m}_{ausnSB-a}$	kg/s; t/h	Ausgangsmassenströme des Stoffstrombestandteils a
$\dot{m}_{aus1SB-b}$; $\dot{m}_{aus2SB-b}$; $\dot{m}_{ausnSB-b}$	kg/s; t/h	Ausgangsmassenströme des Stoffstrombestandteils b
$\dot{m}_{aus1SB-n}$; $\dot{m}_{aus2SB-n}$; $\dot{m}_{ausnSB-n}$	kg/s; t/h	Ausgangsmassenströme des Stoffstrombestandteils n

$\dot{m}_{ein1}$; $\dot{m}_{ein2}$; $\dot{m}_{einn}$	kg/s; t/h	Eingangsmassenströme
$\dot{m}_{einSB-a}$; $\dot{m}_{ein1SB-a}$; $\dot{m}_{ein2SB-a}$; $\dot{m}_{einnSB-a}$	kg/s; t/h	Eingangsmassenströme des Stoffstrombestandteils a
$\dot{m}_{einSB-b}$; $\dot{m}_{ein1SB-b}$; $\dot{m}_{ein2SB-b}$; $\dot{m}_{einnSB-b}$	kg/s; t/h	Eingangsmassenströme des Stoffstrombestandteils b
$\dot{m}_{einSB-n}$; $\dot{m}_{ein1SB-n}$; $\dot{m}_{ein2SB-n}$; $\dot{m}_{einnSB-n}$	kg/s; t/h	Eingangsmassenströme des Stoffstrombestandteils n
$\dot{m}_{ges}$	kg/s; t/h	Massenstrom gesamt
$\dot{m}_x$	kg/s; t/h	Massenleistung in der Teilzeitreferenz x
$\dot{m}_y$	kg/s; t/h	Massenleistung in der Teilzeitreferenz y
n_{DM}	-	Anzahl Dreschmaschine
n_{Ertned}	d/a	Anzahl Erntetage pro Jahr
n_{KE}	-	Anzahl Kompakternter
n_{MD}	-	Anzahl Mähdrescher
n_{RE}	-	Anzahl stationäre Reinigung
n_{SW}	-	Anzahl selbstfahrende Schneidwerke
n_{TE}	-	Anzahl Transporteinheit
n_{UE}	-	Anzahl Überladeeinheit
o	€/kg; €/t	spezifischer Erlös für Ernteprodukte
o_{Korn}	€/kg; €/t	spezifischer Erlös Korn
o_{NKB}	€/kg; €/t	spezifischer Erlös Nichtkornbestandteile
Δo	€/kg; €/t	spezifische Erlösdifferenz
Δo_1; Δo_2; Δo_n	€/kg; €/t	spezifische Erlösdifferenzen für unterschiedliche Ernteprodukte
P	kW	Leistung

p	1/a	jährlicher Zinssatz
p_{EK}	1/a	jährlicher Zinssatz für Eigenkapital
p_{FK}	1/a	jährlicher Zinssatz für Fremdkapital
RW	€	Restwert der Maschine
r	1/h	Reparaturfaktor
$SF_{aus1SB-a}$; $SF_{aus2SB-a}$; $SF_{ausnSB-a}$	-	Separationsfaktoren in Bezug auf SB-a
$SF_{aus1SB-b}$; $SF_{aus2SB-b}$; $SF_{ausnSB-b}$	-	Separationsfaktoren in Bezug auf SB-b
$SF_{aus1SB-n}$; $SF_{aus2SB-n}$; $SF_{ausnSB-n}$	-	Separationsfaktoren in Bezug auf SB-n
s_{AB}	m	Arbeitsbreite bzw. Schneidwerksbreite
s_{HF}	km	Hof-Feld-Entfernung
s_{SB}	m	Schlagbreite
s_{SL}	m	Schlaglänge
$\frac{s_{SL}}{s_{SB}}$	-	Längen-Breiten-Verhältnis des Schlages
s_{TSL}	m	Teilschlaglänge
T_{02}	s; h	Operativzeit
T_{025}	s; h	erweiterte Operativzeit
T_{025TE}	s; h	erweiterte Operativzeit Transporteinheit
T_{02DM}	s; h	Operativzeit Dreschmaschine
T_{02KE}	s; h	Operativzeit Kompakternter
T_{02MD}	s; h	Operativzeit Mähdrescher
T_{02SW}	s; h	Operativzeit selbstfahrende Schneidwerke

T_{02TE}	s; h	Operativzeit Transporteinheit
T_{04}	s; h	Produktionsarbeitszeit
T_{05}	s; h	Feldarbeitszeit
T_{08}	s; h	Gesamtarbeitszeit
T_{08DM}	s; h	Gesamtarbeitszeit Dreschmaschine
T_{08RE}	s; h	Gesamtarbeitszeit stationäre Reinigung
T_1	s; h	Grundzeit
T_{1DM}	s; h	Grundzeit Dreschmaschine
T_{1KE}	s; h	Grundzeit Kompakternter
T_{1SW}	s; h	Grundzeit selbstfahrende Schneidwerke
T_2	s; h	Hilfszeit (Zeit für wiederkehrende Hilfsoperationen)
T_{21}	s; h	Wendezeit
T_{21MD}	s; h	Wendezeit Mähdrescher
T_{21SW}	s; h	Wendezeit selbstfahrende Schneidwerke
T_{22}	s; h	Zeit für Fahrten am Arbeitsort
T_{22SW}	s; h	Zeit für Fahrten am Arbeitsort selbstfahrende Schneidwerke
T_{22TE}	s; h	Zeit für Fahrten am Arbeitsort Transporteinheit
T_{23}	s; h	Versorgungszeiten (Zeit für die Übergabe von Stoffströmen)
T_{23SW}	s; h	Versorgungszeiten selbstfahrende Schneidwerke
T_{23TE}	s; h	Versorgungszeiten Transporteinheit
T_{24}	s; h	verfahrensbedingte Wartezeiten

T_{24TE}	s; h	verfahrensbedingte Wartezeiten Transporteinheit
T_{25}	s; h	zyklische verfahrensbedingte Verlustzeiten (Wartezeiten im Fließarbeitsverfahren)
T_{25MD}	s; h	zyklische verfahrensbedingte Verlustzeiten Mähdrescher
T_{25TE}	s; h	zyklische verfahrensbedingte Verlustzeiten Transporteinheit
T_{2DM}	s; h	Hilfszeit (Zeit für wiederkehrende Hilfsoperationen) Dreschmaschine
T_{2KE}	s; h	Hilfszeit (Zeit für wiederkehrende Hilfsoperationen) Kompakternter
T_{2TE}	s; h	Hilfszeit (Zeit für wiederkehrende Hilfsoperationen) Transporteinheit
T_3	s; h	Pflege-, Wartungs- und Einstellzeit (Rüstzeit)
T_{31}	s; h	Zeit für Pflege und Wartung
T_{32}	s; h	Vorbereitungs- und Abschlusszeiten
T_{33}	s; h	Zeit für Maschineneinstellungen
T_{3DM}	s; h	Rüstzeit Dreschmaschine
T_{3MD}	s; h	Rüstzeit Mähdrescher
T_4	s; h	Störzeiten (Zeit zur Beseitigung von Störungen)
T_{41}	s; h	funktionelle Störzeit
T_{42}	s; h	technische Störzeit
T_{43}	s; h	Standzeit durch Störung bei anderen Maschinen in der Maschinenkette

T_5	s; h	Erholungszeiten (Zeit für Kurzpausen)
T_6	s; h	Wegezeiten
T_{61}	s; h	Wegezeit vom Standort zum Arbeitsort und umgekehrt
T_{62}	s; h	Wegezeit von Arbeitsort zu Arbeitsort
T_{62DM}	s; h	Wegezeit von Arbeitsort zu Arbeitsort Dreschmaschine
T_{62MD}	s; h	Wegezeit von Arbeitsort zu Arbeitsort Mähdrescher
T_7	s; h	Zeit für technische Wartung der Maschine
T_8	s; h	sonstige Verlustzeiten
T_{81}	s; h	Verlustzeit aus organisatorischen Gründen
T_{82}	s; h	Verlustzeit wegen ungünstiger Witterung
T_{83}	s; h	Verlustzeit aus anderen Gründen
T_{8MD}	s; h	sonstige Verlustzeiten Mähdrescher
T_{Bhx}	s; h	Betriebsstunden im Zeithorizont x
T_{Ernte}	s; h; d; a	Nutzungsdauer der Maschine in der Ernte
T_{Gesamt}	s; h; d; a	Gesamtnutzungsdauer der Maschine
$TK_{aus1}; TK_{aus2}; TK_{ausn}$	-	Teilungskoeffizienten
$T_{Personal}$	s; h	Zeitbedarf Personaleinsatz
T_{T1x}	s; h	Grundzeit im Zeithorizont x
T_{T2x}	s; h	Hilfszeit im Zeithorizont x
T_{T6x}	s; h	Wegezeiten im Zeithorizont x
T_x	s; h; d	Teilzeitreferenz bzw. Zeithorizont

t_{02MD}	h/d	tägliche Operativzeit Mähdrescher
t_{08MD}	h/d	tägliche Gesamtarbeitszeit Mähdrescher
t_{08d}	h/d	tägliche Gesamtarbeitszeit
t_{1MD}	h/d	tägliche Grundzeit Mähdrescher
t_{23}	h/d	tägliche Zeit für die Übergabe von Stoffströmen
t_3	h/d	tägliche Rüstzeit
t_4	h/d	tägliche Störzeit
t_5	h/d	tägliche Erholungszeit
t_{62}	h/d	tägliche Wegezeit von Arbeitsort zu Arbeitsort
t_7	h/d	tägliche Zeit für technische Wartung der Maschine
t_{Erntea}	h/a; d/a	Nutzungsdauer der Maschine in der Ernte pro Jahr
t_{Ertned}	h/d	tägliche Erntezeit (tägliches Erntezeitfenster)
$t_{Gesamta}$	h/a; d/a	Gesamtnutzungsdauer der Maschine pro Jahr
t_{sa}	h/a	jährliche Servicezeit
u	€/(m²a)	jährliche spezifische Unterbringungskosten
V_{DMGP}	l	Fassungsvermögen Ganzpflanzenbunker Dreschmaschine
V_{DMNKB}	l	Fassungsvermögen NKB-Bunker Dreschmaschine
V_I	l	imaginäres Speichervolumen

V_{KE}	l	Fassungsvermögen Gemischbunker Kompakternter
V_{KT}	l	Korntankvolumen
V_{LTE}	l	Fassungsvermögen Transporteinheit
V_{RE}	l	Fassungsvermögen Gemischbunker stationäre Reinigung
$V_{SWGPNKB}$	l	Fassungsvermögen selbstfahrendes Schneidwerk
v	m/s; km/h	Geschwindigkeit
v_{Ernte}	m/s; km/h	Erntegeschwindigkeit
v_{FF}	m/s; km/h	Geschwindigkeit Feldfahrt
W	kWh	Arbeit
w_{mDM}	kWh/kg; kWh/t	spezifischer Energiebedarf Dreschmaschine
$w_{mGesamt}$	kWh/kg; kWh/t	spezifischer Gesamtenergiebedarf
w_{mMD}	kWh/kg; kWh/t	spezifischer Energiebedarf Mähdrescher
w_{mSW}	kWh/kg; kWh/t	spezifischer Energiebedarf selbstfahrende Schneidwerke
w_{mSWDM}	kWh/kg; kWh/t	Summe spezifischer Energiebedarf selbstfahrende Schneidwerke & Dreschmaschine
w_{mTE}	kWh/kg; kWh/t	spezifischer Energiebedarf Transporteinheit
w_x	kWh/x	spezifische Arbeit in Bezug auf die Referenzgröße x
x	kg; t; s; h; m^2; m^3; ...	Referenzgröße

ZF_{a-b}	-	Zustandsänderungsfaktor zur Zustandsänderung/Transformation von SB-a zu SB-b
ZF_{a-n}	-	Zustandsänderungsfaktor zur Zustandsänderung/Transformation von SB-a zu SB-n
ZF_{b-a}	-	Zustandsänderungsfaktor zur Zustandsänderung/Transformation von SB-b zu SB-a
ZF_{b-n}	-	Zustandsänderungsfaktor zur Zustandsänderung/Transformation von SB-b zu SB-n
ZF_{n-a}	-	Zustandsänderungsfaktor zur Zustandsänderung/Transformation von SB-n zu SB-a
ZF_{n-b}	-	Zustandsänderungsfaktor zur Zustandsänderung/Transformation von SB-n zu SB-b
z	-	abhängige Variable
$\eta_{Dieselmotor}$	-	Wirkungsgrad Dieselmotor
$\eta_{Verlust}$	-	Verlustgrad
$\eta_{Verwertung}$	-	Verwertungsgrad
$\rho_{Gemisch}$	kg/m^3	Schüttdichte Korn-NKB-Gemisch
ρ_{Korn}	kg/m^3	Schüttdichte Korn
$\rho_{Pflanze}$	kg/m^3	Schüttdichte Ganzpflanze
$\tau_{\dot{m}}$	%	Nutzungsgrad der Massenleistung
$\tau_{\dot{m}x/y}$	%	Nutzungsgrad der Massenleistung in der Teilzeitreferenz x zur Massenleistung in der Teilzeitreferenz y

$\tau_{\dot{m}x/yDM}$	%	Nutzungsgrad der Massenleistung in der Teilzeitreferenz x zur Massenleistung in der Teilzeitreferenz y Dreschmaschine
$\tau_{\dot{m}x/yKE}$	%	Nutzungsgrad der Massenleistung in der Teilzeitreferenz t x zur Massenleistung in der Teilzeitreferenz y Kompakternter
$\tau_{\dot{m}x/yMD}$	%	Nutzungsgrad der Massenleistung in der Teilzeitreferenz t x zur Massenleistung in der Teilzeitreferenz y Mähdrescher
$\tau_{\dot{m}x/yRE}$	%	Nutzungsgrad der Massenleistung in der Teilzeitreferenz x zur Massenleistung in der Teilzeitreferenz y stationäre Reinigung
$\tau_{\dot{m}x/ySW}$	%	Nutzungsgrad der Massenleistung in der Teilzeitreferenz x zur Massenleistung in der Teilzeitreferenz y selbstfahrenden Schneidwerke
$\tau_{\dot{m}x/yTE}$	%	Nutzungsgrad der Massenleistung in der Teilzeitreferenz x zur Massenleistung in der Teilzeitreferenz y Transporteinheit
τ_{Ernte}	-	zeitlicher Nutzungsgrad der Maschine in der Ernte
$\omega_{KVerwertung}$	%	Massenanteil verwertbares Korn
ω_{Korn}	%	Massenanteil Korn
θ	%	Verlustniveau

1 Einleitung

Durch den ständigen Wandel in der Landwirtschaft werden an die moderne Landtechnik immer neue und steigende Anforderungen gestellt. Diese Entwicklung ist auch bei der Erntetechnik für Getreide zu beobachten. Die heutige Erntetechnik zeichnet sich vor allem durch die Schlüsselmaschine in Form des selbstfahrenden Mähdreschers aus, wobei das Maschinenkonzept des selbstfahrenden Mähdreschers bereits seit Anfang des 20. Jahrhunderts eingesetzt wird. Die eingesetzte Technik kommt jedoch aktuell an ihre Grenze. Aufgrund der zunehmenden Dimensionen und Gewichte der Maschinen werden gesetzliche Rahmenbedingungen angesichts der Straßenverkehrs-Zulassungs-Ordnung ausgereizt. Eine weitere Leistungssteigerung hinsichtlich der Durchsatzleistung der Maschinen kann in den zulässigen Dimensionen bzw. unter den genannten Restriktionen nur mit einer zunehmend aufwendigeren und kostenintensiveren Steigerung der Leistungsdichte einhergehen [Herlitzius 2013]. Aus pflanzenbaulichen Gesichtspunkten wirken sich die stetig steigenden Maschinenmassen zudem negativ auf die Schonung der Ackerböden aus. Außerdem steigen durch zunehmende Schneidwerksbreiten die Herausforderungen an die Technik, um das Ernteresiduum hinter der Maschine wieder gleichmäßig auf dem Feld zu verteilen. In Anbetracht der geographischen Voraussetzungen und einer aufwendigeren Erntelogistik, wird es zunehmend schwieriger die wachsende installierte Durchsatzleistung der Maschinen auszunutzen und eine lineare Produktivitätssteigerung zu erreichen. In Bezug auf die Auslastung heutiger Mähdrescher wird das installierte Leistungspotenzial zumeist nur zu 50 % ausgeschöpft [Nacke 2006].

Im Hinblick auf die weitere Steigerung der Produktivität und (Energie-) Effizienz können Maßnahmen auf unterschiedlichen Systemebenen dazu führen Potenziale zu heben (Abb. 1.1).

© Der/die Autor(en), exklusiv lizenziert an Springer Fachmedien Wiesbaden GmbH, ein Teil von Springer Nature 2026
F. Peters, *Methode zur Bewertung von Erntekonzepten am Beispiel der Getreideernte*, Fortschritte Naturstofftechnik,
https://doi.org/10.1007/978-3-658-52386-2_1

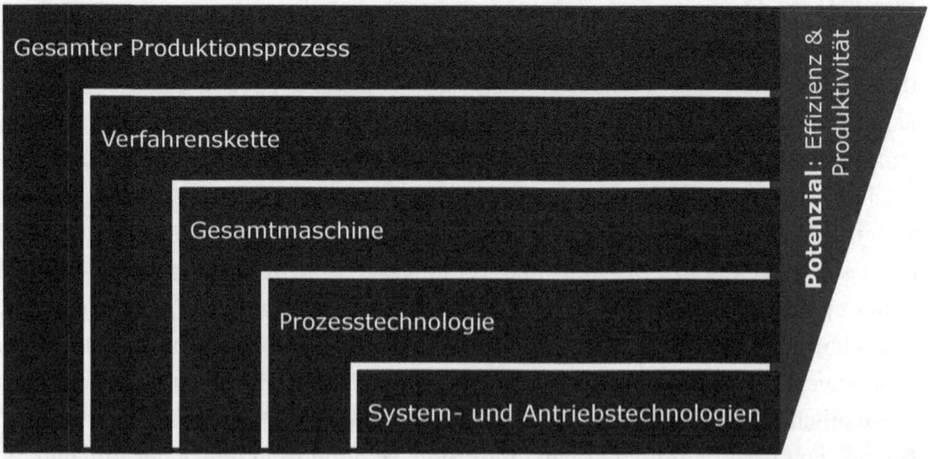

Abb. 1.1: *Potenzial der Effizienz- und Produktivitätssteigerung verschiedener Systemebenen in Anlehnung an Garbers [2013] & Nacke [2013]*

Ausgehend von den System- und Antriebstechnologien über die Prozesstechnologie, die Gesamtmaschine und Verfahrenskette bis hin zum gesamten Produktionsprozess erhöhen sich nach Garbers [2013] und Nacke [2013] die Potenziale im Hinblick auf die Effizienz und Produktivitätssteigerung. Mit einem umfassenderen bzw. ganzheitlicheren Systemumfang nehmen die Potenziale infolge von Optimierungen der Systemebene zu. Im Hinblick auf die Ernte führt Eggerl [2017] systemebenenübergreifend vier Optimierungspotenziale auf, die optimale Ausnutzung der Potenziale von existierenden Mähdreschern, die Optimierung bestehender Prozesstechnologien, die Entwicklung neuer Prozesstechnologien sowie die Entwicklung von neuen Maschinen- und Erntekonzepten.

Um eine weitere Steigerung der Produktivität und des Kundenmehrwerts auf Basis des heutigen Maschinenkonzepts zu realisieren, geht damit, nach Herlitzius [2013], eine progressive Kostensteigerung einher (Abb. 1.2). Der Verlauf der Kostensteigerung resultiert aus einer überproportionalen Aufwandssteigerung, um die genannten Herausforderungen, hinsichtlich der Dimensionierung und des Maschinengewichts, zu lösen.

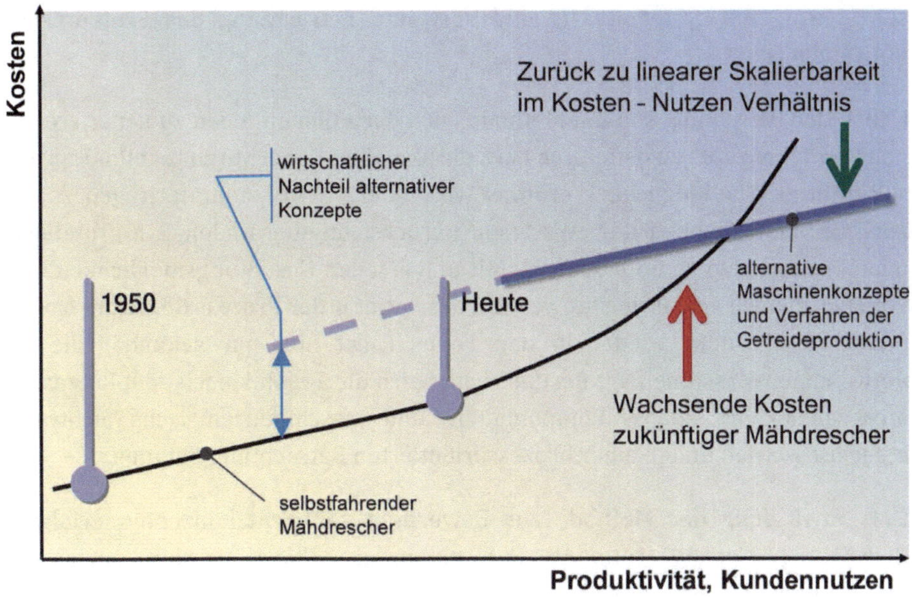

Abb. 1.2: *Entwicklung der Kosten in Abhängigkeit der Produktivität und Kundennutzen ([Herlitzius 2013] verändert)*

Infolge von Automatisierungslösungen werden sich die heutigen Kosten und Maschinengewichte in Abhängigkeit der Produktivität zwar für einen bestimmten Zeitraum horizontal weiterentwickeln, jedoch wird nach Ausschöpfung der Automatisierungspotenziale der progressive Anstieg erfolgen [Herlitzius et al. 2013]. In der Vergangenheit wies das Kosten-Nutzen-Verhältnis hingegen einen linearen Zusammenhang auf. Um ein solches Kosten-Nutzen-Verhältnis zukünftig wiederzuerlangen, postuliert Herlitzius [2013], dass alternative Maschinenkonzepte und alternative Verfahren in der Getreideproduktion zum Einsatz kommen müssen. Um diese Hypothese zu bestätigen, stellt sich die Frage: Wie sehen die Maschinen- und Erntekonzepte zur Getreideernte der Zukunft aus und welche Kosten sowie Vor- und Nachteile gehen mit den Konzepten einher? Folglich bedarf es einer Methode zur Bewertung von Erntekonzepten.

Da alternative Maschinenkonzepte und alternative Verfahren in der Getreideproduktion zu Optimierungen auf allen gezeigten Systemebenen führen können, bedarf es einer ganzheitlichen Betrachtungsweise. Mit einem holistischen Ansatz besteht die Möglichkeit die Grenzen der Systemebenen aufzubrechen, sodass eine Bewertung hinsichtlich eines hypothetischen Paradigmenwechsels des Erntekonzepts möglich ist. Aus diesem Grund muss die Methode generisch aufgebaut sein, wozu eine systematische und abstrakte Betrachtung des Ernteprozesses notwendig ist.

Neben der Bewertung soll die Methode auch dazu dienen Ideen zu generieren, um neue Erntekonzepte zu definieren bzw. die aktuellen Konzepte zu redefinieren. Dazu soll nicht nur die Möglichkeit eröffnet werden, das „*Wie*“ zu hinterfragen, sondern auch der Leitgedanken des „Was“ soll Berücksichtigung finden, um grundlegend neue Denkansätze zu unterstützen. Mit universellen Gestaltungsmöglichkeiten soll vor allen Dingen gewährleistet werden, dass primär der Prozess der Ernte bzw. das pflanzliche Produkt wieder in den Fokus rückt und nur sekundär die dazu notwendigen Maschinen. Im Bestfall richtet sich die Technik nach dem Prozess und nicht umgekehrt, sodass komponenten- und maschinenzentrische Sichtweisen aufgelöst werden und in einer prozessorientierten Betrachtung münden.

Die Entwicklung der Methode zur Bewertung von Erntekonzepten erfolgt am Beispiel der Getreideernte. Als Entwicklungsgrundlagen werden zunächst die Entwicklung der Getreideernte und alternative Erntekonzepte aufgeführt. Des Weiteren werden Untersuchungen und Bewertungen von Ernteprozessen und landwirtschaftlichen Prozessketten sowie Grundlagen zum Aufbau, der Analyse und Bewertung von allgemeinen Prozessketten dargelegt. Nach der Konkretisierung der Anforderungen und Zielsetzung der Methode erfolgt die Methodenentwicklung und deren exemplarische Anwendung.

2 Stand der Forschung und Technik

Das folgende Kapitel bildet die Grundlage für die Entwicklung einer Methode zur Bewertung von Erntekonzepten. Dazu werden zunächst die Grundlagen in Bezug auf die Getreideernte erläutert. Darauf aufbauend folgt eine Übersicht von alternativen Erntekonzepten aus der Praxis und Forschung sowie der aktuelle Stand der wissenschaftlichen Untersuchungen und Bewertungen aus dem Themenkomplex der Ernteprozesse und landwirtschaftlicher Prozessketten. Neben den erntespezifischen wissenschaftlichen Arbeiten werden als weitere Voraussetzungen für die Methodenentwicklung die allgemeinen Grundlagen zum Aufbau und zur Analyse von Prozessketten dargelegt.

2.1 Grundlagen der Getreideernte

Nachfolgend werden die Grundlagen im Hinblick auf die Getreideernte erläutert. Dazu erfolgt zunächst die Definition von Ernte und Getreide. Im Weiteren wird dann die historische Entwicklung der Getreideernte bis hin zum heutigen etablierten Verfahren beschrieben. Sowohl die retrospektivische Entwicklung als auch das gegenwärtig etablierte Mähdruschverfahren bilden die Grundlage und die Referenz für (zukünftige) alternative Formen der Ernte.

2.1.1 Ernte

Im landwirtschaftlichen Produktionszyklus stellt die Ernte einen Teilschritt dar und bildet das Bindeglied zwischen Erzeugung und Verwertung der pflanzlichen Erzeugnisse [Harms 1995; Nendel et al. 1999]. Der Ausgangspunkt und gemeinsame Basis jeder Ernte ist die Pflanze. Durch verwendungsspezifische Prozesse werden die Pflanzen bzw. einzelne Pflanzenbestandteile geerntet. Das Erntekonzept definiert dabei die Art und Weise wie die Ernte der pflanzlichen Güter ausgeführt wird. Dadurch wird der Verlauf der Ernte durch Aktionen und Maßnahmen (in Bezug auf die einzelnen Pflanzenbestandteile) charakterisiert. Die eingebrachten Ressourcen wie Maschinen, Energie und Zeit sind das Mittel zum Zweck, um aus dem Rohstoff Pflanze verwertungsfähige Ernteprodukte zu gewinnen. Dementsprechend beinhaltet das Erntekonzept sowohl alternative Maschinenkonzepte als auch alternative Verfahren in der Getreideernte bzw. der Getreideproduktion. Änderungen eines Erntekonzepts können demnach zu Änderungen auf mehreren Systemebenen führen (vgl. Abb. 1.1).

© Der/die Autor(en), exklusiv lizenziert an Springer Fachmedien Wiesbaden GmbH, ein Teil von Springer Nature 2026
F. Peters, *Methode zur Bewertung von Erntekonzepten am Beispiel der Getreideernte*, Fortschritte Naturstofftechnik,
https://doi.org/10.1007/978-3-658-52386-2_2

2.1.2 Getreide

Getreidepflanzen sind kohlenhydratreiche Körnerfruchtarten und gehören zur Familie der Süßgräser (Poaceae) [Aufhammer 1998]. Zu den wichtigsten Kulturarten zählen Weizen, Roggen, Gerste (Stamm: Triticeae) sowie Mais (Stamm: Andropogonae), Hafer (Stamm: Avenae) und Reis (Stamm: Oryza) [Hanus et al. 2008]. Mit einer weltweiten Anbaufläche von ca. 220 Millionen Hektar ist Weizen das flächenmäßig bedeutendste Getreide [FAOstat 2022]. Die Produktion des Korns stellt das wesentliche Ziel des Getreideanbaus dar und bildet die Grundlage der weltweiten Nahrungsmittelerzeugung [Geisler 1988]. Die Getreidepflanze besteht aus Korn und Nichtkornbestandteilen. Die Nichtkornbestandteile der Pflanzen sind das Wurzelsystem und die oberirdische vegetative Masse wie bspw. Halm, Blätter und Spelzen [Kübler 1994].

2.1.3 Entwicklung der Getreideernte

Getreide wird seit ca. 10.000 v. Chr. kultiviert und geerntet. Eine Beschreibung der altägyptischen Getreideernte befindet sich bspw. in Form von Reliefs in der Grabanlage des Ti in Sakkara (Abb. 2.1) [Geisler 1988].

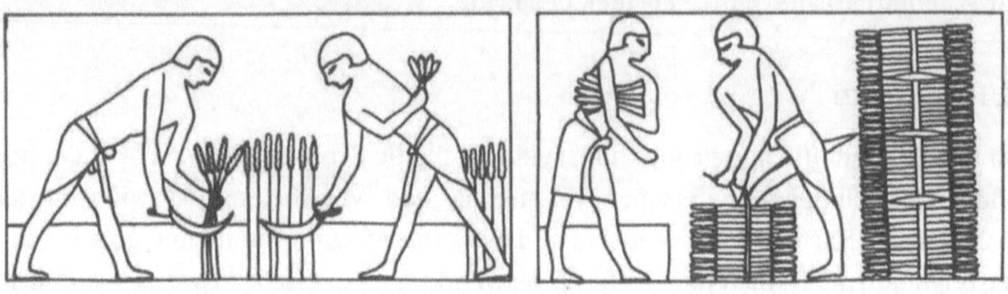

Abb. 2.1: *Altägyptische Darstellung der Getreideernte [Geisler 1988]*

Die aufgeführte Abbildung zeigt das Schneiden des Getreides mit Sicheln und das Bündeln der Pflanzen zu Garben [Geisler 1988]. Die darauf aufbauende weitere Entwicklung der Getreideernte ist durch unterschiedliche Epochen gekennzeichnet (Abb. 2.2). Die Epochen spiegeln einzelne (repräsentative) Konzeptphasen der Ernte wider. Grundlegende Änderung des Erntekonzepts, welche zu einer neuen Epoche führen, stellen „revolutionäre" Entwicklungsschritte dar. Innerhalb einer Epoche findet die „evolutionäre" Entwicklung des Erntekonzepts statt. Die einzelnen Stadien der Entwicklung unterscheiden sich im Hinblick auf die verwendeten Technologien, den Ablauf der Ernte und der Handhabung der Pflanze. Der gemeinsame Fokus aller Konzepte der Getreideernte liegt auf der Gewinnung des Korns als primäres Ernteprodukt.

Die Bezeichnungen der Epochen repräsentieren die jeweiligen Schlüsseltechnologien der Getreideernte und stehen stellvertretend für das gesamte Erntekonzept der jeweiligen Phase. Das gesamte Erntekonzept umfasst neben der Schlüsseltechnologie alle weiteren Prozesse im Hinblick auf die Ernte der Pflanze wie bspw. die Ernte der Nichtkornbestandteile bzw. Ernterestoffe sowie der Transport und die Einlagerung der Ernteprodukte.

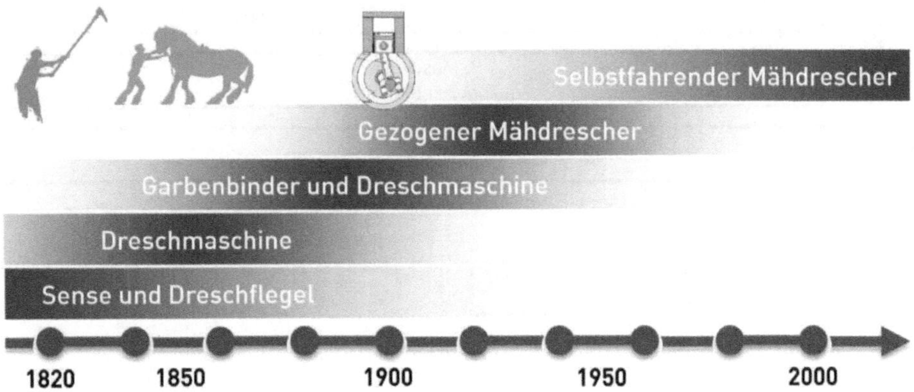

Abb. 2.2: *Historische Entwicklung der Getreideernte [Herlitzius 2013]*

Maßgebliche Treiber für die Konzeptwandel waren sowohl die Substitution der menschlichen durch tierische Arbeitskraft als auch, im Rahmen der Mechanisierung, der Einsatz von Maschinen zur Ausführung der Ernte. So wurde die manuelle Ausführung der Arbeitsschritte Schneiden (Mähen/Durchtrennen der Getreidehalme), Dreschen (Lösen der Körner aus der Ähre) und Separieren (Trennen der Korn- und Nichtkornbestandteile), welcher weiter differenziert Abscheiden (Trennen des Korns vom Langstroh) und Reinigen (Trennen des Korns von der Spreu) darstellt, in eine maschinelle Umsetzung überführt (Abb. 2.3). Zudem sind durch die Mechanisierung diese einzelnen Prozesse schrittweise zusammengeführt und zu einem Arbeitsgang vereint worden.

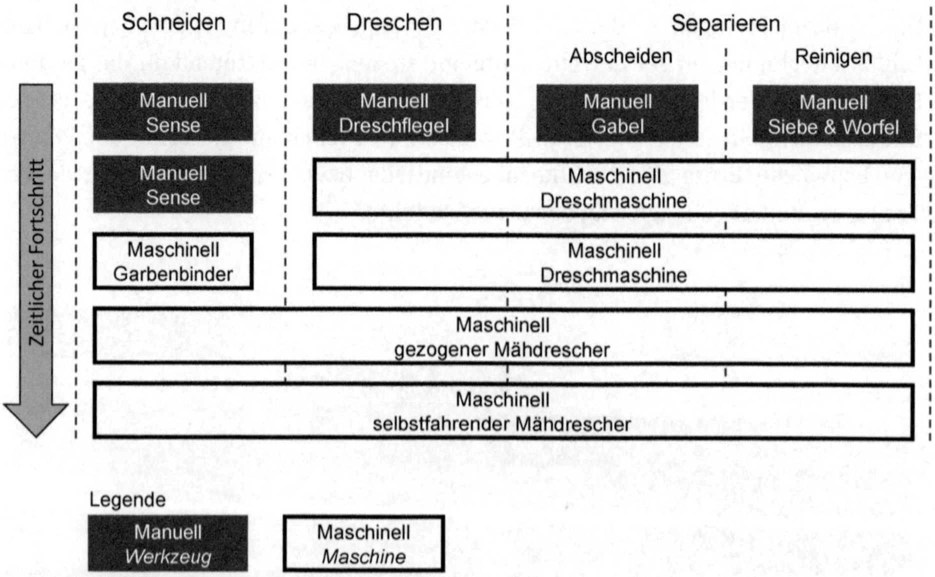

***Abb. 2.3:** Überführung und Zusammenführung der Arbeitsschritte zur Getreideernte*

Die Verwendung von Sense, Dreschflegel, Gabel sowie Siebe und Worfel als Werkzeuge für die Getreideernte erfolgte ca. bis Mitte des 19. Jahrhunderts. Mit der Sense wurde das Getreide gemäht und händisch zu Garben zusammengebunden. Durch Schläge mit dem Dreschflegel auf die Garben wurde das Getreide gedroschen. Anschließend wurde mit Gabeln das Langstroh ausgeschüttelt und entfernt. Mittels Sieben und Worfeln (Windsichten) wurde die Spreu vom Korn getrennt. Als einer der ersten Mechanisierungsschritte wurde die Reinigung des Getreides ab dem späten 18. Jahrhundert mit Hilfe der Siebwindfege maschinell durchgeführt [Meiners 1983]. Mit Einführung der Dreschmaschine sind die Werkzeuge zum Dreschen und Abscheiden durch das Dreschwerk, bestehend aus Dreschtrommel und -korb, und den Hordenschüttler ersetzt worden. Zudem war zur Reinigung des Korns die Siebwindfege in die Dreschmaschine integriert. In der darauffolgenden Epoche wurden infolge der Erfindung des Garbenbinders zudem das Schneiden und Binden der Pflanzen durch Mähbalken und Knoter maschinell ausgeführt. Im weiteren Verlauf der Entwicklung wurden die einzelnen maschinellen Arbeitsschritte im Mähdrescher kombiniert. Durch diese Integration der einzelnen Prozesse in einen Arbeitsgang entfallen systembedingt der manuelle Umschlag und Transport des Ernteguts zwischen den Arbeitsschritten wie bspw. das Sammeln und Befördern der Garben sowie das Beschicken der Dreschmaschine. Die erste Form des Mähdreschers wurde von Tieren oder Traktoren gezogen. Diese Variante wurde Mitte des 20. Jahrhunderts durch den selbstfahrenden Mähdrescher abgelöst und stellt bis zur heutigen Zeit den Stand der Technik dar. Im Hinblick auf die Funktionen Dreschen und Abscheiden differenzieren sich selbstfahrende Mähdrescher in ihrer Bauform, welche durch die Führung des Gutstroms charakterisiert wird. Sowohl die eingesetzten Dreschwerke als auch die Aggregate zur Restkornabscheidung unterscheiden sich durch den Anteil der tangentialen und axialen Bewegung des Ernteguts entlang einer Trommel oder eines Rotors sowie durch die Lage der Rotationsachsen zur Fahrtrichtung des Mähdreschers. Die Zuführung des Gutstroms erfolgt dabei radial, tangential oder axial gegenüber dem jeweiligen Rotationskörper. Im Schüttler-Mähdrescher, auch konventioneller Mähdrescher genannt, kommt zur Abscheidung des Restkorns der Hordenschüttler zum Einsatz. Je nach Bauform des Schüttler-Mähdreschers wird die Restkornabscheidung durch vorgelagerte rotierende Werkzeuge, in Form von Abscheidetrommeln, unterstützt. Eine Kombination aus Tangentialdreschwerk und Axialrotor zur Restkornabscheidung wird als Hybridsystem bezeichnet (Abb. 2.4).

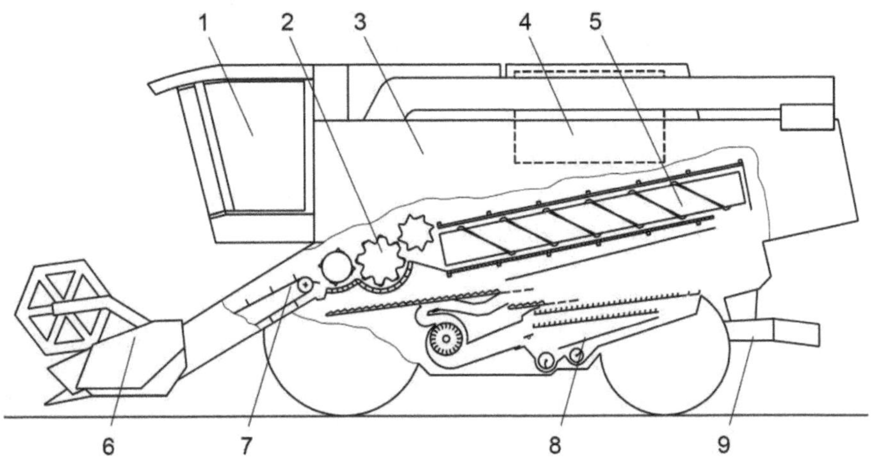

1	Fahrerstand	4	Motor	7	Schrägförderer
2	Dreschwerk	5	rotierende Trennelemente	8	Reinigung
3	Korntank	6	Schneidwerk	9	Strohhäcksler

Abb. 2.4: *Schematische Darstellung eines Hybridsystems [Schwarz 2017]*

Neben den Arbeitsschritten/Funktionen Schneiden, Dreschen, Abscheiden und Reinigen sind weitere Funktionen des selbstfahrenden Mähdreschers das Fördern, Lagern sowie das Häckseln und Verteilen. Die Pflanze wird vom Schneidwerk (6) geschnitten, aufgenommen und dem Schrägförderer (7) zugeführt. Der Schrägförderer transportiert das Erntegut zum Dreschwerk (2). Im Dreschwerk werden durch Reiben und Schlagen die Körner aus der Ähre gelöst und zusammen mit der Spreu und Ährenteilen abgeschieden. Nachfolgend werden die restlichen gelösten Körner und weitere Spreu vom übrigen Gutstrom in der Restkornabscheidung (5) getrennt. Das verbleibende (Lang-)Stroh wird auf dem Feld als Schwad abgelegt oder durch den Strohhäcksler (9) zerkleinert und auf dem Feld verteilt. Die vom Dreschwerk und Restkornabscheidung separierten Körner und Nichtkornbestandteile (NKB) werden in der Reinigung (8) durch Sieben und Sichten entmischt und separiert. Das gereinigte Korn wird mittels eines Elevators in den Korntank (3) gefördert und dort gesammelt. Nicht ausgedroschene Ähren werden in der Reinigung ausgesondert und dem Prozess erneut zugeführt. Die übrigen Nichtkornbestandteile werden auf dem Feld verteilt. Das zwischengelagerte Korn wird vom Schneckenförderer an eine Transporteinheit übergeben und von dieser zu einem Lagerort oder verwendungsspezifischen Prozess(-schritt) transportiert. Abgelegtes Langstroh wird in separaten Arbeitsgängen in Ballen gepresst, geborgen und abgefahren.

Die „evolutionäre“ Entwicklung der selbstfahrenden Mähdrescher basiert auf der Skalierung des Maschinenkonzepts und der Weiterentwicklung der eingesetzten Technologien. Seit Beginn der Epoche erfolgt eine stetige Steigerung von produktivitätsbestimmenden Parametern (Abb. 2.5) wie die Schneidwerksbreite, das Korntankvolumen oder die Motorleistung, da aufgrund zunehmender Flächenerträge und steigender Arbeitskosten eine höhere Durchsatzleistung erforderlich wurde [Herlitzius 2013; Wacker 1985].

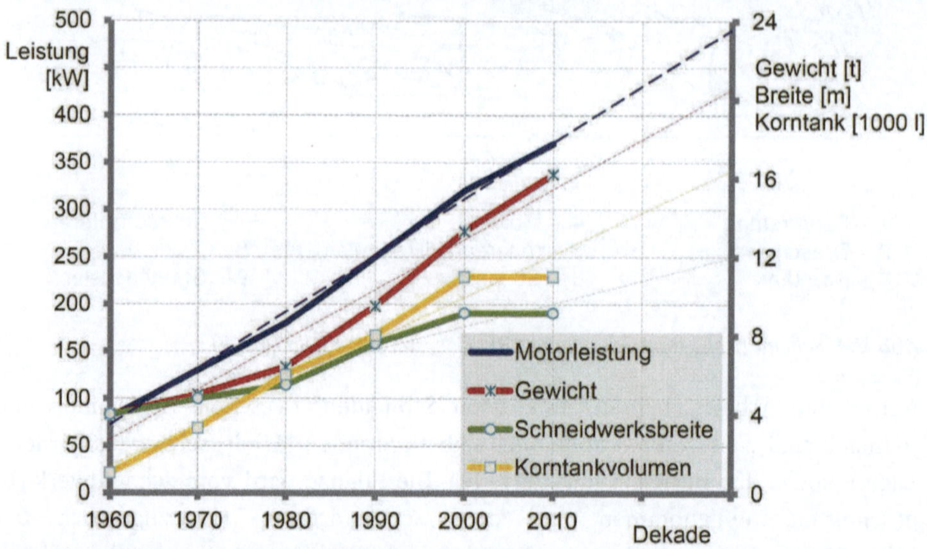

Abb. 2.5: *Entwicklung von produktivitätsbestimmenden Parametern des selbstfahrenden Mähdreschers [Herlitzius 2013]*

Aktuell in Serie produzierte Großmähdrescher weisen Korntankvolumina von 18.000 l [Claas 2023a], Schneidwerksbreiten von 13,70 m [John Deere 2023] bzw. 13,79 m [Claas 2023b] und maximale Motorleistungen von 581 kW [Fendt 2023; Claas 2023a] auf. Mit dem Maschinenwachstum geht eine Zunahme der Maschinenmasse einher. Zur Kompensation der steigenden Maschinengewichte werden angepasste Fahrwerkskonzepte in Form von Breitreifen, Reifendruckregelanlagen, Gleisbandlaufwerken oder Tandemfahrwerken zur Minderung des Bodendrucks eingesetzt [Herlitzius 2013].

Durch eine kontinuierliche Weiterentwicklung der Dresch- und Separationstechnologie konnte die Durchsatzleistung gesteigert werden. Ausgehend vom konventionellen Mähdrescher mit Eintrommeldreschwerk und Schüttlerabscheidung erfolgte der evolutionäre Fortschritt durch die Optimierung und Intensivierung der eingesetzten Funktionstechnik. Dazu zählen die Dimensionierung und die Ergänzung von Aggregaten und Komponenten wie zum Beispiel die Erhöhung des Dreschtrommeldurchmessers sowie Aggregat- und Kanalbreiten, die Verwendung von Mehrtrommeldreschwerken und der Einsatz von Abscheidetrommeln sowie die Verwendung von Schüttlerhilfen. Des Weiteren wurden Varianten mit geänderter Gutstromführung und Wirkprinzipien entwickelt. Je nach Bauform des Mähdreschers wird alternativ zum Tangential- ein Axialdreschwerk eingesetzt und anstelle von Hordenschüttlern ein Axialrotor zur Restkornabscheidung verwendet. Ein weiterer Fokus lag auf der Modifikation des Mähdreschers im Hinblick auf die Vielfruchteignung/-tauglichkeit zum Ernten von diversen Getreidesorten wie Weizen, Roggen, Gerste, Hafer, Mais und Reis aber auch von Grassaaten für die Vermehrung, Ölsaaten (z. B. Raps und Lein) und Leguminosen (z. B. Erbsen und Bohnen). Diesbezüglich finden beispielsweise spezielle Erntevorsätze, Entgrannerleisten sowie Dreschkörbe und Siebe mit angepasster Geometrie als fruchtartspezifische Optionen Verwendung. Zur weiteren Anpassung des Mähdreschers an unterschiedliche Erntebedingungen wurden u. a. verschiedene Systeme zum Ausgleich von Inklinationen in die Maschine integriert, welche über die Siebbewegung, einen schwenkbaren Siebkasten, die Zuführung des Ernteguts, die Anpassung der Wind- und Fördergeschwindigkeiten oder über die horizontale Ausrichtung der Maschine die Prozessstabilität und Leistungsfähigkeit bei Hangneigungen verbessern.

Im Laufe der evolutionären Entwicklung wurde zudem der Komfort für den Bediener verbessert. Angefangen von einem einfachen offenen Fahrerstand über den Einsatz von Schutzdächern und geschlossenem Fahrerhaus bis hin zur vollklimatisierten und schallgedämmten Kabine konnte der Arbeitsbereich des Bedieners optimiert werden. Mit dem Einzug der Elektronik in die Erntemaschine wurde zudem das elektronische Prozessmonitoring und elektronische Assistenzsysteme realisiert. Mit Hilfe von Sensorik können der Verlustkorn- und Überkehranteil überwacht, die Erntegutqualität in Form von Kornfeuchte, Verunreinigungen und Bruchkornanteil ausgewertet sowie die Erntemenge dokumentiert werden. Zur Entlastung des Fahrers und Steigerung der Leistungsfähigkeit werden der Funktionsumfang der Assistenzsysteme stetig erweitert. Repräsentative Assistenzfunktionen stellen dabei die automatische Höhenführung des Erntevorsatzes, die automatische Spurführung der Maschine, die automatische Regelung der Vorfahrtsgeschwindigkeit sowie die automatische Einstellung von Drusch- und Separationsparametern durch algorithmische Prozessführung dar.

Neben der Optimierung des Maschinenkonzepts entwickelte sich auch die organisatorische Verfahrensweise innerhalb der Epoche weiter. Zur Gestaltung des Erntekonzepts gehört die Art und Weise der Zusammenarbeit von Ernte- und Transporteinheit sowie die damit verbundene Logistik. Ein wesentlicher Faktor bildet die Entleerung des Korntanks am Feldrand, während sich die Maschinen im Stillstand befinden, oder die Übergabe des Ernteguts während der Fahrt und somit zeitgleich zum Mähdruschprozess. Folglich müssen die Transporteinheiten zur Aufnahme des Ernteguts während des Erntevorgangs das Feld befahren. Im Rahmen dieses Verfahrens kommen unter anderem für den Feldtransport Überladewagen zum Einsatz, welche das Korn am Feldrand an die weitere Logistik übergeben. Der Transport zu einem Lagerort oder einem verwendungsspezifischen Prozess(-schritt) wird von Traktoren mit Anhängern oder von speziell für den Straßentransport ausgerichteten Fahrzeugen, wie Lastkraftwagen, ausgeführt. Aufgrund der Vernetzung von Maschinen konnte auch die Kooperation von Ernte- und Transporteinheiten durch Flottenmanagement und Routenplanung sowie durch eine Maschinensynchronisation während des Überladeprozesses optimiert werden.

2.2 Erntekonzepte

Die Retrospektive der Getreideernte zeichnet sich durch stetigen Wechsel der Erntekonzepte bis hin zum Mähdrusch aus. Ergänzend zur beschriebenen evolutionären Entwicklung des Mähdreschers werden in Industrie und Forschung alternative Formen der Ernte diskutiert. Manche dieser Erntekonzepte werden praktisch angewandt und untersucht, wohingegen andere theoretische Konzeptstudien oder Visionen darstellen.
Die Umfänge der vorgeschlagenen Änderungen reichen von einfachen weiteren Modifikationen des Mähdruschprozesses über alternative Maschinenkonzepte bis hin zur ganzheitlichen Umgestaltung des Erntekonzepts.

Eine alternative Form der Ernte, ohne das Maschinenkonzept des selbstfahrenden Mähdreschers zu verändern, stellt der Hochschnitt respektive der Ährenschnitt dar. Beim Hochschnitt erfolgt durch eine Anpassung der Schnitthöhe das Durchtrennen des Halms möglichst nah an der Ähre, wodurch längere Stoppel auf dem Feld verbleiben. Folglich gelangen weniger Nichtkornbestandteile und je nach Bedingung weniger Erntegut mit erhöhter Feuchte in den Mähdrescher [Feiffer 2009]. Dies hat zur Folge, dass die Leistungsfähigkeit der Erntemaschine aufgrund verbesserter Separationseigenschaften und der Reduktion des spezifischen Leistungsbedarfs gesteigert wird [Feiffer 2009].
Eine weitere Form, den Eintrag von Nichtkornbestandteilen in den Mähdrescher zu reduzieren, wird durch den Einsatz des Ährenstrippers praktiziert. Durch eine rotierende Fingerwalze streift bzw. reißt der Stripper die Ähren von der Pflanze ab. Bei beiden Erntekonzepten sollte in Abhängigkeit der Stoppelhöhe die Zerkleinerung der verbleibenden Erntereste vor der anschließenden Bodenbearbeitung und Aussaat durch einen zusätzlichen Arbeitsgang erfolgen [Voßhenrich et al. 2006]. Als Alternative zum separaten Arbeitsgang wird das Maschinenkonzept erweitert, indem ein Unterflurhäcksler, Mulcher oder Messerbalken (Doppelschnitt) zwischen Vorsatz und Vorderachse installiert wird [BSC 2014; ESM 2017]. Zur Ausnutzung der Potenziale, die mit den Systemen (Hochschnitt und Ährenstripper) einhergehen, ist es erforderlich, dass der Pflanzenbestand aufrecht steht respektive kein Lagergetreide oder keine bodennahen Kulturen geerntet werden [Feiffer 2009]. Ferner ist der Ährenstripper nur für bestimmte Getreidearten geeignet und weist hohe Aufnahmeverluste auf [Rademacher 2014].

Im Rahmen von Forschungsprojekten sind Untersuchungen bezüglich der Dresch- und Separationstechnologie durchgeführt worden, welche das Maschinenkonzept in unterschiedlicher Form beeinflussen. Die Forschungsarbeiten erfolgen vor dem Hintergrund, die Produktivität des Mähdreschers zu erhöhen, indem sowohl die bereits bestehende Technologie optimiert als auch neue Funktionseinheiten untersucht werden. Die Steigerung des Korndurchsatzes bzw. das Aufzeigen des Leistungspotenzials kann durch die Forschung nachgewiesen oder prognostiziert werden. Büermann [1996] untersucht dazu die geometrische Zuordnung der Förder- und Trennelemente im Hinblick auf die Separationseigenschaften von Tangentialdreschwerken und die damit einhergehende gegenseitige Beeinflussung der Elemente, um den Gesamtprozess in Bezug auf das Tangentialdreschwerk und Hordenschüttler zu optimieren. Nguyen [2008] kombiniert zwei Tangentialdreschwerke, indem die Dreschtrommeln übereinander angeordnet sind und die Zuführung des Gutstroms tangential erfolgt. Dadurch wird der Umschlingungswinkel und die Abscheidefläche erhöht sowie die Zerstörung des Strohs verringert. Mit Hilfe von alternativen Bahnkurven in Form von Ellipsen verbessert Bernhardt [2015] die Abscheidung des Schüttlers. Budach [2001] untersucht zur möglichen Substitution des Hordenschüttlers rotierende Korn-Stroh-Trennsysteme in Form eines Zinkenkettenschüttlers und eines Zinkenrotorschüttlers. Durch die funktionsbedingte Einleitung von Impulsen in die Gutschicht kann eine separationsfördernde Wirkung experimentell nachgewiesen werden. Zur Leistungssteigerung der Reinigung setzt Schwarz [2017] einen luftdurchströmten Vorbereitungsboden ein, um eine Wirbelschicht zu erzeugen und den Sortierprozess pneumatisch zu unterstützen. Hübner [2000] entwickelt ein mathematisches Modell zur Auslegung und Berechnung einer rotierenden Reinigungseinrichtung im Mähdrescher und schlägt damit vor, das Wirkprinzip der Reinigung zu ändern. Aufgrund der Rotation erhöht sich im Vergleich zur planaren Reinigungsanlage die Beschleunigung auf die zu trennenden Partikel. Mit Hilfe einer theoretischen Untersuchung verdeutlicht Hübner [2000], dass die Leistungsfähigkeit aufgrund verbesserter Kenngrößen in Bezug auf den Trennprozess steigt.

Ein abgewandeltes Maschinenkonzept wird hingegen von dem US-amerikanischen Unternehmen Tribine [2017] produziert. Bei dem Mähdrescher handelt es sich um ein knickgelenktes Fahrzeug. Der Korntank bildet dabei den hinteren Maschinenteil mit einem Fassungsvermögen von 35 m^3. Im Vergleich zu den aktuell auf dem Markt angebotenen Mähdreschern bedeutet dies eine ungefähre Verdopplung des Korntankvolumens. Verbunden mit der extremen Skalierung dieses produktivitätsbestimmenden Parameters geht eine massive Erhöhung der Maschinenmasse einher.

Ein weiteres skaliertes Maschinenkonzept wird von der Firma NEXAT [2023] entwickelt (Abb. 2.6).

Abb. 2.6: *NEXAT Systemfahrzeug in Mähdruschanwendung [NEXAT 2023]*

Auf Basis eines Systemtraktors, in Form eines Wide-Span-Trägerfahrzeuges, wird die Maschine übergreifend im Controlled Traffic Farming (CTF) Anbauverfahren eingesetzt und für die verschiedenen Anwendungen mit unterschiedlichen Arbeitsgeräten modular ausgestattet. Hinsichtlich des Mähdruschs basiert das NEXCO Dreschmodul auf einer Skalierung der bekannten Funktionstechnik des selbstfahrenden Mähdreschers [NEXAT 2023]. Durch eine Spiegelung der Dresch- und Abscheidetechnologie wird eine Steigerung der installierten Durchsatzleistung erzielt und der aufgenommene Gutfluss zweigeteilt. Im Hinblick auf weitere produktivitätsbestimmende Parameter beträgt die Schneidwerksbreite 15 m, das Korntankvolumen 32.000 l und die Überladeleistung 650 l/s [NEXAT 2023].

Herlitzius et al. [2011] schlagen im Rahmen einer Studie einen autonomen Schwarm selbstfahrender Mähdrescher vor (Abb. 2.7). Unter Beibehaltung der bekannten Dresch- und Separationstechnologien eines konventionellen Mähdreschers sollen die einzelnen Maschinen kleiner skaliert sein als bei derzeitigen Großmähdrescher. Der Straßentransport der Mähdrescher erfolgt auf einem Trailer. Dazu werden die Maschinen in ein Transportformat durch Klappen, Falten und Teleskopieren von Baugruppen umgerüstet.

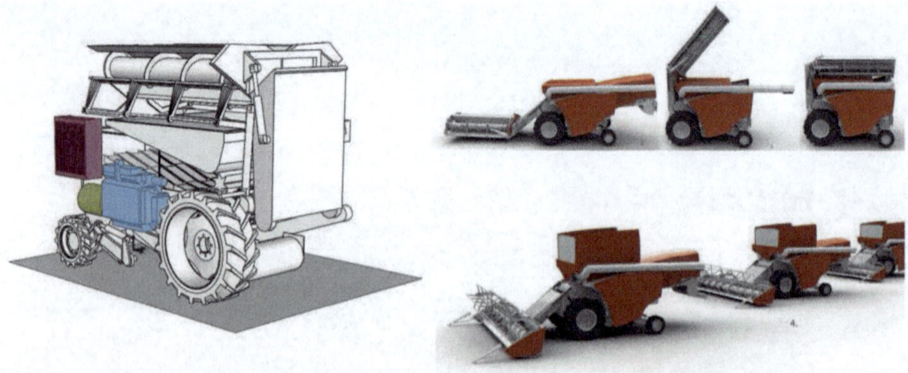

***Abb. 2.7:** Autonomer Schwarm selbstfahrender Mähdrescher in Arbeitsstellung und Transportzustand [Herlitzius et al. 2011]*

Als Vorteile dieses Maschinenkonzepts führen Herlitzius et al. [2011] das reduzierte Maschinengewicht und die geringe Transportbreite an sowie die einfache und bekannte Funktionstechnik durch die Verwendung von Tangentialdreschwerk, Hordenschüttler und planare Reinigung mit einem geringen spezifischen Leistungsbedarf. Aufgrund der erhöhten Maschinenanzahl sollen durch dieses Erntekonzept die Flexibilität und Einsatzsicherheit gesteigert werden und sich die Herstellkosten durch Volumeneffekte in der Produktion reduzieren. Weitere Kostenvorteile ergeben sich durch den Entfall der Homologation für den Straßenverkehr und durch die Einsparung des Fahrerstands. Jedoch stellen der autonome Betrieb des Maschinenschwarms sowie die damit verbundene Sicherheitsproblematik Herausforderungen in der Umsetzung dar [Herlitzius et al. 2011]. Des Weiteren soll zur Realisierung der Studie eine kostengünstige technische Lösung für die Umrüstung von Arbeitsstellung in Transportzustand gefunden werden [Herlitzius et al. 2011].

Zur Steigerung der Wertschöpfung konzipieren Marti et al. [2013] eine Auffangvorrichtung für Spreu. Dazu wird der Mähdrescher um einen zweiten Bunker auf der Strohhaube erweitert, wobei der Erntevorgang des Korns unverändert bleibt. Als Spreu definieren Marti et al. den Reinigungsabgang, welcher sich aus Spelzen, Ährenteilen, Blättern, Stängelteilen sowie Verlustkörnern und Unkrautteilen zusammensetzt. Die gesammelte Spreu wird am Feldrand entladen (Abb. 2.8) und von dort aus lose abtransportiert oder zunächst in Ballen gepresst.

Abb. 2.8: *Erweitertes Maschinenkonzept und gesammelte Spreu am Feldrand [Marti et al. 2013]*

Als Vorteil dieses Systems sehen Marti et al. [2013] die Entstehung einer weiteren Quelle für Biomasse, die als Einstreu, Energielieferant oder Rohstoff dient. Zudem sollen weniger Unkrautsamen und Verlustkörner auf das Feld gelangen, wodurch eine Verbesserung der Feldhygiene eintritt. Alternativ zum Aufsammeln der Spreu werden vom Mähdrescher gezogene oder integrierte Spreumühlen zur Zerstörung der Unkrautsamen eingesetzt [De Bruin 2017]. Zudem werden weitere Maßnahmen untersucht, um im Rahmen des Ernteprozesses die Unkrautbelastung zu reduzieren [Kumpmann 2016; Pantke et al. 2017].

Der selbstfahrende Mähdrescher vereint die Prozesse Schneiden, Dreschen und Separieren in einem Arbeitsgang. Analog zur früheren Ausführung der Getreideernte schlagen Rumpler [2012; 2014; 2016], McLeod [2014], Listner [1984], Siemens et al. [2007; 2008], Herlitzius et al. [2011] und Wolf [2011] vor, die integrierte Lösung (wieder) in separate und eigenständige Arbeitsschritte zu untergliedern und die Prozesse auf mehrere Maschinen aufzuteilen.

Rumpler [2012; 2014; 2016] untersucht dazu in praktischen Versuchen das Kompakternteverfahren. Der Kompakternter (Abb. 2.9) arbeitet nach dem Funktionsprinzip des selbstfahrenden Mähdreschers, jedoch ohne Reinigungseinrichtung.

***Abb. 2.9:** Kompakternter mit Häckselwagen [Rumpler 2023]*

Demgemäß liegt nach dem Dreschen und Abscheiden ein Gemisch aus Korn und Spreu vor. Anschließend wird diesem Gemisch 25 % des aufgenommenen Langstrohs in gehäckselter Form zugeführt und diese erweiterte Mischung in einen Bunker gefördert. Das übrige Stroh wird auf dem Feld verteilt und das gesammelte Korn-Spreu-Stroh-Gemisch zu einem Zwischenlager oder einem verwendungsspezifischen Prozess(-schritt) transportiert. Neben dem direkten Abtransport präsentiert Rumpler [2014; 2016] zudem eine Variante zur Ablage des Gemischs auf dem Feld, in sogenannten „Fieldbags", wodurch der Vorgang des Abtransports von der Ernte entkoppelt wird. Im Anschluss an die Lagerung und den Transport kann eine direkte energetische Verwertung des gesamten Gemischs erfolgen oder durch eine stationäre Reinigung das Korn von den Nichtkornbestandteilen getrennt werden. Als Vorteile des Kompakternteverfahrens sieht Rumpler [2012; 2014; 2016] eine Vereinfachung des Mähdruschprozesses, da keine Reinigung des Ernteguts auf dem Feld stattfindet. Zudem fallen dadurch keine Reinigungsverluste auf dem Feld an. Durch den zentralen stationären Einsatz der Reinigungsanlage bestehen im Vergleich zur mobilen Arbeitsmaschine keine Restriktionen durch die Straßenverkehrs-Zulassungs-Ordnung im Hinblick auf die Dimensionierung der Anlage. Folglich kann die Leistungsfähigkeit durch Skalierung und spezifischer Auslegung gesteigert werden. Aufgrund der Möglichkeit zur Zwischenlagerung wird der Gesamtprozess entlastet und die Auslastung der Reinigung erhöht. Angesichts der mitgeführten Nichtkornbestandteile kann auf eine Strohbergekette verzichtet werden, wodurch sich nach Rumpler [2012; 2014; 2016] die Logistik vereinfacht. Im Vergleich zum Transport von reinem Schüttgut aus Kurzstroh oder Häckselstroh verbessern sich die Transporteigenschaften im

Hinblick auf die Ausnutzung des Volumens durch die Selbstverdichtung des Gemischs. Des Weiteren weist das Gemisch im Gegensatz zu reinem Stroh bessere Stoffeigenschaften in Bezug auf die thermische Verwertung auf, da Spreu einen geringeren Chlor- und Kaliumanteil besitzt [Rumpler 2012].

Ein ähnliches Erntekonzept wie das Kompakternteverfahren stellt das McLeod Harvest System dar [McLeod 2014; Prentice et al. 1999]. Dabei bildet ein vom Traktor gezogener konventioneller Mähdrescher ohne Reinigung die Ernteeinheit auf dem Feld. Diese Maschinenkombination erntet ein Korn-Spreu-Gemisch. Im Gegensatz zur Kompakternte wird das Korn-Spreu-Gemisch nicht mit zusätzlichem Stroh angereichert. Das gesamte aufgenommene Langstroh wird wieder auf dem Feld verteilt. Nach Übergabe und Transport des Korn-Spreu-Gemischs wird das Erntegut in einer stationären Reinigung aufbereitet. Als besonderer Nutzen werden bei der Vorstellung des McLeod Harvest System die Verwendung der separierten Spreu zur Tierernährung und das Absammeln der Unkrautsamen hervorgehoben.

Siemens et al. [2007; 2008] betrachten als alternatives Erntesystem die Möglichkeit mit der Ernteeinheit lediglich die Ähren mittels Strippervorsatz aufzunehmen und zu sammeln. Im selben Arbeitsgang werden die verbleibenden nicht geschnittenen Halme direkt hinter dem Strippervorsatz durch einen Schlegelmulcher zerkleinert. Im Anschluss werden die abgestreiften respektive die abgerissenen Ähren übergeben, transportiert, stationär gedroschen sowie das Korn abgeschieden und gereinigt. Als Ernteeinheit verwenden Siemens et al. [2007; 2008] einen modifizierten Mähdrescher, welcher als Trägerfahrzeug für den Strippervorsatz und Schlegelmulcher fungiert (Abb. 2.10).

Abb. 2.10: *Alternatives Erntesystem von Siemens et al. [2007]*

Bei dem von Siemens et al. [2007; 2008] vorgeschlagenen Erntekonzept, wird über ein seitlich angebrachtes Förderband das Erntegut vom Ährenstripper in das integrierte Bunkersystem gefördert. Da der Drusch- und Separationsprozess in nachgelagerten Arbeitsgängen erfolgt, wird die dazu notwendige Funktionstechnik aus der Maschine entfernt. Der gewonnene Raum wird als zusätzlicher Bunker genutzt.
Die Motivation für dieses Erntekonzept gründet nach Siemens et al. [2007; 2008] in dem Bestreben die Erntemaschine zu vereinfachen und neben dem Korn weitere Biomasse zu sammeln. Zudem wird die Zielsetzung verfolgt, mit einer verbesserten Aufbereitung und Verteilung der Ernterückstände, im Vergleich zum Mähdrescher, die nachfolgende Aussaat im Direktsaatverfahren zu optimieren [Siemens et al. 2007; 2008].

Lister [1984] untersucht als Verfahren zur Getreideernte den Mäh- und Schwadhäckseldrusch. Die Haupternteeinheit dieser Verfahren bildet ein gezogenes Gespann aus Schlegelernter oder Trommelfeldhäcksler in Kombination mit einem Häckselwagen. Mit Hilfe eines vorgelagerten Schwadlegers oder einer integrierten Form des Schneidwerks werden die Getreidehalme durchtrennt. Beim Häckseldrusch wird die gesamte Pflanze zerkleinert und als Nebeneffekt die Körner aus der Ähre gelöst. Anschließend wird das Erntegut in den Häckselwagen gefördert. In gesondert nachgelagerten Arbeitsgängen erfolgen der Nachdrusch und die Separation des Korns. Als Resultat der Untersuchungen werden sowohl ein hoher Anteil an beschädigten Körnern durch den Häckselprozess als auch ein hoher Anteil an Aufnahme-, Spritz- und Rieselverluste von bis zu 50 % nachgewiesen. Trotz eines Ausdruschs von 94-99 % während des Häckselvorgangs ist laut Listner [1984] ein Nachdrusch erforderlich.

Das von Herlitzius et al. [2011] und Wolf [2011] vorgestellte modulare Erntekonzept (Abb. 2.11) besteht aus zwei Maschinentypen. Zunächst schneiden und sammeln autonome selbstfahrende Schneidwerke die Pflanzen. Das Erntegut wird daraufhin an eine auf dem Feld stationierte Anlage übergeben, wo die Pflanzen gedroschen und in Korn und Nichtkornbestandteile separiert werden. Das Korn gelangt nach der Übergabe an eine Transporteinheit zu einem bestimmten Zielort. Die Nichtkornbestandteile werden in der Anlage gehäckselt und den selbstfahrenden Schneidwerken wieder zugeführt. Während des nächsten Schneid- und Sammelvorgangs wird das Häckselgut gleichmäßig auf dem Feld verteilt. Zum Straßentransport werden die Schneidwerke auf einem Trailer gestapelt. Mit einem Zugfahrzeug werden sowohl die Schneidwerke als auch die Dresch- und Separationseinheit transportiert.

Abb. 2.11: *Modulares Erntekonzept [TU Dresden 2011]*

Als Argument für dieses Erntekonzept führen Herlitzius et al. [2011] und Wolf [2011] eine mögliche Leistungssteigerung durch Skalierung bekannter Dresch- und Abscheidetechnologien an, ohne die Leistungsdichte zu erhöhen. Außerdem ist aufgrund des modularen Ansatzes ein konstanter Betrieb der Drusch- und Separationseinrichtung durch einen kontinuierlich zugeführten Gutstrom möglich. Zudem werden durch die Entkopplung etwaige Auswirkungen bei Problemen der Sammeleinheiten nicht unmittelbar auf den Druschprozess übertragen. Beides soll zu einer Steigerung der Effizienz führen. Des Weiteren wird argumentiert, dass sich Einsparungen im Hinblick auf den Leistungsbedarf des Fahrantriebs ergeben, da weniger Massen, wie beispielsweise das Gewicht von Dresch- und Separationsaggregaten, auf dem Feld bewegt werden.

Im Rahmen einer möglichen Realisierung der Vision geht mit der Konfiguration eines neuen Systems jedoch auch ein erhöhtes Entwicklungsrisiko einher. Ferner wird zum einen ein geeigneter Fahrantrieb für die selbstfahrenden Schneidwerke benötigt und zum anderen muss deren Leistungsfähigkeit gegeben sein, damit die notwendige Anzahl an Schneid- und Sammeleinheiten die Wirtschaftlichkeit des Konzepts nicht kompromittiert [Herlitzius et al. 2011]. Überdies sehen Herlitzius et al. [2011] zur erfolgreichen Umsetzung der Studie die Herausforderungen in der Automatisierung, in den Gesamtkosten des Verfahrens sowie in der Lösung von Sicherheitsaspekten.

2.3 Untersuchungen und Bewertung von Ernteprozessen und landw. Prozessketten

Auf dem Themengebiet der Ernteprozesse und der landwirtschaftlichen Prozessketten werden unterschiedliche Aspekte mit divergierendem Fokus untersucht und bewertet. Der Themenkomplex reicht dabei u. a. von Dresch- und Separationstechnologien über die gesamte Betrachtung der Erntemaschine bis hin zur nachgelagerten Erntelogistik und ganzen landwirtschaftlichen Prozessketten. Nachfolgend werden dazu die wissenschaftlichen Untersuchungen und Bewertungen aus der Forschung dargelegt.

Im Hinblick auf die Dresch- und Abscheidetechnologien werden in diversen Forschungsarbeiten das Abscheideverhalten und der Leistungsbedarf untersucht und/oder modelliert (exemplarische Auswahl) [Baruah et al. 2004; Baumgarten 1988; Beck 1992; Beck 1999; Bernhardt 2015; Böttinger 1993; Büermann 1996; Budach 2001; Caspers 1973; Freye 1980; Gregory 1988; Huynh et al. 1982; Kim 1990; Kugler 1980; Maertens et al. 2004; Miu et al. 2008; Mümken 2015; Nguyen 2008; Paulitz 1978; Trollope 1982; Schwarz 2017; Wacker 1985]. Dazu werden Auswirkungen von Konstruktions- und Betriebsparametern der Funktionseinheiten sowie die Variation des Ernteguts in Bezug auf die Stoffeigenschaften und Getreidesorten erforscht. Als entscheidende Führungsgrößen zur Beurteilung der Prozesse werden die Abscheidung von Korn und Nichtkornbestandteilen sowie die Kornverluste in Abhängigkeit des NKB-Durchsatzes herangezogen. Ein Indikator zur Bewertung bildet der Separationsfaktor, welcher der Quotient aus der jeweiligen abgeschiedenen und zugeführten Masse bzw. Massenstrom darstellt. Des Weiteren wird der Energieverbrauch der Aggregate betrachtet und entsprechende Modelle gebildet. Den wesentlichen Bewertungsaspekt bildet dabei die spezifische Leistungsaufnahme der Prozesse in Abhängigkeit des NKB-Durchsatzes, wobei weitere Betriebs- und Konstruktionsparameter sowie verschiedene Stoffeigenschaften berücksichtigt werden.

In Bezug auf die Qualität des Ernteguts werden neben dem Reinheitsgrad des Korns auch der Bruchkornanteil und dessen Entstehung analysiert [Finkenzeller 1941; Mümken 2015; Scherer et al. 1978].

Darüber hinaus werden Methoden zur Prozessführung entwickelt. Durch eine automatisierte Regelung und Einstellung von Betriebsparametern des Mähdreschers erfolgt eine Optimierung des Ernteprozesses im Spannungsfeld zwischen Durchsatzleistung, Kornverluste, Kornqualität und Leistungsbedarf [Baumgarten et al. 2009; Eggerl et al. 2013; Eggerl 2017; Herlitzius 1995; Hermann et al. 2017; Huisman 1983; Maertens et al. 2004; Vöcking et al. 2017].

Fleczoreck [2013] führt eine Verlustanalyse und Effizienzbewertung des Antriebssystems eines selbstfahrenden Mähdreschers durch. Dazu modelliert Fleczoreck [2013] den Antriebsstrang der Erntemaschine und beschreibt deren Arbeitszustände. Auf dieser Basis erfolgt eine betriebspunktabhängige Untersuchung der Verlusteigenschaften einzelner Antriebskomponenten sowie die damit verbundene Ermittlung von Energieverlusten für verschiedene Einsatzprofile [Fleczoreck 2013].

Auf Grundlage dieser Untersuchungen erweitern Fillingham et al. [2015] und Fillingham [2017] das Modell zur Bestimmung des Leistungsbedarfs der Erntemaschine. Anhand von Messungen erzeugt Fillingham [2017] Kennfelder für die Aggregate des Mähdreschers und entwickelt ein Modell für das Gleisbandlaufwerk. Damit können Vorhersagen über den Energieverbrauch sowie die Treibhausgasemissionen während des Mähdruschprozess getroffen werden. Darauf aufbauend werden Strategien entwickelt, um die Ernte zu optimieren und energieeffizienter zu gestalten [Fillingham et al. 2015; Fillingham 2017].

Im Rahmen einer energieorientierten Analyse führt von Toll [2013] eine Untersuchung zur maschinenrelevanten Energiebilanzierung in der Getreideproduktion durch. Mit Hilfe von erhobenen Daten und Auswertalgorithmen können die Kraftstoffverbräuche respektive die Energieströme sowie die Auslastung der Maschinen veranschaulicht werden. Zur Analyse wird die Getreideproduktion in drei hierarchisch aufbauende Ebenen des Energieverbrauchs differenziert. In aufsteigender Reihenfolge bilden die verschiedenen Ebenen die Maschinen, den Arbeitsprozess sowie den Produktionsprozess ab. In die Maschinenebene kategorisiert von Toll [2013] den Motor, das Getriebe, die Kraftübertragung, das Laufwerk sowie die Nebenaggregate ein. Zu den Arbeitsprozessen zählen die Ernte, die Pflege, das Säen und die Bodenbearbeitung. Die Ebene der Produktionsprozesse unterteilt sich in Erntelogistik und Bodenbearbeitungsprozesse. Als Resultat der Untersuchung wird eine Übermotorisierung auf dem Versuchsbetrieb identifiziert [von Toll 2013]. Zudem werden nicht notwendige Standzeiten und eine optimale Auslegung der Erntelogistik ermittelt [von Toll 2013].

Shearer et al. [2015] betrachten mit einem eventbasierten Simulationsmodell die Infield-Logistik während der Getreideernte. Dazu wird der Erntevorgang mit einem Mähdrescher und Überladewagen im Zusammenhang mit der Feldform, der Feldgröße und des Ertrags untersucht. Die Übergabe des Korns findet, wenn möglich, während des Ernteprozesses statt und der Abtransport auf dem Feld erfolgt parallel zur Ernterichtung. Als weitere Konfigurationsoptionen können die Erntegeschwindigkeiten und Vorsatzbreiten des Mähdreschers als auch das

Bunkervolumen und die Überladeleistung für die Erntemaschine und den Überladewagen variiert werden. Zudem besteht am Feldrand die Möglichkeit den Standort zum Überladen auf einen Lastkraftwagen zu definieren. Das Ziel der Untersuchung ist eine Beurteilung der Ernteleistung im Hinblick auf unterschiedliche Ausprägungen der eingesetzten Maschinen, um damit verbunden die Auslastung der Maschinenkombination zu verbessern. Als ein limitierender Faktor kann dabei die Wendezeit der Erntemaschine zum Wechsel der Fahrtrichtung und Feldgasse identifiziert werden. Laut Shearer et al. [2015] hat dagegen das Fassungsvermögen des Überladewagens nur einen geringen Einfluss auf die Ernteleistung, sofern das Getreide unmittelbar an wartende Lastkraftwagen übergeben werden kann.

Eine Analyse von weiteren Einflussfaktoren auf die Infield-Logistik und Prozesszeiten beim Mähdrusch wird von Mederle et al. [2016] durchgeführt. Als wichtigen Einflussfaktor für die Infield-Logistik führen Mederle et al. [2016] die Befahrstrategie an. Ausschlaggebend für die Wahl der Bearbeitungsrichtungen sind dabei die Feldgeometrie, Hindernisse auf dem Acker sowie die organisatorischen Voraussetzungen des Betriebs. Ferner werden die Prozesszeiten in Abhängigkeit der Betriebszustände während des Mähdruschs auf verschiedenen Betrieben in Bayern, den neuen Bundesländern und auf einem Betrieb in Kanada erfasst. Im Rahmen der Untersuchung können mit zunehmender Schlaggröße ein gestiegener Anteil der Druschzeiten und ein sinkender Anteil an Wendezeiten verzeichnet werden [Mederle et al.2016].

Kübler [2008] entwickelt ein Simulationswerkzeug zur Gestaltung von Feldarbeitsprozessen um ebenfalls Befahrstrategien und Prozesszeiten zu analysieren. Das Werkzeug bietet die Möglichkeit in Abhängigkeit der Feldgeometrie und -größe, des Feldarbeitsgangs und der eingesetzten Maschinen die verfahrenstechnischen Prozesse zu untersuchen. Dazu können sowohl die Bearbeitungsabfolgen des Schlages in Form von Prioritäten für Teilbereiche oder Spurpunkte als auch leistungsbeeinflussende Parameter der Maschinen, wie Geschwindigkeiten, Arbeitsbreiten und Fassungsvolumina für landwirtschaftliche Güter (Saatgut, Erntegut, Dünger), angepasst werden [Kübler 2008].

Um die Befahrstrategie von Feldern mit komplexen Geometrien zu optimieren, entwickeln Hameed et al. [2013]; Oksanen [2007] und Zhou [2015] Algorithmen zur Pfadplanung. Methodisch verfolgen Hameed et al. [2013]; Oksanen [2007] und Zhou [2015] dazu einen dreistufigen Modellierungsansatz, welcher aus der Anlage von geradlinigen parallelen Pfaden, der Untergliederung des Schlags in Teilflächen und der Ermittlung einer Abarbeitungsfolge der einzelnen Teilflächen besteht. Zhou

[2015] betrachtet dabei nicht nur einen Arbeitsgang, sondern alle Arbeitsgänge des gesamten Produktionsprozesses am Beispiel des Kartoffelanbaus. Durch den Reihenanbau und die kulturspezifischen Erddämme determinieren vorgelagerte Arbeitsgänge die Leitlinien für die Bearbeitung. Unter Berücksichtigung aller Bearbeitungsverfahren ermittelt Zhou [2015] die beste Befahrstrategie für einen Produktionszyklus. Oksanen [2007] entwickelt einen weiteren Algorithmus zur Pfadplanung, wobei im Gegensatz zur geradlinigen parallelen Bearbeitung, die „natürlichen" Feldkonturen als Grundlage für die Direktion der Befahrstrategie dienen.

Einen Beitrag zur Ausschöpfung des Maschinenpotenzials leistet Heizinger [2015] mit einer algorithmischen Analyse von Prozessketten in der Agrarlogistik. Auf Basis fahrzeuggebundener Positionsdaten wird ein Algorithmus zur Bewertung von Logistiksystemen entwickelt. Mit Hilfe von ausgearbeiteten Logistikszenarien für die Silomais- und Getreideernte sowie für die Ausbringung von Wirtschaftsdünger können zeitabhängige Betriebszustände, Prozesszeiten, Geschwindigkeitsprofile ausgewertet und Einzelfahrten zurückverfolgt werden. Diese Ergebnisse dienen als Grundlage, um mit anschließenden individuellen Auswertmethoden die Prozesskette ökonomisch zu beurteilen und Optimierungslösungen abzuleiten [Heizinger 2015].

Sonnen [2007] entwickelt im Rahmen seiner Forschungsarbeit ein Modell zur Simulation von Ernteprozessketten für Siliergüter. Das ereignisorientierte, dynamische Modell fokussiert im Besonderen die Abbildung der landwirtschaftlichen Infrastruktur und berücksichtigt sowohl die Ernte auf dem Feld, den Straßentransport als auch den Verdichtungsprozess der Silage. Zum Aufbau des Ernteverfahrens wird die Simulationsumgebung in technische, örtliche und organisatorische Mittel untergliedert. Die jeweiligen Prozesszeiten der Maschinen bilden das primäre Simulationsergebnis. Eine Klassifizierung der Prozesszeiten erfolgt dabei nach einem spezifisch angepassten Zeitgliederungsschema in Anlehnung an TGL 22289. Darauf aufbauend werden die Lohn- und Maschinenkosten für die Ernte berechnet. Dazu differenziert Sonnen [2007] die anfallenden Aufwände in Bezug auf die Maschine in variable und feste Kosten. Zur Ermittlung der festen Kosten wird die gesonderte Kalkulationsdaten für landwirtschaftliche Maschinen und Geräte des KTBLs heranzogen. Die Haupteinflussgröße für den variablen Anteil stellen die Betriebskosten in Form des verbrauchten Kraftstoffs dar. Anhand der jeweils installierten Motorleistung werden für die Arbeitszustände im Leerlauf und unter Volllast spezifische Verbräuche pro Zeiteinheit hinterlegt. Durch Multiplikation mit der jeweiligen Prozesszeit und dem Preis pro Liter werden die Kraftstoffkosten kalkuliert. Mit Hilfe dieses

Simulationswerkzeugs können somit sowohl die Prozesszeiten als auch die Erntekosten analysiert werden. Die daraus resultierenden Ergebnisse können der Maschinenauswahl und -zusammenstellung sowie der technischen Dimensionierung und dem Verfahrensmanagement dienen, um den Ablauf der Ernte zu optimieren und damit die Prozesskette effizient zu gestalten [Sonnen 2007].

Fleischer [1969; 1971] und Heege [1977] untersuchen transportverbundene Arbeitsverfahren in der Landwirtschaft. Charakteristisch für diese Arbeitsverfahren sind die Teilarbeiten Beladen, Transportieren und Entladen. Die Teilarbeiten können von einer oder mehreren Einheiten bzw. in einem oder mehreren Arbeitszyklen ausgeführt werden (Abb. 2.12).

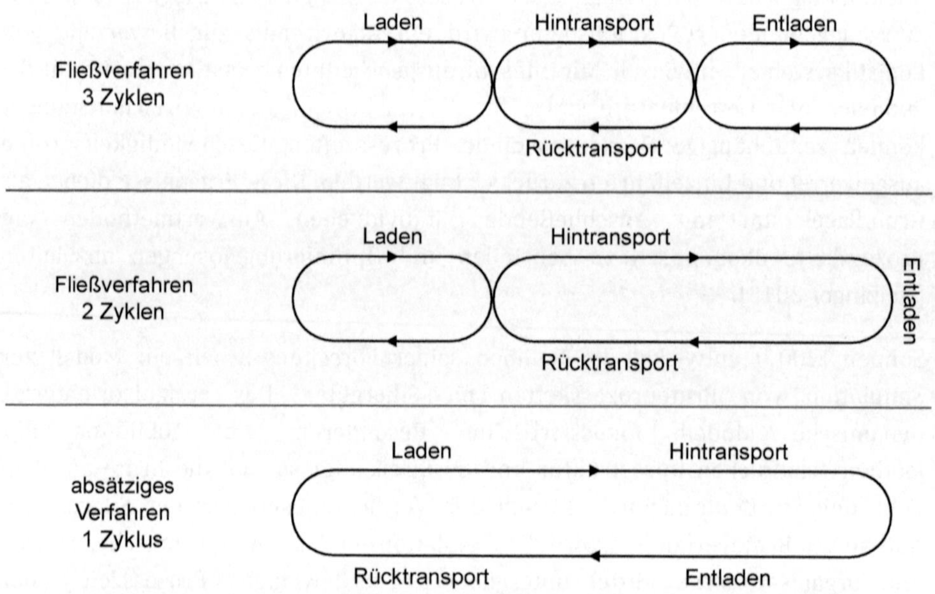

***Abb. 2.12:** Systematik zur Einteilung transportgebundener Arbeitsverfahren nach Heege [1977]*

Basierend auf dieser Systematik werden die transportverbundenen Arbeitsverfahren in das Ein-Mann-Verfahren respektive absätziges Verfahren und das Fließverfahren differenziert. Aufgrund der periodisch wiederkehrenden Arbeitsabläufe und der Wechselwirkungen zwischen den vor- und/oder nachgelagerten Arbeitsgängen entstehen zeitliche Abstimmungsprobleme bei den Fließverfahren. Die damit einhergehenden Wartezeiten werden von Fleischer [1969; 1971] und Heege [1977] als zyklische verfahrensbedingte Verlustzeiten bzw. zyklische Wartezeiten bezeichnet. Beim absätzigen Verfahren existiert diese Form der Verlustzeit nicht, da alle Arbeitsschritte in einem Zyklus vereint sind und folglich keine Wechselwirkungen in Bezug auf die zeitliche Abstimmung auftreten.

Aufbauend auf den Untersuchungen von Fleischer [1969; 1971] und Heege [1977] betrachtet Herrmann [1999] unterschiedliche Verknüpfungsmöglichkeiten von Ernte- und Transportarbeitsgängen und entwickelt zu deren Beurteilung verfahrenstechnische Bewertungskriterien. Die Grundlage der Untersuchung bildet die Untergliederung der Verknüpfungsvarianten in eine parallele, absätzige und bedingt-absätzige Verfahrensweise (Abb. 2.13).

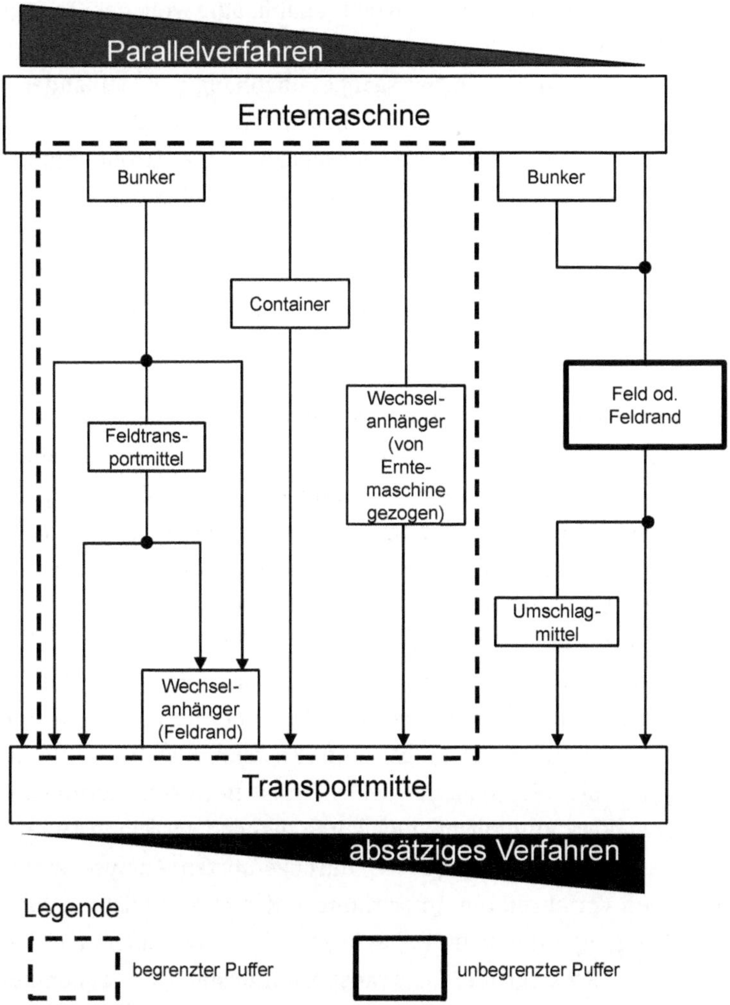

***Abb. 2.13:** Allgemeines Maschinenfolgeschema zur Darstellung der Verknüpfungsmöglichkeiten von Ernte und Transport nach Herrmann [1999]*

Herrmann [1999] definiert und beschreibt die unterschiedlichen Verfahren dazu folgendermaßen: Bei dem Parallelverfahren wird das Erntegut unmittelbar nach der Aufbereitung durch die Erntemaschine an die Transporteinheit übergeben. Demgemäß kann die Ernteeinheit nur in Kombination mit einer Transporteinheit den Ernteprozess ausführen. Dieses Verfahren wird beispielsweise bei der Silomais- oder Welkguternte mit dem Feldhäcksler angewandt. Der Erntevorgang während des Mähdruschs repräsentiert hingegen die bedingt-absätzige Verfahrensweise. Charakteristisch für dieses Verfahren ist eine begrenzte Kapazität zur Zwischenlagerung der Erntemasse. Dadurch ist die Erntemaschine in der Lage für einen gewissen Zeitraum die Erntearbeit unabhängig von der Transporteinheit fortzuführen. Im absätzigen Verfahren können durch die Entkopplung von Ernte- und Transportvorgang beide Arbeitsgänge unabhängig voneinander und ohne Wechselwirkung verrichtet werden. Das Feld oder der Feldrand fungieren dabei bspw. als Puffer mit unbegrenzter Lagerkapazität. Die Strohbergung mit einer Ballenpresse erfolgt nach diesem Verfahren. Da die Ballen auf dem Feld abgelegt werden, beeinflusst deren Abtransport die Arbeitsweise des Pressvorgangs nicht.

Zur Bewertung dieser unterschiedlichen Verknüpfungen entwickelt Herrmann [1999] im ersten Schritt ein Leistungsmodell. Dazu werden auf Basis von Modellen die Arbeitszyklen und statischen Leistungswerte der Ernte- und Transporteinheiten beschrieben. Die zeitliche Basis der Arbeitszyklen gründet auf den Prozesszeiten des Zeitgliederungsschemas TGL 22289 und auf verfahrensbedingten Verlustzeiten, welche in Ergänzung an das Schema eingeführt werden. Darauf aufbauend werden die geernteten Tonnagen pro Stunde für unterschiedliche Verfahren bestimmt. In einem zweiten Schritt nutzt Herrmann [1999] diese Massenleistung der Verfahren als Eingangsgröße für ein Kostenmodell. Das Kostenmodell setzt sich aus mehreren Teilkosten auf Zeitbasis zusammen. Neben dem Lohnansatz werden die festen und variablen Kosten der eingesetzten Maschinen berücksichtigt. In Analogie zu den statischen Leistungswerten wird zur Ermittlung der Kraftstoffkosten ein durchschnittlicher Kraftstoffverbrauch pro Maschine herangezogen. Das Resultat aus der Kombination von Leistungs- und Kostenmodell sind die Kosten der Arbeitserledigung pro Erntemasse, welche als Bewertungsgrundlage für die unterschiedlichen Verknüpfungsmöglichkeiten dienen [Herrmann 1999].

Im Rahmen der von Herrmann [1999] durchgeführten Analyse werden für die unterschiedlichen Verfahren die Auswirkungen der Massenleistung auf die Kosten der Arbeitserledigung untersucht. Dabei lag der Fokus vor allem auf der Variation von Ertrag, Schlaggröße, Transportentfernung, Lademasse und Transportgeschwindigkeit. Das entwickelte Werkzeug soll zur Kostenoptimierung und Lösung praktischer Problemstellungen wie der Verfahrensgestaltung, der

Auswahl und dem Einsatz der Mechanisierung sowie zur Entwicklung neuer Maschinen und Verfahren beitragen [Herrmann 1999].

Fechner [2016] schlägt zur Berechnung komplexer Transportketten eine Methode in Anlehnung an die Kirchhoffschen Regel vor. Am Beispiel der Getreideernte wird eine komplexe Transportkette mit mehreren Mähdreschern, Überladewagen, Transporteinheiten und Getreideannahmestellen konstruiert. Die eingesetzten Maschinen weisen dabei unterschiedliche Einsatzparameter im Hinblick auf die Durchsatz- und Lagerkapazität auf. Zur mathematischen Abbildung wird das komplexe Transportsystem als Netzwerk kontinuierlicher Massenströme interpretiert. Auf Basis dieser Annahme wendet Fechner [2016] die Prinzipien der Knoten- und Maschenregel an, um ein lineares Gleichungssystem aufzustellen. Als Knoten werden dazu die Übergabepunkte des Gutstroms angesehen. Nach dem 1. Kirchhoffschen Gesetz ist die Summe der zufließenden Ströme gleich der Summe der abfließenden Ströme an einen Knotenpunkt. In Anlehnung an die Maschenregel werden zudem bei der Teilung von Gutströmen die Proportionen der jeweiligen Durchsatzkapazitäten berücksichtigt. Die Lösung des Gleichungssystems spiegelt die durchschnittlichen Durchsätze der Maschinen im Komplex wider. Darauf aufbauend können die Maschinenauslastungen ermittelt und Überkapazitäten identifiziert werden [Fechner 2016].

Auf Basis einer kontextbasierten Systemarchitektur untersucht Steckel [2018] die Kooperation von Maschinen am Beispiel der Silomaisernte. Dazu wird der Ernteprozess in einer agentenbasierten Simulationsumgebung abgebildet und jedem Agenten entsprechende Kosten- und Leistungsmodelle zugewiesen. Dabei wird der Kraftstoffverbrauch von Ernte- und Transporteinheit als eine Funktion in Abhängigkeit des Durchsatzes bzw. in Abhängigkeit der Fahrgeschwindigkeit und des Beladungszustands modelliert. Durch eine Variation von leistungsbestimmenden Parametern, wie bspw. die Geschwindigkeiten der Transporteinheiten, der Durchsatz der Erntemaschine sowie die Anzahl der Maschinen, werden die Kosten pro Erntemasse und Zeitansprüche für unterschiedliche Szenarien bestimmt. Zudem wird ein mathematisches Modell entwickelt, welches die Simulationsergebnisse als Kennfelder visualisiert. Diese Kennfelder bilden sowohl das charakteristische Verhalten des Gesamtprozesses als auch das der Teilprozesse Häckseln, Transport und Verdichtung ab. Auf Grundlage der Kennfelder kann folglich die Konfiguration der Erntekette im Hinblick auf Kosten und Zeitbedarf optimiert werden. Im Rahmen der Analyse erfolgt ein Vergleich zwischen der Auslastung des Gesamtprozesses und der Auslastung des Feldhäckslers. Als Resultat stellt Steckel [2018] heraus, dass es unter den gegebenen Randbedingungen und unabhängig von der Auslastung des Gesamtprozesses am wirtschaftlich sinnvollsten ist, den Feldhäcksler unter Volllast zu betreiben und Wartezeiten der Erntemaschine in Kauf zu nehmen, anstatt kontinuierlich im Teillastbereich ohne Wartezeiten zu arbeiten.

Zur Analyse der Strohernte in Schweden entwickelt Nilsson [1999a; 1999b; 2000; 2001] ein dynamisches Simulationsmodell vor dem Hintergrund der energetischen Strohverwertung. Dazu modelliert Nilsson den Berge- und Transportvorgang sowie unterschiedliche Lagermöglichkeiten und -kapazitäten. Unter Berücksichtigung von klimatischen und geographischen Einflüssen soll das Modell dazu beitragen verschiedene Maschinenkonfigurationen, Managementstrategien und unterschiedliche Standorte der Verwertungsanlage im Hinblick auf die Leistungsfähigkeit der Erntekette und deren Kosten zu bewerten [Nilsson 1999a; 1999b; 2000; 2001].

Im Rahmen des Forschungsprojektes „EKoTech" sollen CO_2-Einsparpotenziale für den landwirtschaftlichen Produktionsprozess identifiziert und damit die Energieeffizienz in der Landwirtschaft gesteigert werden [Hanke et al. 2018; Trösken et al. 2018; Trösken et al. 2020]. Mögliche Einsparpotenziale werden in der Verbesserung der Maschineneffizienz sowie in der Optimierung der Arbeitsabläufe gesehen [Fleck et al. 2014; Hanke et al. 2018]. Zudem soll der Einsatz von alternativen Energiequellen untersucht werden. Neben empirischen Analysen [Fleck et al. 2014] erfolgt eine modellgestützte Untersuchung der unterschiedlichen Verfahrensschritte des Produktionsprozesses [Hanke et al. 2018]. Dazu werden über Maschinenkennfelder der spezifische Kraftstoffbedarf in Abhängigkeit des Betriebszustandes bestimmt [Hanke et al. 2018; Trösken et al. 2018; Trösken et al. 2020]. Mit Hilfe der agentenbasierten Simulation werden die landwirtschaftlichen Verfahren abgebildet und damit die zugehörigen partiellen Maschineneinsatzzeiten ermittelt [Trösken et al. 2020]. Auf dieser Basis wird der absolute Kraftstoffverbrauch für den einzelnen Arbeitsgang quantifiziert und darauf aufbauend der Energiebedarf für das ganze Produktionsverfahren bestimmt [Trösken et al. 2020].

Der KTBL Feldarbeitsrechner ist eine Onlineanwendung zur Bewertung einzelner Arbeitsgänge im landwirtschaftlichen Produktionsprozess [KTBL 2023]. Dieses Werkzeug wird vor allem von Landwirten und Lohnunternehmen eingesetzt, um Arbeitszeitbedarf, Maschinenkosten, Flächenleistung und Kraftstoffverbrauch überschlagsmäßig zu kalkulieren. In Bezug auf die Getreideernte können dazu unterschiedliche Maschinenkonstellationen im Hinblick auf Ernte und Transport sowohl für den Mähdrusch als auch für die Strohbergung beurteilt werden. Neben der Auswahl von unterschiedlichen Leistungsklassen und Dimensionen sowie der

Anzahl der Maschinen können ferner auch Spezifikationen wie die Schlaggröße, Hof-Feld-Entfernung und der Ertrag variiert werden. In Ergänzung zum Feldarbeitsrechner können zudem die spezifischen Maschinenkosten aus den Verrechnungssätzen des Maschinenrings herangezogen werden.

2.4 Grundlagen zum Aufbau, der Analyse und Bewertung von Prozessketten

Erntekonzepte stellen im Allgemeinen verschieden geartete Prozessketten dar. Daher bilden, neben den ernte-spezifischen Untersuchungen, die Grundlagen zum Aufbau, der Analyse und Bewertung von Prozessketten weitere Voraussetzungen zur Entwicklung der Methode. Nachfolgend werden die relevanten Begriffe System, Prozess und Prozesskette definiert, voneinander abgegrenzt und zueinander in Beziehung gesetzt. Ferner werden die Grundlagen zur Prozessanalyse sowie die darauf aufbauende Bewertung und Optimierung von Prozessketten beschrieben.

2.4.1 Definition und Zusammenhang von System, Prozess und Prozesskette

In Wissenschaft und Technik wird ein Prozess als Zustandsänderung eines Systems interpretiert [Schmidt 2002]. Durch die Systemgrenze ist der Umfang eines Systems definiert und das System ist damit zu anderen Systemen sowie dem Umfeld bzw. der Systemumgebung abgegrenzt [Ehrlenspiel et al. 2013; Gutenschwager et al. 2017]. „Durch die Eingangs- und Ausgangsgrößen werden die Beziehungen (Relationen) zwischen Umgebung und System dargestellt, die durch die Systemgrenze hindurch gehen“ [Ehrlenspiel et al. 2013] (Abb. 2.14).

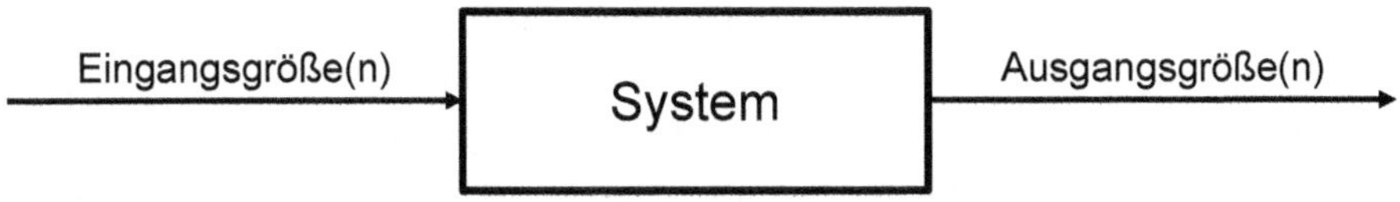

Abb. 2.14: *System nach Döring [2011]*

Das System an sich besteht aus einer Menge von Systemelementen, die miteinander in Beziehung stehen und von ihrer Umwelt abgegrenzt sind [DIN 2009; VDI 2014]. Die Beziehung zwischen den einzelnen Elementen eines Systems wird als Struktur bezeichnet [DIN 2009; VDI 2014]. Ein Systemelement ist ein Teilsystem und kann bei weiterer Detaillierung wieder ein eigenes System darstellen. Das einzelne Systemelement wird dazu durch unterschiedliche Eigenschaften charakterisiert, welche durch „konstante und variable Attribute (die sogenannten Zustandsgrößen)“

[Gutenschwager et al. 2017] beschrieben werden. Der Systemzustand wird somit durch die Ausprägung der Zustandsgrößen zu einem bestimmten Zeitpunkt definiert. Die Zustandsänderung zwischen zwei Zeitpunkten wird wiederum durch die Prozesse im System hervorgerufen [Gutenschwager et al. 2017].

Ein Prozess ist die „Gesamtheit von aufeinander einwirkenden Vorgängen in einem System, durch die Materie, Energie oder Informationen umgeformt, transportiert oder auch gespeichert werden“ [VDI 2014], wobei Systemparameter die Rahmenbedingungen für das Prozessverhalten bilden und damit auch als Prozessparameter angesehen werden [Götzfried 2013] (Abb. 2.15).

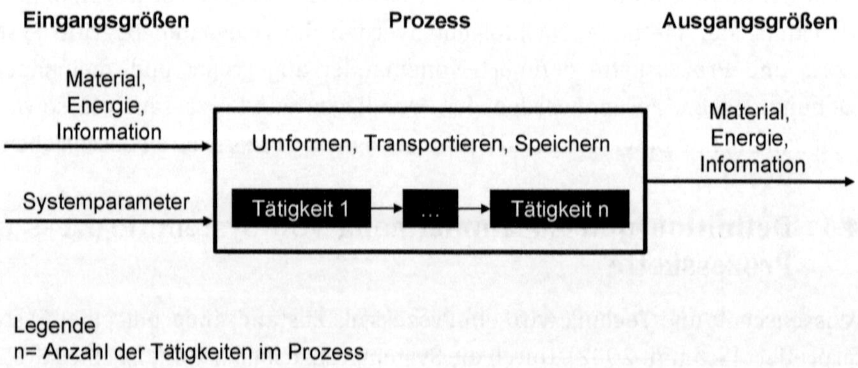

Abb. 2.15: *Schematische Darstellung eines Prozesses und Systemparameter nach Götzfried [2013] in Anlehnung an ISO [2005] und Schmidt [2002]*

Je nach Auslegung der Systemgrenzen bzw. Grenze eines Systemelementes oder Detaillierung des Systems kann der einzelne Prozess die Gesamtheit von aufeinander einwirkenden Vorgängen [DIN 2009; VDI 2014] oder Einzelfunktionen in einem System beschreiben. Darauf aufbauend kann, in Anlehnung an die Systemtheorie, die Gesamtfunktion (eines Systems) in Teilsysteme mit unterschiedlichen Detaillierungsgraden strukturiert werden (Abb. 2.16) [Ehrlenspiel et al. 2013; Naefe 2012; VDI 1993]. Mit Hilfe der Schnittstellen werden die Prozesse miteinander verknüpft. Die einzelnen Prozesse können dabei sequenziell in einer bestimmten Reihenfolge oder parallel zueinander angeordnet sein. In Bezug auf die zeitliche Perspektive laufen die Prozesse zeitlich unabhängig (nebenläufig) oder synchronisiert ab [VDI 2021], wobei zusätzlich zwischen kontinuierlichen und diskontinuierlichen Prozessen, auch Chargen- oder Batchprozess genannt, differenziert wird.

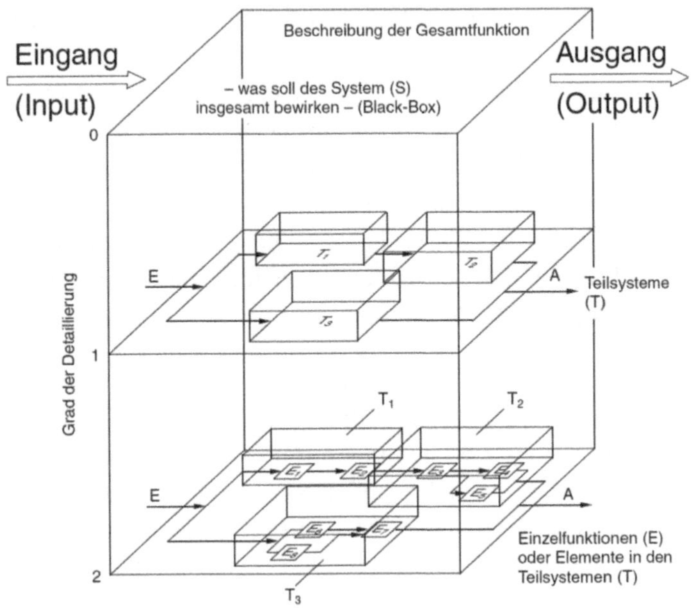

Abb. 2.16: *Struktur eines Systems in unterschiedlichen Detailierungsgraden (in [Naefe 2012] nach [Ehrlenspiel 2003])*

Die daraus resultierende Folge aus Aktivitäten oder auch Arbeitsschritten stellt eine Prozesskette dar [Götzfried 2013; Willms 2008]. Dabei werden Materie, Energie und Informationen durch die Verkettung der Prozesse von einem Anfangs- in einen Endzustand überführt [Schäfer 2003]. Das Verhältnis von Prozess zu Prozesskette ist analog zum Verhältnis von System zu Systemelement bzw. Teilsystem. Je nach Betrachtungsgrenze kann ein Prozess in detaillierter Form aus einer Vielzahl von verketteten Prozessen bestehen. Die jeweiligen Prozesskettenelemente beschreiben dabei einzelne Transformationen.

In der Literatur werden Prozessketten in unterschiedlichen Zusammenhängen verwendet und interpretiert [Hielscher 2008; Willms 2008]. Im Anwendungskontext der Ingenieurwissenschaften werden fünf Themengebiete differenziert. Dazu wird zwischen Prozessketten aus den Bereichen Produktlebenszyklus, Produktgestaltung, Daten-/Informationsverarbeitung, Logistik und der Produktions-/Fertigungstechnik unterschieden [Willms 2008].

Durch eine Verknüpfung von unterschiedlichen Phasen wird der Lebenszyklus eines Produktes geprägt. Der Produktlebenszyklus bildet eine Prozesskette, ausgehend von der Produktidee über die Entwicklung, Fertigung und Montage bis hin zu Verwendung und Service sowie schlussendlich der Entsorgung [Willms 2008]. Im

Rahmen von Produktentwicklungsprozessen werden dazu einzelne Gestaltungsphasen wie beispielsweise der Entwurf des Produktes, die Detailkonstruktion, die Validierung sowie der Produktionsanlauf verkettet. Darauf aufbauend wird im Rahmen des Informationsmanagements eine Prozesskette durch eine durchgehend einheitliche Verwendung von Produktdatensätzen für Produktdesign, Fertigungsplanung, Produktfertigung und Qualitätssicherung abgebildet [Götzfried 2013; Willms 2008]. In der Produktions- und Fertigungstechnik sowie in der Logistik werden durch die jeweiligen Prozessketten Güter transformiert [Pfohl 2010].

Logistische Prozessketten sind dabei Abfolgen von Verknüpfungen zwischen Transport-, Lager- und Handhabungs-/Umschlagprozessen [Pfohl 2010]. Nach Pfohl [2010] werden diese Vorgänge als Güterverteilung zusammengefasst und stellen eine Verbindung zwischen einem Herstellungs- und einem Verwertungsprozess dar. Durch die Kernprozesse der Logistik erfolgt eine raum-zeitliche Gütertransformation, ohne dass damit eine Stoffwandlung respektive eine qualitative Veränderung der Güter einhergeht [Pfohl 2010]. Folglich wird der eigentliche Gebrauchswert der Güter durch reine Logistikprozesse nicht gesteigert [Pfohl 2010].

Charakteristisch für Prozessketten aus der Produktions- und Fertigungstechnik ist, dass, im Gegensatz zur Logistik, die Güter qualitativ transformiert werden. Diese Gütertransformation erfolgt nach Pfohl [2010] durch Gewinnungs-, Verarbeitungs-, und Bearbeitungsprozesse. Im Vergleich zur Logistik bilden die produktions- und fertigungstechnischen Prozesse die Güterbereitstellung und sind somit die Grundlage zur Herstellung von Erzeugnissen wie bspw. Bauteilen. Durch die jeweiligen Prozessglieder werden die Eigenschaften der Bauteile bzw. des Systemelements, welches die Prozesskette durchläuft, verändert [Hielscher 2008; Schäfer 2003; Willms 2008]. Den Schlüssel dieser Prozessketten bildet dabei die Vererbung der (Bauteil-) Eigenschaften von Produktionsschritt zu Produktionsschritt, da diese als Schnittstellen fungieren und die Eingangs- und Ausgangsgröße des Systemelements beschreiben [Hielscher 2008; Pfohl 2010; Schäfer 2003; Willms 2008].

In vielen Anwendungsbereichen, vor allem bei produzierenden Unternehmen, werden die Prozessketten der Gütertransformation miteinander kombiniert, um den Gesamtprozess sowie das damit verbundene Materialflusssystem zu beschreiben und zu analysieren, da einzelne Produktionsprozesse zumeist über Logistikprozesse miteinander verknüpft sind [Pfohl 2010; Willms 2008]. Nach Weigert et al. [2010] handelt sich bei der Kombination aus logistischen und fertigungs-

/produktionstechnischen Aspekten innerhalb eines Produktionssystems, grundsätzlich um Systeme, „in denen einzelne Objekte bewegt, bearbeitet und gelagert werden“ [Weigert et al. 2010].

2.4.2 Grundlagen der Prozessanalyse

Die Prozessanalyse stellt die Untersuchung von Prozessen dar und bildet die Grundlage zu deren Bewertung und Optimierung. Im Rahmen der Prozess- bzw. Prozesskettenanalyse werden zunächst die Systemgrenzen definiert sowie die einzelnen Vorgänge und deren Verknüpfung identifiziert und/oder abgebildet. Je nach Anforderung muss die Detaillierung der Prozessbetrachtung angepasst und in kleinere Einheiten, aufbauend auf dem Ansatz der Systemtheorie, unterteilt werden (Abb. 2.17) [Becker 2005; Götzfried 2013].

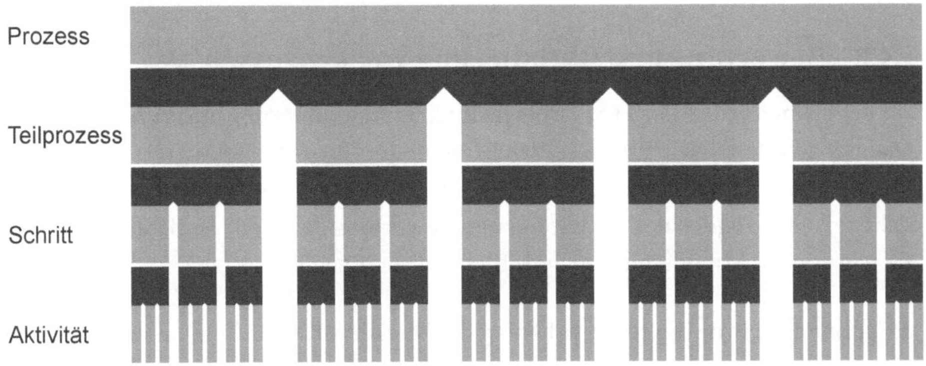

Abb. 2.17: *Prozesshierarchie nach Becker [2005]*

Becker [2005] führt dazu beispielhaft eine Prozesshierarchie in Form einer Untergliederung von Prozess, Teilprozess, Schritt und Aktivität ein. Eine Teilsumme von kleineren Einheiten in einer Hierarchieebene ergibt folglich eine Einheit der übergeordneten Ebene.

Im Weiteren werden im Rahmen der Prozessanalyse Prozessparameter erfasst und/oder festgelegt sowie spezifische Daten erhoben. Dieses Vorgehen kann sowohl auf Basis empirischer Studien, durch Beobachtungen und Messungen als auch durch simulative Studien erfolgen [Gutenschwager et al. 2017; Schäfer 2003; Sonnen 2007; VDI 2014]. Darauf aufbauend werden charakteristische Eigenschaften der Prozessketten, z. B. mit Hilfe von Kennzahlen, ausgewertet und untersucht [Becker 2005]. Infolge einer Gegenüberstellung von Ist- und Soll-Zustand oder einem Vergleich zwischen unterschiedlichen Gestaltungsformen oder Parametervariationen werden die Prozesse und Prozessketten bewertet. Auf Basis der Bewertung soll ein konstatierter Handlungsbedarf zur Optimierung beitragen. Dazu kann eine Optimierung hinsichtlich verschiedener Kriterien „wie Kosten, Zeit, Qualität, Kapitaleinsatz und Flexibilität, oder […] anderer abgeleiteter Teilkriterien“ [Becker 2005] erfolgen. Zumeist bildet das übergeordnete Ziel der Analyse die Steigerung der Auslastung und Effizienz, d. h. die Wirtschaftlichkeit der Prozesse und Prozessketten zu erhöhen [Pfohl 2010]. Um dieses Ziel zu erreichen sind im Allgemeinen bspw. folgende Maßnahmen das Resultat einer Prozessanalyse: Verringerung von Lagerbeständen und den damit verbundenen Kapitalbindungskosten, Aufdecken von Engpässen, Dimensionierung von Produktions- und Logistiksystemen, Untersuchung von alternativen Fertigungskonzepten, Erhöhung der Lieferbereitschaft und Termintreue sowie die Identifizierung von Kostentreibern [Götzfried 2013; Gutenschwager et al. 2017; Pfohl 2010; VDI 2001; Willms 2008].

2.4.3 Bewertung und Optimierung von Prozessen

Vor dem Hintergrund der Prozessbewertung und -optimierung muss im Rahmen der Analyse zwischen der Prozesseffizienz und der Prozesseffektivität differenziert werden. Die Effektivität und die Effizienz der Prozesse stellen zwei unterschiedliche Sichtweisen bezüglich der Gestaltung und Bewertung dar. Nach Drucker [1974] sind die Begriffe Effektivität und Effizienz folgendermaßen definiert:

„Effectiveness is doing the right things“ [Drucker 1974]

„Efficiency is concerned with doing things right“ [Drucker 1974]

Sinngemäß in die deutsche Sprache übersetzt, bedeutet Effektivität die richtigen Dinge tun und Effizienz die Dinge richtig tun.

Die Effektivität beschreibt, ob mit einem Prozess das beabsichtigte Resultat erzielt wird [Becker 2005]. Das Verhältnis von definiertem und erreichtem Ziel, dem Zielerreichungsgrad oder auch die Wirksamkeit bzw. der Qualität der Zielerreichung, stellt ein Maß für die Effektivität dar [Deiters 2009; Pehnt 2010; Wleklinski 2001]. Dabei ist die Effektivität unabhängig von den eingebrachten Mitteln und Aufwendungen zu bewerten [Pehnt 2010]. Demgegenüber fungiert die Effizienz als ein Indikator für die eingebrachten und verwendeten Mittel und Ressourcen zur Erreichung eines definierten Ziels [Becker 2005]. Je weniger Mittel zur Zielerreichung eingebracht werden, desto effizienter ist ein Prozess. Folglich wird Effizienz als Leistungsfähigkeit und Wirtschaftlichkeit interpretiert und spiegelt grundsätzlich das Verhältnis zwischen Output und Input wider [Fleczoreck

2013; Pehnt 2010]. Demnach kann, analog zur Beschreibung der Effektivität als Zielerreichungsgrad, Wirksamkeit und Qualität der Zielerreichung, die Effizienz als Wirkungsgrad oder Quantität der Zielerreichung gedeutet werden [Deiters 2009; Wleklinski 2001]. Bezüglich des Verhältnisses von eingesetzten Mitteln und dem daraus resultierenden Ergebnis wird vor dem Hintergrund des ökonomischen Prinzips zwischen zwei Strategien differenziert [Pehnt 2010]. Aus einem vorgegebenen Input den maximal möglichen Output zu generieren, wird als Maximumprinzip bezeichnet [Pehnt 2010]. Konträr dazu bedeutet das Minimumprinzip, einen definierten Output mit einem möglichst minimierten Mitteleinsatz zu erreichen. [Becker 2005; Pehnt 2010].

Aufbauend auf der grundsätzlichen Differenzierung von Prozesseffektivität und -effizienz, erfolgt im Rahmen von Analysen eine qualitative und/oder quantitative Bewertung der Prozesse bzw. der Prozessketten. Dabei dient eine qualitative Bewertung zur Beurteilung von bestimmten Prozessfähigkeiten und Prozessmerkmalen wie bspw. die Identifizierung von bestimmten Arbeitsweisen. Demgegenüber dient eine quantitative Bewertung auf Basis von charakteristischen Kennzahlen zur Beurteilung von quantifizierbaren Eigenschaften wie bspw. eine Prozessleistung [Becker 2005]. Die Kennzahlen sollen dabei komplexe Sachverhalte vereinfacht darstellen und signifikante Informationen eines Prozesses beinhalten und repräsentieren [Gutenschwager et al. 2017]. Durch einen Vergleich von definierten Kennzahlen können Systeme und Prozesse untereinander bewertet und Optimierungen abgeleitet werden.

Innerhalb des Themenkomplexes aus Produktion und Logistik ist nach Weigert et al. [2010] kein allgemeingültiges Kennzahlensystem definiert, da branchenabhängig unterschiedliche und spezifische Begrifflichkeiten und mathematische Definitionen verwendet werden. Auf Basis einer Analyse von bestehenden Kennzahlen bilden Weigert et al. [2010] Kategorien bzw. Schlüsselbegriffe zur systematischen Gliederung von Kennzahlen, um logistische Aspekte und deren Sachverhalte innerhalb eines Produktionssystems zu differenzieren und möglichst holistisch zu charakterisieren. Diese werden nach Weigert et al. [2010] und Gutenschwager et al. [2017] folgendermaßen definiert:

Durchsatz-spezifische Kennzahlen: Der Durchsatz bezieht sich auf eine Menge von Einheiten, welche pro Zeitintervall ein bestimmtes System und die damit verbundenen Grenzen durchlaufen [Gutenschwager et al. 2017]. Der Durchsatz eines Systems wird auch als Ausbringungsmenge bezeichnet [Gutenschwager et al. 2017; Weigert et al. 2010]. Im Allgemeinen repräsentiert diese Form von Kennzahlen die Leistung eines Systems oder Prozesses [Weigert et al. 2010].

Durchlaufzeit-spezifische Kennzahlen: Bei der Durchlaufzeit handelt es sich um das Zeitintervall zur Ausführung eines bestimmten Prozesses [Gutenschwager et al. 2017; Weigert et al. 2010]. Dabei gehören zu dieser Kategorie sowohl die Bearbeitungszeiten für ein bestimmtes Produkt als auch Zykluszeiten für kontinuierlich ablaufende Arbeitszyklen einer Maschine [Weigert et al. 2010].

Bestand-spezifische Kennzahlen: Ein Bestand stellt eine Anzahl von Einheiten dar, welche sich zu einem bestimmten Zeitpunkt oder während eines Zeitintervalls in einem System befinden [Gutenschwager et al. 2017]. Nach dem Gesetz von Little wird der Bestand als das Produkt aus Durchsatz und Durchlaufzeit definiert [Little 1961] und bildet „so etwas wie das unverzichtbare Fundament bei der Leistungsbewertung logistischer Systeme" [Weigert et al. 2010].

Auslastungs-spezifische Kennzahlen: Die Auslastung stellt eine abgeleitete Kenngröße für die Nutzung von Ressourcen wie bspw. Maschinen, Personal und Lagerkapazitäten dar [Weigert et al. 2010]. Darunter fallen Kennzahlen wie der allgemeine Nutzungsgrad. Der Nutzungsgrad beschreibt u. a. den „prozentualen Anteil derjenigen Zustände an der Dauer des betrachteten Zeitintervalls [...], die dem Zweck der Ressource entsprechen" [Gutenschwager et al. 2017]. Neben der zeitlichen Perspektive symbolisieren auslastungsspezifische Kennzahlen zudem das Verhältnis zwischen der abgerufenen und der installierten Leistung einer Anlage, die Anlageneffizienz [Weigert et al. 2010].

Termin-spezifische Kennzahlen: Im Gegensatz zur Durchlaufzeit handelt es sich bei einem Termin nicht um ein Zeitintervall, sondern um einen fixen Zeitpunkt in Form eines Datums mit Uhrzeit [Gutenschwager et al. 2017; Weigert et al. 2010]. Von besonderer Bedeutung sind diese Kennzahlen für die operative Ablaufplanung von Produktionssystemen [Weigert et al. 2010] vor dem Hintergrund der Termineinhaltung und Lieferservicegrade [Gutenschwager et al. 2017]. Der Lieferservicegrad repräsentiert dazu die anteilige termingerechte Lieferung der bereitzustellenden Erzeugnisse [Gutenschwager et al. 2017].

Ausbeute-spezifische Kennzahlen: Die Ausbeute spiegelt aus Produktionssicht wider, wie viel der produzierten Produkte verwertet bzw. verwendet werden können [Weigert et al. 2010]. Daher bezieht sich diese Kategorie auf die Qualität des Arbeitsergebnisses und die Kenngrößen können demgemäß auch als qualitätsspezifische Kennzahlen bezeichnet werden [Weigert et al. 2010]. Zudem geht mit der Ausbeute des Prozesses auch die Effizienz einher und damit verbunden der Wirkungsgrad als Kennzahl eines Prozesses.

Eine Kennzahl bezüglich der Charakterisierung von Kapazität(-en) kann je nach Definition sowohl der durchsatz-spezifischen als auch der bestands-spezifischen Kategorie zugeordnet werden [Weigert et al. 2010]. Zum einen können diese Kennzahlen die Lagerkapazität im Hinblick auf einen Bestand definieren und zum anderen als maximaler Durchsatz eines Systems oder auch als installierte Leistung einer Anlage verwendet werden [Weigert et al. 2010].

Gutenschwager et al. [2017] schlagen in Anlehnung an die Kategorien von Weigert et al. [2010] vor, eine weitere Kategorie für den Zustand eines Systems einzuführen.

Zustands-spezifische Kennzahlen: Die Zustandsbelegung beschreibt die verschiedenen Zustände, „die Ressourcen in Produktions- und Logistiksystemen in ihrer Eigenschaft als Systemelement [...] einnehmen können" [Gutenschwager et al. 2017]. Beispielhafte Zustände für Lagerplätze sind „belegt" oder „frei" bzw. für Produktionsanlagen „arbeiten", „warten" oder „rüsten" [Gutenschwager et al. 2017]. Als Kennzahlen können dabei sowohl die prozentuale Zeitverteilung der Zustände als auch die Anzahl erreichter Zustände in einem Zeitraum herangezogen werden [Gutenschwager et al. 2017]. Die Zustandsbelegung dient zudem als Basis zur Bestimmung des Nutzungsgrades (vgl. auslastungs-spezifische Kennzahlen).

In Abhängigkeit der Branche oder Perspektive bedarf es für die zuverlässige Auswertung von Systemen und für die Beurteilung von Prozessen eines spezifischen Bewertungssystems [Gutenschwager et al. 2017; Weigert et al. 2010]. Auf Basis der vorgestellten Kategorien müssen die Kennzahlen anwendungsspezifisch detailliert und spezifiziert werden [Gutenschwager et al. 2017; Weigert et al. 2010]. Eine entsprechende Unterkategorie oder eine einzelne Kennzahl kann auf mehrere der Kategorien fundieren bzw. daraus abgeleitet werden [Weigert et al. 2010].

Bei der Generierung und Spezifikation von anwendungsspezifischen Kennzahlen sollen auf Basis der Grundlagen zum Aufbau und zur Analyse von Prozessketten sowie in Anlehnung an Weigert et al. [2010] und Gutenschwager et al. [2017] folgende Punkte berücksichtigt werden:

Zeit: Definierter Zeitpunkt oder definiertes Zeitintervall

Ereignis: Basierend auf der Änderung der Zustandsbelegung wie Beginn oder Ende des Zustands „arbeiten", d. h. Wechsel von „arbeiten" zu „warten"

Ressource: Betreffendes Systemelement wie z. B. Puffereingang oder Pufferausgang

Material: Beschreibung des Materials, welches das Produktions- und Logistiksystem durchläuft

Mittels der genannten Kategorien, der abgeleiteten Kennzahlen oder weiterer produktionstechnischer und logistischer Daten können durch Kombination mit einem Kostenrechnungssystem, Kosten und weitere spezifizierte monetäre Kennzahlen für einen Prozess ermittelt werden [Gutenschwager et al 2017; VDI 2001]. Ein einfaches Beispiel stellt dazu die Verrechnung einer Arbeitszeit mit einem monetären Stundensatz der ausführenden Maschine dar [Gutenschwager et al 2017].

Mit Hilfe von analytischen Auswertungen dieser monetären Kennzahlen können Kostenbewertungen durchgeführt werden. Grundlegende Auswertungsmöglichkeiten werden dazu nachfolgend, in Anlehnung an die VDI Richtline 3633 Blatt 7 [VDI 2001], im Hinblick auf die Kostenarten-, Kostenstellen- und Kostenträgerbetrachtung beschrieben. Die Kostenträgerbetrachtungen fokussieren dazu vornehmlich eine monetäre Auswertung in Bezug auf die Verhaltensweise einer Prozesskette.

Differenzierung nach fixen und variablen Kosten (Kostenartenbetrachtung): Prozentuale Aufteilung der anfallenden Kosten nach fixen und variablen Anteilen

Kapitalbindungskosten (Kostenstellenbetrachtung): Gebundenes Kapital einer Kostenstelle in Form von Anlagen und Beständen

Flächenbelegungskosten (Kostenstellenbetrachtung): Kosten für die Belegung einer Fläche durch ein Produkt (z. B. Lagerung) oder einer Anlage, welche durch Mietsätze für die Fläche berücksichtigt werden. Zudem stellen diese Kosten eine Ergänzung zu den Kapitalbindungskosten dar.

Wertzuwachskurve entlang der Prozesskette (Kostenträgerbetrachtung): Zunahme bzw. Verlauf des (Gebrauchs-)Wertes eines zu fertigenden oder zu transportierenden Objektes, während dieses die Prozesskette durchläuft.

Kosten-Leistungs-Relation der Prozesskette (Kostenträgerbetrachtung): Beschreibt das Verhältnis zwischen Gesamtkosten eines Produktes und den Kosten, die durch Nutzleistung entstehen, d. h. durch wertschöpfende Maßnahmen am Produkt wie das Fertigen oder Montieren. In die Gesamtkosten fließen zudem Kosten für die nicht wertschöpfenden Tätigkeiten und die zur Wertschöpfung erforderlichen Tätigkeiten, wie bspw. Rüstvorgänge, mit ein.

Monetäre Bewertung von Aktivitäten innerhalb der Prozesskette (Kostenträgerbetrachtung): Genaue Betrachtung der einzelnen Aktivitäten der Prozesskette wie „Rüsten“, „Bearbeiten“, „Lagern“ oder „Prüfen“, um Kostentreiber zu identifizieren.

Kalkulation von Herstellkosten bzw. Produktionskosten (Kostenträgerbetrachtung): Ermittlung der Herstellkosten auf Basis „von Mengen, Zeit- und Kostengrößen [...]. Durch die genauere Ermittlung der Auslastung, der Ausbringung sowie der Liege- und Transportzeiten ist es möglich, die Stückkosten exakter zu bestimmen und auch solche Kosten einem Produkt verursachungsgerecht zuzurechnen“ [VDI 2001].

Auf Basis der Kennzahlen und der damit einhergehenden Bewertung leiten sich Optimierungspotenziale ab [Becker 2005]. Im Rahmen der Optimierung sollen Parameteranpassungen und/oder Prozess-/Prozesskettenveränderungen, bspw. an bestehenden Strukturen, zu einer Verbesserung von mindestens einer Zielgröße führen [Becker 2005; Götzfried 2013]. Diese Zielgröße kann sich sowohl auf den Ablauf der Produktion- und Logistikprozesse als auch auf eine monetäre Größe beziehen, wobei der Ablauf in direkter Verbindung zur monetären Maßeinheit stehen kann [Becker 2005].

Neben der von Grund auf neuen Gestaltung eines Gesamtprozesses führt Becker [2005] im Hinblick auf eine Prozess-/Prozesskettenveränderung folgende Handlungsalternativen an:

- „Entfall von Prozessschritten
- Zusammenfassen von Prozessschritten, um Schnittstellenverluste zu reduzieren
- Verteilen von Prozessschritten auf verschiedene Elemente, um in einzelnen Teilschritten Stückzahleffekte durch Standardisierung und/oder Automatisierung nutzen zu können
- Differenzierung des Prozesses in verschiedene Prozesse mit unterschiedlichen Abläufen
- Verlagerung eines Prozesses in eine andere Struktur mit niedrigeren oder geänderten Kosten“ [Becker 2005]

Bei der Gestaltung und Veränderung der Prozesse sind zudem je nach Umfang entsprechende Rahmenbedingungen zu berücksichtigen, die indirekt durch das zu fertigende Produkt oder durch vorhandene Mittel der Produktions- und/oder Logistikprozesse vordefiniert sind [Götzfried 2013].

3 Zielsetzung, Grundlagen und Anforderungen der Methode

Wie im Stand der Forschung und Technik dargestellt, werden alternative Formen der Ernte sowohl in Wissenschaft als auch in der Industrie thematisiert. Ein Teil der alternativen Erntekonzepte finden vereinzelt und prototypisch Anwendung, um spezielle Eigenschaften des Erntekonzepts zu untersuchen. Andere alternative Konzepte stellen hingegen theoretische Konzeptstudien bzw. Visionen dar. Diese werden schematisch beschrieben und mögliche bzw. hypothetische Vorteile der Konzepte herausgestellt. Im Hinblick auf bestehende Erntekonzepte erfolgen Optimierungen durch Maßnahmen wie den Einsatz von Automatisierungslösungen, der Erhöhung der Leistungsdichte oder der Koordination von Ernteteilnehmern. Zudem ist retrospektiv festzuhalten, dass das Konzept des selbstfahrenden Mähdreschers im Vergleich zu den vorangegangenen Epochen der Getreideernte (vgl. Abb. 2.2), eine überproportionale Dauer der evolutionären Entwicklungsphase aufweist. Die aufgeführten Entwicklungen und Untersuchungen zu einzelnen Ernteprozessen und zu Ernteprozessketten behandeln im Wesentlichen die Verbesserung von bestehenden Systemen und fokussieren damit vor allem die Steigerung der Effizienz.

Folglich resultiert aus dem Stand der Forschung und Technik die Fragestellung: Welche Potenziale gehen mit alternativen Systemen in Form von neuen Maschinen- und Erntekonzepten einher und wie können diese sowohl gegenüber bestehenden Systemen als auch in Relation zu weiteren alternativen Erntekonzepten beurteilt werden? Aus diesem Grund wird eine Methode benötigt, die es erlaubt Erntekonzepte miteinander zu vergleichen und darauf aufbauend zu bewerten.

Auf Basis der Erkenntnisse aus dem Stand der Forschung und Technik soll das Erntekonzept folgendermaßen definiert werden. Das Erntekonzept definiert die Art und Weise der Ernte und bildet damit einen bestimmten Ernteprozess ab. Der Ernteprozess besteht wiederum aus einzelnen Teilprozessen. Die Verknüpfung dieser Teilprozesse stellt die Prozesskette dar. Das Erntekonzept beschreibt dabei sowohl die Gestaltung als auch die Ausführung der Prozesskette und die Interaktion der einzelnen Prozesse. Folglich führen Änderungen des Erntekonzepts zur Modifikation der Prozesskette. Das Maschinenkonzept ist ein Bestandteil des Erntekonzepts bzw. stellt ein Teilsystem der Prozesskette dar und bildet die Grundlage zur Ausführung der Ernte.

© Der/die Autor(en), exklusiv lizenziert an Springer Fachmedien Wiesbaden GmbH, ein Teil von Springer Nature 2026
F. Peters, *Methode zur Bewertung von Erntekonzepten am Beispiel der Getreideernte*, Fortschritte Naturstofftechnik, https://doi.org/10.1007/978-3-658-52386-2_3

Mit der Methode soll ein „auf einem Regelsystem aufbauendes Verfahren zur Erlangung von (wissenschaftlichen) Erkenntnissen“ [Duden 2017a] entwickelt werden. Die zu entwickelnde Methode muss dazu beitragen, die Effekte der Modifizierung abzubilden und die daraus resultierenden Potenziale aufzuzeigen. Zur Analyse verschiedener Lösungsansätze bedarf es einer möglichst ganzheitlichen Betrachtung des Erntekonzepts, um vergleichbare und aussagekräftige Ergebnisse zu erhalten und um letztendlich die Potenziale zu bewerten.

Im Hinblick auf die Potenziale eines Systems sieht Drucker [1974] die Effizienz als eine Verbesserung von einer Tätigkeit, die ohnehin schon ausgeführt wird, wohingegen sich ein Optimierungsansatz auf die Effektivität konzentrieren sollte.

„[E]fficiency, that is, doing better what is already being done. [...] But the optimizing approach should focus on effectiveness“ [Drucker 1974].

Unter Berücksichtigung der vorangegangenen Definition von Effizienz und Effektivität verdeutlicht Drucker [1974], dass Optimierung nicht nur eine Verbesserung des bestehenden Systems bedeutet, sondern auch das eigentliche Handeln kritisch hinterfragt werden soll.

Effizienz: Die Dinge richtig tun

Effektivität: Die richtigen Dinge tun

Vor dem Hintergrund der Bewertung und Optimierung, in Form von Abläufen und der Gestaltung des Ernteprozesses, bedeutet dies:

Produktivität: Die richtigen Dinge richtig tun

Aufgrund dessen soll ein Prozess nicht nur hinsichtlich dem *„Wie“ (bspw.: Wie wird der Prozess ausgeführt?)*, sondern auch unter dem Leitgedanken des *„Was“ (bspw. Was soll ausgeführt werden?)* analysiert werden, mit der Intention die bestehenden Strukturen zu reflektieren.

Die zu entwickelnde Methode muss daher sowohl die Möglichkeit bieten, die Effizienz als auch die Effektivität eines Erntekonzepts zu eruieren. Auf der einen Seite adressiert eine alternative Gestaltung des Ernteprozesses vornehmlich die Effektivität und damit das Aufbrechen bestehender Systemgrenzen, wohingegen auf der anderen Seite, vor dem Hintergrund einer hinreichenden Vergleichbarkeit, die Ernteprozesse bezüglich ihrer Effizienz optimiert werden müssen, um eine aussagekräftige Bewertung der Erntekonzepte durchführen zu können. Infolgedessen müssen beide Perspektiven miteinander in Beziehung gesetzt werden.

Im Hinblick auf den Anwendungsbereich soll die Methode als Entwicklungswerkzeug in der Landmaschinenindustrie dienen, um neue Erntekonzepte und Teilsysteme zu untersuchen und zu bewerten. Somit soll die Methode dazu beitragen bzw. die Grundlage bilden die Art und Weise der Ernte im Allgemeinen neu zu definieren. Neben der Untersuchung von Erntekonzepten soll die Vorgehensweise (mindestens in Teilen) zudem generisch auf Konzepte zur Ausführung von Produktionsschritten neben der Ernte übertragbar sein.

Um die Entwicklung grundlegend neuer Denkansätze in Bezug auf den Ernteprozess zu fördern, muss die Methode sowohl die Möglichkeit eröffnen Erntekonzepte mit „bekannter“ (technischer) Umsetzung als auch Systeme mit unbekannter (technischer) Ausführung abbilden und evaluieren zu können. Zu den Konzepten mit bekanntem Aufbau zählen bspw. der Mähdrusch aber auch die vorgestellten alternativen Lösungsansätze wie das Kompakternteverfahren oder das modulare System aus selbstfahrenden Schneidwerken und stationärer Drescheinheit (vgl. 2.2 Erntekonzepte), da mindestens eine Prinziplösung des jeweiligen Erntesystems vorherrscht.

In Bezug auf Konzepte mit unbekannter (technischer) Ausführung sollen grundlegend neue Ernteprozesse definiert und/oder durch die Annahme charakteristischer Verhaltensweisen von Teilprozessen deren Auswirkung auf das Gesamtsystem untersucht werden können. Auf Basis der Analyseergebnisse kann die Ableitung entsprechender Rahmenbedingungen und Zielgrößen für die technische Entwicklung erfolgen.

Folglich soll mit der Methode die Voraussetzung geschaffen werden, eine universelle Herangehensweise zu realisieren, indem zur Konzeptbewertung die Gestaltung des Ernteprozesses und die Analyse sowohl nach dem Top-down-Ansatz als auch nach dem Bottom-up-Prinzip ausgeführt werden kann. Je nach Ausgangssituation ist es dabei zielführend, die beiden Vorgehensweisen miteinander zur Middle-out-Vorgehensweise zu kombinieren.

Nach dem Top-down-Ansatz wird „schrittweise von allgemeinen, umfassenden Strukturen zu immer spezielleren Details“ [Duden 2017b] übergegangen. Im Gegensatz dazu ist bei dem Bottom-up-Prinzip das spezielle Detail der Ausgangspunkt der Untersuchung [Duden 2017c]. Ausgehend davon wird der

Untersuchungsrahmen kontinuierlich „über immer umfassendere Strukturen [hin zur] [...] Gesamtstruktur eines Systems" [Duden 2017c] erweitert.

Zur Ideengenerierung muss daher der Methodenaufbau eine unvoreingenommene Perspektive auf die Ausführung des Ernteprozesses unterstützen, sodass, vor allem bei neuen Systemen mit einer unbekannten technischen Umsetzung, eine freie Denkweise Anwendung finden kann. Dazu muss ein modularer generischer Ansatz bei der Methodenentwicklung verfolgt werden, um im allgemeingültigen Sinne und einer damit verbundenen abstrakten Darstellungsweise den Ernteprozess holistisch zu betrachten.

Dazu muss primär der Prozess des Erntens und nicht die Maschine im Vordergrund stehen, da die Maschine nur ein Mittel zum Zweck darstellt. Erst durch den Fokus auf den Ernteprozess (Transformation der Pflanze) wird die Möglichkeit geschaffen, die heutigen Systemgrenzen, wie bspw. das Maschinenkonzept des Mähdreschers, aufzubrechen, sodass auf Basis der Prozessanalyse Führungsgrößen ermittelt werden, um neue technische Lösungen und Verfahren zu generieren bzw. abzuleiten.

Damit soll die Methode dazu beitragen, sowohl Innovationen zu fördern als auch gleichzeitig vorhandene Mittel innerhalb eines Betrachtungsrahmens zu berücksichtigen.

Der Betrachtungsrahmen stellt hinsichtlich der Methodenentwicklung die Systemgrenze in Form der Ernte dar. Die Ernte ist ein Teil des landwirtschaftlichen Produktionszyklus. Die weiteren Produktionsschritte der Bodenbearbeitung, Aussaat und Pflege bilden die Voraussetzung für das Pflanzenwachstum und damit auch die Voraussetzung für die Ernte. Der Ernteprozess beeinflusst wiederum den wiederkehrenden Zyklus durch etwaige Ernterückstände oder auftretende Verdichtungen des Bodens. Die gegenseitige Beeinflussung der Produktionsschritte soll zunächst nicht direkt bei der Methodenentwicklung betrachtet werden, jedoch muss mit der Methode die Möglichkeit eröffnet werden, in nachfolgenden Arbeiten diese Wechselwirkungen aufzugreifen und zu berücksichtigen.

Um grundlegend einzelne Konzepte in der Ernte vergleichen zu können, müssen die Rahmenbedingungen hinsichtlich der Schnittstellen zum Produktionszyklus konstant gehalten werden. Daher wird als Ausgangspunkt der Ernte ein idealisierter, homogener, erntereifer und aufrechtstehender Pflanzenbestand definiert. Auf dieser Basis erstreckt sich die Systemgrenze bis zur Einlagerung eines verwertungsfähigen oder vermarktungsfähigen Produktes respektive bis zum Verbleib des Ernteresiduums auf dem Feld.

Auf Basis der zuvor beschriebenen Herleitungen ergeben sich zusammenfassend folgende Anforderungen an die Methode, welche im Rahmen der Entwicklung zu berücksichtigen sind:

- Abbildung und Bewertung von Ernteprozessen
- Identifikation und Vergleich von Effekten und Potenzialen unterschiedlicher Erntekonzepte
- Evaluierung der Effizienz & Effektivität bzw. der Produktivität eines Erntekonzepts
- Universelle Herangehensweise im Hinblick auf die Gestaltung und Analyse des Erntekonzepts (Top-down; Bottom-up; Middle-out)
- Modularer generisch abstrakter Ansatz des Methodenaufbaus
- Fokussierung auf den Ernteprozess (nicht das Maschinenkonzept)
- Systemgrenze: Idealisierter, homogener, erntereifer und aufrechtstehender Pflanzenbestand bis Einlagerung eines verwertungsfähigen oder vermarktungsfähigen Produktes bzw. Verbleib des Ernteresiduums auf dem Feld
- Schnittstellen zu weiteren Produktionsschritten des Anbauzyklus

4 Entwicklung der Methode

Fundierend auf den zuvor dargelegten Anforderungen erfolgt die Entwicklung der Methode nach einem vierstufigen Ansatz (Abb. 4.1).

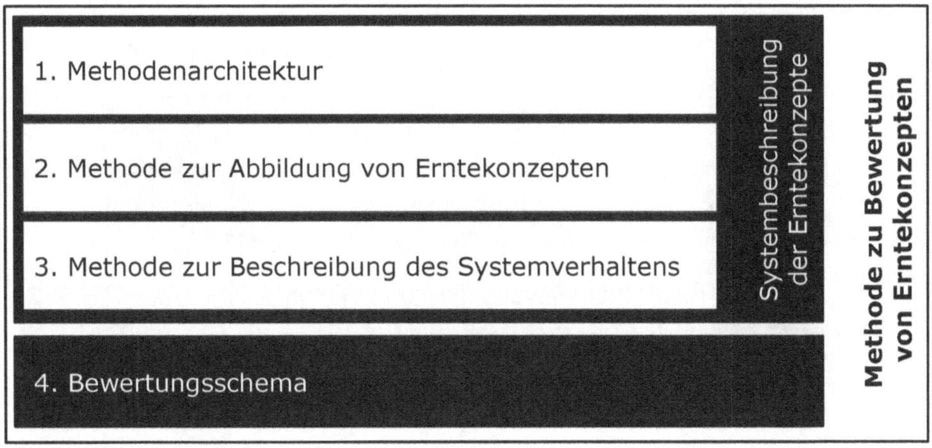

Abb. 4.1: *Methodenaufbau*

Zunächst wird als Grundlage der Entwicklung die generelle Methodenarchitektur erläutert. Darauf aufbauend wird eine Methode zur Abbildung des Ernteprozesses entwickelt, wodurch die grundlegende Gestaltung der Prozesskette definiert werden kann. Danach folgt die Methodenentwicklung zur Beschreibung des Systemverhaltens, in der allgemeine Abläufe und Interaktionen zwischen den einzelnen Prozesskettengliedern determiniert sowie Grundlagen zur Parametrisierung des Systems gebildet werden. Die Schritte zur Methodenarchitektur, Abbildung von Ernteprozessen und Beschreibung des Systemverhaltens ergeben in Summe die methodische Vorgehensweise zur Systembeschreibung von Erntekonzepten. Auf dieser Basis wird im vierten Schritt ein Bewertungsschema entwickelt. Die Kombination aus Systembeschreibung und Beurteilung bildet die Methode zur Bewertung der Erntekonzepte.

Den Ausgangspunkt der Methodenentwicklung bildet der Ernteprozess, der dazu dient das Erntegut zu transformieren. Im Hinblick auf eine generische Abbildung von Erntekonzepten bedeutet dies, dass die zu erntende Pflanze respektive der damit verbundene Stoffstrom im Fokus der Methodenentwicklung steht, da die Pflanze die Grundlage der Ernte und die einzelnen Pflanzenbestandteile den Minimalkonsens jedes Ernteprozesses bzw. jedwedes Erntekonzepts darstellt.

© Der/die Autor(en), exklusiv lizenziert an Springer Fachmedien Wiesbaden GmbH, ein Teil von Springer Nature 2026
F. Peters, *Methode zur Bewertung von Erntekonzepten am Beispiel der Getreideernte*, Fortschritte Naturstofftechnik,
https://doi.org/10.1007/978-3-658-52386-2_4

Ausgehend von der erntereifen ganzen Pflanze bestimmt die Gestaltung der Prozesskette das Stoffstrommanagement durch die Führung der Stoffströme und die Transformation des Stoffstroms. Mit unterschiedlichen Erntekonzepten (Abb. 4.2) geht folglich eine divergierende Gestaltung der Prozessketten einher. Im Wesentlichen unterscheiden sich dabei die Gestaltung der Prozessketten durch die Prozesse selbst, die Anordnung der Prozesse und die Verknüpfung der Prozesse.

***Abb. 4.2:** Exemplarische Übersicht unterschiedlicher Erntekonzepte*

Unterschiede in Bezug auf die Prozesse spiegeln sich z. B. in der Funktionstechnik des Dresch- und Abscheidevorgangs wider, indem bekannte Funktionseinheiten weiterentwickelt, der Schüttler durch eine Rotationsabscheidung substituiert oder unterschiedliche Dreschsysteme verwendet werden. Eine weitere Varianz liegt aber auch in der Gewinnung des Ernteguts aus dem Pflanzenbestand mit Hilfe eines Schneidwerkes im konventionellen Verfahren, im Hochschnitt oder durch einen Ährenstripper. Die Prozesse an sich determinieren damit u. a. die Zusammensetzung, die Zusammenführung sowie die Teilung des Stoffstroms. Zudem liegen bezüglich der Prozesse unterschiedliche Parametrisierungen von Prozesseigenschaften vor wie die Arbeitsbreite, das Volumen des Korntanks oder die Dimensionierung und Art der Arbeitsaggregate und die damit einhergehende Arbeitsweise.

Im Rahmen der historischen Entwicklung der Getreideernte fand bezüglich der Anordnung und Verknüpfung der Prozesse eine Zusammenführung und eine kontinuierliche Konzentration der Prozesse in einer Maschine, dem Mähdrescher, statt. Im Gegensatz dazu zeichnen sich manche der vorgestellten Konzepte durch eine Teilung der Prozesse auf mehrere Maschinen aus, welche sich mobil auf dem Feld oder stationär an einem definierten Ort befinden. Die unterschiedliche Kombination der Prozesse beeinflusst demnach sowohl den parallelen und sequenziellen Ablauf der Prozesse und Vorgänge als auch die (Art der) Stoffstromübergabe sowie die Zusammensetzung des Stoffstroms während der Übergabe. Dies hat zur Folge, dass jeweils ein Stoffstrom mit unterschiedlichen Eigenschaften transportiert und gehandhabt wird. Zudem wird durch die Anordnung und Verknüpfung der Prozesse die grundlegende Systematik hinsichtlich der Zusammenarbeit der Maschinen definiert und charakterisiert.

4.1 Methodenarchitektur

Die Methodenarchitektur richtet sich nach den vorgestellten Grundlagen zu Prozessketten und deren Analyse. Daher gründet die Struktur zur Abbildung der Erntekonzepte auf einer mehrstufigen Systemarchitektur mit verschiedenen Detaillierungsniveaus. In jeder Systemebene befinden sich Teilsysteme, welche wiederum auf Teilsystemen einer detaillierteren Ebene basieren. Um die Anforderungen einer adaptiven Struktur und eines generischen Ansatzes zu erfüllen, stellt die oberste Ebene den landwirtschaftlichen Betrieb dar. In hierarchischer Anordnung folgen im Weiteren die Ebenen Produktionssystem, Maschinensystem, Maschine, Komponente und Parameter (Abb. 4.3).

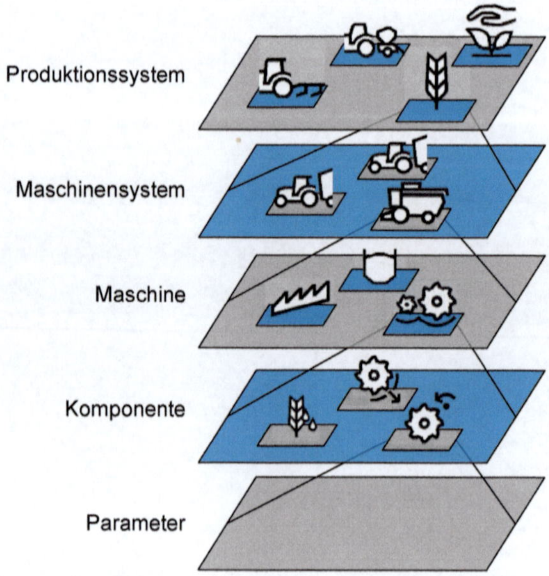

Abb. 4.3: *Schematischer Aufbau der Methodenarchitektur (Piktogramme [Claas 2017])*

Am Beispiel der konventionellen Getreideernte werden im Folgenden zunächst die einzelnen Ebenen mit einem zunehmenden Detaillierungsgrad erläutert, um die generelle Architektur der Methode zur Bewertung von Erntekonzepten zu verdeutlichen.

4.1.1 Betrieb

Der landwirtschaftliche Betrieb bildet die oberste Ebene und kann in mehrere Betriebszweige bzw. Produktionssysteme (Tier-, Energie- und Pflanzenproduktion) oder überbetriebliche Dienstleistungen wie dem Agrarservice untergliedert werden.

Die einzelnen Betriebszweige können grundsätzlich unabhängig voneinander betrachtet werden, wobei der allgemeine Betriebsmitteleinsatz in Form von Maschinen, Gebäuden etc. anteilig den einzelnen Segmenten zuzuordnen ist. Je nach Betriebsstruktur bildet die Pflanzenproduktion die Grundlage zur Schaffung tierischer und energetischer Erzeugnisse bzw. die Tier- und Energieproduktion bildet die Veredelung der pflanzlichen Rohstoffe. Die Reststoffe der Veredelung stellen wiederum den Wirtschaftsdünger für die Pflanzenproduktion dar. Innerhalb des Betriebszweigs der Pflanzenproduktion, welcher die nächste Detaillierungsstufe darstellt, kann weiter zwischen der Grünlandbewirtschaftung und dem Ackerbau differenziert werden. Beide Segmente werden durch vegetationsbedingte jährliche Abfolgen geprägt, womit wiederkehrende Arbeitsschritte zur Bewirtschaftung der landwirtschaftlichen Flächen einhergehen.

4.1.2 Produktionssystem

Der ackerbauliche Zyklus im Produktionssystem Pflanzenbau zeichnet sich prinzipiell durch die vier Produktionsschritte Bodenbearbeitung, Bestellung, Pflege und Ernte aus. Je nach Ackerbaustrategie wird zwischen der wendenden Bodenbearbeitung unter Einsatz eines Pfluges (konventionelle Bodenbearbeitung), der nicht wendenden Bodenbearbeitung, welche auch als Mulchsaat oder konservierende Bodenbearbeitung bezeichnet wird, sowie zwischen dem Direktsaatverfahren unterschieden [LWK 2024]. Im Direktsaatsystem entfällt dabei die Phase der Bodenbearbeitung aus dem Zyklus. Im Hinblick auf den Produktionsschritt der Bestellung wird je nach Kulturpflanze zwischen den Vorgängen Pflanzen und Aussaat differenziert, wobei bei der Aussaat wiederum zwischen der Einzelkorn-, Drill-, Band- und Breitsaat unterschieden wird. Die Pflege des Pflanzenbestandes umfasst die Dünge- und Pflanzenschutzmaßnahmen. Durch Mineral- und Wirtschaftsdünger sowohl in fester als auch in flüssiger Form werden die pflanzenverfügbaren Nährstoffe angereichert. Der Wirtschaftsdünger trägt zudem zur Anreicherung des Humusgehaltes bei. Zu den Pflanzenschutzmaßnahmen zählen unter anderem die Applikation von Pestiziden wie Fungizide, Insektizide oder Herbizide, aber auch die mechanische Unkrautbekämpfung. Der letzte Schritt im Anbauprozess bildet die Ernte und stellt damit das Bindeglied zwischen Erzeugung und Verwertung der pflanzlichen Erzeugnisse dar [Harms 1995; Nendel et al. 1999]. Je nach Kulturpflanze und Verwendungszweck werden verschiedene Formen von Ernteprozessen angewandt. Zu den unterschiedlichen Ernteprozessen gehören unter anderem Ernteverfahren wie das Roden von Rüben und Kartoffeln, das Häckseln (und Aufbereiten) von ganzen Pflanzen wie beispielsweise Silomais und milch- bis teigreifes Getreide zu Silage-Zwecken sowie das Dreschen von

Druschfrüchten wie Getreide (z. B. Körnermais, Reis, Weizen, Roggen, Gerste, Hafer), Grassaaten für die Vermehrung, Ölsaaten (z. B. Raps und Lein) und Leguminosen (z. B. Erbsen und Bohnen). Neben der Gewinnung des primären Ernteproduktes, wie beispielsweise das Getreidekorn, inkludiert der Ernteprozess zudem das Ernteresiduum. Im Rahmen der Getreideernte werden die Nichtkornbestandteile der Pflanze als Ernterestoffe bezeichnet. Die Ernterestoffe verbleiben in verteilter und ggf. zerkleinerter Form auf dem Feld oder werden partiell in einem separaten Arbeitsgang geborgen.

4.1.3 Maschinensystem

Innerhalb des Produktionssystems liegt jedem Produktionsschritt ein Maschinensystem zu Grunde, um die spezifischen Arbeitsgänge auszuführen. Das Maschinensystem zeichnet sich durch die eingesetzte Maschinenanzahl und -typen sowie durch den Verfahrensablauf im Hinblick auf die Interaktion der Maschine aus. Zur Ausführung der Ernte bilden Ernte- und Transporteinheiten das entsprechende Maschinensystem. Als Maschinentypen werden in der Druschfruchternte der selbstfahrende Mähdrescher als Ernteeinheit sowie Transportfahrzeuge für den Straßen- und Feldtransport zur Abfuhr der Erzeugnisse eingesetzt. Je nach Auslegung des Ernteverfahren handelt es sich bei den Transporteinheiten um einen einzigen Maschinentyp, welcher sowohl für den Feld- als auch den Straßentransport verwendet wird (Beispiel: Gespann aus Traktor und Mulde). Darüber hinaus können Transporteinheiten aber auch durch mehrere Maschinentypen mit spezifischen Transporteigenschaften repräsentiert werden wie bspw. Überladefahrzeuge für den Feldtransport und Lastkraftwagen für den Straßentransport.

Die Anzahl der Maschinen in einem Maschinensystem richtet sich nach der Kapazität respektive der Leistungsfähigkeit der einzelnen Einheiten sowie nach den zur Verfügung stehenden Ressourcen. Im Wesentlichen wird bei der Auslegung das Ziel verfolgt ein leistungsmäßig abgestimmtes Maschinensystem einzusetzen, um Unter- und Überkapazitäten sowie damit einhergehende Wartezeiten und geringe Nutzungsgrade zu vermeiden.

Ein weiteres Charakteristikum des Maschinensystems bildet der Verfahrensablauf, wodurch die Interaktion der Maschinen determiniert wird. Ein bedeutender Faktor in der Druschfruchternte bildet dazu die Entleerung des Korntanks bzw. der Übergabevorgang des Ernteguts zwischen den einzelnen Maschinentypen. Entscheidend für die Art und Weise der Zusammenarbeit ist dabei, ob die Korntankentleerung im Stillstand, auf dem Feld oder am Feldrand, oder während des Mähdruschprozesses stattfindet. Zudem ist für den Verfahrensablauf maßgebend, ob im Rahmen der Abfuhrlogistik Überladeeinheiten für den Feldtransport, als Bindeglied zwischen dem Mähdrescher und Straßentransportfahrzeugen, zum Einsatz kommen.

4.1.4 Maschine

Ausgehend vom Maschinensystem repräsentiert die einzelne Maschine die nächste Detaillierungsstufe der Systemarchitektur. Die Maschinenebene stellt die systemische Klammer für Maschinenkomponenten dar, sodass die Summe aller Komponenten die Maschine bildet. Kennzeichnend für die Maschine sind funktionstechnische Komponenten, zur Ausführung des Arbeitsprozesses, sowie systemtechnische Bestandteile zur Realisierung des allgemeinen Maschinenaufbaus. Zu der Systemtechnik zählen bspw. das Chassis bzw. der Maschinenrahmen, das Fahrwerk, die Leistungsbereitstellung und Leistungsverteilung sowie der Fahrerstand bzw. die Kabine. Somit resultiert aus der Systemtechnik die Basis zur Integration der funktionstechnischen Komponenten.

4.1.5 Komponente

Zur Ausführung des Arbeitsprozesses interagieren die funktionstechnischen Komponenten mit dem zu be- und verarbeitendem Medium. Im Rahmen der Ernte stellt dieses Medium die Pflanze und die damit verbundenen Stoffströme dar. Folglich umfasst die Funktionstechnik beim Mähdrusch sowohl Aggregate wie das Schneidwerk, das Dreschwerk, die Restkornabscheidung und Reinigung aber auch weitere mit dem Stoffstrom interagierende Komponenten wie bspw. der Schrägförderer und Anbauhäcksler sowie der Kornelevator und der Korntank.

4.1.6 Parameter

Mit Hilfe von spezifischen Kenngrößen werden auf der Parameterebene die Komponenten und die Einflüsse auf deren Arbeitsverhalten genauer beschrieben. Zur genaueren Beschreibung der Komponenten werden maschinenbauliche Parameter genutzt. Am Beispiel des Dreschwerks umfassen diese u. a. die Anzahl der Trommeln, den Dreschtrommeldurchmesser, die Dreschtrommelbreite, die Anzahl der Schlagleisten, den Umschlingungswinkel des Dreschkorbs sowie die Gestaltung des Dreschkorbs. Aufgrund der Interaktion mit dem Stoffstrom sind neben den maschinenbaulichen Kenngrößen auch die Eigenschaften des Stoffstroms für die Charakterisierung der Arbeitsweise entscheidend. Das Arbeitsverhalten der Komponenten variiert bspw. in Abhängigkeit der Pflanzenart und Sorte, der Feuchte und des Reifegrades des Ernteguts sowie der verhältnismäßigen Zusammensetzung des Stoffstroms aus bspw. Korn und Nichtkornbestandteilen. Zum Ausgleich dieser Variationen werden Anpassungen des Arbeitsverhaltens durch einstellbare Parameter vorgenommen. Dazu zählen Anpassungen wie der Durchsatz des Ernteguts, die Drehzahlen von Dreschwerk und Rotationsabscheidung, die Öffnung des Dreschspalts und der Sieboberflächen sowie die Windgeschwindigkeit.

4.1.7 Stoffstrom

Neben dem modular hierarchischen Aufbau bildet der Stoffstrom sowohl den zentralen Ausgangspunkt der Methodenarchitektur als auch den Fokus zur Abbildung der Erntekonzepte. Dazu wird das Stoffstrommanagement in Form der Führung und Handhabung des Stoffstroms vom Feld bis ins Lager oder zu einem anderen verwendungsspezifischen Ort beschrieben (Abb. 4.4).

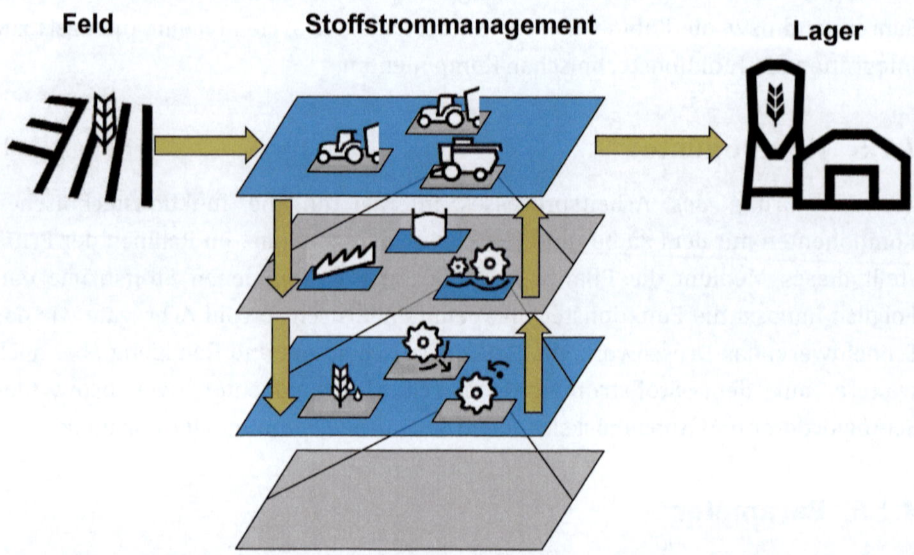

Abb. 4.4: *Schematische Darstellung des Stoffstrommanagements (Piktogramme [Claas 2017])*

Der Stoffstrom stellt das Verbindungsglied zwischen den Systemebenen vom Maschinensystem bis zur Komponente dar. Die Eigenschaften des Stoffstroms werden dabei auf der Parameterebene charakterisiert. Je nach Gestaltung des Erntekonzepts bzw. des Ernteprozesses variiert die Führung bzw. der Weg und die Handhabung des Stoffstroms. Am Beispiel der konventionellen Getreideernte schneidet der Mähdrescher, welcher Teil des Maschinensystems ist, die Pflanze. Dadurch nimmt der Mähdrescher das Erntegut auf und es gelangt in Form des Stoffstroms in die Maschine. In der Maschine wird der Stoffstrom durch die

Funktionstechnik weiter gefördert und verarbeitet. Die Nichtkornbestandteile werden anschließend auf dem Feld verteilt und/oder abgelegt. Das Korn wird auf der Ebene des Maschinensystems an eine Transporteinheit übergeben, welche das Korn zum Lager transportiert.

4.2 Methode zur Abbildung von Ernteprozessen

Basierend auf der Methodenarchitektur erfolgt antiklimaktisch die Entwicklung einer abstrahierten und generalisierten Abbildungsweise der einzelnen Teilsysteme. Anschließend werden einzelne Teilsysteme aus den aufeinander aufbauenden Ebenen exemplarisch zusammengeführt. Als Anwendungsfall wird wieder die konventionelle Getreideernte herangezogen, wobei dann dieses Erntekonzept in abstrahierter Form nach der entwickelten Methode abgebildet wird.

4.2.1 Parameter

Ausgehend von der Parameterebene werden, in Anlehnung an die schematische Darstellung eines Prozesses (vgl. Abb. 2.15), die für den Prozess relevanten Systemparameter determiniert. Diese Parameter charakterisieren den Prozess und stellen die Rahmenbedingungen für das Prozessverhalten dar. In der generalisierten Form werden die Prozessparameter in Konstruktions-, Betriebs-, und Materialparameter gruppiert. Die Konstruktionsparameter beinhalten die maschinenbaulichen Kenngrößen wie die spezifische konstruktive Gestaltung und die damit einhergehende Dimensionierung der Komponenten zur Ausführung des Prozesses. Die Betriebsparameter umfassen Einflussgrößen, die sich während des Prozesses ändern bzw. geändert werden können. Darunterfallen sowohl äußere Einflüsse, welche unabhängig vom Erntegut sind, wie bspw. die Hangneigungen, aber vor allem auch technisch einstellbare Parameter, um das Prozessverhalten an die vorherrschenden Bedingungen anzupassen (bspw. Drehzahlen, Geschwindigkeiten, Dreschspaltabstand etc.). Die Varianz im Prozessverhalten wird, neben den äußeren Einflüssen, maßgeblich durch die Materialparameter des zu verarbeitenden Mediums bestimmt. Die Materialparameter umfassen alle Stoffeigenschaften, welche im Zusammenhang mit dem Erntegut und dem damit verbundenen Stoffstrom stehen.

4.2.2 Komponente

Auf der Systemebene der Komponenten erfolgt die direkte Interaktion mit dem Erntegut. Die einzelne Komponente repräsentiert dazu die Systemgrenze für einen Prozess, wobei die Pflanze bzw. das Erntegut die zu transformierende Materie darstellt. Diese einzelnen Prozesse sind die grundlegenden Elemente der Prozessketten zur Abbildung der Erntekonzepte. Unter Berücksichtigung der allgemeinen Prozessdefinition sowie der spezifischen Eigenschaften von logistischen und produktionstechnischen Prozessketten wird zur grundlegenden Abbildung zwischen der zeitlichen, räumlichen und qualitativen Gütertransformation differenziert. Durch die Kombination der Transformationen werden die einzelnen Prozesse charakterisiert. Vor dem Hintergrund eines generischen Ansatzes dienen die einzelnen Prozesse als Basis für den modularen Aufbau des Systems. Die Eigenschaftsmatrix (Abb. 4.5) beschreibt dazu die Zusammenhänge zwischen den Transformationen und den damit verbundenen Prozessen.

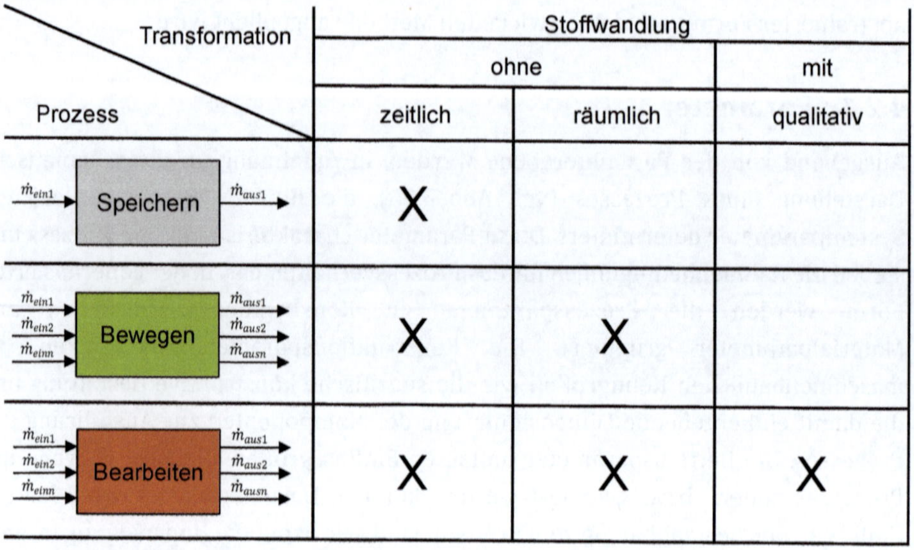

***Abb. 4.5:** Eigenschaftsmatrix und Zusammenhang von Transformationen und Prozessen*

Die drei Prozesse Speichern, Bewegen und Bearbeiten spiegeln die abstrahierten Komponenten zur Abbildung der Erntekonzepte wider.

Mit dem Prozess des Speicherns geht eine zeitliche Transformation einher, ohne dass damit eine Stoffwandlung respektive eine qualitative Veränderung der Güter verbunden ist. Demnach werden die Eigenschaften des Stoffstroms durch das Speichern nicht beeinflusst, sodass der Eingangsmassenstrom dem Ausgangsmassenstrom entspricht.

Der Prozess Bewegen beinhaltet eine raum-zeitliche Veränderung. Zudem kann eine Stoffstromzusammenführung und eine Teilung in eine beliebige Anzahl einzelner

Stoffströme stattfinden. Sowohl die Summe der Masseströme als auch die Eigenschaften aller Eingangs- und resultierender Ausgangsströme sind definitionsgemäß identisch, da keine qualitative Transformation eintreten kann.

Im Gegensatz zu den vorangegangenen Prozessen findet bei dem Prozess Bearbeiten neben der zeitlichen und räumlichen Transformation in unterschiedlichen Ausprägungen auch eine Stoffwandlung statt. Die Haupttransformation bildet die qualitative Veränderung, wodurch der Gebrauchswert der Güter gesteigert wird. Wie beim Prozess Bewegen kann auch durch das Bearbeiten eine Stoffstromzusammenführung und -teilung stattfinden. Unter Berücksichtigung der massenmäßigen Bilanzierung besteht jedoch der Unterschied, dass sich die verschiedenen Stoffstromeigenschaften je Ausgang differenzieren. Im invertierten Anwendungsfall kann durch den Bearbeitungsprozess auch eine Zusammenführung mehrerer Stoffströme mit unterschiedlichen Eigenschaften erfolgen.

4.2.3 Maschine

Wie anhand der Methodenarchitektur erläutert, werden die Komponenten bzw. die einzelnen Prozesse in die Maschine integriert und verknüpft. Durch die Integration erfolgt die Determination in Bezug auf die Anordnung, die Anzahl sowie auf die Art der Komponenten in der Maschine und der damit verbundenen Definition von Stoffstromeingängen und -ausgängen. Die Maschine stellt somit die Systemgrenze für die darin enthaltenen Teilsysteme dar. In der abstrahierten Form wird auf der Maschinenebene zwischen den Maschinenarten der stationären, semi-stationären und mobilen Arbeitsmaschine unterschieden (Abb. 4.6).

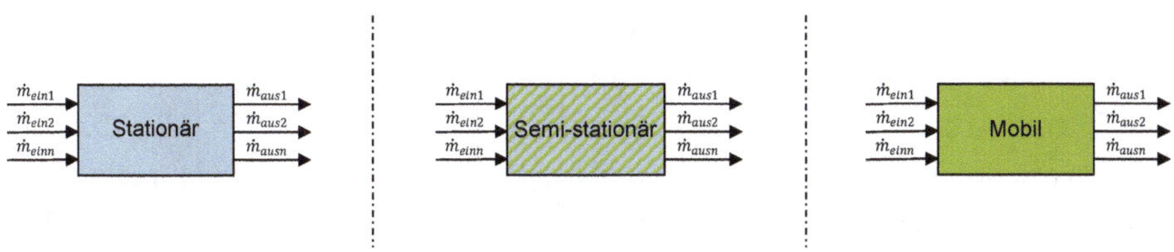

Abb. 4.6: *Abstrahierte Darstellung der Maschinenarten*

Diese Maschinenarten bilden die Systemelemente zur Abbildung der Maschinen. Zudem wird mit Hilfe der abstrahierten Maschinenarten definiert, inwiefern die integrierten Prozesse an unterschiedlichen geographischen Standorten ausgeführt werden können.

Die stationäre Maschine arbeitet definitionsgemäß an einer ortsfesten Position. Die Maschine gilt ferner als stationär, da diese nicht ohne weitere Hilfsmittel den

Standort zur Prozessausführung flexibel ändern kann. Aufgrund dieser Eigenschaften entfallen bei der stationären Maschine systemtechnische Komponenten wie das Fahrwerk sowie die direkte konstruktive Berücksichtigung von Reglementierungen in Bezug auf die Straßenverkehrs-Zulassungs-Ordnung.

Im Gegensatz zur stationären Maschine zeichnet sich die semi-stationäre Maschine dadurch aus, dass die Maschine ggf. selbständig den Standortwechsel realisiert. Der eigentliche Arbeitsprozess erfolgt jedoch in der Regel in einem stationären Modus.

Die mobile Arbeitsmaschine führt hingegen den Arbeitsprozess hauptsächlich während der Fortbewegung auf dem Feld aus, da sich der Ort der Arbeitserledigung nach dem Vorkommen des Ernteguts richtet. Aufgrund dieser Parallelität wird das Erntegut auf der Maschinenebene zusätzlich räumlich transformiert. Mobilitätsbedingt kann diese Form der Maschinenart ebenfalls selbstständig den Einsatzort wechseln.

Eine identische Maschinenkonfiguration im Hinblick auf die Konstruktionsparameter, die Anordnung, Anzahl und Art der Komponenten sowie die Maschinenart und der gleiche verwendungsspezifische Einsatz wird in der Systembeschreibung zusammenfassend als ein Maschinentyp definiert.

4.2.4 Maschinensystem

Auf der Ebene des Maschinensystems erfolgt die Zusammenführung der verschiedenen Maschinentypen und die Festlegung der spezifischen Maschinenanzahl. Darauf aufbauend wird der Verfahrensablauf durch die Interaktion der Maschinen determiniert. Die Interaktionen resultieren aus der Übergabe des Ernteguts. Die damit einhergehenden Verknüpfungen beeinflussen jedoch das Arbeitsverhalten der Maschinen. Die Methode zur Abbildung des Arbeitsverhaltens gründet daher auf der vorgestellten Systematik zur Verknüpfung von Ernte- und Transportvorgängen nach Herrmann [1999] (vgl. 2 Stand der Technik und Forschung).

Herrmann [1999] systematisiert die Verknüpfungen anhand von in der Praxis etablierten Ernteprozessen am Beispiel des Mähdruschs, der Welkguternte mit dem Feldhäcksler und der Strohbergung mit einer Quaderballenpresse. Die Erntemaschine bildet in den aufgeführten Beispielen verfahrensbedingt immer das erste Glied im betrachteten Ernteprozess, weil die Zuführung des Ernteguts durch die Fortbewegung der Maschine auf dem Feld erfolgt. Ausgehend von der Erntemaschine berücksichtigt Herrmann [1999] demnach nur die Interaktion zur nachgelagerten Transporteinheit. Zur allgemeinen Abbildung von Erntekonzepten muss daher der Ansatz von Herrmann [1999] erweitert werden, da je nach Erntekonzept eine beliebige Anzahl verschiedener Arbeitsmaschinen in den Ernteprozess involviert sind. Folglich ist bei der Gestaltung eines Erntekonzepts zu berücksichtigen, dass sowohl eine Verknüpfung zur vorgelagerten Maschine als auch zur nachgelagerten Maschine besteht. Diese Erweiterung der Systematik ist vor allem für Erntekonzepte mit stationären oder semi-stationären Maschinen von Bedeutung, da definitionsgemäß sowohl die Stoffstromaufnahme als auch -abgabe nicht durch das selbständige Fortbewegen während des Arbeitsprozesses erfolgt. In Abhängigkeit von der Prozesskettengestaltung müssen diese Maschinenarten zwangsläufig mit vor und/oder nachgelagerten Maschinen zur Stoffstromübergabe interagieren. Ferner ist aufgrund der Prozesskettengestaltung auch zu berücksichtigen, dass mehrere Stoffströme mit unterschiedlichen Eigenschaften und Verwertungszwecken in eine Maschine eintreten und/oder aus einer Maschine heraustreten können. Demensprechend kann mit jedem dieser Stoffströme eine eigene Maschinenverknüpfung einhergehen.

Zur Beschreibung der Interaktionen wird zwischen der absätzigen, der bedingt-absätzigen und der parallelen Verknüpfung differenziert. Die Form der Verknüpfung richtet sich dazu im Wesentlichen nach den Möglichkeiten das Erntegut zwischenzuspeichern bzw. zwischenzulagern, womit eine unterschiedlich stark ausgeprägte Entkopplung der Maschine einhergeht.

Eine absätzige Verknüpfung impliziert, dass das Erntegut in einem „zeitlich und lokal unbegrenzte[n] Puffer" [Herrmann 1999], wie bspw. dem Feld oder einem ausreichend groß dimensionierten Lagerort oder Speicher, zwischengelagert wird. Dadurch wird der Stoffstrom zwischen den vor- oder nachgelagerten Maschinen entkoppelt, sodass diese unabhängig voneinander die spezifischen Arbeiten verrichten können.

Die parallele Verknüpfung setzt voraus, dass das Erntegut nicht in der Maschine gespeichert werden kann oder soll. Folglich kann die Maschine nur arbeiten, wenn der Stoffstrom durch eine kontinuierliche Verknüpfung mit einer vor- oder nachgelagerten Maschine bereitgestellt oder aufgenommen wird.

Die bedingt-absätzige Verknüpfung bildet eine hybride Variante der vorangegangen Verknüpfungsarten. Bei dieser Form der Verknüpfung bietet der Maschinenaufbau, durch einen integrierten Speicher mit begrenzter Kapazität, die Möglichkeit zur temporären Zwischenspeicherung des Ernteguts in der Maschine. Somit kann die Maschine zeitweise unabhängig die Arbeit verrichten, ohne dabei direkt mit einer

Maschine zu interagieren, welche den Stoffstrom bereitstellt oder aufnimmt. Demgemäß erfolgt im Rahmen dieser Verknüpfung eine diskontinuierliche Übergabe des Ernteguts.

4.2.5 Produktionssystem

Zur Abbildung von Erntekonzepten wird auf der Ebene des Produktionssystems der Produktionsschritt der Ernte betrachtet. Die Schnittstellen zu den weiteren Produktionsschritten bilden der idealisierte, homogene, erntereife und aufrechtstehende Pflanzenbestand, die geernteten verwertungsfähigen oder vermarktungsfähigen Güter sowie der Zustand des Feldes nach der Ernte wie bspw. die Menge und Beschaffenheit der verbleibenden Ernterückstände. In abstrahierter Form stellen das Feld und das Lager dazu die Quelle und Senke des Stoffstroms dar.

4.2.6 Zusammenfassung der Variationsmöglichkeiten

Zusammenfassend resultieren aus der Abstraktion und dem modularen Aufbau der Architektur die folgenden Variationsmöglichkeiten zur Abbildung des Erntekonzepts (Abb. 4.7).

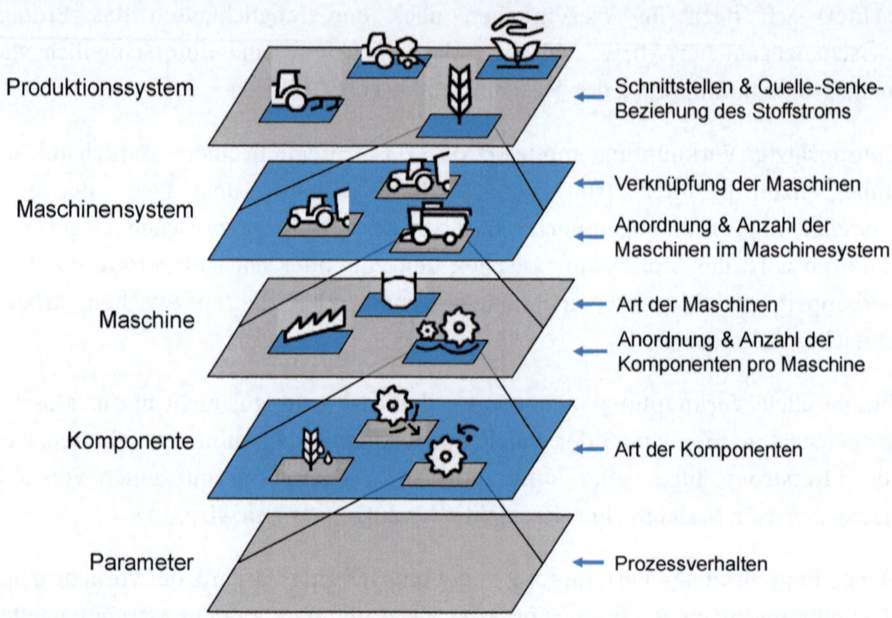

Abb. 4.7: *Überblick der Variationsmöglichkeiten je Systemebene (Piktogramme [Claas 2017])*

Fundierend auf der jeweiligen Ausprägung der Konstruktions-, Betriebs- und Materialparameter wird auf der Parameterebene das Prozessverhalten der Komponente determiniert. Darauf aufbauend erfolgt auf der Komponentenebene die Auswahl der Art der Komponenten durch die Prozesse Speichern, Bewegen und Bearbeiten. Auf der Systemebene der Maschine werden die Komponenten auf Basis der Anordnung und Anzahl sowie der damit verbundenen Abfolge der Prozesse in die einzelne Maschine integriert. Die Maschinen differenzieren sich zudem in ihrer Art durch die Charakterisierung der stationären, semi-stationären und mobilen Arbeitsmaschine. Das Maschinensystem wird durch die Anordnung und Anzahl der verwendeten Maschinentypen aufgebaut. Zusätzlich werden auf Basis der Maschinenanordnung, der Übergabe der Stoffströme und damit der einhergehenden Interaktion sowie das Arbeitsverhalten durch die absätzige, bedingt-absätzige und parallele Verknüpfung beschrieben. Durch die Variation der einzelnen Systemelemente je Ebene ergeben sich divergierende Formen des Erntekonzepts und daraus resultierend unterschiedliche Prozesskettengestaltungen. Durch die Gestaltung der Prozesskette wird die Führung und Transformation des Stoffstroms im Produktionsschritt der Ernte von der Quelle bis zur Senke abgebildet. Je nach Verwertung der Pflanze bzw. der einzelnen Pflanzenbestandteile bildet sowohl das Lager als auch das Feld die Senke für Erntereststoffe und damit die Schnittstelle für nachgelagerte Produktionsschritte.

4.2.7 Exemplarische Anwendung: Erntekonzept *Mähdrusch*

Zur Verdeutlichung der Methode wird nachfolgend die schematische Abbildung des Mähdruschkonzepts bestehend aus der Ernteeinheit (EE) in Form des Mähdreschers (MD) und der Transporteinheit (TE) aus Traktor und angehängter Mulde exemplarisch angewandt (Abb. 4.8). Ausgehend vom erntereifen Bestand (a) wird dazu die Führung des Stoffstroms durch die Anordnung der Komponenten und der Maschinen abgebildet.

Sowohl die Ernte- als auch die Transporteinheit repräsentieren eine mobile Arbeitsmaschine. Die Idealisierung und Abstrahierung der Komponenten erfolgt durch die Substitution mit Hilfe der hergeleiteten Prozesse Bearbeiten, Bewegen und Speichern.

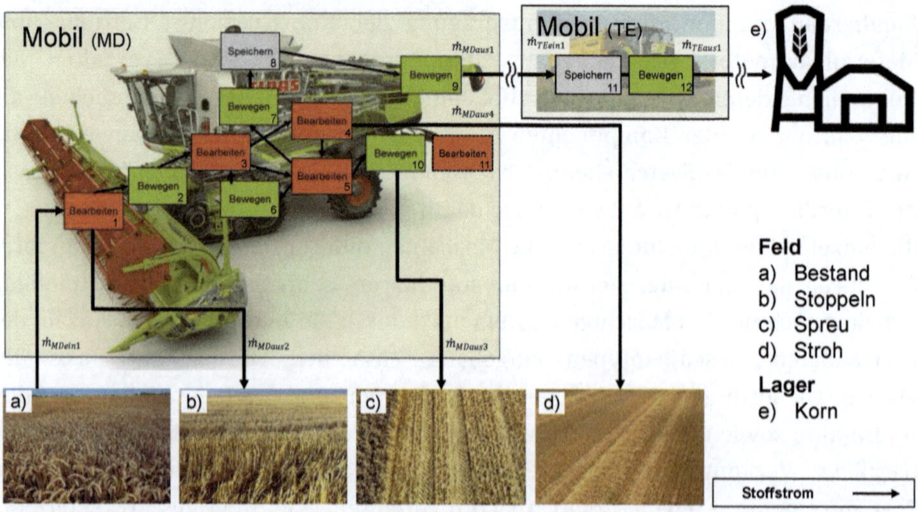

Abb. 4.8: *Schematische Abbildung des Mähdruschprozesses (Bilder und Piktogramm [Claas 2017])*

Gemäß den definierten Transformationen des Stoffstroms werden die einzelnen funktionstechnischen Komponenten durch die folgenden Prozesse ersetzt:

Bearbeiten: Schneidwerk (1), Dreschwerk (3); Restkornabscheidung (4), Reinigung (5), Strohhäcksler (11)

Bewegen: Schrägförderer (2) Überkehrelevator (6), Kornelevator (7), Abtankrohr (9), Spreuverteiler (10), Mechanismus zur Entleerung (13)

Speichern: Korntank (8), Mulde (12)

In Abhängigkeit der Parametrisierung werden die mengenmäßige Verteilung sowie die Eigenschaften des Stoffstroms durch die bearbeitenden Prozesse beeinflusst. Die ganze Pflanze bildet in der abstrahierten Darstellung den Ausgangspunkt des Stoffstroms. Durch das Schneidwerk erfolgt die Aufnahme des Ernteguts ($\dot{m}_{MDein1}$) und die Teilung des Stoffstroms. Der nicht aufgenommene Anteil der Pflanze verbleibt als Stoppeln (b) auf dem Feld ($\dot{m}_{MDaus2}$). Neben der Stoffstromteilung wird je nach Schnitthöhe die Eigenschaft des Stoffstroms in Form des Verhältnisses aus Korn und Nichtkornbestandteilen verändert. Eine weitere Teilung und Eigenschaftsänderung erfährt der Stoffstrom durch das Dreschwerk, die Restkornabscheidung und durch die Reinigung. Bei den bewegenden Prozessen erfolgt in der idealisierten Darstellung keine Veränderung der Stoffstromeigenschaften. Somit wird bspw. ein eventuelles Lösen der Körner aus der Ähre durch die mechanische Beanspruchung im Schrägförderer in der idealisierten Form nicht berücksichtigt.

Die jeweilige Ausprägung der Transformationen richtet sich nach den Systemparametern der Komponenten zur Beschreibung der Prozesse. Die unterschiedlichen Arten der Komponenten, wie bspw. ein Eintrommel- oder Mehrtrommeldreschwerk, Axialrotor oder Schüttlertechnologie zur Restkornabscheidung als auch ein Schnecken- oder Kettenförderer zur Bewegung des Ernteguts sowie der Korntank, werden durch die divergierenden Konstruktionsparameter repräsentiert. In Verbindung mit den spezifischen Betriebs- und Materialparametern wird das Prozessverhalten der Komponenten, wie bspw. der Gütegrad bzw. Separationsfaktor, die Fördermenge oder das Fassungsvolumen, charakterisiert.

Durch den Stoffstrom sind die Komponenten in der abgeleiteten Form miteinander verbunden. Die jeweiligen Materialparameter des Ausgangsstoffstroms bilden die Eingangsparameter für den nachfolgenden Prozess, sodass die Stoffstromeigenschaften von Prozess zu Prozess, in Anlehnung an Pfohl [2010], vererbt werden.

Auf Basis der abgebildeten Prozesskette verlassen neben den Stoppeln (b) ($\dot{m}_{MDaus2}$) drei weitere idealisierte Stoffströme die Erntemaschine. Der Reinigungsabgang ($\dot{m}_{MDaus3}$) in Form von Spreu (c) wird mittels des Spreuverteilers auf dem Feld verteilt. Die übrigen Nichtkornbestandteile des aufgenommenen Stoffstroms werden nach der Restkornabscheidung ($\dot{m}_{MDaus4}$) als Strohschwad (d) auf dem Feld abgelegt. Optional kann der Stoffstrom vor dem Verlassen der Maschine umgeleitet und durch den Strohhäcksler zerkleinert werden. Im gezeigten Anwendungsfall wird das Korn (e) ($\dot{m}_{MDaus1}$) durch eine Transporteinheit von der Erntemaschine in das Lager befördert. Folglich stellt die Transporteinheit in der abstrahierten Darstellung einen mobilen Speicher mit Entladevorrichtung (13) dar. Aufgrund der temporären Zwischenspeicherung des Ernteguts im Korntank des Mähdreschers, handelt es sich bei dem Mähdruschkonzept um eine bedingt-absätzige Verknüpfung. Das bedeutet, es findet eine diskontinuierliche Stoffstromübergabe statt.

Zusammenfassend wird die Pflanze durch das schematisch abgebildete Erntekonzept und der damit verbundenen Prozesskette transformiert. Das Ergebnis bilden vier Stoffströme mit verschiedenen Materialeigenschaften und unterschiedlichen Verwendungszwecken. Das primäre Ziel des Konzepts bildet aber die Gewinnung und Bergung des Korns als verwertungsfähiges bzw. vermarktungsfähiges Produkt.

4.3 Methode zur Beschreibung des Systemverhaltens

Im Weiteren erfolgt auf Grundlage der Architektur und der Abbildung der Erntekonzepte die Methode zur Beschreibung des Systemverhaltens. Neben der grundsätzlichen Gestaltung bildet die Verhaltensweise der Prozesskette den abschließenden Baustein zur Systembeschreibung der Erntekonzepte. Zur Beschreibung des Systemverhaltens wird dem Stoffstrom und dessen Zusammensetzung eine besondere Bedeutung beigemessen, worauf zunächst eingegangen wird. Danach wird ausgehend von der Parameterebene die weitere Vorgehensweise beschrieben.

4.3.1 Stoffstrom

Die Pflanze als solches bildet den Ausgangspunkt der Ernte, wobei die einzelnen Pflanzenbestandteile den Minimalkonsens jedes Erntekonzepts darstellen. Vor dem Hintergrund des generischen Methodenansatzes ist es daher erforderlich, den Stoffstrom bzw. die Pflanze auf ein dezidiertes modulares Maß herunterzubrechen und aufzulösen, um einer allgemeingültigen Möglichkeit zur Beschreibung des Systemverhaltens gerecht zu werden. Je nach Gestaltung des Erntekonzepts werden unterschiedliche Bestandteile der Pflanze aufgenommen, verarbeitet und transportiert bzw. die unterschiedlichen Pflanzenbestandteile werden transformiert. Damit verbunden beeinflusst die Zusammensetzung des Stoffstroms, also die einzelnen Bestandteile der Pflanze, das Systemverhalten auf allen Systemebenen der Erntekonzepte. Zur Minimierung der Anwendungskomplexität und Vereinfachung des Methodeneinsatzes muss die Systembeschreibung nicht zwingend in der detailliertesten Auflösung der Stoffstromzusammensetzung erfolgen. Mit Hilfe von unterschiedlichen Detaillierungsniveaus des Stoffstroms (Abb. 4.9) kann, je nach Intention der Untersuchung und Bewertung, die Verhaltensweise des Systems bedarfsgerecht beschrieben werden.

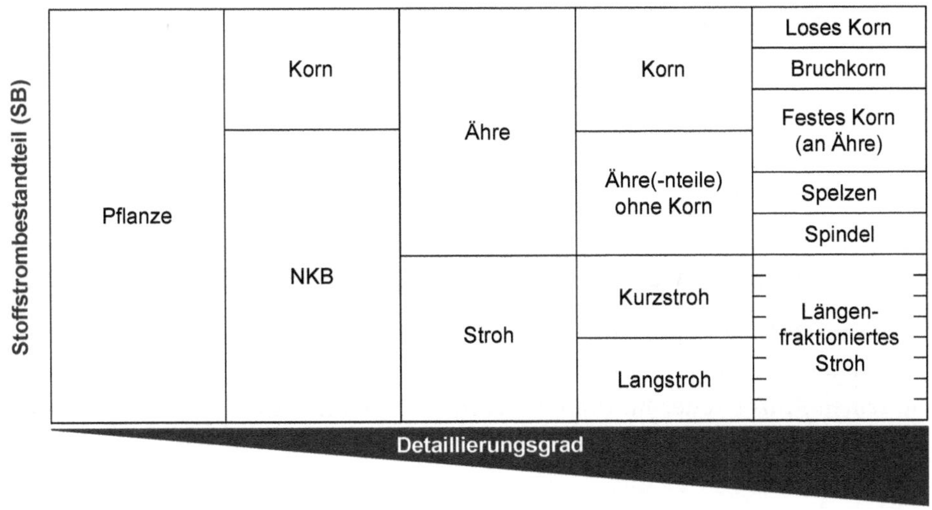

Abb. 4.9: *Detaillierungsgrade der Stoffstrombestandteile am Beispiel von Weizen*

Die einfachste Betrachtungsweise bildet dazu die Spezifizierung des Stoffstroms als Pflanze. Auf einem höheren Detaillierungsgrad erfolgt eine Differenzierung der Stoffstrombestandteile. In Abhängigkeit der Anwendung kann bspw. zwischen Korn und Nichtkornbestandteilen, zwischen Ähren und Stroh bis hin zu den einzelnen Bestandteilen der Pflanze unterschieden werden. Nach diesem Schema besteht die Weizenähre in der detaillierten Betrachtungsweise aus Korn, Spelzen und Spindel. Im Hinblick auf die qualitative Transformation werden ferner die Zustände der einzelnen Bestandteile in Form von Bruchkorn, losem Korn, festem Korn an der Ähre (bspw. nicht ausgedroschene Körner) sowie die während des Prozesses auftretende Zerkleinerung des Strohs in Form von Kurzstroh und Langstroh bis hin zu einer detaillierten Einteilung der Strohbestandteile nach deren Länge berücksichtigt. Das Detaillierungsschema eröffnet die Möglichkeit, variabel ergänzt und/oder erweitert sowie auf andere Pflanzenarten und Sorten übertragen zu werden. Eine Erweiterung wäre u. a. in Bezug auf die Zustände von Pflanzenbestandteilen einsetzbar, um Entmischungsvorgänge, bspw. durch den Zustand von entmischtem Korn, in der Stoffstromzusammensetzung zu berücksichtigen. Zustandsänderungen, welche sich nicht auf die Zusammensetzung des Stoffstroms beziehen, werden als weitere Eigenschaften des Stoffstroms durch die Materialparameter wiedergegeben.

Die Blätter der erntereifen Pflanze werden nach dem vorliegenden Ansatz dem Stroh zugeordnet. Spreu, bspw. in Form des Reinigungsabgangs, stellt in Anlehnung an Marti et al. [2013] eine Stoffstromzusammensetzung aus zerkleinertem Stroh, Ährenteile ohne Korn (Spindel und Spelzen) sowie (Verlust-)Korn dar.

4.3.2 Parameter

Die Konstruktions-, Betriebs und Materialparameter dienen zur Beschreibung der Prozesseigenschaften und des damit verbundenen Prozessverhaltens. Die Parameter stellen fixe und variable Einflussgrößen zur mathematischen Modellierung der Komponenten dar.

4.3.3 Komponente

Je nach Art der Komponente sind unterschiedliche Modelle erforderlich, um die Funktion der Komponenten zu beschreiben und deren Verhalten in Bezug auf den einzelnen Prozess oder im Hinblick auf den Gesamtkontext des Erntekonzepts zu bewerten. Die allgemeingültige Abbildung der Verhaltensweise wird dazu wie folgt beschrieben:

$$z = f(Konstruktionsparameter;\ Betriebsparameter;\ Materialparameter) \tag{4.1}$$

Die abhängige Variable z repräsentiert das spezifische Charakteristikum bzw. die spezifischen Charakteristika der Prozesse Bearbeiten, Bewegen und Speichern, welche aus den Konstruktions-, Betriebs- und Materialparametern resultieren.

Der Prozess Bearbeiten wird maßgeblich durch die durchsatzbezogene qualitative Änderung des Stoffstroms charakterisiert, welche in den Ausprägungen divergieren kann. Unter Berücksichtigung der damit verbundenen Führung und Zusammensetzung des Stoffstroms werden die Funktionen Zusammenführung (Summation), Zustandsänderung und Separation von Stoffstrombestandteilen (SB) eingeführt (Abb. 4.10), um die Verhaltensweise der bearbeitenden Prozesse zu beschreiben.

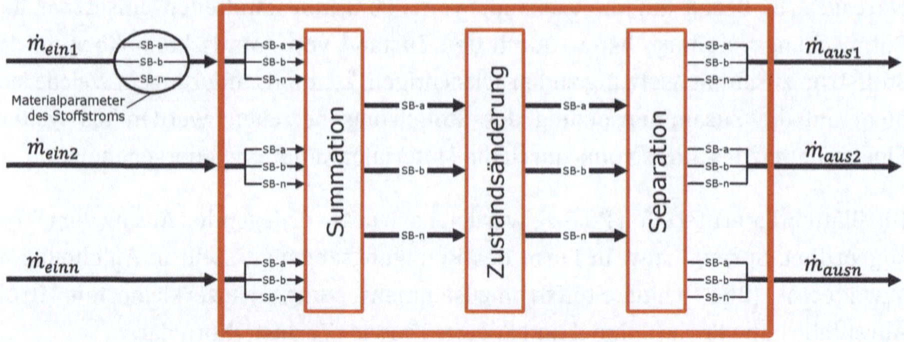

Abb. 4.10: *Funktionen des Prozesses Bearbeiten*

Die drei Funktionen des Prozesses werden dazu einzeln angewandt oder variabel kombiniert. Das Ergebnis der Transformation ist eine variable Anzahl von Stoffströmen mit unterschiedlichen Eigenschaften, die sich u. a. in der Zusammensetzung des Stoffstroms widerspiegeln. Der Ausgangspunkt zur Beschreibung der Verhaltensweise bildet eine variable Anzahl an Eingangsstoffströmen mit ggf. divergierenden Materialparametern. Liegen mehrere Eingangsstoffströme vor, erfolgt in der Modellvorstellung eine Stoffstromzusammenführung durch die Summation der einzelnen Stoffstrombestandteile (SB) jedes Eingangsstoffstroms.

Summation:

$$\dot{m}_{einSB-a} = \dot{m}_{ein1SB-a} + \dot{m}_{ein2SB-a} + \dot{m}_{einnSB-a} \tag{4.2}$$

$$\dot{m}_{einSB-b} = \dot{m}_{ein1SB-b} + \dot{m}_{ein2SB-b} + \dot{m}_{einnSB-b} \tag{4.3}$$

$$\dot{m}_{einSB-n} = \dot{m}_{ein1SB-n} + \dot{m}_{ein2SB-n} + \dot{m}_{einnSB-n} \tag{4.4}$$

Eine weitere qualitative Transformation erfolgt durch die Zustandsänderung des Stoffstroms, indem eine Änderung der mengenmäßigen Anteile an Stoffstrombestandteilen und/oder eine Änderung weiterer Materialparameter erfolgt. Die anteilsmäßige Änderung der Stoffstrombestandteile spiegelt sich, je nach Detaillierungsgrad des Stoffstroms, in dessen Zusammensetzung wider und wird durch die Zustände der Stoffstrombestandteile charakterisiert (z. B. festes Korn wird zu losem Korn). Der Prozess der Zustandsänderung wird in Bezug auf die Zusammensetzung des Stoffstroms durch den Zustandsänderungsfaktor (ZF) für den entsprechenden Stoffstrombestandteil beschrieben, wobei die logischen Abhängigkeiten der verschiedenen Zustände zu berücksichtigen sind (bspw. kann sich der Zustand einer Masse nicht von Korn zu Stroh ändern oder aus losem Korn festes Korn werden). Der Faktor beschreibt dazu in Abhängigkeit der Parameter, die stoffstromanteilspezifische Transformation (ZF_{a-b}) von bspw. einem Stoffstrombestandteil a (SB-a) zu einem Stoffstrombestandteil b (SB-b). Erfährt ein Anteil des Stoffstrombestandteils keine Zustandsänderung und verbleibt im Ausgangszustand, so bedarf es keines Zustandsänderungsfaktors, da keine qualitative Transformation stattfindet. Folglich resultiert aus der Summe der Zustandsänderungsfaktoren je Eingangsstoffstrombestandteil ein Wert von kleinergleich eins (vgl. Gl. 4.5, 4.6, 4.7).

Zustandsänderungsfaktor (ZF):

$$ZF_{a-b} + ZF_{a-n} \leq 1 \tag{4.5}$$

$$ZF_{b-a} + ZF_{b-n} \leq 1 \tag{4.6}$$

$$ZF_{n-a} + ZF_{n-b} \leq 1 \tag{4.7}$$

Zustandsänderungen:

$$\dot{m}_{SB-a} = \dot{m}_{einSB-a} - ZF_{a-b} * \dot{m}_{einSB-a} - ZF_{a-n} * \dot{m}_{einSB-a} + ZF_{b-a} * \dot{m}_{einSB-b} + ZF_{n-a} * \dot{m}_{einSB-n} \tag{4.8}$$

$$\dot{m}_{SB-b} = \dot{m}_{einSB-b} - ZF_{b-a} * \dot{m}_{einSB-b} - ZF_{b-n} * \dot{m}_{einSB-b} + Z\,F_{a-b} * \dot{m}_{einSB-a} + ZF_{n-b} * \dot{m}_{einSB-n} \tag{4.9}$$

$$\dot{m}_{SB-n} = \dot{m}_{einSB-n} - ZF_{n-a} * \dot{m}_{einSB-n} - ZF_{n-b} * \dot{m}_{einSB-n} + ZF_{a-n} * \dot{m}_{einSB-a} + ZF_{b-n} * \dot{m}_{einSB-b} \tag{4.10}$$

Ein Beispiel für eine Zustandsänderung ist die Funktion des Strohhäckslers. Der Zerkleinerungsgrad des Langstrohs bzw. die Längenfraktionierung bildet den Indikator in Bezug auf die qualitative Veränderung respektive die Faktoren für die Zustandsänderung von Langstroh zu unterschiedlichen Strohlängen. Weitere Zustandsänderungen, welche die Eigenschaften des Stoffstroms beeinflussen, wie bspw. die Trocknung des Ernteguts, können durch spezifische Modelle im Hinblick auf die Änderungen der Materialparameter integriert werden.

Bei bearbeitenden Prozessen mit einer Stoffstromteilung wird als Charakteristikum für die Beschreibung des Prozessverhaltens zudem der Separationsfaktor (SF) herangezogen (Abb. 4.11).

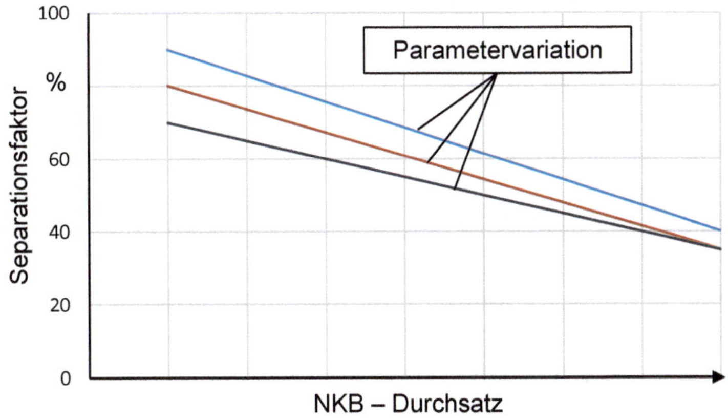

Abb. 4.11: *Exemplarische Darstellung des Separationsfaktors*

Der Separationsfaktor ist der Quotient aus dem separierten und zugeführten bzw. zur Verfügung stehenden Massenstrom des jeweiligen Stoffstrombestandteils. Um die Leistungsfähigkeit eines Prozesses in Bezug auf die Separation abzubilden, wird der Separationsfaktor in Abhängigkeit des NKB-Durchsatzes, unter Berücksichtigung weiterer Parameter, für die jeweiligen Stoffstrombestandteile beschrieben. Auf dieser Grundlage wird das Prozessverhalten im Hinblick auf die Stoffstromführung als ein Arbeitsresultat von Aggregaten wie dem Dreschwerk, der Restkornabscheidung und der Reinigung charakterisiert. Das Ergebnis bildet die abgeschiedene Menge bzw. der abgeschiedene Massenstrom eines Stoffstrombestandteils (SB), wodurch die Zusammensetzung der ausgehenden Stoffströme definiert wird.

Separationsfaktor (SF):

$$SF_{aus1SB-a} + SF_{aus2SB-a} + SF_{ausnSB-a} = 1 \quad (4.11)$$

$$SF_{aus1SB-b} + SF_{aus2SB-b} + SF_{ausnSB-b} = 1 \quad (4.12)$$

$$SF_{aus1SB-n} + SF_{aus2SB-n} + SF_{ausnSB-n} = 1 \quad (4.13)$$

Separation Stoffstrombestandteil a (SB-a):

$$\dot{m}_{aus1SB-a} = \dot{m}_{SB-a} * SF_{aus1SB-a} \quad (4.14)$$

$$\dot{m}_{aus2SB-a} = \dot{m}_{SB-a} * SF_{aus2SB-a} \quad (4.15)$$

$$\dot{m}_{ausnSB-a} = \dot{m}_{SB-a} * SF_{ausnSB-a} \tag{4.16}$$

Separation Stoffstrombestandteil b (SB-b):

$$\dot{m}_{aus1SB-b} = \dot{m}_{SB-b} * SF_{aus1SB-b} \tag{4.17}$$

$$\dot{m}_{aus2SB-b} = \dot{m}_{SB-b} * SF_{aus2SB-b} \tag{4.18}$$

$$\dot{m}_{ausnSB-b} = \dot{m}_{SB-b} * SF_{ausnSB-b} \tag{4.19}$$

Separation Stoffstrombestandteil n (SB-n):

$$\dot{m}_{aus1SB-n} = \dot{m}_{SB-n} * SF_{aus1SB-n} \tag{4.20}$$

$$\dot{m}_{aus2SB-n} = \dot{m}_{SB-n} * SF_{aus2SB-n} \tag{4.21}$$

$$\dot{m}_{ausnSB-n} = \dot{m}_{SB-n} * SF_{ausnSB-n} \tag{4.22}$$

Am Beispiel des Dreschwerks divergiert der Verlauf des Separationsfaktors über den NKB-Durchsatz in Abhängigkeit der konstruktiven Ausführung (z. B. Anzahl der verwendeten Trommeln, Trommeldurchmesser oder Anzahl der Schlagleisten), in Abhängigkeit der Betriebsparameter (z. B. Drehzahlen und Dreschspaltöffnung) und in Abhängigkeit der Materialparameter (z. B. Korn-NKB-Verhältnis und Feuchte des zu bearbeitenden Ernteguts). Die durch Dreschwerk, Restkornabscheidung und Reinigung abgeschiedenen Stoffstrombestandteile werden in der Literatur zumeist (abhängig von der Intention der Untersuchung) auf dem Detaillierungsniveau von Korn und Nichtkornbestandteilen beschrieben.

Über die klassische Anwendung des Separationsfaktors, in Bezug auf die oben aufgeführten Aggregate, hinaus charakterisiert dieser zudem den bearbeitenden Prozess der Erntegutaufnahmen durch den Vorsatz. Der Pflanzenbestand respektive die ganze Pflanze bildet in der abstrahierten Darstellung die Quelle des Stoffstroms und damit den ersten Eingangsmassenstrom. Die abstrahierte Beschreibung des Aufnahmeprozesses wird durch den Separationsfaktor charakterisiert, da die ganze Pflanze bspw. in Stoppeln, welche auf dem Feld verbleiben, und in weiter zu bearbeitendes Erntegut separiert wird. Dazu sollte der Separationsfaktor im Hinblick auf das Korn 100 % aufweisen (Abweichungen stellen die Aufnahmeverluste dar), wohingegen der Separationsfaktor in Bezug auf die Nichtkornbestandteile bspw. eine Funktion der Schneidwerkshöhe

(Betriebsparameter) und des Korn-NKB-Verhältnisses des Pflanzenbestandes (Materialparameter) darstellt.

Eine kombinierte Variante der drei Funktionen Zusammenführung, Zustandsänderung und Separation spiegelt bspw. die Funktionsweise eines Dreschwerks wider. Neben dem Schrägförderer stellt eine Überkehr dem Dreschwerk einen ergänzenden Eingangsmassenstrom bereit. In der Modellvorstellung werden die Stoffstrombestandteile summiert. Auf dieser Basis erfolgt dann, in Abhängigkeit der Stoffstromdetaillierung, die Zustandsänderung der Stoffstrombestandteile (bspw. festes Korn zu losem Korn, was den Druschvorgang repräsentiert) und die Separierung der Pflanzenbestandteile durch den Dreschkorbdurchgang sowie die Weitergabe des verbleibenden Massenstroms an die Restkornabscheidung.

Der Prozess Bewegen zeichnet sich, in Bezug auf die Charakteristika, durch die Förder- bzw. Transportleistung in Form der beförderten Masse je Zeiteinheit sowie durch die Stoffstromteilung und -summation aus (Abb. 4.12).

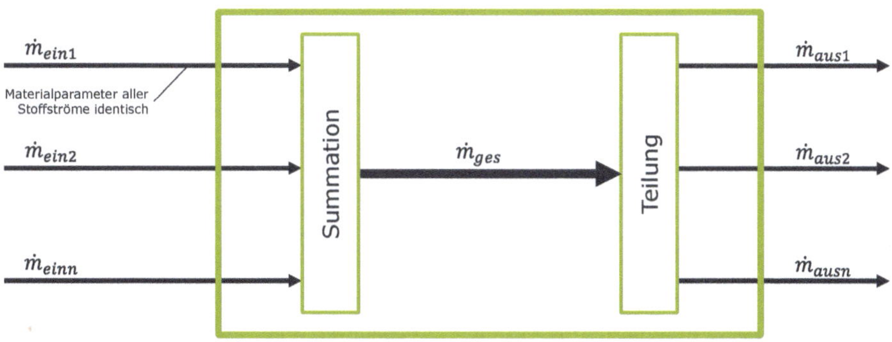

Abb. 4.12: *Funktionen des Prozesses Bewegen*

Bei dem Prozess Bewegen erfolgt definitionsgemäß keine qualitative Transformation. Somit findet keine Eigenschaftsänderung des Stoffstroms statt, was bedeutet, dass alle Eingangs- und Ausgangsmassenströme die gleiche Zusammensetzung und die gleichen Materialparameter aufweisen. Demnach erfolgt die Zusammenführung durch Summation der Eingangsmassenströme.

Summation:

$$\dot{m}_{aus} = \dot{m}_{ein} = \dot{m}_{ges} = \dot{m}_{ein1} + \dot{m}_{ein2} + \dot{m}_{einn} \tag{4.23}$$

Neben der reinen Materialförderung und Summation kann jedoch durch den Prozess Bewegen eine Aufteilung des Stoffstroms erfolgen. Die Stoffstromteilung wird in Bezug auf die Führung des Ernteguts durch einen Teilungskoeffizient (TK) repräsentiert. Analog zum Zustandsänderungs- und Separationsfaktor resultiert auch dieser aus Konstruktions-, Betriebs- und Materialparametern. Der Teilungskoeffizient beschreibt die prozentuale Aufteilung des Eingangsmassenstroms auf eine variable Anzahl an Ausgangsmasseströme. Da sich durch diese Prozessart die Zusammensetzung des Stoffstroms nicht ändert, wird der Koeffizient, im Gegensatz zum Separationsfaktor, nicht auf einzelne Stoffstrombestandteile spezifiziert, sondern bezieht sich auf den gesamten Stoffstrom als solches.

Teilungskoeffizient (TK):

$$TK_{aus1} + TK_{aus2} + TK_{ausn} = 1 \tag{4.24}$$

Teilung Stoffstrom:

$$\dot{m}_{aus1} = \dot{m}_{ges} * TK_{aus1} \tag{4.25}$$

$$\dot{m}_{aus2} = \dot{m}_{ges} * TK_{aus2} \tag{4.26}$$

$$\dot{m}_{ausn} = \dot{m}_{ges} * TK_{ausn} \tag{4.27}$$

Am Beispiel des Mähdreschers stellt der Schrägförderer einen bewegenden Prozess ohne Stoffstromteilung dar. Demnach entspricht der Teilungskoeffizient dem Wert 1 bzw. 100 % des Eingangsstoffstroms verlassen den Prozess über einen Ausgang. Demgegenüber handelt es sich bei einem Radial-Spreuverteiler mit zwei Rotationswerkzeugen um einen bewegenden Prozess mit Stoffstromteilung. Unter idealen Bedingungen wird der Reinigungsabgang halbiert, sodass der Teilungskoeffizient je Prozessausgang 0,5 beträgt. Kommen hier jedoch bspw. äußere Einflüsse wie die Inklination (Betriebsparameter) zum Tragen, kann der Teilungskoeffizient variieren und der Stoffstrom des hangabgewandten Prozessausgangs erhöht sich.

Eine Kombination aus Zusammenführung und Teilung ist analog zum bearbeitenden Prozess abbildbar, wobei sich der Betrachtungsrahmen auf den gesamten Stoffstrom und nicht auf die einzelnen Bestandteile bezieht, da keine qualitative Änderung eintritt.

Sowohl der Zustandsänderungsfaktor (ZF), der Separationsfaktor (SF) und der Teilungskoeffizient (TK) als auch die Zusammenführung der Stoffströme bzw. der Stoffstrombestandteile bilden neben der Anordnung und der Verknüpfung der Prozesse den wesentlichen Bestandteil zur Führung des Stoffstroms bzw. Charakterisierung der Prozesskette auf der Komponentenebene. Zum einen wird durch die modulare Betrachtungsweise in Bezug auf den Stoffstrom, auf die Prozesse als solche und auf die einzelnen Prozessfunktionen sowie die Abstrahierung der Prozessresultate die Intention der generischen Prozessbeschreibung verfolgt. Zum anderen wird durch die damit verbundenen Faktoren und Koeffizienten aber auch die Möglichkeit eröffnet, eine tiefere Betrachtung der spezifischen Arbeitsweisen der Komponenten in Form einer detaillierten Modellierung der Vorgänge in dem Prozess bzw. der einzelnen Funktionen der Prozesse in die Methode und den Systemaufbau zu integrieren. Diese Modelle können wiederum bspw. empirisch ermittelt werden, aus detaillierten Prozesssimulationen stammen (z. B. auf Basis von DEM und CFD Simulationen) oder im Hinblick auf die Systeme mit unbekannter technischer Umsetzung hypothetische Kennfelder darstellen, um deren Auswirkung auf die Prozesskette zu analysieren und daraus Entwicklungsziele abzuleiten.

Neben der Zustandsänderung, Separation, Teilung und Zusammenführung stellt der Leistungsbedarf ein weiteres Charakteristikum der Prozesse Bearbeiten und Bewegen dar. Der Leistungsbedarf ist, wie in Gl. 4.1 beschrieben, eine Funktion aus Konstruktions-, Betriebs- und Materialparametern (Abb. 4.13).

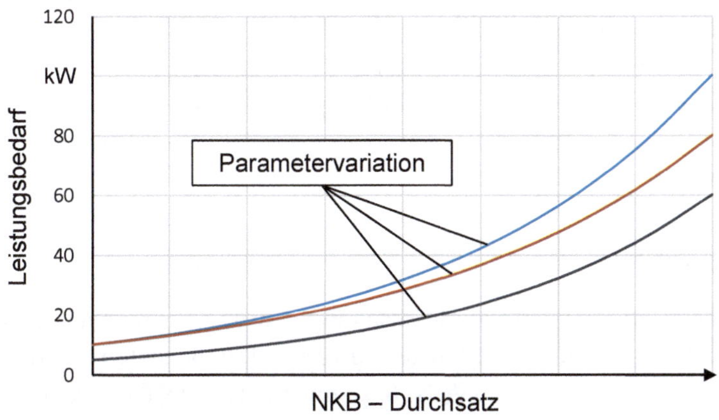

***Abb. 4.13:** Exemplarische Darstellung des Leistungsbedarfs*

Je nach Auslegung der Prozesse bildet die einzubringende Leistung/Energie die Grundlage zur Ausführung der qualitativen und räumlichen Transformation. Da die Hauptfunktion der Komponenten in der Interaktion mit dem Erntegut begründet ist, wird als maßgebliche Größe der Durchsatz als führender Betriebsparameter in Bezug auf den Leistungsbedarf herangezogen. Dadurch wird sowohl die Leistungsfähigkeit des Prozesses fokussiert als auch die gleiche Referenz in Bezug auf die durchsatzbezogene qualitative Transformation und den Teilungskoeffizienten verwendet. Ein Beispiel ohne direkten Leistungseintrag stellt bspw. eine Materialförderung mittels Schwerkraft dar.

Die Prozessart Speichern wird innerhalb der Prozesskette zur Gütertransformation durch das massenbezogene Fassungsvermögen charakterisiert, welches durch das Produkt aus dem zur Verfügung stehenden Volumen (Konstruktionsparameter) und der Dichte bzw. der Schüttdichte (Materialparameter) des zu speichernden Ernteguts beschrieben wird. Im Hinblick auf die Ausführung der Prozesskette dient der Speicher zur Entkopplung von aufeinanderfolgenden Prozessen. Durch die Zwischenlagerung in der Maschine wird die Möglichkeit eröffnet, dass Maschinen mit integriertem Speicher unabhängig von anderen Maschinen arbeiten können. Zudem kann der Speicher innerhalb der Maschine oder während der Übergabe des Ernteguts dazu dienen eine Pufferfunktion einzunehmen, um unterschiedliche Leistungsfähigkeiten von aufeinanderfolgenden Prozessen temporär auszugleichen. Die Befüllung und Entleerung des Speichers erfolgt durch bewegende und bearbeitende Prozesse, wobei je nach Anwendungsintention die Befüll- und Entleervorgänge sequenziell, parallel oder in einer hybriden Form ablaufen. Der Korntank des Mähdreschers stellt eine hybride Variante dar, da in Abhängigkeit des Anwendungsfalls die Vorgänge sequenziell oder parallel ablaufen. Während des reinen Mähdruschprozesses erfolgt ausschließlich eine Befüllung des Korntanks. Findet anschließend die Korntankentleerung im Stand statt, so laufen diese Prozesse nacheinander ab. Erfolgt hingegen die Übergabe des Ernteguts während der Fahrt und somit zeitgleich zum Mähdruschprozess, geschieht eine gleichzeitige Befüllung und Entleerung.

4.3.4 Maschine

Auf der Maschinenebene erfolgt die Zusammenführung der Komponenten zu einer Maschine. Neben den funktionstechnischen Komponenten wird auf der Maschinenebene die Beschreibung des Systemverhaltens um die Systemtechnik bzw. die systemtechnischen Baugruppen erweitert. Des Weiteren werden auf der Maschinenebene charakteristische Maschinenzustände je Maschinentyp definiert und darauf aufbauend der Status der Komponenten zum jeweiligen Betriebspunkt festgelegt.

Wie im vorherigen Abschnitt beschrieben, stellt die Funktionstechnik durch die direkte Interaktion mit dem Stoffstrom die Grundlage zur Ausführung der Transformation dar. Auf der Maschinenebene wird nun dieser Betrachtungsrahmen um die Systemtechnik erweitert, um die Maschinenarchitektur zu komplettieren. Die Systemtechnik bildet die Voraussetzung zur Ausführung der Prozesse in Bezug auf die Gütertransformation. Dazu müssen systemtechnische Baugruppen wie Fahrantriebe und Antriebsstrang aber auch der Fahrerstand und die Chassisstrukturen, die durch die funktionstechnischen Komponenten nicht eingeschlossen sind, in der Systembeschreibung integriert werden. Im Hinblick auf den Leistungs-/Energiebedarf des Erntekonzepts sind zum einen systemtechnische Verbraucher, wie der Fahrantrieb, und zum anderen Verlustleistung/-energie durch den Antriebsstrang zu berücksichtigen. Ausgehend vom Prozess veranschaulicht Abb. 4.14 dazu eine schematische Darstellung der antriebsspezifischen Systemtechnik und des damit verbundenen Energiebedarfs.

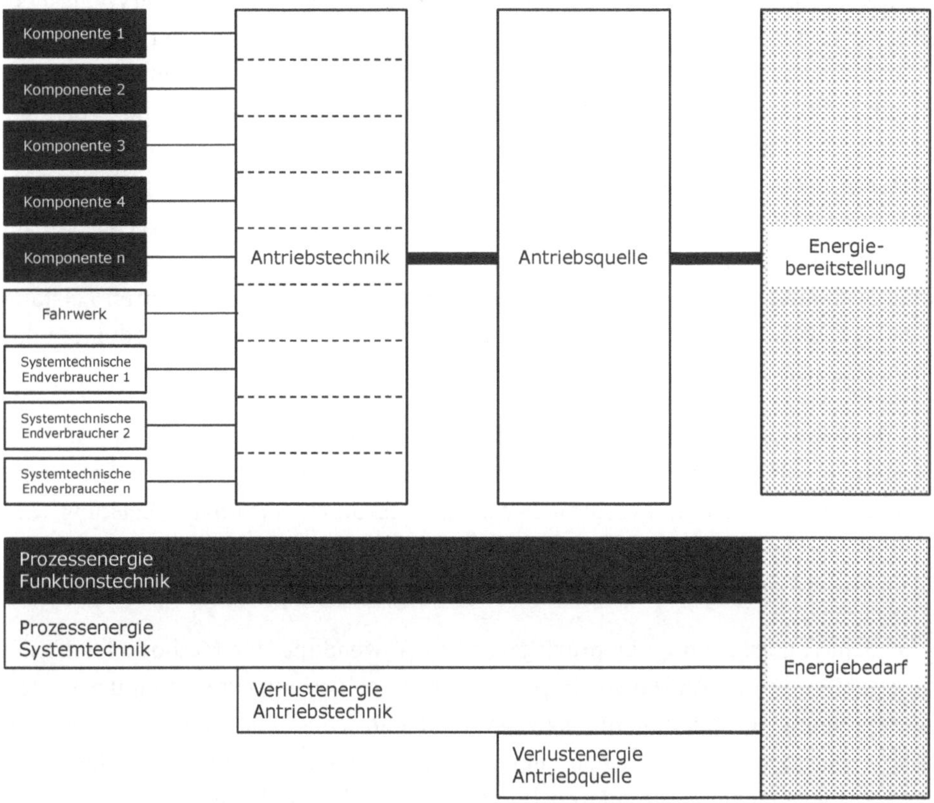

Abb. 4.14: *Schematische Darstellung der antriebsspezifischen Systemtechnik und des Energiebedarfs*

Der Antriebsstrang sorgt u. a. für den Antrieb der Funktionstechnik und bildet die Verbindung zwischen den funktions- und systemtechnischen Endverbrauchern und dem Energieträger bzw. der Energiebereitstellung. Zur Energieversorgung können Energieträger wie bspw. flüssige und gasförmige Kraftstoffe (Dieselkraftstoff, Benzin, Methan, Wasserstoff, etc.) sowie Akkumulatoren oder eine bis zu einem gewissen Maße ortsgebundene Energiebereitstellung durch ein installiertes Elektrizitätsnetzwerk (bspw. bei stationären Maschinen oder kabelgebundenen mobilen Maschinenkonzepten) Anwendung in den unterschiedlichen Erntekonzepten finden. Die Antriebsquellen, wie Verbrennungs- und Elektromotoren sowie Brennstoffzellen, dienen der primären Energieumwandlung. Durch die damit verbundene Antriebstechnik erfolgt die Energieübertragung, -verteilung und -zwischenspeicherung auf Basis von mechanischen, hydraulischen, pneumatischen und/oder elektrischen Systemen. Aufgrund der Energieumwandlung, -übertragung, und -verteilung werden durch die Antriebstechnik und durch die Antriebsquelle Energieverluste hervorgerufen, welche es im Rahmen der Systembeschreibung zu berücksichtigen gilt. Je nach Maschinenkonzept können zudem mehrere Antriebsquellen implementiert sein und damit verbunden mehrere Antriebsstränge existieren. Ausgehend von der benötigten Energie zur Ausführung des Prozesses, bildet die Summe der Prozessenergie von Funktions- und Systemtechnik sowie die Verlustenergie von Antriebstechnik und Antriebsquelle den Gesamtenergiebedarf. Im invertierten Fall wird die von der Antriebsquelle zur Verfügung gestellte Leistung auf die Funktions- und Systemtechnik übertragen. Beim Erreichen der maximal abrufbaren Leistung erfolgt eine Anpassung der Betriebsparameter. Dazu gehört u. a. die Reduktion der Fahrgeschwindigkeit.

Kennzeichnend für die Beschreibung des Antriebsstrangs ist in Bezug auf das Systemverhalten der Wirkungsgrad zwischen Energieträger und den funktions-/systemtechnischen Endverbrauchern, die maximal abrufbare Leistung der Antriebsquelle sowie die Kapazität des Energieträgers und dem damit verbundenen Zeitaufwand zur Wiederherstellung der Energiekapazität.

Vor dem Hintergrund einer praxisgerechten Anwendung der Methode kann eine Abstrahierung der Antriebstechnik in Form einer vereinfachten modularisierten Beschreibung je Komponente bzw. systemtechnischen Endverbraucher, wie in Abb. 4.14 angedeutet, erfolgen, um die Komplexität der Antriebstechnik zur Konzeptbewertung zu minimieren. Dies vereinfacht den Methodeneinsatz sowohl im Hinblick auf den Systemaufbau und der Untersuchung von Erntekonzepten mit technisch unbekannter Umsetzung als auch im Hinblick auf die Untersuchung die

Systemgrenzen bekannter Maschinenkonzepte aufzulösen und auf Basis bestehender Lösungen neue/alternative Erntekonzepte zu kreieren.

Fahrantriebe und deren Modellierung finden definitionsgemäß bei mobilen und semi-stationären Maschinenarten Anwendung. Zur Beschreibung des Leistungsbedarfs sind dabei die Maschinenmasse, Fahrgeschwindigkeit und Fahrwiderstände zu berücksichtigen, welche aus fahrwerksartspezifischen Einflussgrößen (Dimensionierung der Reifen, Reifeninnendrücke oder spezifische Eigenschaften von Gleisbandlaufwerken) und des zu befahrenden Untergrunds resultieren.

Als weitere Grundlagen zur Parametrisierung der Maschinenebene bedarf es der Determinierung von Massen und Kosten für die Funktions- und Systemtechnik. Neben der Funktionstechnik und dem Antriebsstrang müssen dabei auch systemtechnische Komponenten, wie die Kabine, die Chassisstruktur und die Verkleidung, zur Vervollständigung des Maschinenkonzepts berücksichtigt werden. Dies hat zum Ziel, eine ganzheitliche Bewertung des Erntekonzepts zu gewährleisten und den Anforderungen an eine adaptive Systembeschreibung eines generischen Ansatzes gerecht zu werden.

Im Gegensatz zu den Attributen der Masse und Kosten können zwar für die einzelnen funktions- und systemtechnischen Komponenten Bauräume definiert werden, jedoch geht die Komplexität der Zusammenführung dieses Merkmals über die einfache Summation hinaus. Aufgrund von Effekten der Verschachtelung und der Überschneidung von Volumina muss der Bauraum der einzelnen Komponenten im Kontext des Gesamtmaschinenaufbaus betrachtet und berücksichtigt werden. Dazu müssen die Überlagerungseffekte der Bauräume mit Hilfe von Faktoren berücksichtigt werden, bevor eine Summation der Bauräume vonstattengehen kann. Je nach Untersuchungsgegenstand ist dabei zu beachten, dass die Bauraumanalyse/ -ermittlung einen hohen Detaillierungsgrad des Maschinenkonzepts voraussetzt, was vor allem bei Konzepten mit unbekannter technischer Umsetzung definitionsbedingt nicht zwingend gegeben ist. Zudem kann im Gegensatz zur Masse mit dem Bauraum eine Variabilität als eine Art indirekter Betriebsparameter einhergehen. Durch Falten, Klappen und Teleskopieren wird das Volumen des Maschinenkonzepts verändert, um beispielsweise von einer Transport- in eine Arbeitsstellung zu wechseln. Dadurch werden u. a. auch die konstruktiv charakterisierenden Parameter der Komponenten zur Ausführung des Transformationsprozesses durch einen Rüstvorgang eingerichtet. Der Vorgang bezieht sich zum Beispiel auf das Aufklappen des Korntanks oder auf das Einrichten der Maschinen, wie es beim Konzept des autonomen Schwarms selbstfahrender

Mähdrescher von Herlitzius et al. [2011] vorgesehen ist. Diese Schritte sind notwendig, da der Bauraum durch die Einhaltung der Straßenverkehrs-Zulassungs-Ordnung reglementiert ist. Im Hinblick auf die Beschreibung des Systemverhaltens spiegelt sich dies in Rüstzeiten von Transport- zur Arbeitsstellung wider. Des Weiteren ist der Bauraum in Bezug auf die Stellflächen von Maschinen und hinsichtlich des Raumbedarfs von festinstallierten Anlagen zu berücksichtigen.

Ein weiterer Schritt zur Beschreibung des Systemverhaltens auf der Maschinenebene bildet die Determination von Maschinenzuständen. Für jeden Maschinentyp bzw. für jedes Maschinenkonzept im Maschinensystem werden dazu grundsätzliche Zustände definiert, welche die einzelne Maschine einnehmen kann. Diese charakterisieren das Arbeitsverhalten der einzelnen Maschine. Die Maschinenzustände spiegeln dabei die unterschiedlichen Betriebspunkte des Maschinenkonzepts wider und dienen zur späteren Beschreibung von Abläufen und Vorgängen im Maschinensystem. In Abb. 4.15 sind exemplarisch für das Maschinenkonzept des selbstfahrenden Mähdreschers charakteristische Maschinenzustände determiniert.

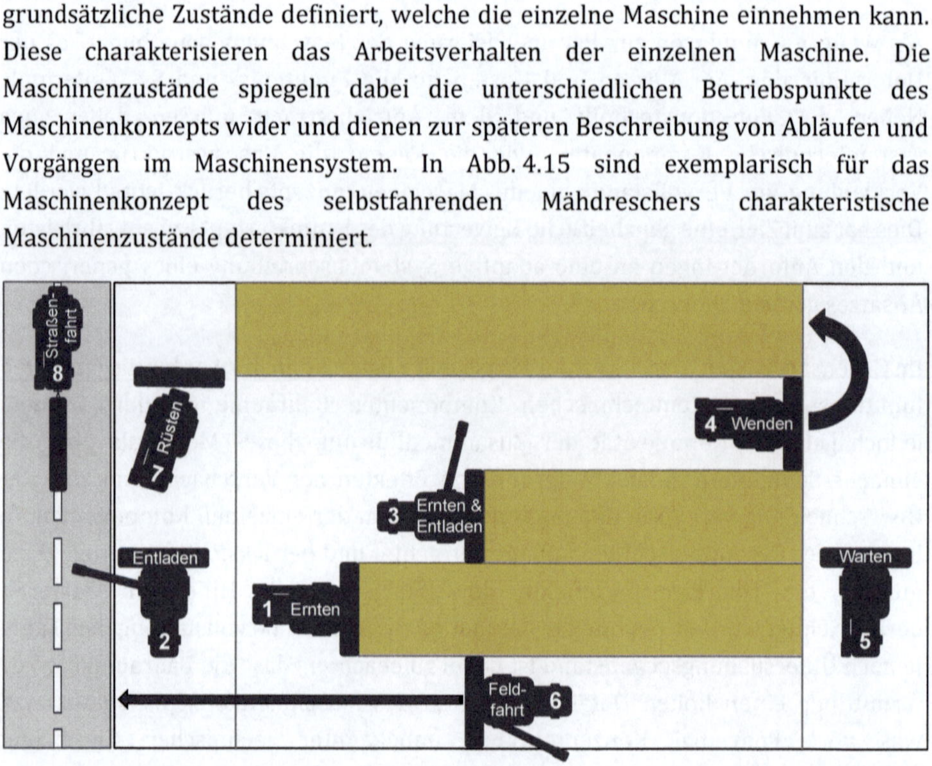

Abb. 4.15: Charakteristische Maschinenzustände am Beispiel des Maschinentyps Mähdrescher

Neben dem Zustand des reinen Erntens (1) und der Korntankentleerung am Feldrand (2), beschreibt der dritte Maschinenzustand (3) eine Kombination aus Ernte und Korntankentleerung. Des Weiteren werden aber auch die Zustände berücksichtigt, die indirekt mit dem Erntevorgang in Verbindung stehen. Dazu zählen bspw. das Wenden am Vorgewende (4), das Warten (5) auf Transporteinheiten bei vollem Korntank sowie die Feldfahrten ohne zu Ernten (6). Zum Wechseln der Maschinen zwischen den Feldern oder sonstiger

Standortwechsel, wie vom Betriebsstandort zum Feld, bedarf es dem Rüsten (7) und der Straßenfahrten (8).

Auf Basis der Maschinenzustände werden im Weiteren der Komponentenstatus festgelegt, um die einzelnen Maschinenfunktionen je Betriebspunkt zu definieren. Dadurch erfolgt die grundlegende Verknüpfung der Komponentenmodelle zu den Maschinenzuständen und den damit verbundenen Rahmenbedingungen. Die Determinierung des Komponentenstatus erfolgt dabei durch die Spezifizierung Last, Leerlauf und Inaktiv. Tab. 4.1 verdeutlicht dazu die Kriterien der unterschiedlichen Komponentenstatus im Hinblick auf die funktionstechnischen Komponenten und das Fahrwerk.

Tab. 4.1: *Bedingungen für Komponentenstatus*

Status	Komponente	
	Funktionstechnik	Fahrwerk
Last	$\dot{m} > 0;\ P > 0$	$v > 0;\ P > 0$
Leerlauf	$\dot{m} = 0;\ P > 0$	$v > 0;\ P = 0$
Inaktiv	$\dot{m} = 0;\ P = 0$	$v = 0;\ P = 0$

Die Spezifikation Last stellt eine Variable dar, welche sich nach den vorherrschenden leistungsbestimmenden Parametern der funktionstechnischen und systemtechnischen Komponenten ableitet. Maßgebende Kriterien sind der Durchsatz des Stoffstroms (Massenstrom) ($\dot{m}$) oder die Fahrgeschwindigkeit (v) in Verbindung mit einer eingebrachten Leistung (P). Der Status Leerlauf beschreibt für funktionstechnische Komponenten einen Lastfall jedoch ohne Interaktion mit einem Massenstrom. Demgegenüber repräsentiert dieser Status in Bezug auf das Fahrwerk eine Fahrzeuggeschwindigkeit, ohne dass Leistung eingebracht wird, was beispielsweise beim Befahren einer negativen Steigung eintreten kann. Im Status inaktiv sind die Komponenten ausgeschaltet, d. h. die Komponenten führen keine Funktion aus.

Die Kombination aus der Anordnung und Verknüpfung der Komponenten in der Maschine und der Statuszuordnung ist maßgebend für das Systemverhalten der Maschine. Mit der Statuszuordnung findet im Hinblick auf die Funktionstechnik eine Zusammenführung der Charakteristika und Leistungsfähigkeiten der einzelnen sich unter Last befindlichen Komponenten zu einer interagierenden Prozesskette statt. Dies hat zur Folge, dass dadurch wiederum die Charakteristik und Leistungsfähigkeit der Maschine für den Betriebspunkt definiert wird.

Am Beispiel der zuvor aufgeführten Maschinenzustände (vgl. Abb. 4.15) erfolgt in Abb. 4.16 die Statuszuordnung der Komponente zu dem jeweiligen Betriebspunkt der Maschine.

	Maschinenzustand							
Komponente	Ernten (1)	Entladen (2)	Ernten & Entladen (3)	Wenden (4)	Warten (5)	Feldfahrt (6)	Rüsten (7)	Straßen-fahrt (8)
Schneidwerk	●	✖	●	○	✖	✖	✖	✖
Schrägförderer	●	✖	●	○	✖	✖	✖	✖
Dreschwerk	●	○	●	○	○ / ✖	○	✖	✖
Restkornabsch.	●	○	●	○	○ / ✖	○	✖	✖
Reinigung	●	○	●	○	○ / ✖	○	✖	✖
Strohhäcksler	◍	◌	◍	◌	◌ / ✖	◌	✖	✖
Spreuverteiler	◍	◌	◍	◌	◌ / ✖	◌	✖	✖
Abtankrohr	✖	●	●	✖	✖	✖	✖	✖
Fahrwerk	●	✖	●	●	✖	●	● / ✖	●

Status: ● Last ○ Leerlauf ◍ Last (optional) ◌ Leerlauf (optional) ✖ Inaktiv

Abb. 4.16: *Status der Komponenten je Maschinenzustand des Maschinentyps Mähdrescher*

Während der reinen Ernte (1) verarbeiten bzw. fördern das Schneidwerk, der Schrägförderer, das Dreschwerk, die Restkornabscheidung und die Reinigung den zugeführten Stoffstrom. Währenddessen soll das Abtankrohr inaktiv bzw. die Entladeschnecke ausgeschaltet sein und der Fahrantrieb setzt die vorgegebene Geschwindigkeit um. Je nach Auslegung des Erntevorgangs (bspw. Schwadablage oder Häckselstroh) besteht die Möglichkeit, in weiteren Ernteszenarien den Strohhäcksler und/oder den Spreuverteiler optional zu verwenden. Im Gegensatz zur reinen Ernte (1) ändert sich der Status des Abtankrohrs beim gleichzeitigen Ernten und Entladen (3). Während der Wendung am Vorgewende (4) laufen die zuvor mit dem Stoffstrom interagierenden Komponenten ohne Last bzw. in einer idealisierten Annahme ohne Durchsatz im Leerlauf. Befindet sich die Maschine im Wartezustand (5) sind die Komponenten im Leerlauf oder werden ausgeschaltet. Im Rahmen der Straßenfahrt (8) befindet sich das Fahrwerk zur Fortbewegung unter Last und die Funktionstechnik ist inaktiv.

4.3.5 Maschinensystem

Auf der Ebene des Maschinensystems erfolgt die Definition des Arbeitsverhaltens der einzelnen Maschine im Maschinensystem durch die Abfolge von Maschinenzuständen bzw. Zustandsänderungen mit Hilfe von Zustandsdiagrammen. Aufgrund der Aufnahme und der Abgabe von Stoffströmen kommt es zu

Interaktionen mit anderen Maschinen. Durch diese Interaktionen entstehen, im Hinblick auf die Beschreibung des Systemverhaltens Verknüpfungen (V) zwischen den Zustandsdiagrammen der einzelnen Maschinentypen. Mit den Verknüpfungen werden Bedingungen und Voraussetzungen definiert, welche die Zustandsänderung der interagierenden Maschine beeinflussen. Dazu repräsentieren die Betriebspunkte der Maschine, welche mit einer Verknüpfung einhergehen, bedingte Maschinenzustände (Abb. 4.17).

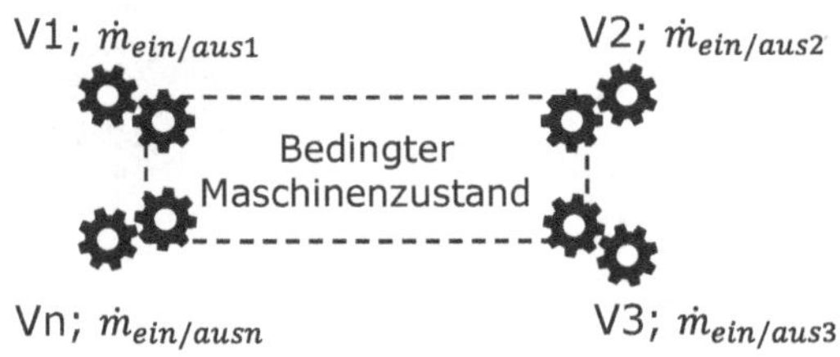

***Abb. 4.17:** Schematische Darstellung des bedingten Maschinenzustands*

Der bedingte Maschinenzustand ist durch mindestens eine Verknüpfung zu einem bedingten Maschinenzustand eines interagierenden Maschinentyps gekennzeichnet. Über die eindeutige Bezeichnung der Verknüpfung (Bsp. V1) wird die Abhängigkeit der Maschinenzustände im Maschinensystem definiert und je Verknüpfung der aufzunehmende bzw. abzugebende Massenstrom aus der Maschinenperspektive angegeben. Die bedingten Maschinenzustände können nur unter der Voraussetzung eingenommen werden bzw. besitzen nur Gültigkeit, wenn die interagierende Maschine ebenfalls den verknüpften Maschinenzustand einnehmen kann. Im Falle einer simultanen Interaktion zur Übergabe mehrerer Stoffströme gilt diese Bedingung für alle verknüpften Maschinen. Im Betriebspunkt des bedingten Maschinenzustands bilden die Komponenten der verknüpften Maschinen während der Stoffstromübergabe eine Prozesskette über die Maschinengrenze hinaus. Demnach wird die Übergabeleistung nicht durch die Leistungsfähigkeit der einzelnen Maschine bzw. Komponente definiert, sondern von der Leistungsfähigkeit der gesamten im verknüpften Zustand interagierenden Prozesskette.

Neben den Bedingungen und Eintrittsvoraussetzungen hinsichtlich der Zustandsänderung für bedingte Maschinenzustände, dienen darüber hinaus definierte Ereignisse innerhalb eines einzelnen Maschinenzustandes als Auslöser für eine Zustandsänderung. Tritt ein Ereignis wie bspw. Korntank voll, Vorgewende erreicht, Wendung erfolgt, Korntank entleert, Feldrand erreicht oder Beladung beendet ein, führt dies zu einer Zustandsänderung der Maschine. Stehen dabei in der Zustandsabfolge mehrere Folgezustände zur Auswahl, wird der Wechsel in

Abhängigkeit des Ereignisses durch eine Entscheidungslogik definiert. Abb. 4.18 visualisiert die Entscheidungsgrundlage für einen Mähdrescher im Maschinenzustand Ernten (1) (Korntankentleerung auf dem Feld).

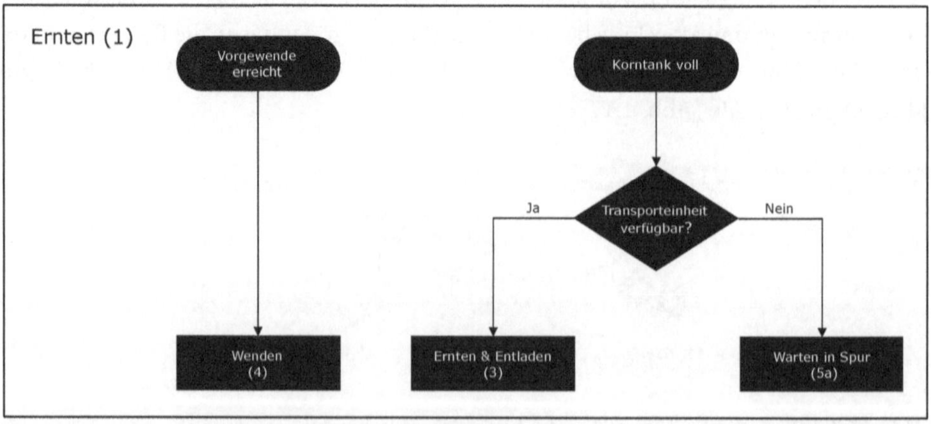

Abb. 4.18: *Exemplarische Entscheidungsgrundlage für die Zustandsänderung des Mähdreschers für den Maschinenzustand Ernten*

In dem gezeigten Maschinenzustand können die Ereignisse Vorgewende erreicht und Korntank voll eintreten. Im Fall des Erreichens des Vorgewendes wechselt der Mähdrescher vom Zustand Ernten (1) in den Zustand Wenden (4). Tritt das Ereignis Korntank voll ein, so ergeben sich zwei Möglichkeiten in Bezug auf den Folgezustand. Ist eine Transporteinheit zur Übergabe des Stoffstroms verfügbar, folgt der Betriebspunkt Ernten & Entladen (3). Alternativ erfolgt das Warten in der Spur (5a).

Auf Basis des Zustandsdiagramms wird die Abfolge der zuvor definierten Maschinenzustände festgelegt. In Kombination mit definierten Ereignissen und Eintrittsvoraussetzungen werden Zustandsänderungen reglementiert und unlogische bzw. widersprüchliche Abfolgen ausgeschlossen. Durch den Einsatz der bedingten Maschinenzustände erfolgt die Integration der Verknüpfungen. Aus der Summe der Zustandsdiagramme je Maschinentyp sowie den damit verbundenen Interferenzen, Abhängigkeiten und ereignisgesteuerten Entscheidungslogiken ergibt sich der ganzheitliche Verfahrensablauf des Maschinensystems.

Am Beispiel des Mähdruschs veranschaulicht Abb. 4.19 das Zustandsdiagramm für den Maschinentyp Mähdrescher.

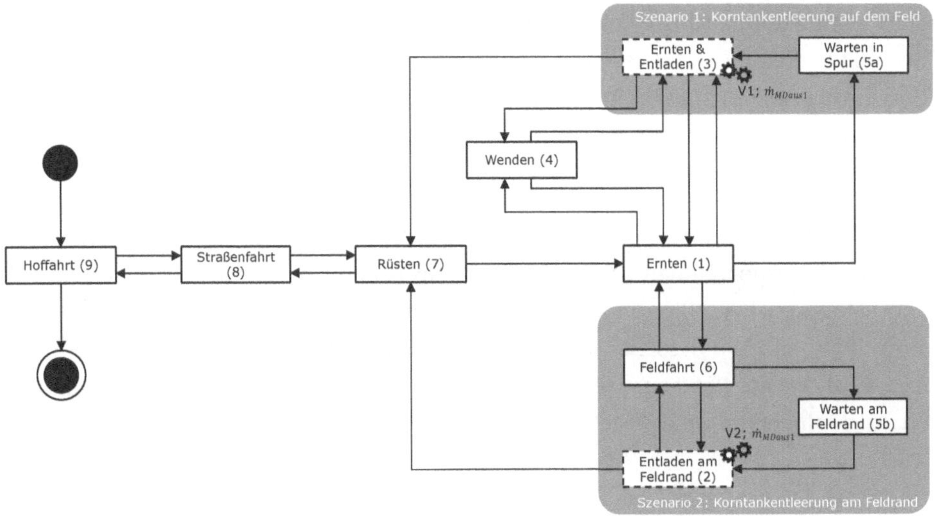

***Abb. 4.19:** Exemplarisches Zustandsdiagramm des Maschinentyps Mähdrescher*

Ausgehend von einem Ausgangspunkt (bspw. Betriebsstandort) erfolgt über die Hof- (9) und Straßenfahrt (8) die Ankunft am Feld. Nach dem Rüsten (7) wird mit der Ernte (1) begonnen und am Vorgewende wiederkehrend gewendet (4). Des Weiteren verdeutlicht das Zustandsdiagramm zwei Szenarien der Korntankentleerung bzw. der Übergabe des Stoffstroms $\dot{m}_{MDaus1}$ in Form des Korns. Das Szenario 1 sieht eine Korntankentleerung auf dem Feld vor, sodass während des Erntevorgangs der Korntank entladen wird. Der Betriebspunkt Ernten & Entladen (3) stellt einen bedingten Maschinenzustand dar. Über die Kennzeichnung V1 ist die Verknüpfung definiert. Der bedingte Maschinenzustand wird nur eingenommen, wenn die interagierende Maschine (hier: Transporteinheit) ebenfalls den verknüpften bedingten Maschinenzustand einnimmt (vgl. Abb. 4.17). Bei einer zeitlichen Divergenz im Hinblick auf die synchrone Einnahme der verknüpften Maschinenzustände erfolgt das Warten in der Spur (5a). Dies tritt ein, wenn das Korntankvolumen ausgeschöpft ist, aber die Transporteinheit zur Entladung noch nicht zur Verfügung steht. Wird der Betriebspunkt Ernte & Entladen (3) durch das Vorgewende unterbrochen erfolgt die Wendung (4) mit einer anschließenden Rückkehr zum Zustand Ernten & Entladen (3).

Im Szenario 2 findet die Korntankentleerung am Feldrand im Stand statt. Dies bedingt, dass der Mähdrescher bei vollem Korntank die Spur verlässt (ggf. am Vorgewende) und durch eine Fahrt über das Feld (6) den Feldrand erreicht. Kann der bedingte Maschinenzustand des Entladens am Feldrand (2) mit der Verknüpfung V2 nicht eingenommen werden, tritt der Zustand Warten am Feldrand (5b) ein. Nach der Korntankentleerung erfolgt über die Feldfahrt (6) die Rückkehr in die Spur zum Ernten (1). Beiden Szenarien ist gemein, dass der Zustand des Rüstens (9) nur nach Entleerung des Korntanks eintreten kann. Über eine anschließende Straßenfahrt (8) kann das Umsetzen auf ein weiteres Feld oder die Rückfahrt zum Ausgangsort über die Hoffahrt (9) erfolgen.

Den zweiten Maschinentyp im Erntekonzept *Mähdrusch* stellt die Transporteinheit dar. Die Transporteinheit interagiert verfahrensbedingt im Maschinensystem mit dem Mähdrescher. Die entsprechenden Verknüpfungen (V1 und V2) werden äquivalent zum Mähdrescher im Zustandsdiagramm der Transporteinheit definiert. Abb. 4.20 repräsentiert ein exemplarisches Zustandsdiagramm der Transporteinheit für das Mähdruschszenario 1.

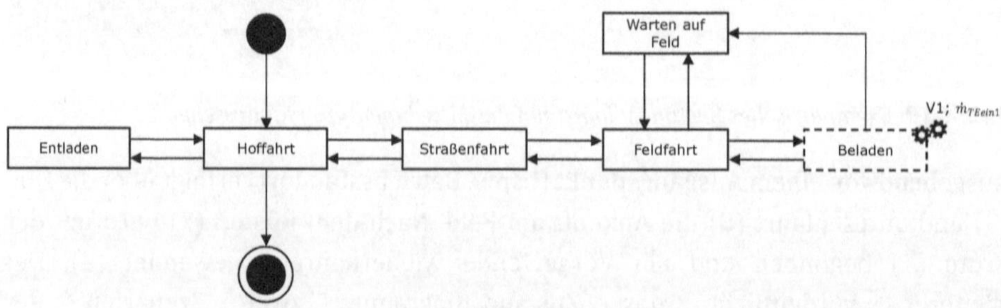

***Abb. 4.20:** Exemplarisches Zustandsdiagramm des Maschinentyps Transporteinheit Szenario 1*

Analog zum Zustandsdiagramm des Mähdreschers erfolgt die Anfahrt zum Feld über eine Hof- und Straßenfahrt. Nach der Feldfahrt nimmt die Transporteinheit in Abhängigkeit des Maschinenzustands der Erntemaschine den Betriebspunkt Warten auf dem Feld oder Beladen ein. Der bei der Beladung aufgenommene Stoffstrom stellt für die Transporteinheit den Massenstrom $\dot{m}_{TEein1}$ dar. Nach der Beladung eines Korntankinhalts stellt sich ein Rhythmus aus Warten auf dem Feld, Feldfahrt und Beladen ein. Nach Ausschöpfung der zulässigen Speicherkapazität erfolgt die Entladung am Betriebsstandort nach der Abfolge der dargestellten Maschinenzustände. Dieser Zyklus wiederholt sich bis zu einem definierten Ende der Arbeitserledigung. Nach der letzten Entladung wird der Ausgangspunkt über die Hoffahrt erreicht.

Im Vergleich zum Szenario 1 findet im Szenario 2 die Entleerung des Korntanks am Feldrand statt, was sich im Zustandsdiagramm der Transporteinheit für das Szenario 2 (Abb. 4.21) widerspiegelt.

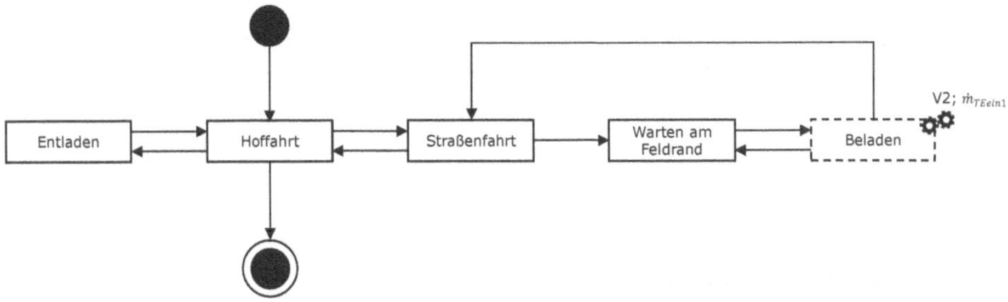

***Abb. 4.21:** Exemplarisches Zustandsdiagramm des Maschinentyps Transporteinheit Szenario 2*

Im Gegensatz zu Szenario 1 entfällt die Feldfahrt und das Warten findet am Feldrand statt, da zur Beladung nicht die Transporteinheit den Mähdrescher aufsucht, sondern der Mähdrescher zum Entladen an den Feldrand fährt. Bis zum Erreichen des zulässigen Speichervermögens erfolgt ein Rhythmus zwischen Warten am Feldrand und Beladen.

Durch den modularen Aufbau des Zustandsdiagramms können mehrere aufzunehmende und abzugebende Stoffströme einer Maschine in Kombination mit einer variablen Anzahl von vor- und nachgelagerten Maschinen(-typen) beschrieben werden. Mit Hilfe der Bedingungen für Zustandsänderungen bzw. Gültigkeiten eines Maschinenzustands werden in Verbindung mit dem damit einhergehenden Status der Komponenten die Abfolge der Ernte sowie die parallelen und bedingt-absätzigen Verknüpfungen im Maschinensystem definiert. In einem Maschinenzustand können mehrere Stoffströme an vor- und/oder nachgelagerte Maschinen aufgenommen und/oder abgegeben werden. Erfolgt dabei eine zeitgleiche Interaktion mit mehreren Maschinen zu einem Maschinenzustand ergeben sich multiple Voraussetzungen für die Gültigkeit dieses Betriebspunktes. Ein Beispiel für eine solche Art der Verknüpfung bildet ein doppeltes Parallelverfahren. Zwei Stoffströme werden jeweils im Parallelverfahren an zwei unterschiedliche Transporteinheiten übergeben. Im Hinblick auf die Ernteeinheit ist die Voraussetzung für den bedingten Maschinenzustand Ernte & Überladen, dass beide nachgelagerte Transporteinheiten zur Verfügung stehen bzw. einen Maschinenzustand aufweisen, in dem diese betriebsbereit für eine Beladung sind.

4.3.6 Produktionssystem

Auf der Ebene des Produktionssystems werden die Rahmenbedingungen für das Systemverhalten definiert. Mit Hilfe von Kontextfaktoren werden äußere Einflüsse auf das Arbeitsverhalten des Maschinensystems beschrieben, indem vorherrschende Gegebenheiten und strukturelle Bedingungen berücksichtigt werden. Dazu gehören bspw. vom Maschinensystem unabhängige Rahmenbedingungen wie die Schlaggrößen, -formen und -abmessungen, Distanzen zwischen den Feldern und zu weiteren geographischen Standorten, wie dem Betriebsstandort oder einem Ort zur weiteren Verwertung der Erntegüter sowie die Art des Ernteguts, der Flächenertrag und die zur Verfügung stehende Erntezeit.

4.4 Bewertungsschema

Zur Vervollständigung der Methode erfolgt auf Basis der Systembeschreibung von Erntekonzepten die Entwicklung des Bewertungsschemas (Abb. 4.22).

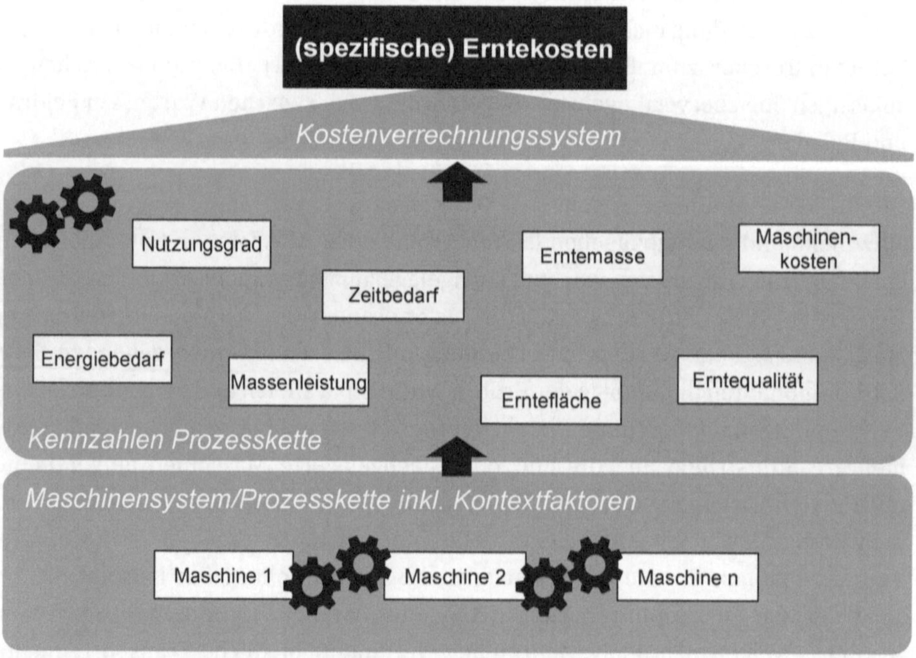

Abb. 4.22: *Grundlegender Aufbau des Bewertungsschemas*

Die Grundlage des Bewertungsschemas bildet das Maschinensystem und dessen Verhaltensweise unter Berücksichtigung der Kontextfaktoren des Produktionssystems. Darauf aufbauend wird mit Hilfe von produktionstechnischen und logistischen Kennzahlen die Prozesskette charakterisiert. In Kombination mit einem Kostenverrechnungssystem werden weitere Kennzahlen vor dem Hintergrund einer monetären Charakterisierung des Erntekonzepts eingesetzt. Zusammenfassend mündet das Kostenverrechnungssystem in den Kosten der Arbeitserledigung bzw. in den (spezifischen) Erntekosten. Die prozessketten-spezifischen und monetären Kennzahlen dienen zur Analyse, zum Vergleichen und schlussendlich zur Bewertung von Erntekonzepten. Je Intention der Prozesskettenuntersuchung und Gestaltung des Erntekonzepts könnten die Bewertungsgrößen durch eine detailliertere Aufschlüsselung der Kennzahlen und/oder einer Variation des Betrachtungsrahmens bedarfsgerecht angepasst und erweitert werden.

Ein grundlegender Ausgangspunkt der Bewertung stellt die Einführung eines Zeitgliederungsschemas für das Maschinensystem dar. Das Zeitgliederungsschema bildet die grundlegende Struktur und Referenz zur systematischen Bewertung und Analyse der Prozessketten sowie die Basis für Kennzahlen mit Zeitbezug. Mit Hilfe dieses Instrumentes werden Abläufe im Maschinensystem zeitlich strukturiert und tragen im Rahmen der Analyse zur Identifikation von Potenzialen hinsichtlich einer Effizienzsteigerung bei. Durch das Zeitgliederungsschema erfolgt die Verbindung von Systembeschreibung und Bewertung, indem die einzelnen Maschinenzustände des Maschinensystems zeitlich kategorisiert und zusammengefasst werden. Können einzelne Maschinenzustände nicht in das bestehende Schema integriert werden, eröffnet die erweiterbare Systematik die Möglichkeit ergänzende Kategorien modular anzupassen oder weiter zu unterteilen. Unter Anbetracht eines generischen Aufbaus wird damit berücksichtigt, dass neue Maschinenzustände auftreten können, welche möglicherweise mit alternativen Erntekonzepten einhergehen.

In der Arbeitswissenschaft haben sich zur zeitlichen Gliederung von Arbeitsvorgängen in der Landwirtschaft das KTBL-Zeitgliederungsschema [KTBL 2000; KTBL 2022] und das Zeitgliederungsschema der TGL 22289 [TGL 1974] etabliert. Die unterschiedlichen Zeitgliederungsschemen werden beispielsweise von Herrmann [1999], Sonnen [2007], Winkler et al. [2014] und Heizinger [2015] angewandt, spezifisch angepasst und/oder weiterentwickelt. Zum weiteren Aufbau des Bewertungsschemas wird exemplarisch ein Zeitgliederungsschema in Anlehnung an Herrmann [1999] nach der TGL 22289 [TGL 1974] herangezogen (Abb. 4.23).

T_1 - Grundzeit

T_2 - Hilfszeit (Zeit für wiederkehrende Hilfsoperationen)
T_{21} - Wendezeit
T_{22} - Zeit für Fahrten am Arbeitsort
T_{23} - Versorgungszeiten (Zeit für die Übergabe von Stoffströmen)
T_{24} - Verfahrensbedingte Wartezeiten

T_{25} - Zyklische verfahrensbedingte Verlustzeiten (Wartezeiten in Fließarbeitsverfahren)

Operativzeit	$T_{02} = T_1 + T_2$
Erweiterte Operativzeit	$T_{025} = T_{02} + T_{25}$

T_3 - Pflege-, Wartungs- und Einstellzeit (Rüstzeit)
T_{31} - Zeit für Pflege und Wartung
T_{32} - Vorbereitungs- und Abschlusszeiten
T_{33} - Zeit für Maschineneinstellungen

T_4 - Störzeiten (Zeit zur Beseitigung von Störungen)
T_{41} - Funktionelle Störzeit
T_{42} - Technische Störzeit
T_{43} - Standzeit durch Störung bei anderen Maschinen in der Maschinenkette

Produktionsarbeitszeit	$T_{04} = T_{025} + T_3 + T_4$

T_5 - Erholungszeiten (Zeit für Kurzpausen)

Feldarbeitszeit (Stückzeit)	$T_{05} = T_{04} + T_5$

T_6 - Wegezeiten
T_{61} - Wegezeit vom Standort zum Arbeitsort und umgekehrt
T_{62} - Wegezeit von Arbeitsort zu Arbeitsort

T_7 - Zeit für technische Wartung der Maschine

T_8 - Sonstige Verlustzeiten
T_{81} - Verlustzeit aus organisatorischen Gründen
T_{82} - Verlustzeit wegen ungünstiger Witterung
T_{83} - Verlustzeit aus anderen Gründen

Gesamtarbeitszeit	$T_{08} = T_{05} + T_6 + T_7 + T_8$

Abb. 4.23: *Zeitgliederungsschema in Anlehnung an Herrmann [1999] nach TGL 22289*

Mittels Zeitgliederungsschema erfolgt eine mehrstufige Segmentierung der Gesamtarbeitszeit T_{08} in Teilzeiten, welche in wertschöpfende, zur Wertschöpfung notwendige und nicht wertschöpfende Teilzeiten differenziert werden können. Die Grundzeit (T_1) repräsentiert den Zeitanteil der wertschöpfenden Tätigkeit zur Ausführung der eigentlichen Bestimmung. Zur Wertschöpfung notwendige Tätigkeiten stellen konzept- bzw. prozessbedingte Tätigkeiten dar, die ausgeführt werden müssen, um eine Wertschöpfung zu ermöglichen. Entsprechende Teilzeiten werden der Hilfszeit (T_2), der Pflege-, Wartungs- und Einstellzeit (Rüstzeit) (T_3), der Wegezeit (T_6), und der Zeit für technische Wartung der Maschine (T_7) zugeordnet. Demgegenüber tragen Störzeiten (T_4), Erholungszeiten (T_5), zyklische verfahrensbedingte Verlustzeiten (T_{25}) und sonstige Verlustzeiten (T_8) nicht zur Wertschöpfung bei.

Am Beispiel des selbstfahrenden Mähdreschers erfolgt im Weiteren eine Zuordnung der Teilzeiten zu den zuvor beschriebenen Maschinenzuständen (Abb. 4.24) und eine exemplarische Zusammenführung zur Gesamtarbeitszeit.

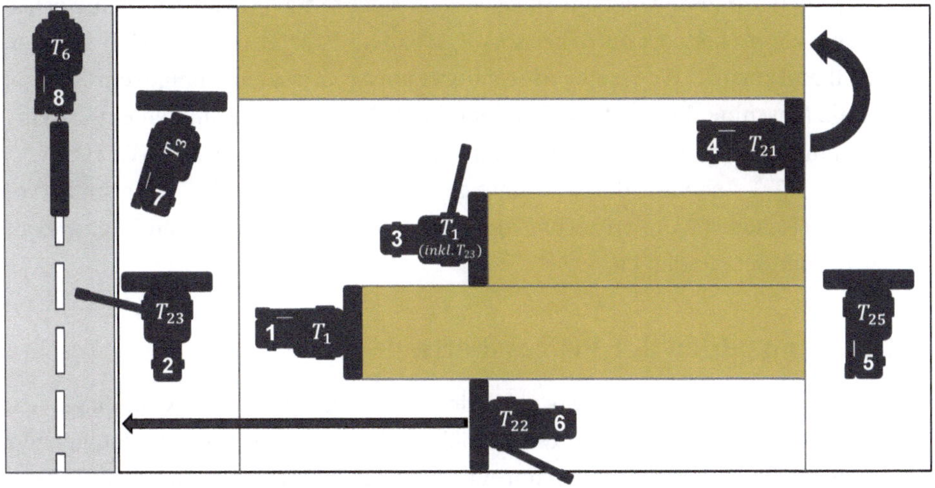

***Abb. 4.24:** Zuordnung von Teilzeiten und Maschinenzuständen beim Mähdrescher*

Die Grundzeit (T_1) des Mähdreschers bildet der Zeitanteil des Erntevorgangs, welcher zur Ausführung der Maschinenzustände Ernte (1) sowie Ernten & Entladen (3) benötigt wird. Die Teilzeiten der Hilfszeit (T_2) resultieren aus dem Wendevorgang (4) zum Wechsel der Fahrspur (Wendezeit T_{21}), dem Entladen (2) (Versorgungszeit zur Übergabe von Stoffströmen T_{23}) sowie der Feldfahrt (6) (Zeit für Fahrten am Arbeitsort T_{22}). Im Sonderfall des Zustands Ernten & Entladen (3) erfolgt definitionsgemäß eine zeitliche Parallelität. Im Rahmen einer spezifischen Einzelbetrachtung sind dazu die Teilzeiten in Grundzeit (T_1) und Versorgungszeit (T_{23}) differenziert. Im Fall der zeitlichen Zuordnung wird dem Maschinenzustand Ernten & Entladen (3) jedoch ausschließlich der höhere Zeitanteil (hier: Grundzeit (T_1)) aufgrund der parallelen Abfolge zugewiesen. Die Operativzeit (T_{02}) geht demnach aus den Maschinenzuständen Ernten (1), Entladen (2), Ernte & Entladen (3), Wenden (4) und Feldfahrt (5) hervor. Nach Herrmann [1999] erfolgt eine Erweiterung der TGL 22289 um die Teilzeit T_{25} für zyklische verfahrensbedingte

Verlustzeiten. Zyklische verfahrensbedingte Verlustzeiten resultieren aus Maschinenverknüpfungen und dem damit verbundenen Warten (5) bis der bedingte Maschinenzustand zur Stoffstromübergabe eingenommen werden kann. In Kombination mit der Operativzeit (T_{02}) umfasst die erweiterte Operativzeit (T_{025}) die mehrmals wiederkehrenden Abläufe auf dem Feld. Zur Beschreibung der Feldarbeitszeit (T_{05}) wird die erweiterte Operativzeit um die Pflege-, Wartungs- und Einstellzeit (Rüstzeit) (T_3) ergänzt. Das initiale und abschließende Rüsten (7) wird dabei den Vorbereitungs- und Abschlusszeiten (T_{32}) zugeschrieben. Weitere Bestandteile der Feldarbeitszeit (T_{05}) sind Störzeiten (T_4) zur Beseitigung von Störungen sowie Erholungszeiten (T_5) in Form von kurzen Pausen. Im Rahmen der Gesamtarbeitszeit (T_{08}) fallen im Tagesverlauf Wegezeiten (T_6) zwecks Feldwechsel (Wegezeit von Arbeitsort zu Arbeitsort T_{62}) sowie Fahrten vom Betriebsstandort zum Feld und zurück (Wegezeit von Standort zum Arbeitsort und umgekehrt T_{61}) an, wobei die Maschine den Zustand Straßenfahrt (8) einnimmt. Komplementiert wird die Gesamtarbeitszeit (T_{08}) durch Aufwände für die technische Wartung der Maschine (T_7) sowie durch sonstige Verlustzeiten (T_8) aufgrund von organisatorischen (T_{81}), witterungsbedingten (T_{82}) oder anderen nicht exakt spezifizierbaren Gründen (T_{83}).

4.4.1 Kennzahlen der Prozesskette

Neben dem Zeitgliederungsschema dienen Kennzahlen als Grundlage zur Charakterisierung der Prozesskette. Mit Hilfe der Kennzahlen wird das Erntekonzept bewertet und näher analysiert, um Verbesserungspotenziale zu identifizieren. Aufgrund der modularen Struktur der Systembeschreibung können die Kennzahlen sowohl im Hinblick auf die gesamte Prozesskette als auch in Bezug auf einzelne Vorgänge und Prozesskettenelemente verwendet werden. Dadurch wird die Möglichkeit eröffnet den Bezugsrahmen der Kennzahlen spezifisch zu verändern und damit die Bewertung und Analyse an den Untersuchungsgegenstand anzupassen. Auf Basis des hierarchischen Aufbaus der Systembeschreibung erstrecken sich die Differenzierungsmöglichkeiten von der Komponente über die Maschine und die verschiedenen Maschinentypen bis hin zum gesamten Maschinensystem. Darüber hinaus kann eine weitere mehrdimensionale Untergliederung sowohl im Hinblick auf die einzelnen Maschinenzustände und Arbeitsabfolgen sowie den damit einhergehenden einzelnen Teilzeiten, den summierten Teilzeiten und der Gesamtarbeitszeit als auch hinsichtlich des Detaillierungsgrades der Stoffstrombestandteile erfolgen.

Als grundlegende Bewertungsgrößen werden, in Anlehnung an die vorgeschlagenen Kennzahlen aus dem Themenkomplex der Produktion und Logistik sowie basierend auf den Kriterien der Untersuchungen und Bewertungen von Ernteprozessen, die Massenleistung und der Nutzungsgrad, der Energiebedarf, der Zeitbedarf, die Erntequalität, die Erntemasse und -fläche sowie die Maschinenkosten herangezogen.

Massenleistung & Nutzungsgrad: Die Massenleistung (bzw. Durchsatzleistung) beschreibt die transformierte Masse pro Zeitreferenz in Form des Massenstroms.

$$\dot{m}_{Tx} = \frac{m}{Tx} \tag{4.28}$$

Repräsentative durchsatzbezogene Kennzahlen bilden u. a. die Massenleistung im Hinblick auf die installierte Massenleistung ($\dot{m}_{T0}$), die Grundzeit (T_1) $\dot{m}_{T1}$, die Operativzeit (T_{02}) $\dot{m}_{T02}$, die erweiterte Operativzeit (T_{025}) $\dot{m}_{T025}$, und die Gesamtarbeitszeit (T_{08}) $\dot{m}_{T08}$. Die Durchsatzleistung $\dot{m}_{T0}$ stellt die maximal installierte Durchsatzleistung der Maschine unter Berücksichtigung der vorherrschenden Betriebs- und Materialparameter dar und resultiert aus der Durchsatzleistung und Verknüpfung der einzelnen Komponenten in der Maschine. Die Massenleistung in Bezug auf die Grundzeit ($\dot{m}_{T1}$) stellt hingegen den verwertbaren Massenstrom dar. Ausgehend von der Durchsatzleistung $\dot{m}_{T1}$ spiegeln die Kennzahlen mit erweiterter Zeitreferenz, die Einflüsse von Kontextfaktoren, Maschinenzustände und der Zusammenarbeit im Maschinensystem wider. Der Durchsatz $\dot{m}_{T02}$ repräsentiert die maximale Leistung der einzelnen Maschine unter Berücksichtigung der Kontextfaktoren des Feldes, der Abfolge von Maschinenzuständen auf dem Feld sowie der Interaktion mit anderen Maschinen bei der Übergabe von Stoffströmen. Die Massenleistung der einzelnen Maschine in der erweiterten Operativzeit $\dot{m}_{T025}$ berücksichtigt weitere Einflüsse durch das Maschinensystem, da Wartezeiten, welche aus der Zusammenarbeit mit anderen Maschinentypen hervorgehen, inkludiert werden. Aufgrund der Interaktionen von verschiedenen Maschinentypen mit einer divergierenden Anzahl an Maschinen, ist neben der Einzelbetrachtung, die Durchsatzleistung der Maschinentypen für die Charakterisierung des Maschinensystems von Bedeutung. Die Durchsatzleistung eines Maschinentyps resultiert dazu aus der summierten Massenleistung der zugehörigen einzelnen Maschinen.

$$\dot{m}_{Typ} = \sum_{i=1}^{n} \dot{m}_{Maschine(i)} \tag{4.29}$$

Vor dem Hintergrund der Massenstrombilanzierung und einer definitionsgemäßen zyklischen wiederkehrenden Abfolge von Maschinenzuständen innerhalb der (erweiterten) Operativzeit, gilt im Maschinensystem, dass die theoretische

Durchsatzleistung aller Maschinentypen in Bezug auf die erweiterte Operativzeit $\dot{m}_{T025}$ gleich ist.

$$\dot{m}_{T025\,Typ1} = \dot{m}_{T025\,Typ2} = \dot{m}_{T025\,Typn} \tag{4.30}$$

Der zwangsläufige Ausgleich von potenziellen Leistungsunterschieden der verschiedenen Maschinentypen resultiert wiederum in den zuvor beschriebenen Wartezeiten (T_{25}) der Maschinen. Auf Basis der Massenleistung $\dot{m}_{T025}$ erfolgt unter weiterer Bezugnahme von betrieblichen Kontextfaktoren, wie die Wegstrecken für die An- und Abfahrt sowie für Feldwechsel, und Nebentätigkeiten im Tagesverlauf die Bestimmung der Durchsatzleistung für die Gesamtarbeitszeit $\dot{m}_{T08}$.

Neben der reinen Massenleistung zu verschiedenen Zeitreferenzen bildet die Reduktion der Massenleistung entlang der Prozesskette eine weitere charakteristische Eigenschaft in Bezug auf die Auslastung und der potenziellen Leistungsfähigkeit des Erntekonzepts. Mit Hilfe einer systematischen Aufschlüsselung von Verlusten im Hinblick auf die Massenleistung (Abb. 4.25), kann eine Analyse der Leistungsfähigkeit erfolgen, um darauf aufbauend Optimierungspotenziale zur Auslastungssteigerung zu identifizieren.

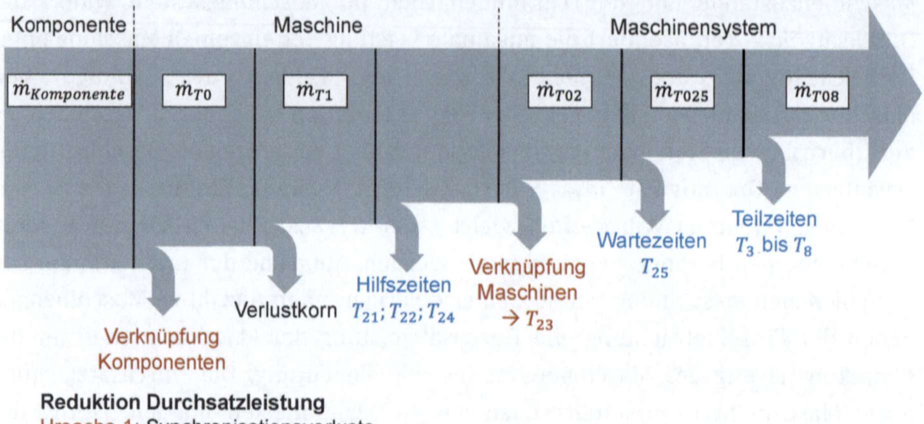

***Abb. 4.25:** Schematische Darstellung der Reduzierung von Massenleistung*

Ausgehend von der potenziellen Leistungsfähigkeit einer einzelnen Komponente reduziert sich die Durchsatzleistung entlang der Prozesskette bzw. durch Vergrößerung des Betrachtungsrahmens aufgrund von drei unterschiedlichen Ursachen. Die erste Ursache der Leistungsreduktion resultiert aus der direkten seriellen Verknüpfung von bewegenden und bearbeitenden Komponenten und der damit verbundenen Synchronisierung von unterschiedlichen Leistungsfähigkeiten zu einer interagierenden Prozesskette. In diesem Fall wird die Leistungsfähigkeit der interagierenden Prozesse durch die Komponente mit der niedrigsten Durchsatzleistung bestimmt. Synchronisationsverluste treten zum einen durch die Anordnung und Verknüpfung der Komponenten in bzw. zu einer Maschine auf (Verknüpfung Komponenten) sowie zum anderen bei der Stoffstromübergabe, da bewegende und bearbeitende Komponenten von verknüpften Maschinen eine interagierende Prozesskette bilden (Verknüpfung Maschinen). Die $\dot{m}_{Komponente}$ stellt dazu die installierte Massenleistung der einzelnen Komponente dar. Durch die Verknüpfung mit anderen Komponenten und den daraus hervorgehenden Synchronisationsverlusten wird die Massenleistung der einzelnen Komponente geschmälert bzw. durch die niedrigste Durchsatzleistung determiniert. Dies tritt bspw. ein, wenn die Förderleistung einer bewegenden Komponente geringer ist als die einer nachgelagerten bearbeitenden Komponente und umgekehrt. Aus der Massenleistung der verknüpften Komponenten resultiert die installierte Massenleistung ($\dot{m}_{T0}$) der Maschine, welche den zugeführten/aufgenommen Massenstrom bzw. den Eingangsmassenstrom der Maschine widerspiegelt.

Die zweite Ursache stellen Teilzeiten dar, die aus Tätigkeiten hervorgehen, die nicht direkt zur Wertschöpfung beitragen. Dazu zählen in der Operativzeit (T_{02}) u. a. die maschinenzentrischen Vorgänge Wenden und Feldfahrt sowie der vom Maschinensystem beeinflusste Zustand der Stoffstromübergabe. Neben dem Übergabevorgang als solches spiegeln sich zudem auftretende Synchronisationsverluste infolge der Maschinenverknüpfung in der Dauer der Stoffstromübergabe (T_{23}) wider. Weitere nicht zur Wertschöpfung beitragende bzw. zur Wertschöpfung notwendige Tätigkeiten sind das Warten in der erweiterten Operativzeit (T_{025}) als auch die übrigen Teilzeiten im Tagesverlauf, die neben der Grundzeit und Hilfszeiten in der Gesamtarbeitszeit (T_{08}) vertreten sind. Eine dritte Ursache spiegelt der Massenstromverlust durch bspw. Verlustkörner in Bezug auf die Erntequalität wider. Aufgrund dessen reduziert sich theoretisch die Massenleistung in der Grundzeit ($\dot{m}_{T1}$) im Vergleich zur installierten Leistungsfähigkeit ($\dot{m}_{T0}$), da der verwertbare Massenstrom geschmälert wird.

Eine relative Quantifizierung der Leistungsverluste wird durch den Nutzungsgrad der Massenleistung ($\tau_{\dot{m}}$) repräsentiert und wird zur Charakterisierung der Prozesskette herangezogen. Der Nutzungsgrad resultiert aus dem Quotienten der Massenleistungen zu unterschiedlichen Bezugspunkten entlang der Prozesskette.

$$\tau_{\dot{m}x/y} = \frac{\dot{m}_x}{\dot{m}_y} * 100\ \% \tag{4.31}$$

Energiebedarf: Als weiterer Indikator zur Bewertung des Erntekonzepts wird der Energiebedarf verwendet. Der Energiebedarf beschreibt die benötigte/zugeführte Energie (ΔE) zur Ausführung des Prozesses in Form der geleisteten Arbeit (W). Im Rahmen der Bewertung wird die geleistete Arbeit in Bezug zu unterschiedlichen Referenzgrößen (x) gesetzt und die spezifische Arbeit (w) als Bewertungskriterium herangezogen.

$$w_x = \frac{W}{x} \tag{4.32}$$

Als primäres Bewertungskriterium dient die benötigte Energie in Relation zur transformierten Masse. Neben der ganzheitlichen Betrachtung des Erntevorgangs kann eine Differenzierung je Maschinentyp, Einzelmaschine und Komponente erfolgen. Durch die spezifische Auflösung kann eine detaillierte Aufschlüsselung des Gesamtenergiebedarfs im Hinblick auf die Verursacher stattfinden. Dazu zählen beispielsweise auf Basis der Maschinentypen der anteilige Entfall auf einzelne Arbeitsgänge, wie die Ernte und den Transport, oder auf Basis der einzelnen Komponenten bspw. der Anteil des Dreschwerks. Analog zur Durchsatzleistung ermöglicht der Systemaufbau zudem eine referenzierte Bewertung des Energiebedarfs im Hinblick auf einzelne Maschinenzustände durch den integralen Leistungsbedarf über die entsprechenden Teilzeiten sowie im Hinblick auf einzelne abgeschlossene Prozessschritte, wie dem Energiebedarf für die Ernte eines Feldes oder für den gesamten Arbeitstag.

Zeitbedarf: Der Zeitbedarf spiegelt die Dauer der Prozessausführung wider. Die zeitliche Bewertung gründet auf der benötigten Gesamtarbeitszeit sowie auf der Verteilung von Teilzeiten nach dem Zeitgliederungsschema. Die Gesamtarbeitszeit (T_{08}) beschreibt die Dauer zur Ausführung des gesamten Erntevorgangs und damit das Zeitfenster zur Ernte einer definierten Fläche. Des Weiteren resultiert aus der Gesamtarbeitszeit die Dauer für den Einsatz der Maschinen und für das benötigte Personal. Mit Hilfe der Zeitgliederungen wird der Erntevorgang in Teilzeiten untergliedert und kann darauf aufbauend in wertschöpfende, zur Wertschöpfung notwendige und nicht wertschöpfende Zeiten differenziert werden. Im Hinblick auf die Bewertung und Optimierung der Prozesskette sind die Zeitanteile, welche nicht zur Wertschöpfung beitragen, zu minimieren. Ein besonderer Fokus liegt vor allem auf der Teilzeit T_{25}, da eine geringe Wartezeit aller Prozessteilnehmer ein Merkmal für die durchsatzspezifische Ausgewogenheit der Prozesskette darstellt. Eine hohe

Balance zwischen den Durchsatzleistungen der Maschinentypen repräsentiert einen effizienten Einsatz der Maschinen und eine hohe Auslastung der Prozesskette.

Im erweiterten zeitlichen Bezugsrahmen dient der Zeitbedarf zudem als Kriterium, um die Nutzung des Erntekonzepts zu bewerten. Anhand der geleisteten Betriebsstunden wird die Nutzungsdauer der unterschiedlichen Prozessteilnehmer auf den Jahresverlauf oder deren Lebenszyklus quantifiziert.

Erntequalität: Die Erntequalität stellt eine ausbeute-spezifische Bewertung dar und adressiert die Ernteverluste ($m_{Verlust}$) sowie den daraus resultierenden Verwertungsgrad ($\eta_{Verwertung}$) des Ernteguts. Bei Ernteverlusten handelt es sich um potenziell zur Verfügung stehendes Erntegut, welches durch den Erntevorgang nicht bestimmungsgemäß verwertet wird.

$$m_{Verlust} = m_{Potenzial} - m_{Verwertung}; \; \dot{m}_{Verlust} = \dot{m}_{Potenzial} - \dot{m}_{Verwertung} \tag{4.33}$$

Im Rahmen der Systembeschreibung sind Ernteverluste sowohl Stoffströme, welche nicht der Verwertung zugeführt werden wie Aufnahmeverluste am Vorsatz oder nicht separierte Körner, die über den Abgang der Restkornabscheidung und Reinigung wieder auf das Feld gelangen, als auch unerwünschte Stoffstrombestandteile wie Bruchkorn oder unausgedroschene Ähren.

Der Verwertungsgrad ($\eta_{Verwertung}$) des Ernteguts wird durch das Verhältnis von verwertungsfähigen Gütern zu dem potenziell zur Verfügung stehenden Erntegut beschrieben.

$$\eta_{Verwertung} = \frac{m_{Verwertung}}{m_{Potenzial}} = \frac{\dot{m}_{Verwertung}}{\dot{m}_{Potenzial}} \tag{4.34}$$

Demgegenüber beschreibt die invertierte Verwendung des Verwertungsgrades die anteiligen Ernteverluste in Form des Verlustgrades ($\eta_{Verlust}$) und des prozentualen Verlustniveaus (θ).

$$\eta_{Verlust} = \left(1 - \eta_{Verwertung}\right) \tag{4.35}$$

$$\theta = \left(1 - \eta_{Verwertung}\right) * 100\,\% \tag{4.36}$$

Erntemasse und -fläche: Neben der Einsatzdauer stellen die Erntemasse und -fläche weitere Merkmale zur Charakterisierung der Nutzung dar. Die Kriterien erlauben eine Beurteilung der transformierten Menge an Erntegut und der geernteten Fläche in einem definierten Zeitintervall oder Prozessschritt in Bezug auf die verschiedenen Hierarchiestufen der Methodenarchitektur. Die beiden Kennzahlen stehen über den durchschnittlichen Flächenertrag ($\overline{m}_A$) in einem linearen Zusammenhang.

$$m_x = A_x * \overline{m}_A * \eta_{Verwertung} \tag{4.37}$$

Als zeitliche Referenz werden neben den Teilzeiten eines Erntetages, das Erntejahr und der Lebenszyklus der Prozesskettenelemente verwendet. Unter Berücksichtigung der zur Verfügung stehenden Erntezeit erfolgt über die Erntemasse und -fläche eine Bewertung in Bezug auf die Dimensionierung des Erntekonzepts. Dadurch wird die Eignung des Konzepts beurteilt, eine bestimmte Masse oder Fläche im zur Verfügung stehenden Erntezeitfenster zu ernten.

Maschinenkosten: Die Maschinenkosten umfassen die (rein) maschinenbezogenen monetären Aufwendungen, die direkt oder indirekt zur Ausführung des Produktionsschritts Ernte durch das eingesetzte Maschinensystem anfallen. Die einzelnen Maschinenkosten (K_M) setzen sich dazu aus Aufwendungen für Abschreibung (K_A), Kapital (K_K), Versicherung (K_V), Unterbringung (K_U), Reparaturen (K_R), Service (K_s) und Betriebsstoffe (K_B) zusammen.

$$K_M = K_A + K_K + K_V + K_U + K_R + K_S + K_B \tag{4.38}$$

Die anfallenden Kosten für die eingebrachte Energie werden auf Grundlage des Bewertungskriteriums Energiebedarf im Kostenverrechnungssystem gesondert berücksichtigt und werden daher nicht in die direkten Maschinenkosten integriert. Die aufgeführten Kostenarten stehen in Bezug zum jährlichen landwirtschaftlichen Produktionszyklus, um Kosteneinflüsse, über die Erntezeit hinaus, zu berücksichtigen. Da sich der Maschineneinsatz nicht zwangsläufig auf den Produktionsschritt Ernte beschränkt, erfolgt aufgrund einer möglichen übergreifenden Verwendung der Maschine in unterschiedlichen Produktionsschritten, Produktionssystemen und Betriebszweigen eine anteilige Verteilung der Kosten auf Grundlage der Nutzungsdauer. Als Referenz für die Maschinennutzung wird die zeitliche Dimension herangezogen, da die Nutzungsdauer, im Vergleich zur massen- oder flächenbezogenen Betrachtungsweise, eine gemeinsame Basis für unterschiedliche spezifische Verwendungen einer Maschine in übergreifenden Einsatzbereichen darstellt.

$$\tau_{Ernte} = \frac{T_{Ernte}}{T_{Gesamt}} = \frac{t_{Erntea}}{t_{Gesamta}} = \frac{t_{08d} * n_{Ertned}}{t_{Gesamta}} \tag{4.39}$$

Zur Ermittlung des maschinenbezogenen Nutzungsgrades (τ_{Ernte}) wird die Nutzungsdauer im Zusammenhang mit der Ernte (T_{Ernte}) ins Verhältnis zur gesamten Nutzungsdauer (T_{Gesamt}) gesetzt. In Bezug auf ein Jahr spiegelt das Produkt aus Gesamtarbeitszeit pro Tag (t_{08d}) und der Anzahl der Erntetage (n_{Ertned}) die jährliche Nutzungsdauer in der Ernte wider. Unter die Nutzungsdauer fallen dazu nicht nur die betriebsstunden-relevanten Tätigkeiten der Maschine, sondern der Gesamtzeitbedarf, da die Maschine in diesem Zeitraum nicht für weitere Aktivitäten zur Verfügung steht.

Eine bedeutende Kostenart bilden Aufwände für die Abschreibung der Maschine. Die Abschreibungskosten (K_A) der Ernte ergeben sich aus der Differenz von Anschaffungspreis (AP) (bzw. Anschaffungskosten) und Restwert (RW) über die gesamte Nutzungsdauer (T_{Gesamt}) und unter Berücksichtigung des zu betrachtenden Zeithorizontes in der Ernte (T_x).

$$K_A = \frac{(AP-RW)}{T_{Gesamt}} * T_x \tag{4.40}$$

Die Finanzierung der Anschaffungskosten erfolgt durch einen variablen Anteil aus Eigen- (EK) und Fremdkapital (FK).

$$AP = EK + FK \tag{4.41}$$

Mit der Finanzierung des Anschaffungspreises gehen Kapitalkosten (K_K) bzw. Zinskosten einher. Der damit verbundene Zinssatz (p) richtet sich nach dem Anteil des eingesetzten Eigen- und Fremdkapitals.

$$p = p_{EK} * \frac{EK}{AP} + p_{FK} * \frac{FK}{AP} \tag{4.42}$$

Zur Ermittlung bedarf es einem separaten Zinssatz je Kapitalart. Dadurch werden zum einen die Opportunitätskosten, welche durch Einsatz des Eigenkapitals entstehen, berücksichtigt und zum anderen kommen die Darlehenskosten für das Fremdkapital zum Tragen.

Zur Ermittlung der Kapitalkosten (K_K) wird unterstellt, dass ein konstanter Wertverlust der Maschine über die Nutzungsdauer erfolgt und damit in einer vereinfachten Betrachtungsweise konstante jährliche Kapitalkosten mit dem Besitz der Maschine anfallen, welche anteilsmäßig den Erntetätigkeiten zugeschrieben werden.

$$K_K = \frac{(AP+RW)}{2} * p * \frac{T_x}{t_{Gesamta}} \tag{4.43}$$

Mit dem Besitz der Maschine gehen zudem Kosten für die Versicherung (K_V) einher. Die Höhe der Kosten richtet sich nach vielfältigen Faktoren wie dem Versicherungsumfang, der Art und Leistung der Maschine aber auch nach betrieblichen Faktoren und werden anteilmäßig dem Erntevorgang zugeordnet.

$$K_V = K_{VGesamt} * \frac{T_x}{t_{Gesamta}} \tag{4.44}$$

Außerhalb der Nutzungsphase und bei einem stationären Betrieb in einem Gebäude entstehen Kosten für die Unterbringung der Maschine. Zur Berechnung der Unterbringungskosten (K_U) wird davon ausgegangen, dass dafür eine Fläche in einer Maschinenhalle oder Ähnlichem eingenommen wird ($A_{Maschine}$) bzw. konstant zur Verfügung steht. Auf Basis des zeitlichen Nutzungsgrades, des Flächenbedarfs der Maschine und der jährlichen Kosten je Flächeneinheit (u) werden die anteiligen Unterbringungskosten bestimmt.

$$K_U = u * A_{Maschine} * \frac{T_x}{t_{Gesamta}} \tag{4.45}$$

Durch den Gebrauch der Maschine gehen Verschleiß und Abnutzungserscheinungen einher. Mit Reparaturen, Wartungen und Servicetätigkeiten erfolgen Instandhaltungsmaßnahmen, um den Betrieb der Maschine und die Betriebssicherheit aufrechtzuerhalten. Diese Maßnahmen werden im Hinblick auf die Maschinenkosten durch monetäre Reparatur- (K_R) und Serviceaufwendungen (K_S) berücksichtigt. Die Reparaturkosten beinhalten die Kosten für Material und Fremdlöhne innerhalb und außerhalb der (täglichen) Gesamtarbeitszeit. Mit Hilfe eines Reparaturfaktors (r) in Bezug auf die zeitliche Maschinennutzung in Form der Betriebsstunden (T_{Bhx}), im betrachteten Zeithorizont (T_x), sowie dem Anschaffungspreis werden die Reparaturkosten ermittelt.

$$K_R = r * AP * T_{Bhx} \tag{4.46}$$

Die Anschaffungskosten dienen dabei als Indikator für die Maschinenkomplexität und -dimension und dem damit einhergehenden potenziellen Reparaturumfang, wohingegen die Betriebsstunden einen Indikator für die Verwendung der Maschine und dem damit verbundenen Verschleiß darstellen. Die verwendete Zeitbasis richtet sich nach den Betriebsstunden, da in der Regel in Stillstandzeiten innerhalb der Gesamtarbeitszeit (T_{08}) kein Verschleiß durch eine Nutzung anfällt. Die

Betriebsstunden setzen sich daher aus der Grundzeit (T_{1x}), der Hilfszeit (T_{2x}) und den Wegezeiten (T_{6x}) im betrachten Zeitraum (T_x) zusammen.

$$T_{Bhx} = T_{1x} + T_{2x} + T_{6x} \tag{4.47}$$

Die Arbeitszeiten für notwendige Reparaturen innerhalb der (täglichen) Gesamtarbeitszeit sind in der (täglichen) Gesamtarbeitszeit inkludiert. Die Lohnkosten zur Ausführung der Reparaturen innerhalb der Gesamtarbeitszeit werden daher gesondert im Kostenverrechnungssystem auf Basis des Arbeitszeitbedarfs betrachtet.

Außerhalb der (täglichen) Gesamtarbeitszeit bzw. außerhalb der jährlichen Nutzung, wie bspw. während der Vegetationsruhe, erfolgen Servicetätigkeiten wie eine jährliche Grundreinigung, Wartungsarbeiten und Reparaturen der Maschine. Die damit einhergehenden Servicekosten werden auf Basis der benötigten jährlichen Zeit (t_{sa}) und dem Kostensatz zur Ausführung der Servicetätigkeit (KS_S) anteilig berechnet.

$$K_s = t_{sa} * KS_S * \frac{T_x}{t_{Gesamta}} \tag{4.48}$$

Neben den Service- und Reparaturkosten entstehen durch den Gebrauch der Maschine Aufwendungen für Betriebsstoffe (K_B) wie Schmierstoffe und Additive (bspw. Harnstofflösung). Als Referenz für den Bedarf an Betriebsstoffen wird die geleistete Arbeit verwendet. Demnach erfolgt die Kostenermittlung für die Betriebsstoffe über Betriebsstofffaktoren für Schmierstoffe (B_{Sch}) und Additive (B_{Add}) in Abhängigkeit der Energiekosten.

$$K_B = (B_{Sch} + B_{Add}) * K_W \tag{4.49}$$

4.4.2 Kostenverrechnungssystem und (spezifische) Erntekosten

Zur monetären Charakterisierung des Erntekonzepts erfolgt, aufbauend auf den Kennzahlen der Prozesskette, durch das Kostenverrechnungssystem die Zusammenführung der erntekosten-relevanten Kriterien sowie weiterer Kosten für benötigte Hilfsmittel. Das Ergebnis bilden die Erntekosten (K_E) in Bezug auf einen definierten Betrachtungsrahmen sowie die spezifischen Erntekosten (k_E) je Tonne geernteter Masse, welche als abschließende Bewertungsgrößen zum Vergleich der Erntekonzepte dienen. Analog zu den Kennzahlen der Prozesskette eröffnet der systematische Aufbau mehrdimensionale Differenzierungsmöglichkeiten. Dies gilt sowohl für das Kostenverrechnungssystem als auch für die (spezifischen) Erntekosten. Die Variation des Betrachtungsrahmens erstreckt sich dazu ausgehend von der hierarchischen Systemarchitektur des Maschinensystems über einzelne Maschinenzustände und Prozessschritte bis hin zur differenzierten Betrachtung in Bezug auf Teilzeiten.

Im Hinblick auf das Kostenverrechnungssystem sind der Energiebedarf, der Zeitbedarf, die Erntequalität, die Maschinenkosten und die Kosten für Hilfsmaterialien Eingangsgrößen zur Bestimmung der Erntekosten.

Hilfsmaterialien sind Mittel die zur Ausführung der Ernte benötigt werden. Dazu zählen bspw. Ballengarn, Rundballennetz, Folien oder „Fieldbags", welche vor allem im Hinblick auf die Handhabung und (Zwischen-) Lagerung des Stoffstroms, über den Maschineneinsatz hinaus, benötigt werden. Eine vermehrte Anwendung finden Hilfsmaterialien vor allem bei absätzigen Verfahren mit Stückgut. Der Verbrauch und die damit verbundenen Kosten der Hilfsmaterialien sind abhängig von der transformierten Erntemasse. Folglich bildet das Produkt aus Erntemasse und einem spezifischen Faktor für entsprechende Hilfsmaterialien (h) die Kosten (K_H).

$$K_H = h * m \tag{4.50}$$

Die Kosten für den Energiebedarf (K_W) resultieren aus den spezifischen Energiekosten (e) des eingesetzten Energieträgers und der eingebrachten Energie zur Ausführung des Prozesses bzw. der geleisteten Arbeit (W).

$$K_W = e * W \tag{4.51}$$

Auf Basis des Zeitbedarfs und einem konstanten Personalkostensatz für die Erledigung der Arbeit innerhalb der Gesamtarbeitszeit (KS_{T08}) werden die Personalkosten (K_P) für die Ausführung des Erntekonzepts bestimmt. Vor dem Hintergrund (teil-) autonomer Maschinenkonzepte erfolgen (manche) Prozessschritte der Maschine ohne Personaleinsatz. Dies hat zur Folge, dass die Gesamtarbeitszeit der Maschinen von der Gesamtarbeitszeit des Personals abweicht. Daher ist bei der Ermittlung der Personalkosten zu berücksichtigen, dass der zugrunde gelegte Zeitbedarf ($T_{Personal}$) nur die Teilzeiten mit Personaleinsatz beinhaltet.

$$K_P = KS_{T08} * T_{Personal} \tag{4.52}$$

Im Gegensatz zu den direkten Kostenverursachern resultiert die Erntequalität in einer indirekten Kostenart, da mit den Ernteverlusten entgangene Einnahmen verbunden sind. Diese Verluste, in Form der entgangenen Einnahmen bzw. des verlorenen oder eingeschränkten Nutzens, werden durch die Opportunitätskosten repräsentiert. Zur Berechnung der Opportunitätskosten (K_O) wird die spezifische Erlösdifferenz (Δo) zwischen dem bestimmungsgemäß verwertbaren und eingeschränkt bzw. nicht verwertbarem Erntegut herangezogen. Da mehrere verschiedene Verlustarten gleichzeitig auftreten können, jedoch unterschiedliche Erlöse erzielen, muss eine gesonderte Mengenbetrachtung der Verlustarten erfolgen.

$$K_O = \Delta o_1 * m_{Verlust1} + \Delta o_2 * m_{Verlust2} + \Delta o_n * m_{Verlustn} \quad (4.53)$$

Zusammenfassend resultiert die Summe der aufgeführten Aufwendungen unter Berücksichtigung der ermittelten Maschinenkosten (K_M) in den Kosten zur Ausführung der Ernte (K_E).

$$K_E = K_M + K_W + K_P + K_H + K_O \quad (4.54)$$

In Relation zur geernteten Masse im gewählten Betrachtungsrahmen werden die spezifischen Erntekosten (k_E) bzw. die spezifischen Kostenanteile bestimmt.

$$k_E = \frac{K_E}{m_x} \quad (4.55)$$

$$k_E = k_M + k_W + k_P + k_H + k_O \quad (4.56)$$

$$k_M = k_A + k_K + k_V + k_U + k_R + k_S + k_B \quad (4.57)$$

Abschließend dienen die spezifischen Erntekosten als das Hauptkriterium für den Konzeptvergleich, da durch die systematische Zusammenführung die unterschiedlichen Systemeinflüsse und Charakteristika der Prozesskette in einer konsolidierten Bewertungsgröße repräsentiert werden. Neben den Erntekosten können zudem die weiteren Bewertungsgrößen ebenfalls in Bezug auf die geerntete Masse spezifiziert werden.

5 Anwendung der Methode

Im folgenden Kapitel erfolgt die Anwendung der Methode, um sowohl die Anwendungsmöglichkeiten und Analysefähigkeiten der Methode zu demonstrieren als auch ausgewählte Konzepte zu bewerten und miteinander zu vergleichen sowie Optimierungspotenziale aufzuzeigen. Aus dem generischen Methodenaufbau resultiert ein breites und vielschichtiges Spektrum an Anwendungsmöglichkeiten. Durch eine gezielte Auswahl von Anwendungsfällen werden die Methodenmöglichkeiten und die Erfüllung der Anforderungen exemplarisch demonstriert. Die ausgewählten Anwendungsfälle adressieren zum einen unterschiedliche Grundformen von Erntekonzepten und zum anderen Parametervariationen der Erntekonzepte auf verschiedenen Systemebenen. Im Hinblick auf die zu untersuchenden Grundformen an Konzepten wird die Methode am Beispiel der Erntekonzepte *Mähdrusch*, *Selbstfahrende Schneidwerke* und der *Kompakternte* angewandt. Durch diese Auswahl werden die Methode und die damit verbundenen Anwendungsmöglichkeiten anhand von unterschiedlichen modularen Gestaltungsprinzipien des Ernteprozesses demonstriert und damit zusätzlich verschiedene Entwicklungsstadien der Erntekonzepte berücksichtigt. Das Erntekonzept *Mähdrusch* stellt ein bestehendes und etabliertes Grundkonzept dar. Demgegenüber repräsentiert das Erntekonzept *Selbstfahrende Schneidwerke* eine theoretische Konzeptstudie bzw. Vision und die *Kompakternte* ein Erntekonzept im prototypischen Entwicklungsstadium. Aufgrund der unterschiedlichen modularen Ausprägungen der Erntekonzepte werden zudem die Handhabung und Verarbeitung von unterschiedlichen Stoffstromzusammensetzungen berücksichtigt. Um die charakteristischen Merkmale der einzelnen Konzepte zu analysieren und deren Auswirkungen auf den Ernteprozess sowie die damit verbundenen (spezifischen) Erntekosten und Kennzahlen zu untersuchen, erfolgt eine systematische Variation der Parametrisierung, wodurch zudem die Sensitivität des Konzepts verdeutlicht wird. Zum einen betrifft dies das Maschinensystem und die darunterliegenden Systemebenen wie bspw. die Variation von Konstruktions-, Betriebs-, und Materialparametern, unterschiedliche Maschinentypen und -anzahl, die Maschinenverknüpfungen und damit die verbundenen Maschinenzustände und deren Abfolge sowie den Ort zur Übergabe des Stoffstroms. Zum anderen werden Kontextfaktoren, wie die Distanz zwischen Betriebsstandort (Hof) und Feld, die Schlaglänge und Feldgeometrie sowie das Erntezeitfenster variiert, um die Auswirkungen der betriebsbedingt vorherrschenden Gegebenheiten und der strukturellen Bedingungen zu untersuchen. Neben den Kennzahlen zum Vergleich der Konzepte werden, wie zuvor beschrieben, die spezifischen Erntekosten als

© Der/die Autor(en), exklusiv lizenziert an Springer Fachmedien Wiesbaden GmbH, ein Teil von Springer Nature 2026

F. Peters, *Methode zur Bewertung von Erntekonzepten am Beispiel der Getreideernte*, Fortschritte Naturstofftechnik,
https://doi.org/10.1007/978-3-658-52386-2_5

Hauptkriterium herangezogen. Im Rahmen der Auswertungen werden exemplarisch unterschiedliche Herangehensweisen angewandt, um die ganzheitliche Analysefähigkeit der Methode aufzuzeigen und um Kennfelder für weitere Untersuchungen bereitzustellen.

Auf Basis der Methodenarchitektur werden die unterschiedlichen Erntekonzepte abgebildet und die mathematischen Beziehungen im Hinblick auf das beschriebene Systemverhalten, die Ermittlung der Kennzahlen und das Kostenverrechnungssystem (deterministisch) modelliert. Als Simulationswerkzeug wird Simulink® verwendet. Hinsichtlich der nachfolgenden Untersuchungen sind in Bezug auf die Modellierung und die Parametrisierung folgende Rahmenbedingungen zu berücksichtigen:

- Zur besseren Vergleichbarkeit bleibt die Parametrisierung der unterschiedlichen Erntekonzepte hinsichtlich der Ausgangssituation, sofern möglich, unverändert. Dies bezieht sich vor allem auf die Kontextfaktoren und Parameter, die durch einen Konzeptwechsel nicht unmittelbar beeinflusst werden. Die Standardparametrisierungen der unterschiedlichen Erntekonzepte in der Ausgangssituation sind dem Anhang (vgl. 9.1 Standardparametrisierung der Erntekonzepte (Ausgangssituation)) zu entnehmen. Die Ergebnisse aller Erntekonzepte und Variationen werden, sofern möglich, immer auf das Referenzkonzept des Mähdruschs (vgl. 9.1.1 Standardparametrisierung Erntekonzept *Mähdrusch* (Referenzkonzept)) zurückgeführt und verglichen. Analysebedingte Abweichungen von der Standardparametrisierung werden im Anwendungsfall zuvor beschrieben und erläutert.
- Aufgrund der Modularität des Systems ist eine Dekomposition und erneute Komposition der Systemelemente zu einem alternativen Erntekonzept möglich. Um eine Vergleichbarkeit zwischen den Konzepten gewährleisten zu können, wird als Ausgangssituation die gleiche Modellbasis in Bezug auf gleiche funktions- und systemtechnische Komponenten zwischen den Erntekonzepten verwendet. Die Ausprägung der Einflussgrößen sowie eine mögliche Skalierung resultieren aus den angepassten Erntekonzepten und werden im Anwendungsfall zuvor beschrieben und im Systemverhalten berücksichtigt.
- Im Hinblick auf den Maschinentyp sind bei einer verwendeten Mehrzahl von Maschinen eines Maschinentyps die Konfiguration und die Parametrisierung der Maschinen identisch.
- Zur Definition der jährlichen Auslastung des Erntekonzepts kann mit der Methode einerseits eine jährliche Fläche determiniert werden, woraus eine

jährliche Erntezeit resultiert, die vom Erntekonzept benötigt wird, um die Fläche zu ernten. Andererseits kann eine zur Verfügung stehende Erntezeit definiert werden, woraus wiederum eine jährliche Fläche resultiert, die von dem Erntekonzept in der zur Verfügung stehenden Zeit geerntet wird. In den nachfolgenden Auswertungen werden die jährliche Auslastung auf Basis einer durchschnittlichen Anzahl an Erntetagen und Erntestunden pro Erntetag limitiert. Das Ergebnis bildet die jährliche Erntefläche.

- Zur Verminderung der Fehleranfälligkeit und Anwendungskomplexität wird im Fall der Transporteinheit davon ausgegangen, dass die zu erbringende Transportleistung aus einer Fremdmechanisierung hervorgeht bzw. als Dienstleistung erfolgt. Dies hat den Vorteil, dass im Hinblick auf die Maschinenkosten weniger Variablen berücksichtigt werden müssen, da die Transporteinheit zum einen aus Traktor und Anhänger besteht und zum anderen eine Auslastung der Maschinen über die Ernte hinaus erfolgt. Vor allem die zusätzliche Auslastung außerhalb der Ernte kann die Transportkosten signifikant beeinflussen. Aus diesem Grund wird für die Transporteinheit ein Stundensatz angesetzt, der alle anfallenden Kosten abdecken soll. Eine separate Ermittlung des Energiebedarfs und der Teilzeiten erfolgt trotz der vereinfachten Annahmen in Form der Dienstleistung.
- Die Ermittlung der Störzeiten (T_4) zur Beseitigung von Störungen sowie die Erholungszeiten (T_5) erfolgt durch Koeffizienten nach Herrmann [1999]. Die Störzeit (T_4) basiert dazu auf der erweiterten Operativzeit (T_{025}), wohingegen die Produktionsarbeitszeit (T_{04}) die Basis zur Bestimmung der Erholungszeit darstellt. Die sonstigen Verlustzeiten (T_8) werden als konstante Zeiten berücksichtigt.
- Die angegebenen und ermittelten Anschaffungspreise in den nachfolgenden Auswertungen werden zur besseren Vergleichbarkeit als Listenpreise interpretiert, um eine einheitliche Grundlage zu repräsentieren, da der wirkliche Anschaffungspreis aufgrund stark divergierender Rabattierungen unterschiedlich hoch ausfallen kann. Zur Ermittlung der Erntekosten bzw. zur Ermittlung eines Anschaffungspreises auf Basis von Erntekosten wird daher ein konstanter Rabatt in Bezug auf den Anschaffungspreis berücksichtigt.
- Zur Übergabe von Stoffströmen, die nicht parallel zur Ernte auf dem Feld stattfinden, wird unterstellt, dass die durchschnittliche Distanz zur auf- oder abnehmenden Maschine die halbe (Teil-) Schlaglänge beträgt. Die daraus resultierende durchschnittlich zurückgelegte Strecke in einem Umlauf (Hin- und Rückfahrt) bildet demnach die gesamte (Teil-) Schlaglänge.

- Sofern nicht explizit beschrieben, referenzieren sich die spezifischen Kosten und spezifischen Kennzahlen auf die geerntete Kornmasse als primäres Ernteprodukt.

5.1 Erntekonzept *Mähdrusch*

Nachfolgend wird die Methode auf das Erntekonzept des Mähdruschs auf Basis des heutigen Maschinenkonzepts bzw. des heutigen Ernteverfahrens angewandt. Die Anwendung der Methode für das Erntekonzept des Mähdruschs wird bereits im Rahmen der Methodenentwicklung exemplarisch herangezogen. Auf Grundlage der erarbeiteten und demonstrierten Anwendung wird das Erntekonzept abgebildet und das Systemverhalten zur nachfolgenden Analyse beschrieben. Ergänzend zu den Resultaten hinsichtlich der Abbildung und der Beschreibung des Mähdruschkonzepts wird im Hinblick auf die Detaillierung des Stoffstroms zwischen Korn und Nichtkornbestandteilen differenziert. Die Anordnung und Art der Komponenten im Mähdrescher entsprechen dem beschriebenen Aufbau (vgl. 4.2.7 Exemplarische Anwendung: Erntekonzept *Mähdrusch*). In Bezug auf den Status der Komponenten je Maschinenzustand werden der Strohhäcksler und der Spreuverteiler verwendet. Da sich der Mähdrescher zum Ankoppeln des Schneidwerks im Rüstvorgang bewegt, erfährt das Fahrwerk bzw. der Fahrantrieb eine Last (vgl. Abb. 4.16). Die unterschiedlichen Maschinenzustände, deren Abfolge und Verknüpfung entsprechen je Maschinentyp den verwendeten Beispielen in der Methodenentwicklung (vgl. 4.3.5 Maschinensystem).

Die Ausgangssituation bzw. die Standardparametrisierung des Erntekonzepts *Mähdrusch* bildet das Referenzkonzept (vgl. 9.1.1 Standardparametrisierung Erntekonzept *Mähdrusch* (Referenzkonzept)). Im weiteren Verlauf der Arbeit wird dem Referenzkonzept eine besondere Bedeutung beigemessen. Das Referenzkonzept sowie die damit verbundenen Ergebnisse dienen sowohl als Referenz für weitere Variationen des Mähdruschkonzepts als auch für die alternativen Erntekonzepte und deren Variationen. Folglich stellt das Referenzkonzept die Vergleichsbasis für die Untersuchungen und Bewertungen dar und bildet den Benchmark für Modifikationen. Das Referenzkonzept bildet eine praxisrelevante und repräsentative Parametrisierung des Maschinensystems und der Kontextfaktoren ab. In der Standardparametrisierung werden zwei Maschinentypen verwendet. Die unterschiedlichen Maschinentypen sind zum einen der selbstfahrende Mähdrescher bzw. die Ernteeinheit und zum anderen die Transporteinheit, wobei ein Mähdrescher ($n_{MD} = 1$) und zwei Transporteinheiten ($n_{TE} = 2$) eingesetzt werden. Die Stoffstromübergabe zwischen Maschinen erfolgt während der Ernte auf dem Feld. Die Ausgangsmassenleistung in Form der installierten Massenleistung des Mähdreschers ($\dot{m}_{T0MD}$) beträgt 60 t/h, die aus einer Schneidwerksbreite bzw. Arbeitsbreite (s_{AB}) von 12 m, einem erntbaren Kornertrag ($\overline{m}_{AKorn}$) von 10 t/ha und einer Erntegeschwindigkeit (v_{Ernte}) von 5 km/h resultiert.

Ausgehend von der beschriebenen Standkonfiguration (vgl. 9.1.1 Standardparametrisierung Erntekonzept *Mähdrusch* (Referenzkonzept)) respektive dem Referenzkonzept werden unterschiedliche Parameter auf verschiedenen Systemebenen variiert, um das Erntekonzept mit Hilfe der Methode zu untersuchen und Optimierungspotenziale aufzuzeigen. Im Rahmen des Mähdruschkonzepts werden die Auswirkungen von unterschiedlichen Konfigurationen des Maschinensystems und Verfahren sowie ausgewählte Kontextfaktoren und Maschinenparameter untersucht (Abb. 5.1).

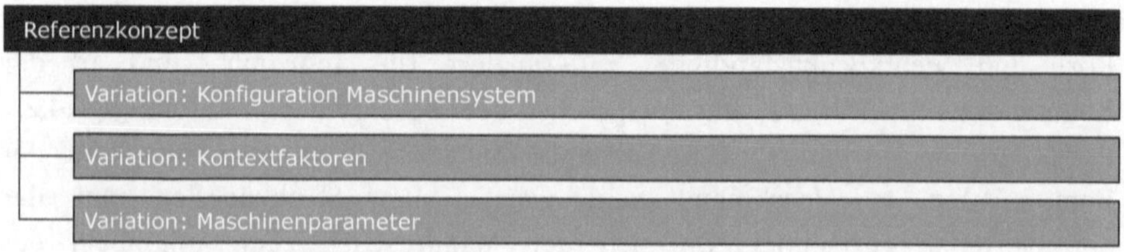

Abb. 5.1: *Vorgehensweise zur Untersuchung des Erntekonzepts Mähdrusch auf Basis des Referenzkonzepts*

5.1.1 Referenzkonzept

In einem ersten Schritt werden die spezifischen Erntekosten und deren Zusammensetzung sowie die definierten Kennzahlen der Prozesskette für das Referenzkonzept dargelegt und erläutert, um die Bewertungsgrößen an einem Beispiel genauer zu konkretisieren.

Spezifische Erntekosten: Die spezifischen Erntekosten dienen zur monetären Charakterisierung des Erntekonzepts und bilden die konsolidierte Bewertungsgröße in Bezug auf die Kennzahlen der Prozesskette. Der Tab. 5.1 sind die spezifischen Erntekosten für das Referenzkonzept zu entnehmen. In Anlehnung an das Kostenverrechnungssystem erfolgt eine Unterteilung der anfallenden spezifischen Kosten nach der Kostenart bzw. den damit verbundenen Kostenverursachern sowie deren Anteil an den Gesamtkosten. Die Detaillierung fokussiert dazu vor allem den Mähdrusch.

Tab. 5.1: *Spezifische Erntekosten - Referenzkonzept*

Kostenart	Formelzeichen	Spez. Kosten in €/t	Prozentuale Verteilung
Ernte	k_E	14,257	100%
Transport	k_{ETE}	2,352	16,5%
Mähdrusch	k_{EMD}	11,906	83,5%
Opportunitätskosten	k_O	1,818	12,8%
Energie	k_W	2,323	16,3%
Personal	k_P	0,413	2,9%
Maschine	k_M	7,351	51,6%
Abschreibung	k_A	5,423	38,0%
Kapital	k_K	0,759	5,3%
Versicherung	k_V	0,128	0,9%
Unterbringung	k_U	0,085	0,6%
Reparatur	k_R	0,602	4,2%
Service	k_S	0,178	1,2%
Betriebsstoffe	k_B	0,177	1,2%

Die spezifischen Erntekosten (k_E) für das Referenzkonzept belaufen sich zur Ernte des Korns auf 14,257 €/t. Im aufgeführten Szenario resultieren 83,5 % der Kosten aus dem Mähdrusch. Den signifikantesten Einfluss auf die Kosten des Mähdruschs weisen die Maschinenabschreibung (38,0 %), die Kosten für die benötigte Energie sowie die Opportunitätskosten durch die entgangenen Einnahmen in Form der Kornverluste auf.

Massenleistung & Zeitbedarf: Die installierte Massenleistung des Mähdreschers ($\dot{m}_{T0MD}$) beträgt, wie zuvor beschrieben, 60 t/h. Die Kornverluste entsprechen bei dem Durchsatz einem Verlustniveau (θ) von 1 %. Daraus resultiert eine Massenleistung in Bezug auf die Grundzeit ($\dot{m}_{T1MD}$) von 59,4 t/h. Aufgrund der anfallenden Hilfszeiten für die Wendungen am Schlagende reduziert sich die Massenleistung des Mähdreschers in der Operativzeit ($\dot{m}_{T02MD}$) auf 56,26 t/h. Demgegenüber weist eine Transporteinheit eine Massenleistung in der Operativzeit ($\dot{m}_{T02TE1}$) von 28,36 t/h auf. Die Massenleistung der Transporteinheit resultiert aus dem Verhältnis der transportierten Masse und der dafür benötigten Zeit. Die Zeit für einen Transportumlauf stellt die Summe der Verweilzeiten in den einzelnen Maschinenzuständen dar. Die Umlaufzeit bzw. die Operativzeit (T_{02TE}) für einen charakteristischen Transportumlauf beträgt 0,7052 h. Bei einer Lademasse der Transporteinheit bzw. Referenzmasse (m_{LTE}) von 20 t beträgt die $\dot{m}_{T02TE1}$ demnach 28,36 t/h. Da im aufgeführten Szenario zwei Transporteinheiten eingesetzt werden, verdoppelt sich die Durchsatzleistung der Transporteinheiten ($\dot{m}_{T02TE}$) auf 56,72 t/h. Aufgrund der Massenstrombilanzierung muss die Durchsatzleistung aller Maschinentypen in Bezug auf die erweiterte Operativzeit ($\dot{m}_{T025}$) gleich sein (vgl. Gl.

4.30). Demzufolge beträgt die Prozesskettenleistung in der erweiterten Operativzeit ($\dot{m}_{T025}$) 56,26 t/h, da der Mähdrescher das schwächste Glied in der Prozesskette darstellt. Da die Massenleistung der Transporteinheit ($\dot{m}_{T02TE}$) größer ist als $\dot{m}_{T02MD}$ ergeben sich für eine Transporteinheit Wartezeiten (T_{25TE}) vor der ersten Befüllung je Umlauf von 21 s. Verfahrensbedingt muss die Transporteinheit zudem auf dem Feld warten bis der Mähdrescher (n_{MD} = 1) die restliche Menge an Korn geerntet hat, sodass die Transportmasse voll ausgeschöpft wird. Diese verfahrensbedingte Wartezeit (T_{24}) beträgt 490,2 s und ist Bestandteil der Operativzeit der Transporteinheit.

Ausgehend von einer täglich zur Verfügung stehenden Erntezeit (t_{Ertned}) von 9 h/d und einer zusätzlichen Wegzeit vom Hof zum Feld und zurück (T_{61}) beläuft sich die tägliche Gesamtarbeitszeit (t_{08MD}) auf 9,5 h/d. Unter Berücksichtigung der Massenleistung der Prozesskette ($\dot{m}_{T025}$), einer Rüstzeit (t_3) von 0,2787 h/d, einer Störzeit (t_4) von 0,3924 h/d, einer Erholungszeit (t_5) von 0,4260 h/d sowie einer durchschnittlichen Zeit für den Feldwechsel (t_{62}) von 0,0556 h/d resultiert eine Durchsatzleistung hinsichtlich der Gesamtarbeitszeit des Mähdreschers ($\dot{m}_{T08MD}$) von 46,47 t/h. Die Zeit für die tägliche Wartung der Maschine (t_7) wird aus der Perspektive der Betriebsstunden nicht in die tägliche Gesamtarbeitszeit der Maschinen inkludiert, sondern im Kostenverrechnungssystem im Rahmen der jährlichen Servicezeit (t_{sa}) gesondert berücksichtigt (vgl. Gl. 4.48).

In Bezug auf die weiteren Teilzeiten verzeichnet der Mähdrescher eine Grundzeit (t_{1MD}) von 7,4318 h/d sowie eine Operativzeit (t_{02MD}) von 7,8466 h/d, was einem Zeitanteil von 78,23 % in Bezug auf die Grundzeit bzw. 82,60 % in Bezug auf die Operativzeit an der täglichen Gesamtarbeitszeit (t_{08MD}) entspricht. Auf die Übergabe des Korns entfallen bei einer Abtankleistung ($\dot{m}_{MDAbgabe}$ bzw. $\dot{m}_{MDaus1}$) von 97,5 kg/s (130 l/s) 1,2577 h/d, wobei diese Teilzeit (t_{23}) bereits in der Grundzeit inbegriffen ist, da der Übergabevorgang parallel zur Ernte stattfindet.

Nutzungsgrad: Der Nutzungsgrad ($\tau_{\dot{m}}$) stellt die prozentuale Verminderung der Massenleistung in Bezug auf unterschiedliche zeitliche Referenzen dar. Abb. 5.2 verdeutlicht dazu die Nutzungsgrade auf Basis der Verhältnisse unterschiedlicher Massenströme für das Referenzkonzept.

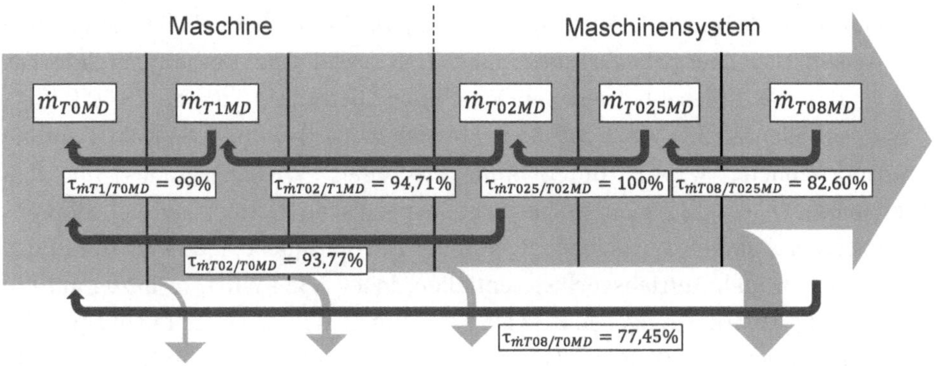

Abb. 5.2: *Schematische Darstellung der Nutzungsgrade in Bezug auf die Massenleistung*

Mit zunehmender zeitlicher Referenz nehmen die Massenleistungen entlang der Prozesskette ab. Dies hat zur Folge, dass die damit verbundenen Nutzungsgrade sinken. Der Nutzungsgrad $\tau_{\dot{m}T1/T0MD}$ resultiert aus den Kornverlusten bzw. dem Verlustniveau von 1 %. Die Minderung des Nutzungsgrades $\tau_{\dot{m}T02/T1MD}$ basiert hingegen auf den zusätzlichen Hilfszeiten. Da der Mähdrescher das schwächste Glied in der Prozesskette darstellt, fallen keine verfahrensbedingten Verlustzeiten an, sodass der Nutzungsgrad $\tau_{\dot{m}T025/T02MD}$ bei 100 % liegt. Durch die weiteren Teilzeiten (T_3) bis (T_8) verringert sich die Durchsatzleistung des Mähdreschers um 82,60 %. Im Hinblick auf die gesamte Prozesskette beträgt der Nutzungsgrad $\tau_{\dot{m}T08/T0MD}$ des Mähdreschers 77,45 %. Der relativ hohe Wert ist im Vergleich zur Praxis (~50 % [Nacke 2006]) auf die idealisierte Abbildung des Mähdruschprozesses sowie die nicht vorhandenen verfahrensbedingten Verlustzeiten zurückzuführen. Zur Optimierung der Prozesskette ist ein hoher Nutzungsgrad anzustreben, da der Nutzungsgrad als Indikator zur Auslastung des Systems dient. Eine höhere Auslastung kann beispielsweise durch die Reduktion der Kornverluste oder eine Verringerung der Hilfszeiten erzielt werden. Zur Verringerung der Hilfszeiten kann beispielsweise eine Erhöhung der Arbeitsbreite beitragen (vgl. 5.1.4.6 Variation: Schneidwerksbreite). Alternativ besteht auch die Möglichkeit, bearbeitende Prozesse parallel zu anfallenden Hilfszeiten auszuführen. Damit verbunden wäre eine Anpassung der Abfolge und Ausführung von Prozessschritten, sodass sich die Zeitanteile, analog zur parallelen Ausführung der Ernte und des Übergabevorgangs, überschneiden.

Energiebedarf: Mit Hilfe der Leistungskennfelder für die funktions- und systemtechnischen Komponenten wird in Abhängigkeit der Eingangsgrößen, wie Massenleistung, Fahrgeschwindigkeit und Maschinengewicht, der Leistungsbedarf für den jeweiligen Maschinenzustand ermittelt. Über den integralen Leistungsbedarf der einzelnen Teilzeiten je Maschinenzustand, wird der Energiebedarf respektive der spezifische Energiebedarf bestimmt. Der spezifische Gesamtenergiebedarf ($w_{mGesamt}$) aller (diesel-betriebenen Maschinen) beträgt in Summe 28,79 kWh/t. Davon entfallen 23,23 kWh/t auf die Ernteeinheit (w_{mMD}) und 5,56 kWh/t auf die Transporteinheit (w_{mTE}). Unter Annahme eines Wirkungsgrades für den Dieselmotor ($\eta_{Dieselmotor}$) von 0,4 beträgt der spezifische (Netto-) Energiebedarf des Mähdreschers, ohne bzw. unabhängig von der Antriebsquelle, 9,29 kWh/t. Auf das Dreschsystem inkl. Antriebsverluste entfallen dabei 2,33 kWh/t. In Bezug auf die Grundzeit (T_1) werden hingegen 2,32 kWh/t benötigt, da Leerlaufzeiten in Folge der Hilfszeiten (hier nur Wendezeit) entfallen. Wenn zudem die Antriebsverluste entfallen, so wird als reine Prozessenergie in der Grundzeit (T_1) 2,23 kWh/t benötigt, die aus einem Leistungsbedarf von 132,5 kW resultieren.

Erntemasse & -fläche: Bei einer zur Verfügung stehenden Erntezeit von 20 d/a je 9 h/d beträgt die Flächenleistung (a_a) 891,8 ha/a bzw. (a_d) 44,59 ha/d. Bei einem Ertrag von 10 t/ha und einem Verlustniveau von 1 % werden (m_a) 8.829 t/a bzw. (m_d) 441,45 t/d verwertbares Korn geerntet.

Erntequalität: Aufgrund des Verlustniveaus von 1 % beträgt der Verlustmassenstrom ($\dot{m}_{Verlust}$) 0,6 t/h. Dies hat zur Folge, dass von den 10 t/ha potenziell zur Verfügung stehenden Ernteguts ($m_{Potenzial}$) 9,9 t/ha verwertet ($m_{Verwertung}$) werden. Hinsichtlich einer Ernteperiode fallen damit Verluste in Höhe von 89,18 t/a an. Bei einem Weizenpreis von 180 €/t gehen damit 16.052 €/a entgangene Einnahmen (K_O) einher. Werden die entgangenen Einnahmen auf die geerntete und verwertbare Tonnage umgelegt, so belaufen sich die spezifischen Opportunitätskosten (k_O) auf 1,818 €/t.

5.1.2 Variation: Konfiguration Maschinensystem

Ausgehend vom Referenzkonzept werden nachfolgend ausgewählte Parameter des Systems im Hinblick auf die Konfiguration des Maschinensystems variiert, um Konzeptalternativen zu untersuchen und die Sensitivität des Systems zu analysieren. Dazu erfolgt eine Variation der Maschinenanzahl, der eingesetzten Maschinentypen, der Orte zur Stoffstromübergabe sowie des Verfahrens in Form der Verknüpfung (Abb. 5.3).

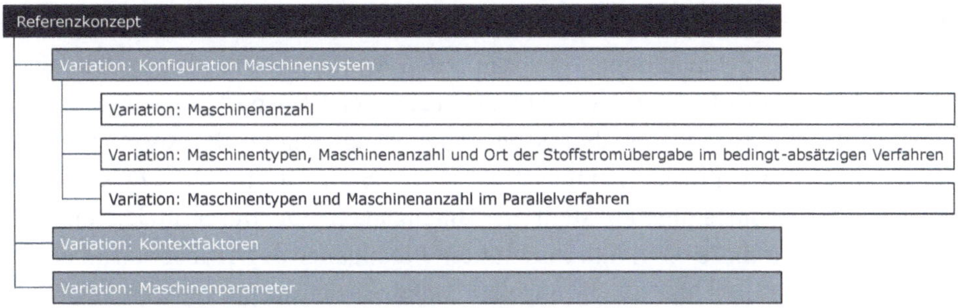

Abb. 5.3: *Übersicht der Variation zur Konfiguration des Maschinensystems*

5.1.2.1 Variation: Maschinenanzahl

Auf Basis des Referenzkonzepts wird nachfolgend die Maschinenanzahl variiert. Abb. 5.4 verdeutlicht dazu die spezifischen Erntekosten (k_E) und die Massenleistung der Prozesskette in der erweiterten Operativzeit ($\dot{m}_{T025}$) sowohl in Abhängigkeit der Anzahl an Transporteinheiten (n_{TE}) als auch in Abhängigkeit der Anzahl an Mähdreschern (n_{MD}).

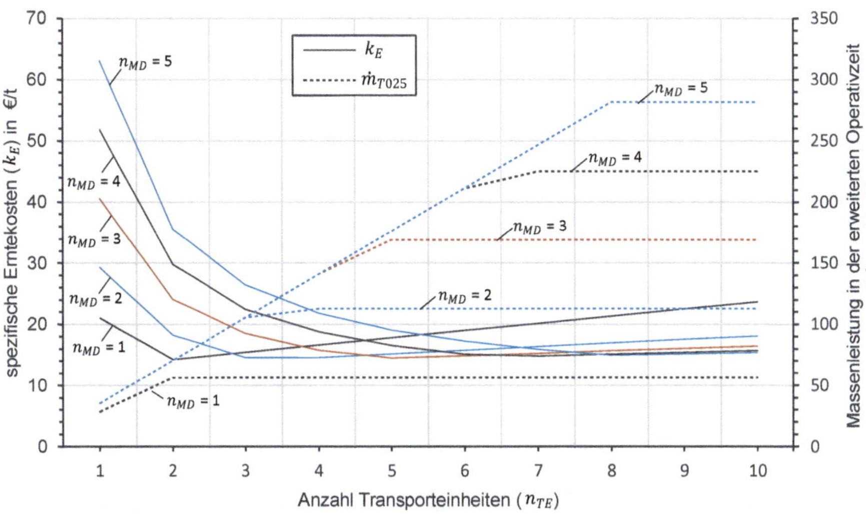

Abb. 5.4: *Variation der Maschinenanzahl und deren Auswirkungen auf die Erntekosten und Massenleistung*

Mit einer steigenden Anzahl an Mähdreschern steigt die $\dot{m}_{T02MD}$ um ein ganzzahliges Vielfaches von 56,26 t/h an. Mit einer steigenden Anzahl an Transporteinheiten sinken die spezifischen Erntekosten, solange bis die $\dot{m}_{T02TE}$ kleiner ist als die $\dot{m}_{T02MD}$, da die Durchsatzleistung der Prozessketten zunimmt. Sobald der bzw. die Mähdrescher, in Bezug auf die Durchsatzleistung, das schwächste Glied in der

Prozesskette darstellen, steigen die spezifischen Erntekosten an. Mit jeder weiteren Transporteinheit nehmen dann die spezifischen Erntekosten zu, da die Umlaufzeit aufgrund zunehmender Wartezeiten (T_{25}) bei gleicher Transportmasse ansteigt. Mit einer steigenden Anzahl an Mähdreschern nimmt die Steigung der Kostenzunahme ab, da eine höhere Prozesskettenleistung vorherrscht. Die Durchsatzleistung der einzelnen Transporteinheiten steht in Abhängigkeit zur Durchsatzleistung der Mähdrescher, da diese einen Einfluss auf die Befülldauer der Transporteinheit auf dem Feld hat. Durch die Steigerung der Mähdrescheranzahl von eins auf zwei verkürzt sich die Beladezeit, sodass die $\dot{m}_{T02TE1}$ von 28,36 t/h auf 35,15 t/h steigt. Die Massenleistung der einzelnen Transporteinheiten nimmt in diesem Szenario ab einer Anzahl von zwei Mähdreschern nicht mehr weiter zu, da das Transportvolumen nach weniger als zwei Korntankvolumen voll ausgeschöpft ist. Dadurch kommt es trotz einer steigenden Anzahl an Mähdreschern zu keiner weiteren Verkürzung der Beladezeit. Bis zum Erreichen der Massenleistung des Mähdreschers in der Operativzeit ($\dot{m}_{T02MD}$) nehmen die Kosten mit jeder weiteren Transporteinheit zunehmend flacher ab. Folglich kommen die größten Effekte in Bezug auf die Kosteneinsparungen durch eine weitere Transporteinheit bei einer geringen Anzahl von Transporteinheiten zum Tragen.

Die kostengünstigsten Maschinenkombinationen des beschriebenen Szenarios zeigt Abb. 5.5 in Abhängigkeit der Mähdrescheranzahl (n_{MD}).

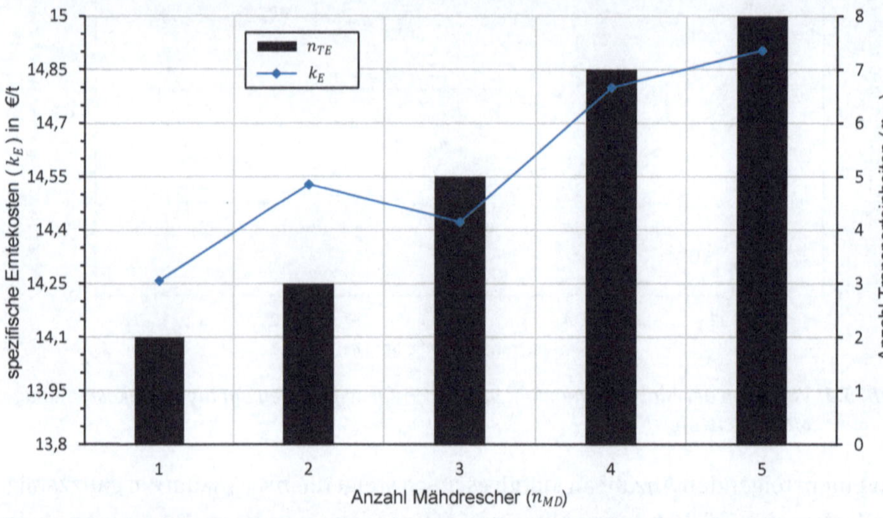

Abb. 5.5: *Kostengünstigste Kombinationen der Maschinenanzahl je Maschinentyp*

Bei einer konstanten Feldgröße und einer zunehmenden Mähdrescheranzahl steigen die Erntekosten tendenziell an, da sich der Nutzungsgrad $\tau_{\dot{m}T08/T025MD}$

verschlechtert. Die Minderung des Nutzungsgrades $\tau_{\dot{m}T08/T025MD}$ gründet auf einer höheren Anzahl an Feldwechseln und der damit verbundenen Zunahme an Rüst- (T_{3MD}) und Wegezeiten (T_{62MD}). Aufgrund des höchsten Nutzungsgrades $\tau_{\dot{m}T08/T025MD}$, einer vollen Auslastung des Mähdreschers in Bezug auf $\tau_{\dot{m}T025/T02MD}$ sowie eines hohen Nutzungsgrades $\tau_{\dot{m}T08/T025TE}$ der Transporteinheit von 99,18 %, weist die Kombination aus einem Mähdrescher und zwei Transporteinheiten die günstigsten spezifischen Erntekosten auf. Innerhalb eines Szenarios mit zwei Mähdreschern werden die günstigsten Erntekosten in Kombination mit drei Transporteinheiten erzielt. Die spezifischen Erntekosten im Szenario mit drei Mähdreschern sind demgegenüber günstiger, da eine höhere Maschinenauslastung aufgrund eines besseren Verhältnisses von Maschinenanzahl in Kombination mit den Inkrementen der Massenleistung erzielt wird. Demgegenüber führt eine weitere Transporteinheit bei dem Szenario mit zwei Mähdreschern aufgrund einer geringeren Maschinenauslastung zu einer Erhöhung der Erntekosten.

5.1.2.2 Variation: Maschinentypen, Maschinenanzahl und Ort der Stoffstromübergabe im bedingt-absätzigen Verfahren

Auf Basis des Referenzkonzepts werden nachfolgend die Maschinentypen, die Maschinenanzahl und der Ort der Stoffstromübergabe variiert. Durch die Variationen werden jeweils Szenarien kreiert, die miteinander verglichen werden. Als Vergleichsgrundlage werden die spezifischen Erntekosten und die Maschinenanzahl je Maschinentyp (Abb. 5.6) sowie ausgewählte Kennzahlen der Prozesskette (Abb. 5.8) für die verschiedenen Szenarien dargestellt und herangezogen. Im Rahmen der Analyse werden unterschiedliche Ernteverfahren untersucht, die sich zwischen dem Ort der Stoffstromübergabe sowie zwischen dem Einsatz mit und ohne Überladeeinheit differenzieren. Dabei wird die Anzahl der Mähdrescher (n_{MD} = 1 - 10), die Anzahl der Transporteinheiten (n_{TE} = 1 - 20) und, falls vorhanden, die Anzahl der Überladeeinheiten (n_{UE} = 0 - 10) variiert, um die günstigste Maschinenkombination im Hinblick auf die spezifischen Erntekosten zu identifizieren. Neben den günstigsten Varianten werden zudem Maschinenkombinationen dargestellt, die sich im Hinblick auf die Maschinenanzahl an das Referenzkonzept anlehnen, um diesbezüglich eine weitere Vergleichbarkeit zu gewährleisten.

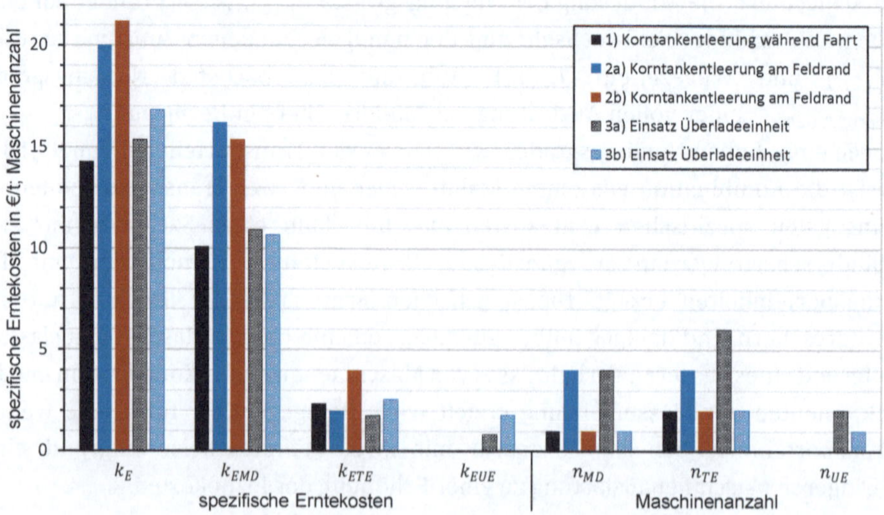

***Abb. 5.6:** Spezifische Erntekosten und Maschinenanzahl je Maschinentyp*

Das Referenzkonzept (1) stellt bezüglich der Gesamterntekosten das wirtschaftlichste Verfahren dar und setzt sich aus einem Mähdrescher und zwei Transporteinheiten zusammen. Bei einer Verlagerung des Ortes zur Stoffstromübergabe an den Feldrand steigen die Kosten, da sich die Massenleistung des Mähdreschers in der Operativzeit reduziert bzw. die Umlaufzeit (T_{02MD}) des Mähdreschers erhöht. Die Erhöhung resultiert zum einen aus dem sequenziell angeordneten Abtankvorgang, der nicht parallel zum Erntevorgang vonstattengeht, und zum anderen aus den zusätzlichen Fahrten des Mähdreschers zum Feldrand, wobei unterstellt wird, dass der Mähdrescher durchschnittlich die halbe Schlaglänge zum Feldrand zurücklegen muss (Hin- und Rückfahrt gesamte Schlaglänge). Das Szenario 2a, welches aus vier Mähdreschern und vier Transporteinheiten besteht, stellt dabei mit 20,017 €/t die günstigste Maschinenkombination für das Abtanken am Feldrand dar. Im Vergleich zum Szenario 2b, wo die gleiche Maschinensystemkonfiguration vorherrscht wie bei dem Referenzkonzept, erhöhen sich die spezifischen Kosten um 1,160 €/t auf 21,177 €/t. Folglich geht mit der Änderung des Ortes zur Stoffstromübergabe bzw. der damit verbundenen Verfahrensänderung eine Kostensteigerung von 6,920 €/t einher (vgl. Szenario 1 mit 2b). Durch eine Reduktion der Feldfahrt bzw. der Zeit für die Feldfahrt kann die $\dot{m}_{T02MD}$ gesteigert werden. Durch eine Erhöhung der Mähdreschergeschwindigkeit (v_{FF}) für die Fahrt zum Feldrand von 10 auf 15 km/h steigt die Massenleistung des Mähdreschers in der Operativzeit ($\dot{m}_{T02MD}$), wodurch die spezifischen Erntekosten sinken. Das günstigste Szenario (analog zu 2a) tritt in diesem Fall (15 km/h) mit fünf Ernteeinheiten und fünf Transporteinheiten ein. Die spezifischen Erntekosten betragen dabei 18,799 €/t, wohingegen sich die spezifischen Erntekosten bei der gleichen Maschinensystemkonfiguration wie bei dem Referenzkonzept (analog zu 2b) auf 19.434 €/t belaufen. Durch solche Maßnahmen kann zwar die Massenleistung gesteigert werden, jedoch erreicht die Korntankentleerung am Feldrand systembedingt nicht die Leistungsfähigkeit wie die Korntankentleerung auf dem Feld bzw. simultan zum Erntevorgang. Bieten die Transportfahrzeuge nicht die Möglichkeit das Feld zu befahren, kann der Einsatz einer Überladeeinheit (UE) dazu führen, dass die Massenleistung des Mähdreschers in der Operativzeit gesteigert werden kann. Die Überladeeinheit (Fremdmechanisierung) besteht aus einem Zugfahrzeug und einem Überladewagen. In abstrahierter Form stellt die Überladeeinheit eine mobile Arbeitsmaschine dar, mit deren Hilfe die Prozesse Speichern und Bewegen (Überladeschnecke/-rohr) ausgeführt werden. Die Maschinenzustände der Überladeeinheit und deren Abfolge werden in Abb. 5.7 verdeutlicht.

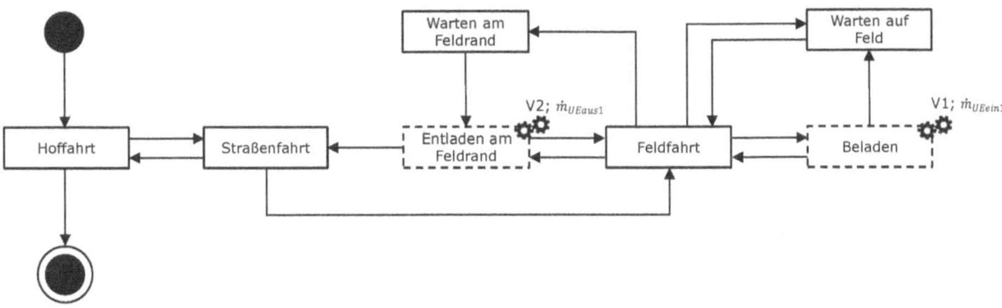

Abb. 5.7: *Zustandsdiagramm des Maschinentyps Überladeeinheit im bedingt-absätzigen Verfahren*

Die Maschinenzustände Feldfahrt, Beladen, Warten auf Feld, Warten am Feldrand und Entladen am Feldrand bilden die Zustände der erweiterten Operativzeit. Dabei stellt sowohl der Maschinenzustand Beladen und Entladen am Feldrand bedingte Maschinenzustände dar, wo ein Stoffstrom aufgenommen bzw. abgegeben wird. Die Zustandsänderungen des Mähdreschers sind der Abb. 4.19 (Szenario 1) und die Zustandsänderungen der Transporteinheit Abb. 4.21 zu entnehmen. Durch den Einsatz einer Überladeeinheit (3b) können die Erntekosten durch eine Steigerung der $\dot{m}_{T02MD}$ um 4,362 €/t auf 16,815 €/t, im Vergleich zum Szenario 2b, reduziert werden. Die günstigste Maschinenkombination stellt eine Zusammensetzung aus vier Mähdreschern, sechs Transporteinheiten und zwei Überladewagen (3a) dar. Die spezifischen Erntekosten belaufen sich dabei auf 15,346 €/t.

Zur erweiterten Bewertung werden als Kennzahlen der Prozesskette die jährliche Erntefläche (a_a), die Massenleistung in der erweiterten Operativzeit ($\dot{m}_{T025}$) sowie der Nutzungsgrad $\tau_{\dot{m}T025/T02MD}$ herangezogen (Abb. 5.8). Die abgebildeten Szenarien und Maschinenanzahl entsprechen denen aus Abb. 5.6.

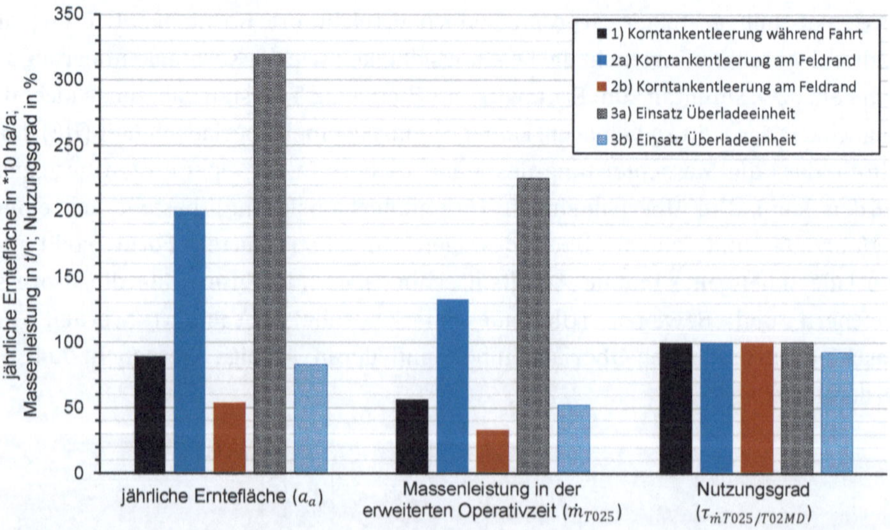

***Abb. 5.8:** Ausgewählte Kennzahlen der Prozesskette*

Mit einer steigenden Anzahl an Maschinen innerhalb eines Verfahrens ist für die abgebildeten Szenarien zu verzeichnen, dass die Massenleistung der Prozesskette in der erweiterten Operativzeit zunimmt. Damit verbunden steigt die Fläche, die jährlich geerntet wird bzw. die jährliche Erntemasse. Die unterschiedlichen Erntemengen haben zur Folge, dass trotz einer gleichen Maschinenanzahl je Maschinentyp, die spezifischen Erntekosten eines Maschinentyps zwischen den unterschiedlichen Verfahren divergieren, wobei der Nutzungsgrad zu berücksichtigen ist. Im Hinblick auf die Szenarien 1, 2a, 2b und 3a beläuft sich der Nutzungsgrad des Mähdreschers auf 100 %. Im Szenario 3b beträgt der Nutzungsgrad hingegen 92,28 %, da die Transporteinheiten das schwächste Glied in der Prozesskette darstellen. Im Vergleich zum Szenario 1 verschlechtert sich die Massenleistung der Transporteinheit in der Operativzeit durch die Überladeeinheit aufgrund der zusätzlichen Übergabe des Stoffstroms innerhalb der Prozesskette.

5.1.2.3 Variation: Maschinentypen und Maschinenanzahl im Parallelverfahren

Neben dem bedingt-absätzigen Verfahren wird im nachfolgenden Unterkapitel das Parallelverfahren exemplarisch angewandt. Wie bereits zuvor bei dem bedingt-absätzigen Verfahren werden die Anwendung mit und ohne den Einsatz einer Überladeeinheit untersucht und die Maschinenanzahl variiert. Die Ausprägung der

Variation erfolgt je Maschinentyp in Analogie zum bedingt-absätzigen Verfahren. Die Parametrisierung des Mähdreschers bleibt im Vergleich zum Referenzkonzept unverändert. Lediglich der Entfall des Prozesses Speichern sowie die Anpassung der Übergabeleistung ($\dot{m}_{MDAbgabe}$ bzw. $\dot{m}_{MDaus1}$) an die Massenleistung in der Grundzeit, werden zur Ausführung des Parallelverfahrens geändert. Zur besseren Vergleichbarkeit bleiben der Anschaffungspreis und das Leergewicht von den Änderungen unberührt. Mit dem Verfahrenswechsel gehen jedoch Änderungen im Hinblick auf die Maschinenzustände und deren Abfolge einher. Das resultierende Zustandsdiagramm des Mähdreschers im Parallelverfahren wird in Abb. 5.9 gezeigt.

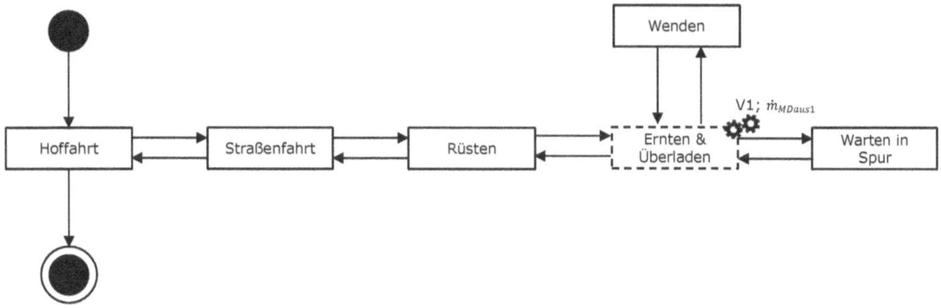

***Abb. 5.9:** Zustandsdiagramm des Maschinentyps Mähdrescher im Parallelverfahren*

Analog zum Betriebspunkt Ernten & Entladen im bedingt-absätzigen Verfahren nimmt die Erntemaschine im Parallelverfahren den bedingten Maschinenzustand Ernten & Überladen ein. Im Vergleich zum bedingt-absätzigen Verfahren entfällt definitionsgemäß der singuläre Maschinenzustand Ernten, da kein Speicher auf der Ernteeinheit vorhanden ist und somit der Vorgang des Erntens nur in Verbindung mit dem parallelen Übergabevorgang erfolgen kann.

Im Hinblick auf die Maschinenzustände der Transporteinheit (Abb. 5.10) entfällt die Möglichkeit aus dem Betriebszustand Beladen den Maschinenzustand Warten auf Feld einzunehmen, da der Mähdrescher, wie zuvor erwähnt, permanent mit der Transporteinheit während des Erntevorgangs zusammenarbeiten muss bzw. verknüpft sein muss. Es kann lediglich vor dem Beladen zu Wartezeiten kommen, sofern eine vorgelagerte Transporteinheit zu diesem Zeitpunkt mit der Ernteeinheit verknüpft ist und beladen wird.

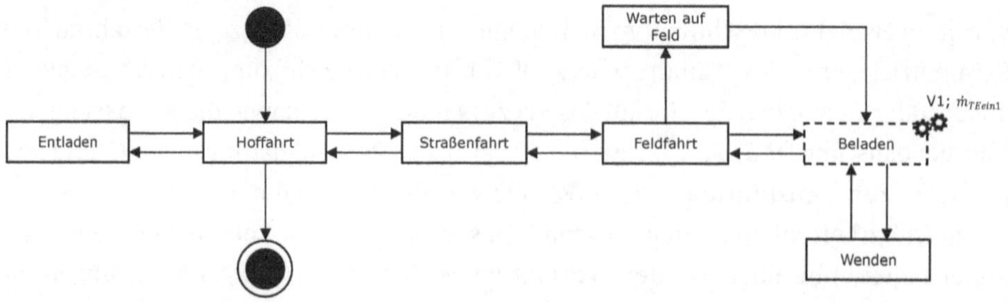

Abb. 5.10: *Zustandsdiagramm des Maschinentyps Transporteinheit im Parallelverfahren*

Aufgrund der permanenten Verknüpfung entfällt zwar das Warten auf dem Feld während des Erntevorgangs, jedoch muss die Transporteinheit, wie die Erntemaschine, beim Erreichen des Vorgewendes wenden.

Mit der Integration einer Überladeeinheit in das Parallelverfahren gehen hinsichtlich der Maschinenzustände (Abb. 5.11) die gleichen Anpassungen wie bei der Transporteinheit im Parallelverfahren einher.

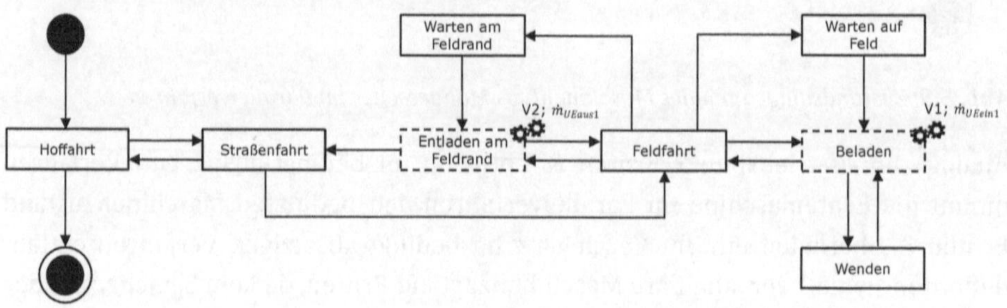

Abb. 5.11: *Zustandsdiagramm des Maschinentyps Überladeeinheit im Parallelverfahren*

Beim Einsatz einer Überladeeinheit bleibt das Zustandsdiagramm der Transporteinheit im Vergleich zum bedingt-absätzigen Verfahren mit einer Korntankentleerung am Feldrand (vgl. Abb. 4.21) unverändert, da die Transporteinheit ebenfalls am Feldrand beladen wird und sich der Verfahrenswechsel allein auf die direkte Verknüpfung mit der Ernteeinheit bezieht.

Im Rahmen der Anwendung des Parallelverfahrens wird die Anzahl der eingesetzten Maschinen variiert (n_{MD} = 1 - 10; n_{TE} = 1 - 20; n_{UE} = 0 - 10), um die kostengünstigste Maschinenkombination mit und ohne Überladeeinheit zu identifizieren. In Anlehnung an das Referenzkonzept werden neben den kostengünstigsten Varianten zudem die Szenarien im Hinblick auf die gleiche Maschinenanzahl dargestellt. Abb. 5.12 zeigt die Szenarien und die damit verbundenen Ergebnisse hinsichtlich der spezifischen Erntekosten (k_E) und des Nutzungsgrades $\tau_{\dot{m}T025/T02MD}$.

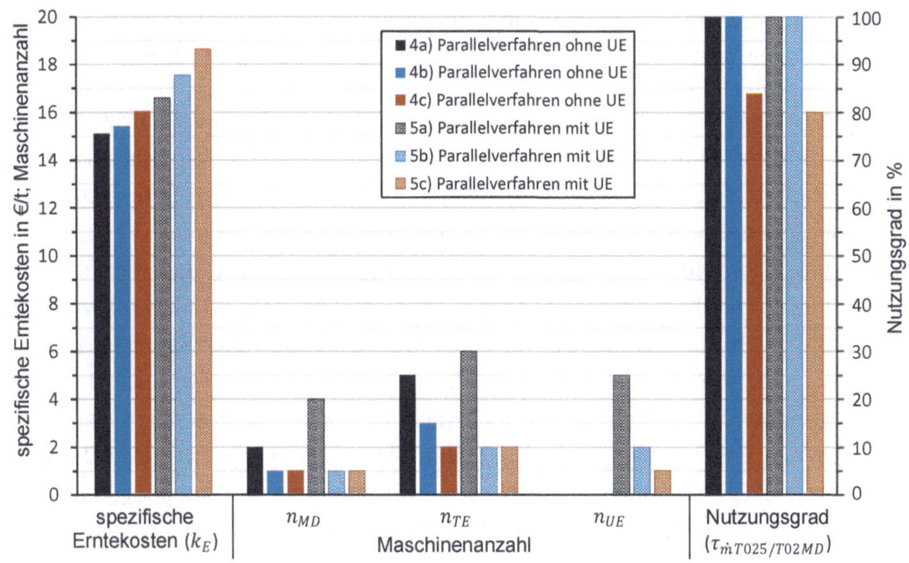

Abb. 5.12: *Ausgewählte Ergebnisse zur Bewertung des Parallelverfahrens im Mähdrusch*

Die wirtschaftlichste Maschinenkombination ohne Überladeeinheit wird erzielt, wenn sich das Maschinensystem aus zwei Mähdreschern und fünf Transporteinheiten zusammensetzt. Die spezifischen Erntekosten betragen in diesem Szenario (4a) 15,114 €/t und damit 0,857 €/t mehr bzw. 6,01 % mehr im Vergleich zum Referenzkonzept (1) (vgl. Abb. 5.6). Bei einer konstanten Maschinenanzahl erhöhen sich hingegen die Erntekosten durch den reinen Verfahrenswechsel um 1,775 €/t bzw. um 12,45 % auf 16,032 €/t (4c). Mit dieser Maschinenkonstellation liegt der Nutzungsgrad ($\tau_{\dot{m}T025/T02MD}$) der Ernteeinheit bei 83,80 %, sodass der Mähdrescher Wartezeiten aufweist. Unter Verwendung einer weiteren Transporteinheit (4b) wird der Mähdrescher in Bezug auf den Nutzungsgrad $\tau_{\dot{m}T025/T02MD}$ voll ausgelastet und die spezifischen Erntekosten sinken dadurch auf 15,424 €/t, obwohl die Anzahl der eingesetzten Maschinen steigt. Durch den Einsatz der Überladeeinheit steigen hingegen die Erntekosten aufgrund des zusätzlichen Maschinentyps an. Die günstigsten Erntekosten mit Überladeeinheiten betragen 16,602 €/t. Dazu werden in diesem Szenario (5a) vier Mähdrescher, sechs Transporteinheiten und fünf Überladewagen eingesetzt. Im Vergleich zum Szenario 4a erhöhen sich die spezifischen Kosten aufgrund des zusätzlichen Maschinentyps um 9,85 %. Durch den Einsatz einer Überladeeinheit in Kombination mit einem Mähdrescher und zwei Transporteinheiten (5c) steigen die spezifischen Kosten nochmals auf 18,620 €/t, wobei der Mähdrescher wie im Szenario 4c Wartezeit aufweist. Zur vollen Ausschöpfung der Massenleistung in Bezug auf die erweiterte

Operativzeit wird eine zusätzliche Überladeeinheit benötigt (5b). Als Folge können die spezifischen Erntekosten um 1,075 €/t auf 17,545 €/t gesenkt werden.

Der Vergleich zwischen dem bedingt-absätzigen und dem Parallelverfahren sowie der Variation der Maschinenanzahl zeigt, dass bei einer gleichen Parametrisierung der Maschinen die günstigsten spezifischen Erntekosten mit dem Referenzkonzept (1) einhergehen. Zudem ist festzuhalten, dass das bedingt-absätzige Verfahren im Vergleich zum Parallelverfahren, nicht immer die günstigste Alternative darstellt. Im Parallelverfahren ohne Überladeinheiten (4a) (15,114 €/t) können im Vergleich zum bedingt-absätzigen Verfahren mit Überladeinheiten (3a) (15,346 €/t) günstigere Kosten erzielt werden. Dies setzt jedoch voraus, dass die Transporteinheiten die Erntefläche nicht befahren können. Unter den genannten Rahmenbedingungen zeigt sich, dass das Referenzkonzept als Verfahren zu favorisieren ist, da mit einer Übergabe des Stoffstroms an die Transporteinheit auf dem Feld die günstigsten spezifischen Erntekosten zu erzielen sind.

Im Hinblick auf einen Verfahrensvergleich der jeweils günstigsten Szenarien (1 & 4a) reduziert sich im Parallelverfahren minimal der Energiebedarf der Ernteeinheit um 0,27 %. Zum einen wird weniger Energie für das Fortbewegen der Maschine aufgrund des geringeren Betriebsgewichts benötigt, da kein Korn im Speicher transportiert wird. Zum anderen wird dies durch den Energiebedarf für das permanente Überladung fast kompensiert. Demgegenüber nimmt der Energiebedarf der Transporteinheit im Parallelverfahren um 23,62 % zu, da sich diese permanent mit der Ernteeinheit über das Feld bewegt. In Summe wird daher 4,34 % mehr Energie pro Erntemasse im Parallelverfahren benötigt.

5.1.3 Variation: Kontextfaktoren

Auf Basis des Referenzkonzepts werden nachfolgend die Einflüsse von Kontextfaktoren auf die Prozesskette untersucht. Neben der Schlaglänge (s_{SL}) werden die Schlaggröße (A_s) in Kombination mit der Hof-Feld-Entfernung (s_{HF}) sowie die Auswirkungen der zur Verfügung stehenden Erntetage (n_{Ernted}) und -stunden (t_{Ertned}) untersucht (Abb. 5.13).

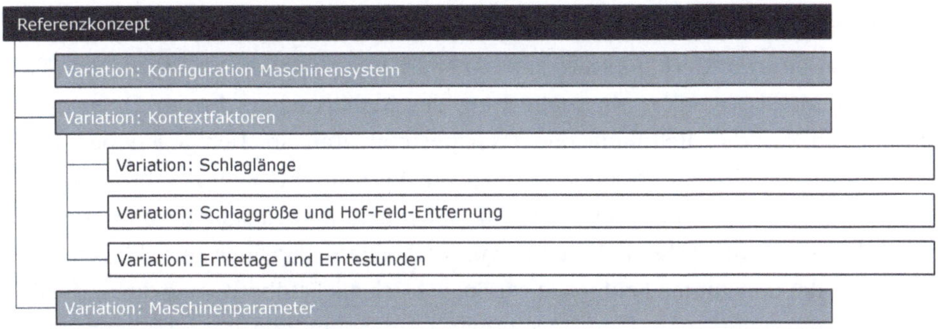

Abb. 5.13: *Übersicht der Variation an Kontextfaktoren*

5.1.3.1 Variation: Schlaglänge

Im Folgenden wird die Schlaglänge (s_{SL}) von 50 - 2.000 m variiert. Die Feldgröße beträgt dabei konstant 40 ha. Folglich ändert sich mit der Schlaglänge die Schlagbreite (s_{SB}) des rechteckigen Feldes. Die Änderung der Schlaglänge wird neben den Erntekosten primär dazu genutzt, die Auswirkungen auf die Massenleistung und die Nutzungsgrade der Ernteeinheit und der Prozesskette zu analysieren, um diesbezüglich die Möglichkeiten der Methode hervorzuheben. Abb. 5.14 veranschaulicht dazu die Massenleistung und die spezifischen Erntekosten (k_E) in Abhängigkeit der Schlaglänge (s_{SL}).

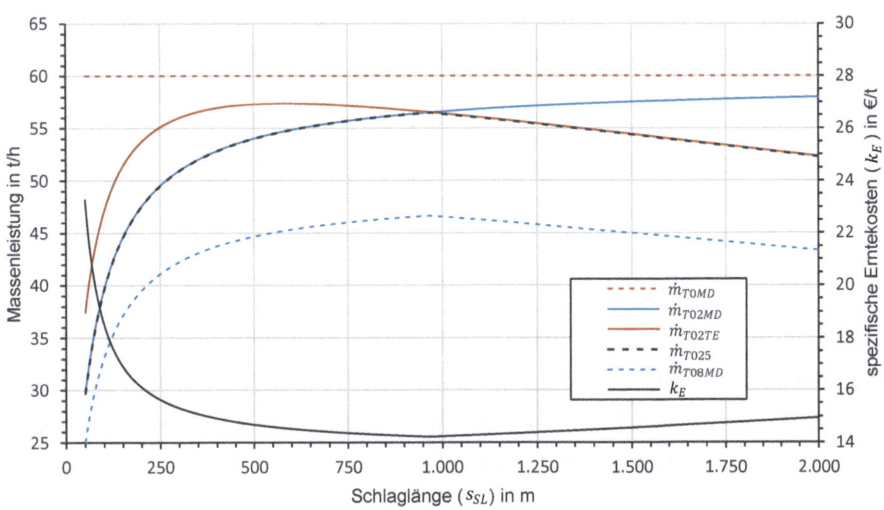

Abb. 5.14: *Massenleistung und spezifische Erntekosten in Abhängigkeit der Schlaglänge*

Die Schlaglänge wirkt sich auf die Dauer der Hilfszeiten (T_2) aus. Daher bleibt die $\dot{m}_{T0MD}$ (sowie auf die $\dot{m}_{T01MD}$) von der Variation unbeeinflusst. In Bezug auf den

Mähdrescher steigt die $\dot{m}_{T02MD}$ bei zunehmender Schlaglänge flacher an. Der Kurvenverlauf resultiert aus einer zunehmend flacher abfallenden Wendezeit (T_{21}). Aufgrund der steigenden Massenleistung des Mähdreschers in der Operativzeit nimmt die Zeit zur Befüllung der Transporteinheiten ab. Demgegenüber steigt hinsichtlich der Transporteinheit die Zeit für die Feldfahrt zum Mähdrescher und wieder zurück zum Feldrand (linear) mit zunehmender Schlaglänge, da unterstellt wird, dass die Transporteinheit durchschnittlich eine Schlaglänge zurücklegen muss. Aufgrund der konstanten Feldgröße verringert sich die Feldbreite und damit die Zeit für die Feldanfahrt der Transporteinheit (zunehmend flacher abfallend) beim Eintreffen am Feld. Die zurückzulegende Strecke für diese Feldanfahrt entlang des Vorgewendes beträgt dazu 25 % der Feldbreite. Aus den genannten Gründen erreicht die Transporteinheit die maximale Durchsatzleistung in der Operativzeit ($\dot{m}_{T02TE}$) von 57,32 t/h bei einer Schlaglänge von 597 m. Die maximale Prozesskettenleistung in der erweiterten Operativzeit ($\dot{m}_{T025}$) beträgt 56,48 t/h und wird bei einer Schlaglänge von 967 m erreicht, da die $\dot{m}_{T02TE}$ die $\dot{m}_{T02MD}$ unterschreitet. Ab dieser Schlaglänge stellt damit der Maschinentyp der Transporteinheiten das schwächste Glied in der Prozesskette dar und determiniert damit die Prozesskettenleistung in der erweiterten Operativzeit ($\dot{m}_{T025}$). Aufgrund der zusätzlichen Teilzeiten (T_3 - T_8) spiegelt sich der tendenzielle Verlauf der Prozesskettenleistung in der Massenleistung des Mähdreschers in Bezug auf die Gesamtarbeitszeit ($\dot{m}_{T08MD}$) wider. Bei einer konstanten täglichen Erntezeit leitet sich aus dem Verlauf der $\dot{m}_{T08MD}$ die Erntemasse ab. Aus diesem Grund sinken die spezifischen Erntekosten zunächst mit steigender Schlaglänge. Das Minimum der spezifischen Erntekosten beträgt 14,217 €/t und wird in Analogie zur höchsten Prozesskettenleistung bei einer Schlaglänge von 967 m erzielt. Danach sinkt die Durchsatzleistung in der Gesamtarbeitszeit ($\dot{m}_{T08MD}$) und die spezifischen Erntekosten nehmen zu. Im gezeigten Anwendungsfall ist aufgrund der zunehmend flacher abfallenden spezifischen Erntekosten, die vorherrschende Konfiguration des Maschinensystems ab einer Schlaglänge von circa 300 m wirtschaftlich einsetzbar.

Die Schlaglänge des Referenzkonzepts beträgt, aufgrund eines Längen-Breiten-Verhältnisses ($\frac{s_{SL}}{s_{SB}}$) von 2:1 und einer Feldgröße von 40 ha, 894 m. Durch den Einfluss der Schlaglänge werden im optimalen Fall die Erntekosten um 0,04 €/t bzw. um 0,28 % im Vergleich zum Referenzkonzept reduziert.

Auf Basis der unterschiedlichen Massenleistungen werden die Nutzungsgrade ermittelt. Die Nutzungsgrade dienen im Rahmen der Prozesskettenanalyse als Indikator für Optimierungen. Daher werden nachfolgend die Nutzungsgradverläufe des Mähdreschers (Abb. 5.15) erläutert.

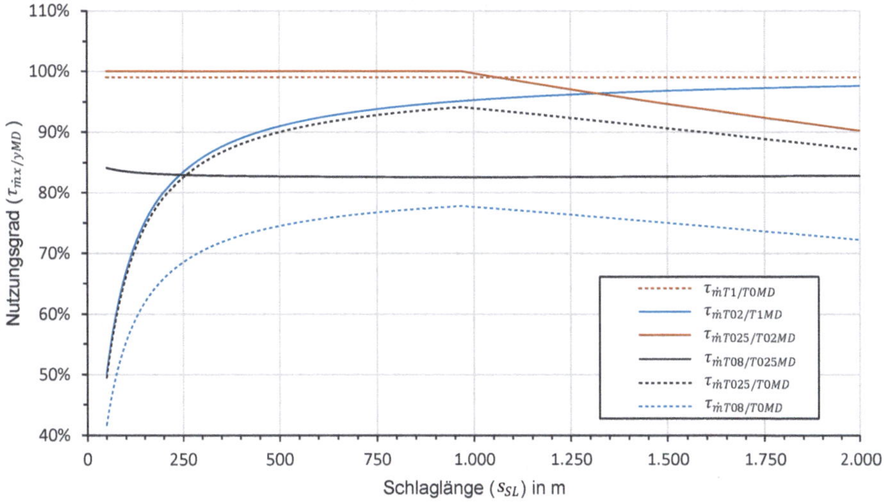

Abb. 5.15: *Nutzungsgrade des Mähdreschers in Abhängigkeit der Schlaglänge*

Aufgrund des Verlustniveaus (θ) von 1 % beträgt der Nutzungsgrad $\tau_{\dot{m}T1/T0MD}$ konstant 99 %. Da die Durchsatzleistung in der Grundzeit ($\dot{m}_{T1MD}$) ebenfalls unabhängig von der Schlaglänge ist, weist der Nutzungsgrad $\tau_{\dot{m}T02/T1MD}$ den gleichen Verlauf wie die Massenleistung in der Operativzeit ($\dot{m}_{T02MD}$) auf. Durch die Verringerung der Wendezeiten (T_{21MD}) nimmt der Nutzungsgrad flacher ansteigend zu. Da die Transporteinheiten ab einer Schlaglänge von 967 m den schwächsten Maschinentyp in der Prozesskette darstellen, weist der Mähdrescher zum einen Wartezeiten (T_{25MD}) auf und kann das vorherrschende Potenzial der $\dot{m}_{T02MD}$ prozesskettenbedingt nicht mehr voll ausschöpfen. Zum anderen sinkt die $\dot{m}_{T02TE}$, sodass sich der Nutzungsgrad $\tau_{\dot{m}T025/T02MD}$ im gleichen Maße verschlechtert. Infolge der konstanten installierten Massenleistung ($\dot{m}_{T0MD}$) weisen die Kurvenverläufe der Nutzungsgrade $\tau_{\dot{m}T025/T0MD}$ und $\tau_{\dot{m}T08/T0MD}$ die gleichen Charakteristika wie die $\dot{m}_{T025}$ und $\dot{m}_{T08MD}$ in Abhängigkeit der Schlaglänge auf. Die Optima der Nutzungsgrade werden demnach ebenfalls bei einer Schlaglänge von 967 m erreicht. Das jeweilige Optimum beträgt hinsichtlich des $\tau_{\dot{m}T025/T0MD}$ 94,13 % und bezüglich des $\tau_{\dot{m}T08/T0MD}$ 77,74 %. Der Nutzungsgrad $\tau_{\dot{m}T08/T025MD}$ resultiert aus den Teilzeiten T_{3MD} - T_{8MD}, die maßgeblich von der Anzahl der Feldwechsel beeinflusst werden. Je höher die Prozesskettenleistung in der erweiterten Operativzeit ($\dot{m}_{T025}$), desto mehr Feldwechsel müssen vonstattengehen. Daher verbessert sich der Nutzungsgrad $\tau_{\dot{m}T08/T025MD}$ mit einer Verschlechterung der $\dot{m}_{T025}$ und umgekehrt.

5.1.3.2 Variation: Schlaggröße und Hof-Feld-Entfernung

Zusätzlich zur Schlaglänge werden im Folgenden die Auswirkungen der Kontextfaktoren Feldgröße (A_s) in Kombination mit der Hof-Feld-Entfernung (s_{HF}) auf die spezifischen Erntekosten (k_E) untersucht (Abb. 5.16). Wegen eines konstanten Längen-Breiten-Verhältnisses (2:1) des Schlages nimmt die Schlaglänge und die Schlagbreite mit einer steigenden Feldgröße zu. In Bezug auf die Strecke bzw. Zeiten für die Feldfahrt zum Mähdrescher sowie in Bezug auf die Feldanfahrt der Transporteinheit gelten die gleichen Voraussetzungen wie bei der vorangegangenen Analyse der Schlaglänge. Im Rahmen der Anwendung wird konstant ein Mähdrescher mit der Standardparametrisierung verwendet. Demgegenüber wird die Anzahl der Transporteinheiten so gewählt, dass die geringsten spezifischen Kosten für das gesamte Ernteverfahren, unter Berücksichtigung der vorherrschenden Kontextfaktoren, erzielt werden.

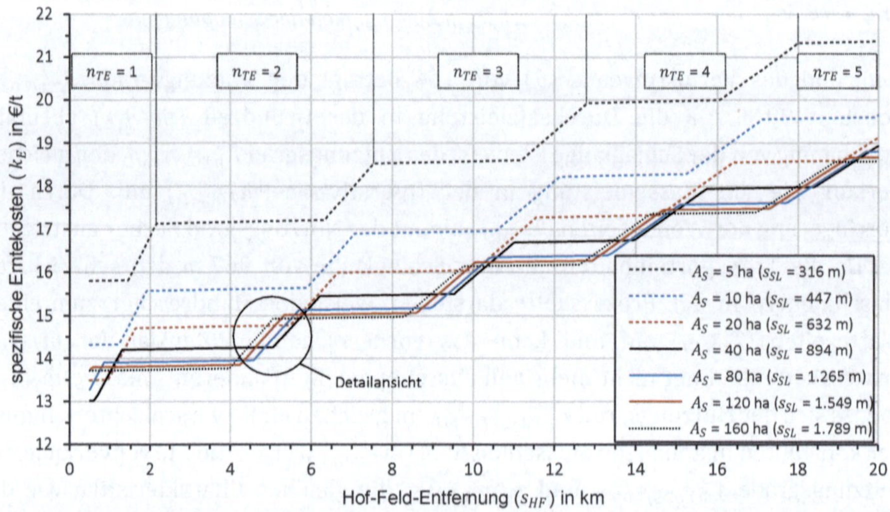

***Abb. 5.16:** Spezifische Erntekosten in Abhängigkeit der Feldgröße und Hof-Feld-Entfernung*

Im Hinblick auf eine konstante Feldgröße lassen sich wiederkehrende charakteristische Verläufe je Anzahl der Transporteinheit identifizieren. Diese Abschnittsverläufe können wiederum in einen leicht und stark ansteigenden Bereich untergliedert werden. Die Differenzierung innerhalb einer Maschinenanzahl resultiert aus dem Nutzungsgrad $\tau_{\dot{m}T025/T02MD}$. Im leicht steigenden Bereich wird die Massenleistung des Mähdreschers in der Operativzeit ($\dot{m}_{T02MD}$) voll ausgeschöpft, sodass der Nutzungsgrad $\tau_{\dot{m}T025/T02MD}$ 100 % beträgt. In diesem Bereich steigen die spezifischen Erntekosten leicht an, da durch eine steigende Hof-Feld-Entfernung die Durchsatzleistung des Mähdreschers in Bezug auf die Gesamtarbeitszeit ($\dot{m}_{T08MD}$)

aufgrund der An- und Abfahrt sinkt. Da mit steigender Hof-Feld-Entfernung der Zeitanteil für die Straßenfahrt zunimmt, verringert sich die $\dot{m}_{T02TE}$. Ab dem Punkt, wo der Maschinentyp der Transporteinheiten das schwächste Glied in der Prozesskette bildet, beginnt das stärker ansteigende Segment. Da damit die Prozesskettenleistung $\dot{m}_{T025}$ mit zunehmender Hof-Feld-Entfernung abnimmt, steigen die spezifischen Kosten in diesem Bereich stärker. Sobald die spezifischen Erntekosten durch eine weitere Transporteinheit günstiger sind, wird die Anzahl der Transporteinheiten erhöht. Im Bereich des steileren Anstiegs ist es demnach günstiger, den Mähdrescher in der Operativzeit nicht voll auszulasten, statt eine weitere Transporteinheit hinzuzuziehen.

Angesichts einer konstanten Hof-Feld-Entfernung sinken die spezifischen Erntekosten bei einer steigenden Feldgröße regressiv, da die Massenleistung des Mähdreschers in der Operativzeit mit einer steigenden Schlaglänge zunehmend flacher ansteigt und durch eine höhere Schlaggröße die durchschnittliche Anzahl an Feldwechseln sinkt.

Mit zunehmender Feldgröße erhöht sich die Schlaglänge infolge des konstanten Längen-Breiten-Verhältnisses. Wie im vorangegangen Unterkapitel erläutert, nimmt mit steigender Schlaglänge die Massenleistung der Transporteinheit in der Operativzeit ab. Daher sind mit zunehmender Feldgröße der Beginn der Wartezeiten des Mähdreschers und die Erhöhung der Maschinenanzahl bei einer geringer werdenden Hof-Feld-Entfernung zu verzeichnen (Abb. 5.17).

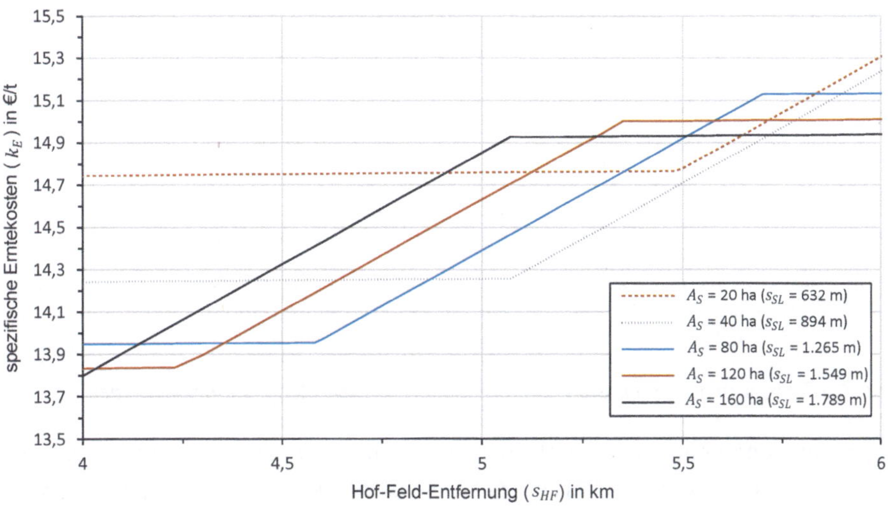

***Abb. 5.17**: Ausgewählte Detailansicht der spezifischen Erntekosten für eine Hof-Feld-Entfernung von 4 bis 6 km*

Durch die damit verbundene Verlagerung des steileren Anstiegs auf eine geringere Hof-Feld-Entfernung resultiert, dass mit einer höheren Feldgröße in den Übergangsbereichen nicht zwangsläufig die günstigeren spezifischen Erntekosten einhergehen. Bei einer konstanten Hof-Feld-Entfernung von 5 km werden, hinsichtlich der untersuchten Szenarien, die günstigsten spezifischen Erntekosten bei einer Schlaggröße von 40 ha erzielt, gefolgt von einer Feldgröße mit 80 ha, 120 ha, 20 ha, 160 ha, 10 ha und schlussendlich mit 5 ha.

5.1.3.3 Variation: Erntetage und Erntestunden

Die bisher untersuchten Kontextfaktoren beeinflussen in erster Linie die Massenleistungen des Erntekonzepts, woraus die geerntete Masse pro Tag resultiert. Im Hinblick auf die jährliche Erntemasse bzw. im Hinblick auf die Erntemasse im Laufe der Maschinennutzungsdauer fungieren die zur Verfügung stehenden Erntetage (n_{Ernted}) als Multiplikator für die tägliche Erntemasse (m_d), um schließlich die Massenreferenz für die angefallenen Erntekosten zu ermitteln. Daher wird als weiterer Kontextfaktor die zur Verfügung stehende Erntezeit in Form der jährlichen Erntetage (n_{Ertned}) und täglichen Erntestunden (t_{Ertned}) variiert (Abb. 5.18).

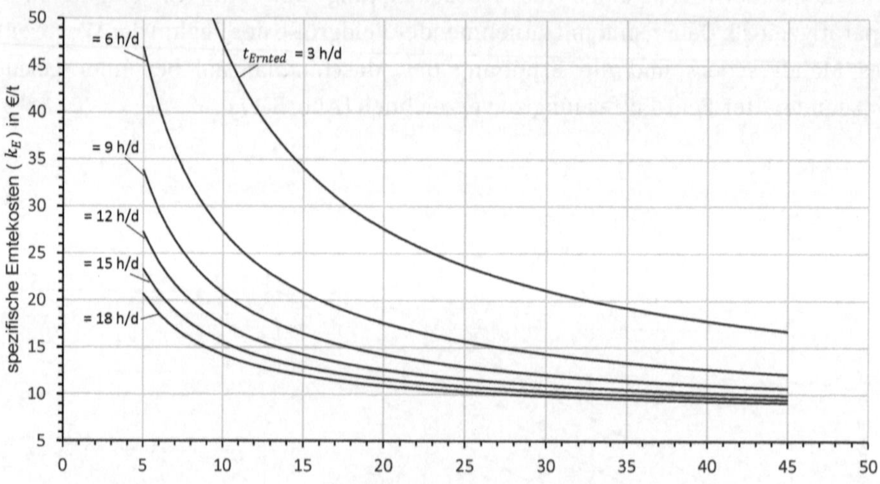

Abb. 5.18: *Spezifische Erntekosten in Abhängigkeit der Erntetage und Erntestunden*

Mit einer zunehmenden Anzahl an Erntetagen pro Jahr weisen die spezifischen Kosten einen regressiven Verlauf auf. Angesichts konstanter Erntetage pro Jahr sinken die spezifischen Erntekosten zunehmend flacher abfallend mit einer steigenden Anzahl an durchschnittlich zur Verfügung stehenden Erntestunden, da die Massenreferenz zunimmt. Im Vergleich zum Referenzkonzept (n_{Ertned} = 20 d/a; t_{Ertned} = 9 h/d) betragen die spezifischen Erntekosten bei einem täglichen Zeitfenster von 6 h/d (n_{Ertned} = 20 d/a) 17,582 €/t und bei einem Zeitfenster von 12 h/d (n_{Ertned} = 20 d/a) 12,595 €/t. Daraus resultieren, aufgrund der Auslastungsunterschiede, zum einen eine Erhöhung der spezifischen Kosten um 3,325 €/t bzw. 23,32 % und zum anderen eine Verringerung der spezifischen Erntekosten um 1,662 €/t bzw. 11,66 %.

5.1.4 Variation: Maschinenparameter

Neben der Variation unterschiedlicher Verfahrensmöglichkeiten, der Konfiguration des Maschinensystems und ausgewählter Kontextfaktoren, wird im Weiteren die Methode zur Analyse von Maschinenparametern angewandt. Dazu erfolgt eine Variation der (installierten) Massenleistung unter Berücksichtigung des Verlustniveaus, dem Anschaffungspreis des Mähdreschers und der Stundensätze der Transporteinheit sowie der Konstruktionsparameter (Abb. 5.19).

***Abb. 5.19:** Übersicht der Variation an Maschinenparametern*

5.1.4.1 Variation: Massenleistung Mähdrescher bei konstantem Verlustniveau

Zunächst werden die Auswirkungen der installierten Massenleistung des Mähdreschers auf die spezifischen Erntekosten untersucht. Dazu wird, im Sinne einer besseren Vergleichbarkeit, vorerst angenommen, dass eine Steigerung der installierten Massenleistung ($\dot{m}_{TOMD}$) kostenneutral realisiert werden kann und demnach der Anschaffungspreis des Mähdreschers durchgehend 683.980 € beträgt. Zudem bleibt der Verfahrensablauf und die weitere Parametrisierung des Mähdreschers (Bsp. Korntankvolumen, Übergabeleistung, Schneidwerksbreite, etc.) unverändert zum Referenzkonzept, um im Einzelnen die Auswirkungen besser hervorzuheben. Damit verbunden beträgt zunächst das Verlustniveau (θ) konstant 1 % und die Änderungen des Energiebedarfs werden wie zuvor in den spezifischen Erntekosten berücksichtigt. Dazu soll die Maschine den jeweils benötigten Leistungsbedarf zur Verfügung stellen. Die Veränderung des zugeführten Massenstroms kann durch eine Anpassung des Kornertrags, der Schneidwerksbreite und durch eine Anpassung der Fahrgeschwindigkeit erfolgen. In der vorliegenden Anwendung wird die Erntegeschwindigkeit angepasst, um eine Variation der Massenleistung herbeizuführen. Zur Ermittlung der günstigsten spezifischen Erntekosten (k_E) werden neben der installierten Massenleistung ($\dot{m}_{TOMD}$) die Anzahl der Transporteinheiten (n_{TE}) variiert (Abb. 5.20).

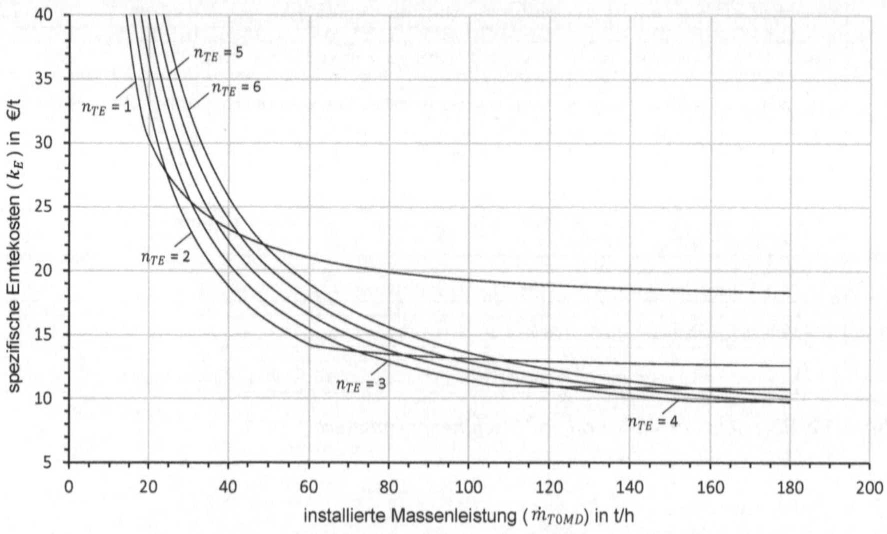

Abb. 5.20: *Spezifische Erntekosten in Abhängigkeit der installierten Massenleistung des Mähdreschers und der Anzahl an Transporteinheiten*

Mit einer zunehmenden installierten Massenleistung ($\dot{m}_{T0MD}$) gehen, aufgrund der erhöhten Leistungsfähigkeit der Prozesskette, sinkende spezifische Erntekosten einher. Der Effekt der Leistungssteigerung wirkt sich direkt auf die Ernteleistung der Prozesskette und der geernteten Masse aus, solange der Nutzungsgrad des Mähdreschers $\tau_{\dot{m}T025/T02MD}$ 100 % beträgt. Daher weisen die spezifischen Erntekosten zunächst einen starken regressiven Verlauf auf. Danach nehmen die spezifischen Erntekosten zunehmend flacher ab, da der Maschinentyp Transporteinheit das schwächste Glied in der Prozesskette darstellt und damit die Ernteeinheit Wartezeiten bzw. Verlustzeiten (T_{25MD}) aufweist. Die spezifischen Kosten sinken ab diesem Punkt weiter, da sich durch die Steigerung der Massenleistung die Dauer zur Befüllung bzw. die Dauer zur Ernte einer Transportmasse verkürzt. Bei einer konstanten installierten Durchsatzleistung und einer vollen Auslastung des Mähdreschers in der erweiterten Operativzeit (T_{025}) sind die Kostendifferenzen zwischen den zusätzlichen Transporteinheiten linear. Die Kostensteigerung gründet dabei auf der höheren Maschinenanzahl und der gleichbleibenden Prozesskettenleistung. Bei einer $\dot{m}_{T0MD}$ von 180 t/h werden im abgebildeten Szenario die günstigsten spezifischen Erntekosten mit fünf Transporteinheiten erzielt. Im Vergleich zum Referenzkonzept sinken bei einer Verdreifachung der installierten Massenleistung die spezifischen Erntekosten auf 9,733 €/t und damit um 31,13 %. Folglich weist das Aufwand-Nutzen-Verhältnis in Bezug auf die Maschinenleistung (Aufwand) und die Erntekosten (Nutzen) einen progressiven Verlauf auf.

Mit einer zusätzlichen Transporteinheit ($n_{TE} = 6$) gehen höhere spezifische Erntekosten einher. Mit dem Einsatz von fünf Transporteinheiten wird im untersuchten Bereich der installierten Massenleistung das wirtschaftlichste Szenario erzielt. Basierend auf der vorangegangenen Auswertung veranschaulicht Abb. 5.21 die durchgehend günstigsten Szenarien aus Abb. 5.20 in Abhängigkeit der Maschineanzahl (n_{TE}). Ergänzend wird zudem der Nutzungsgrad des Mähdreschers $\tau_{\dot{m}T025/T02MD}$ abgebildet.

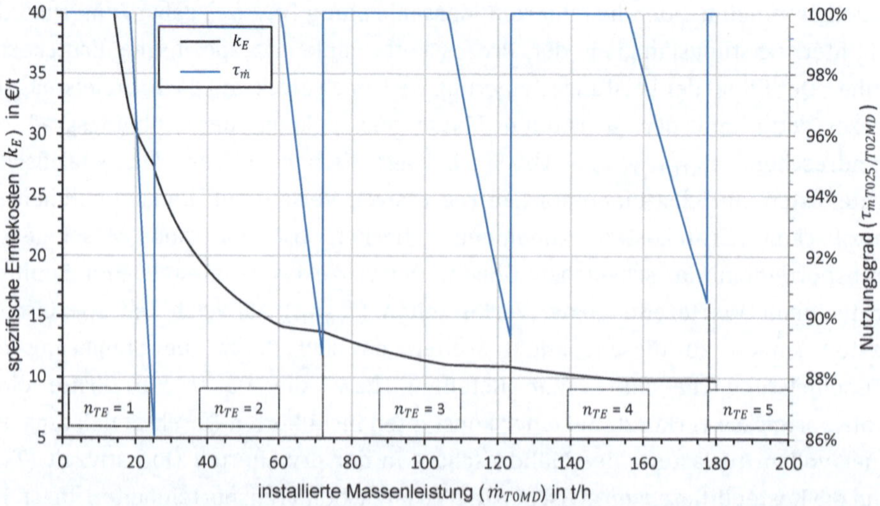

Abb. 5.21: *Optimum der spezifischen Erntekosten und Nutzungsgrad in Abhängigkeit der installierten Massenleistung und Anzahl der Transporteinheiten*

Mit einer steigenden installierten Massenleistung ($\dot{m}_{T0MD}$) werden die kostengünstigsten Szenarien durch die Anpassung der Anzahl an Transporteinheiten erzielt. Um das Optimum der spezifischen Erntekosten je Massenleistung zu erreichen, ist es nicht durchgehend erforderlich, dass der Nutzungsgrad des Mähdreschers $\tau_{\dot{m}T025/T02MD}$ 100 % beträgt. Trotz der anfallenden Verlustzeiten des Mähdreschers (T_{25MD}) sind die Erntekosten bis zu einem gewissen Punkt bzw. Nutzungsgrad günstiger, da die Mehrleistung infolge einer weiteren Transporteinheit die zusätzlichen Kosten für die weitere Maschine nicht kompensiert. Da die Kostendifferenz hinsichtlich einer weiteren Transporteinheit mit steigender installierter Massenleistung ($\dot{m}_{T0MD}$) abnimmt, reduziert sich die minimale Grenze des Nutzungsgrades $\tau_{\dot{m}T025/T02MD}$ mit der Zunahme der installierten Massenleistung. Im Rahmen der Analyse wird zudem ersichtlich, dass durch eine Erhöhung der installierten Massenleistung in den Bereichen des niedrigeren Nutzungsgrades $\tau_{\dot{m}T025/T02MD}$ der Effekt auf die spezifische Kostenabnahme abnimmt. So werden bspw. im Bereich von 106 t/h – 123 t/h durch eine Steigerung der installierten Durchsatzleistung ($\dot{m}_{T0MD}$) von 17 t/h 0,124 €/t eingespart.

5.1.4.2 Variation: Installierte Massenleistung bei variablem Verlustniveau

In der vorangegangenen Untersuchung wird unterstellt, dass das Verlustniveau (θ) trotz einer Steigerung der Massenleistung permanent 1 % beträgt. Da die spezifischen Erntekosten mit einer zunehmenden Prozesskettenleistung sinken, können Szenarien entstehen, in denen eine Mehrleistung wirtschaftlicher sein kann, auch wenn das Verlustniveau zunimmt und damit geringere Anforderungen an die funktionstechnische Entwicklung einhergehen. Aus diesem Grund wird nachfolgend die installierte Massenleistung ($\dot{m}_{T0MD}$) in Kombination mit dem Verlustniveau (θ) variiert. Abb. 5.22 veranschaulicht dazu die optimalen spezifischen Erntekosten (k_E) bei einer Erlösdifferenz (Δo) von 180 €/t. Die Anwendung und Auswertungen erfolgen unter den gleichen Rahmenbedingungen und in analoger Vorgehensweise zur vorangegangenen Analyse. Folglich wird die Anzahl der Transporteinheiten so angepasst, dass die günstigsten spezifischen Erntekosten je installierter Massenleistung und Verlustniveau resultieren.

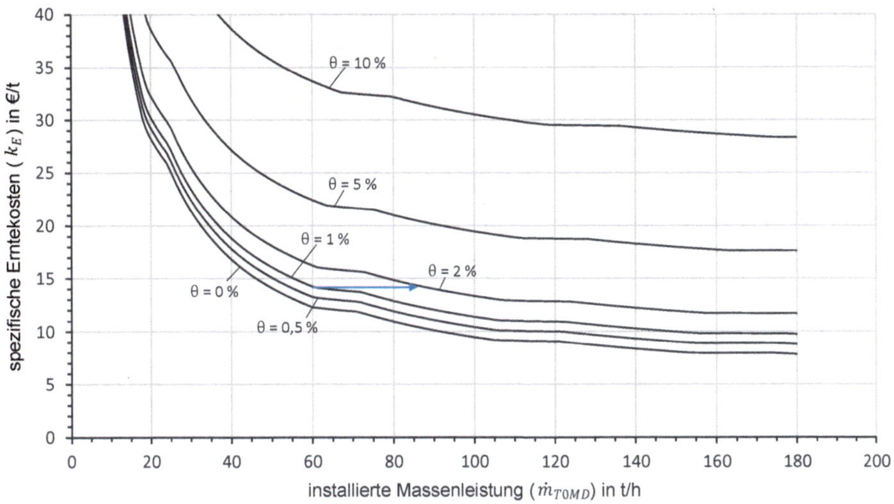

Abb. 5.22: *Optimum der spezifischen Erntekosten in Abhängigkeit der installierten Massenleistung und des Verlustniveaus*

Die Kurvenverläufe der zusätzlichen Verlustniveaus weisen die gleichen Charakteristika wie die optimalen spezifischen Erntekosten bei einem Verlustniveau von 1 % auf (vgl. Abb. 5.21). Durch einen steigenden Kornverlust reduziert sich die Durchsatzleistung des Mähdreschers in der Grundzeit ($\dot{m}_{T1MD}$). Dies hat zur Folge, dass in den vergleichbaren Bereichen eine zusätzliche Transporteinheit (erst) bei einer höheren installierten Durchsatzleistung erforderlich ist.

Im Hinblick auf die Ermittlung kostengünstigerer Erntekonzepte, trotz eines höheren Verlustniveaus, gilt, dass durch eine gesteigerte Prozesskettenleistung, infolge einer höheren installierten Massenleistung, die entgangenen Einnahmen durch die Kornverluste kompensiert werden müssen. Demzufolge ist die horizontale Differenz zwischen den Kurvenverläufen ausschlaggebend. Somit muss mindestens eine Steigerung um die Differenz der installierten Massenleistung bei konstanten spezifischen Erntekosten erfolgen, um ein wirtschaftlicheres Erntekonzept abzubilden. Je geringer die Durchsatzdifferenz zwischen den unterschiedlichen Verlustniveaus, desto weniger Aufwand muss in die Entwicklung der Funktionstechnik investiert werden. Aufgrund der tendenziell flacher abfallenden Kurvenverläufe steigt der Entwicklungsaufwand bei höheren installierten Massenleistungen. Bei einem Verlustniveau von 2 % muss bspw. im Vergleich zum Referenzkonzept die installierte Massenleistung mindestens 86,9 t/h betragen und damit 26,9 t/h mehr, um ein gleichwertig wirtschaftliches Erntekonzept abzubilden (vgl. Abb. 5.22 – blauer Pfeil).

Angesichts einer konstanten installierten Massenleistung von 60 t/h (vgl. Abb. 5.22) zeigt Abb. 5.23 die spezifischen Ernte- (k_E) und Opportunitätskosten (k_O) sowie weitere ausgewählte Kennzahlen der Prozesskette in Abhängigkeit des Verlustniveaus (θ) (Δo = 180 €/t).

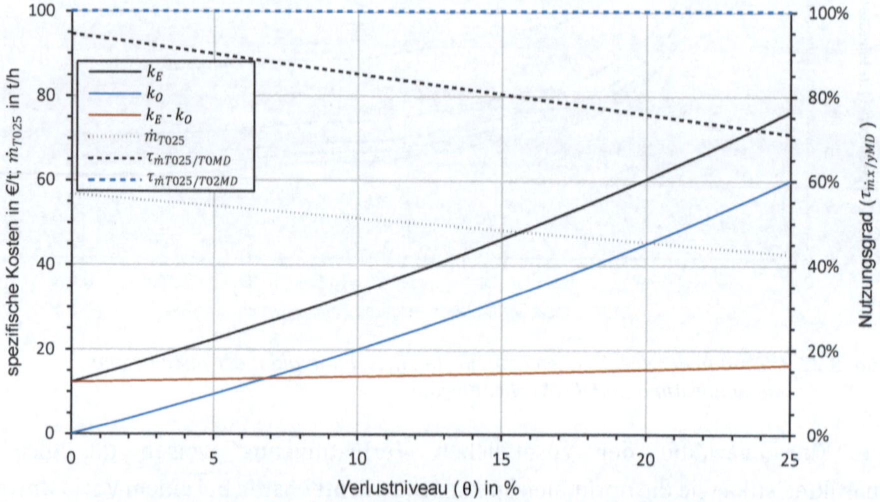

Abb. 5.23: *Spezifische Ernte- und Opportunitätskosten sowie ausgewählte Kennzahlen in Abhängigkeit des Verlustniveaus*

Im abgebildeten Szenario werden die günstigsten spezifischen Erntekosten mit einem durchgehenden Einsatz von zwei Transporteinheiten erzielt, wobei der Mähdrescher einen gleichbleibenden Nutzungsgrad ($\tau_{\dot{m}T025/T02MD}$) von 100 % aufweist. Durch das steigende Verlustniveau sinkt die Massenleistung des Mähdreschers in der Grundzeit ($\dot{m}_{T1MD}$). Dies hat zur Folge, dass sowohl der Nutzungsgrad $\tau_{\dot{m}T025/T0MD}$ als auch die Massenleistung der Prozesskette in der erweiterten Operativzeit ($\dot{m}_{T025}$) sinken. Aufgrund der damit verbundenen

Verminderung des verwertbaren Korns steigen die spezifischen Erntekosten zum einen aufgrund der geringeren Referenzmasse und zum anderen aufgrund der zunehmenden entgangenen Einnahmen. Die Opportunitätskosten steigen zunehmend steiler an, was sich in dem Verlauf der spezifischen Erntekosten widerspiegelt. Die übrigen spezifischen Kostenarten steigen hingegen nur leicht an. Über das Spektrum des abgebildeten Verlustniveaus steigen die übrigen Kosten um 4,093 €/t. Ab einem Verlustniveau von 6,8 % tragen die Opportunitätskosten zu mehr als 50 % der spezifischen gesamten Erntekosten bei. Unter Zugrundelegung der maximalen Erntekosten werden hierbei 78,53 % durch die Opportunitätskosten eingenommen.

5.1.4.3 Variation: Installierte Massenleistung mit Verlustkennlinie und variablem Erlös des Ernteguts

In den zuvor durchgeführten Anwendungen wird ein stetiges und unabhängiges Verlustniveau in Bezug auf installierte Massenleistung vorausgesetzt. Mit Hilfe einer Verlustkennlinie wird im Folgenden das Verlustniveau in Abhängigkeit der installierten Massenleistung verändert. Abb. 5.24 veranschaulicht die optimalen spezifischen Erntekosten (k_E) in Abhängigkeit der installierten Massenleistung ($\dot{m}_{TOMD}$) sowie die dazugehörige Verlustkennlinie bzw. das Verlustniveau (θ) (Δo = 180 €/t). Zur Ermittlung der optimalen spezifischen Erntekosten wird, wie zuvor, die Anzahl der Transporteinheiten mit steigender installierter Massenleistung entsprechend dem günstigsten Szenario angepasst.

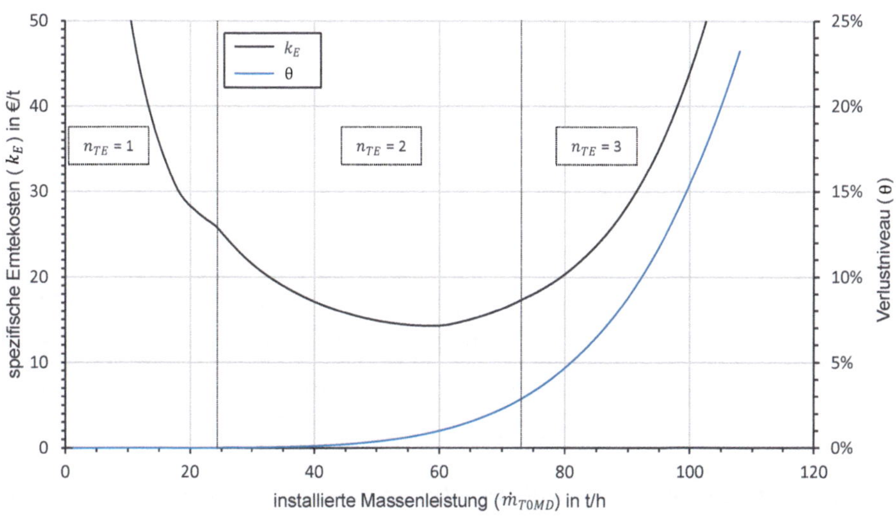

Abb. 5.24: *Optimum der spezifischen Erntekosten und Verlustniveau in Abhängigkeit der installierten Massenleistung*

Die Verlustkennlinie verdeutlicht, dass das Verlustniveau bei der Ausschöpfung der installierten Massenleistung exponentiell ansteigt. Mit einer Zunahme der installierten Massenleistung sinken zunächst die spezifischen Erntekosten, da die damit verbundenen Einsparungen durch die höhere Prozesskettenleistung im Vergleich zu den entgangenen Einnahmen überwiegen. Das Minimum wird bei einer installierten Massenleistung von 58,68 t/h und dem damit einhergehenden Verlustniveau von 0,89 % erzielt, was der guten fachlichen Praxis entspricht. Die minimalen spezifischen Erntekosten betragen an dieser Stelle 14,239 €/t. Danach steigen die spezifischen Erntekosten, aufgrund des exponentiellen Verlaufs der Verlustkennlinie, zunehmend steiler an. Das Verlustniveau bei 60 t/h beträgt 1 %, sodass sich die spezifischen Erntekosten auf 14,257 €/t belaufen.

Durch den steigenden Kornverlust nehmen die spezifischen Opportunitätskosten zu. Zur Berechnung der entgangenen Einnahmen (vgl. Gl. 4.53) werden zum einen die Ernteverluste durch die Verlustmasse ($m_{Verlust}$) berücksichtigt und zum anderen die spezifische Erlösdifferenz (Δo = 180 €/t) zwischen dem bestimmungsgemäß verwertbaren und eingeschränkt bzw. nicht verwertbaren Erntegut herangezogen. Da mit dem Verlustkorn keine Erlöse erzielt werden, stellt der Verkaufspreis des Ernteguts die spezifische Erlösdifferenz dar. Daher wird im Weiteren die Sensitivität des Erlöses auf die optimalen spezifischen Erntekosten in Abhängigkeit der installierten Massenleistung analysiert (Abb. 5.25).

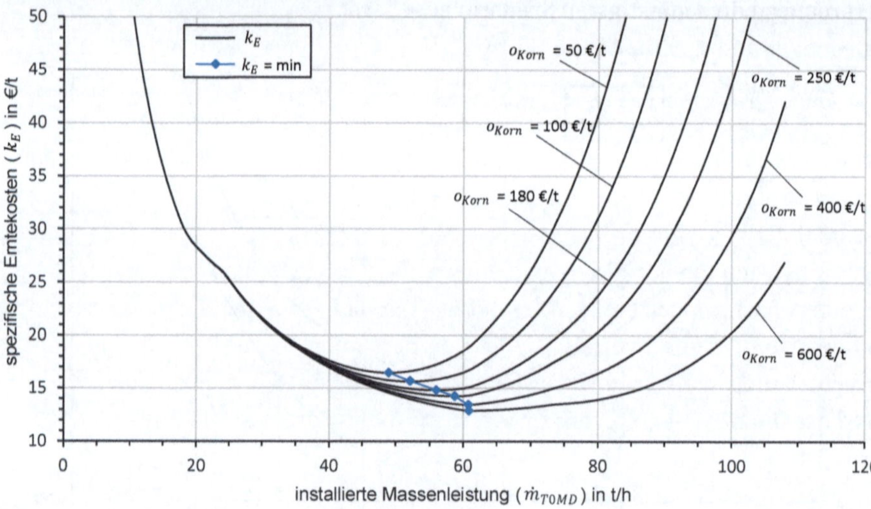

***Abb. 5.25**: Spezifische Erntekosten in Abhängigkeit der installierten Massenleistung und dem Erlös des Ernteguts*

Im Rahmen der Analyse wird der Erlös des Ernteguts Korn (o_{Korn} bzw. Δo) von 50 - 600 €/t bis zu einer installierten Massenleistung von 108 t/h variiert. Aufgrund der geringen Verluste im unteren Bereich der Durchsatzleistung wird ersichtlich, dass die Variation der Erlöse die spezifischen Erntekosten nur in geringem Maße beeinflusst. Mit einer zunehmend installierten Massenleistung bzw. zunehmenden Kornverlusten nehmen die spezifischen Erntekosten mit steigenden Erlösen bei einer konstanten installierten Massenleistung ($\dot{m}_{TOMD}$) zu. Daher weisen die Verläufe mit einer steigenden installierten Massenleistung eine tendenziell progressivere Charakteristik auf. Aufgrund der steigenden Auswirkungen werden die minimalen spezifischen Erntekosten mit steigenden Erlösen bei geringeren installierten Massenleistungen erzielt. Für die abgebildeten sechs Erlösstufen (o_{Korn}) veranschaulicht Abb. 5.26 die spezifischen Erntekosten (k_E) mit dem dazugehörigen Verlustniveau (θ) der jeweiligen Kostenminima im Detail.

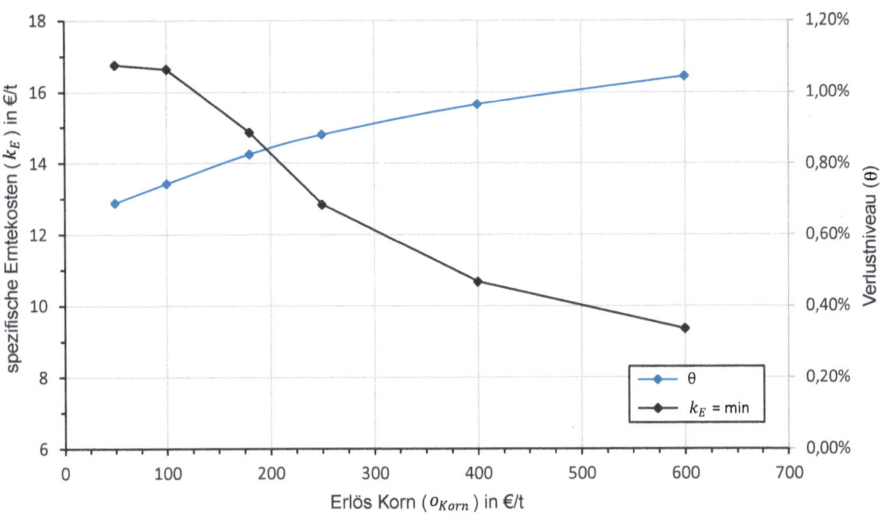

Abb. 5.26: *Minimum der spezifischen Erntekosten je Verlustniveau in Abhängigkeit des Erlöses*

Mit einem höheren Erlös für das Erntegut weisen die minimalen spezifischen Erntekosten einen degressiven Verlauf auf. Dabei werden die minimalen spezifischen Kosten mit einem durchgängigen Einsatz von zwei Transporteinheiten realisiert. Durch eine zwölffache Erhöhung des Erlöses steigen die minimalen spezifischen Erntekosten um 3,556 €/t bzw. um 27,62 %. Angesichts der Kurvencharakteristik des Kornverlusts, ist der Verlauf des Verlustniveaus zunächst steiler und dann flacher abfallend. Der Kurvenlauf bzw. der Wendepunkt resultiert aus einem zunehmend flacher abfallenden Verhältnis der Opportunitätskosten zu den Erntekosten. In Folge der Varianz reduziert sich das Verlustniveau absolut um

0,74 % bzw. relativ um 68,76 %. Als Resultat der Analyse ist festzuhalten, dass, unter den genannten Rahmenbedingungen, bei höheren Erlösen des Ernteguts eine geringe Massenleistung zu einem wirtschaftlicheren Ernteverfahren führt.

5.1.4.4 Variation: Anschaffungspreis des Mähdreschers, Stundensatz der Transporteinheit und jährliche Erntezeit

Wie aus Tab. 5.1 hervorgeht, bilden die Kostenarten, welche auf dem Anschaffungspreis gründen (Abschreibung, Kapitalkosten und Reparaturkosten) mit 47,6 % den signifikantesten Anteil an den gesamten Erntekosten. Daher werden im folgenden Unterkapitel die Auswirkungen des Anschaffungspreises (AP_{MD}) in Bezug auf den Mähdrescher sowie der Stundensatz der Fremdmechanisierung (KS_{TE}) hinsichtlich der Transporteinheiten, auf Basis des Referenzkonzepts, untersucht. Zunächst werden die anfallenden spezifischen Kosten in Bezug auf die Ernteeinheit (k_{EMD}) in Abhängigkeit des Anschaffungspreises (AP_{MD}) dargestellt (Abb. 5.27). Zur Ermittlung der spezifischen Erntekosten sind zudem die jährliche Auslastung bzw. die daraus resultierende jährliche Erntemenge eine wesentliche Einflussgröße. Aus diesem Grund werden zudem die jährlichen Erntetage (n_{Ernted}) (t_{Ernted} = 9 h/d) variiert, um den Effekt eines variablen Anschaffungspreises deutlicher herauszustellen.

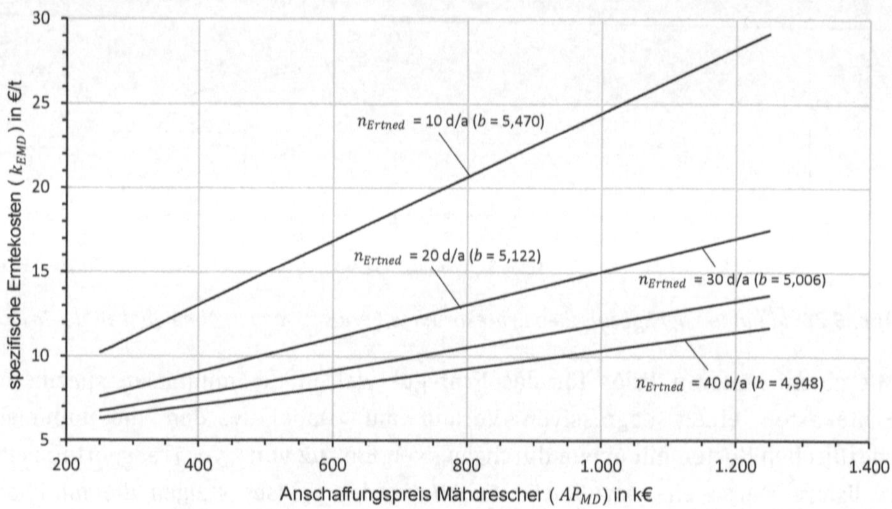

***Abb. 5.27**: Spezifische Erntekosten des Mähdreschers in Abhängigkeit des Anschaffungspreises und der jährlichen Erntetage*

Im Rahmen der Anwendung wird der Anschaffungspreis von 250.000 € - 1.250.000 € variiert. Durch den Anstieg des Anschaffungspreises nehmen die spezifischen Erntekosten des Mähdreschers (k_{EMD}) linear zu. Die

Zunahme resultiert aus einem Anstieg der Abschreibung (K_A), der Kapitalkosten (K_K) sowie der Reparaturkosten (K_R), da diese Kostenarten durch den Anschaffungspreis beeinflusst werden. Demgegenüber sind die weiteren Kostenarten (K_W; K_P; K_H; K_O; K_V; K_U; K_S; K_B) unabhängig von den Anschaffungskosten der Erntemaschine. Folglich ist die Summe dieser Kostenarten hinsichtlich des Anschaffungspreises konstant und bildet die Grundlage für den y-Achsenabschnitt (b) der Geradengleichung. Bedingt durch eine Erhöhung des Anschaffungspreises (AP_{MD}) um 1.000.000 € (250.000 - 1.250.000 €) stiegen die spezifischen Kosten um 9,918 €/t bzw. um 130,47 % bei 20 d/a. Mit einer Zunahme der jährlichen Erntetage ändert sich jedoch die Steigung der Kostenfunktionen regressiv, infolge einer höheren geernteten Referenzmasse, sodass die Anschaffungskosten einen geringeren Einfluss auf die Änderung der spezifischen Erntekosten aufweisen.

Im Weiteren wird die vorangegangene Auswertung um variierende Stundensätze der Fremdmechanisierung (KS_{TE}) in Bezug auf die Transporteinheiten ergänzt. Ausgehend von einem Stundensatz von 60 €/h je Transporteinheit, veranschaulicht Abb. 5.28 die Auswirkungen des Stundensatzes (KS_{TE}) und der jährlichen Erntetage (n_{Ernted}) sowie dem Anschaffungspreis auf die spezifischen Erntekosten (k_E).

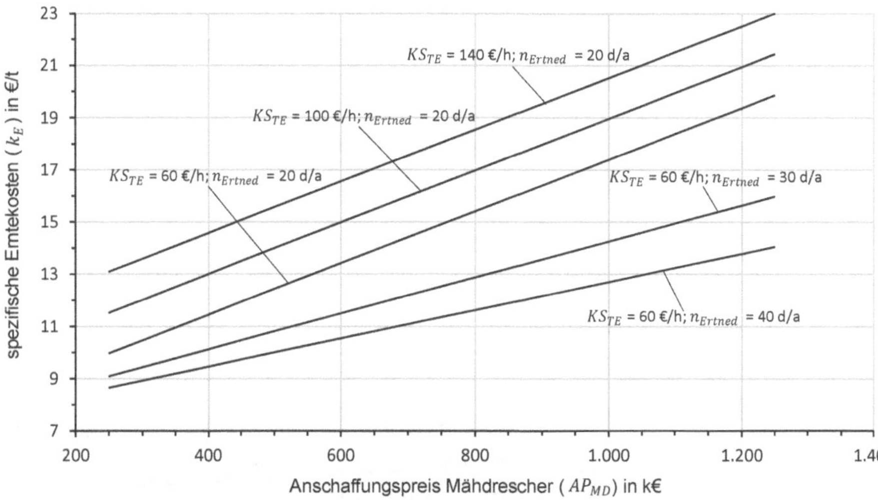

Abb. 5.28: *Spezifische Erntekosten in Abhängigkeit des Anschaffungspreises und der Stundensätze bei divergierenden jährlichen Erntetagen*

Da die spezifischen Erntekosten der Transporteinheit (k_{ETE}) unabhängig vom Anschaffungspreis der Ernteeinheiten sind, steigen die spezifischen Erntekosten linear. Der Verlauf gründet auf der linearen Zunahme der spezifischen Erntekosten des Mähdreschers (k_{EMD}). Bei einer konstanten jährlichen Erntezeit nehmen die spezifischen Erntekosten mit einem steigenden Stundensatz der Transporteinheiten (KS_{TE}) linear zu. Auf Basis des Referenzkonzepts divergieren die spezifischen Erntekosten bzw. die spezifischen Erntekosten für die Transporteinheiten (k_{ETE}) bei einer Veränderung des Stundensatzes von 1 €/h um 0,039 €/t. Durch die Erhöhung der zur Verfügung stehenden Erntezeit weisen die Erntekosten bei konstantem Anschaffungspreis aufgrund der geringen Referenzmasse einen regressiven Verlauf auf. Weil die Erntekosten der Transporteinheit unabhängig vom Anschaffungspreis des Mähdreschers sind, erfolgt die Änderung der Steigung unabhängig vom Stundensatz der Transporteinheit.

5.1.4.5 Variation: Anschaffungspreis und installierte Massenleistung des Mähdreschers

Neben dem reinen Anschaffungspreis (AP_{MD}) werden nachfolgend die Auswirkungen auf die spezifischen Erntekosten in Kombination mit einer variablen installierten Massenleistung ($\dot{m}_{TOMD}$) untersucht. Mit Hilfe der Auswertung wird, unter den genannten Rahmenbedingungen, die Sensitivität zwischen der installierten Massenleistung und dem Anschaffungspreis, vor allem im Hinblick auf konstante spezifische Erntekosten, aufgezeigt. Abb. 5.29 verdeutlicht dazu zunächst die spezifischen Erntekosten der Ernteeinheit (k_{EMD}) in Abhängigkeit der installierten Massenleistung ($\dot{m}_{TOMD}$) und des Anschaffungspreises (AP_{MD}).

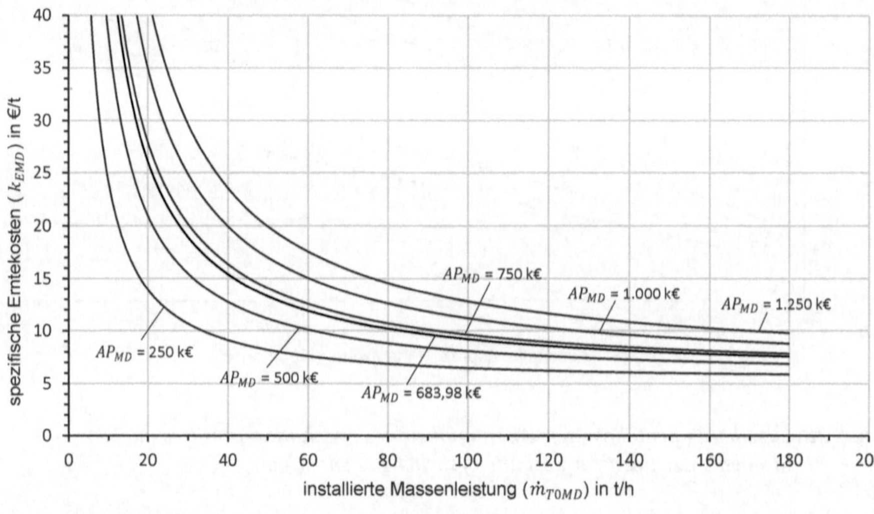

Abb. 5.29: *Spezifische Erntekosten des Mähdreschers in Abhängigkeit der installierten Massenleistung und des Anschaffungspreises*

Die gezeigten spezifischen Erntekosten (k_{EMD}) resultieren unter der Voraussetzung, dass der Mähdrescher die Massenleistung in der Operativzeit ($\dot{m}_{T02MD} = \dot{m}_{T025}$) voll ausschöpft und damit keine Wartezeiten aufweist. Mit zunehmender Durchsatzleistung weisen die spezifischen Kosten einen regressiven Verlauf auf. Im Hinblick auf eine konstante Massenleistung stehen die spezifischen Erntekosten in einem linearen Zusammenhang zum Anschaffungspreis, wobei die Steigung mit zunehmender Massenleistung abnimmt, da sich der Einfluss des Anschaffungspreises auf die spezifischen Erntekosten der Ernteeinheit verringert. Angesichts konstanter spezifischer Erntekosten müssen höhere Anschaffungspreise hingegen durch eine gesteigerte Durchsatzleistung egalisiert werden. Aufgrund der tendenziell flacher abfallenden Kurvenverläufe steigt mit zunehmender installierter Massenleistung, die Differenz der notwendigen installierten Massenleistung und damit der relative Entwicklungs- bzw. Installationsaufwand (Aufwand-Nutzen-Verhältnis ist progressiv), um eine wirtschaftliche neutrale Vergleichbarkeit zu erzielen. Folglich ist eine erntekosten-neutrale Steigerung der installierten Massenleistung bei einem geringen absoluten Niveau der installierten Massenleistung mit weniger Aufwand als in einem höheren Leistungssegment zu erzielen. Ergänzend dazu verdeutlicht Abb. 5.30 die charakteristischen Kurvenverläufe der installierten Massenleistung ($\dot{m}_{T0MD}$) in Abhängigkeit des Anschaffungspreises bei konstanten Erntekosten (k_{EMD}).

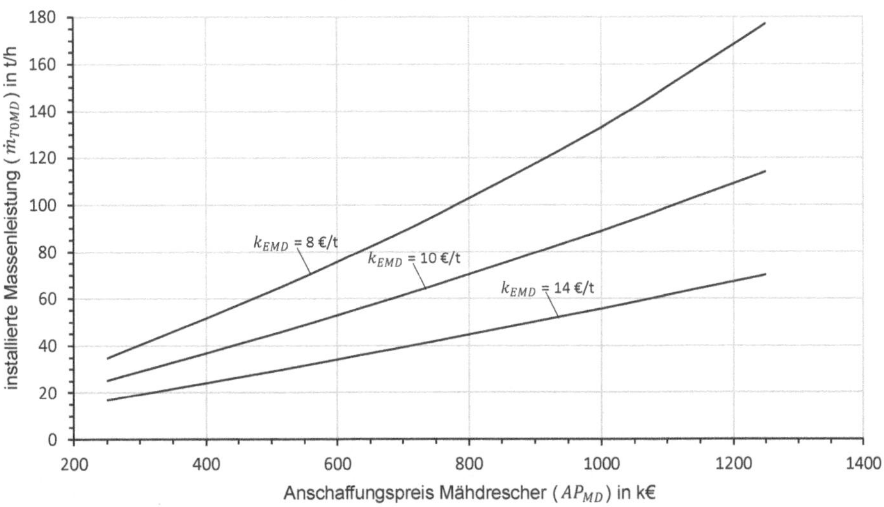

***Abb. 5.30**: Installierte Massenleistung in Abhängigkeit des Anschaffungspreises bei konstanten spezifischen Erntekosten*

Die Funktion der installierten Massenleistung weist in Abhängigkeit des Anschaffungspreises einen zunehmend steileren Verlauf auf, wobei die Sensitivität hinsichtlich des Anstiegs mit einem höheren Leistungsniveau bzw. mit einem geringeren Erntekostenniveau zunimmt. Zudem wird ersichtlich, dass das Kosten-Nutzen-Verhältnis in Bezug auf eine Steigerung der Durchsatzleistung bei einem geringeren Durchsatzniveau (vgl. k_{EMD} = 14 €/t; $\dot{m}_{T0}$ = 17 - 70 t/h) ausgeglichener ist, als bei höheren Niveaus (vgl. k_{EMD} = 8 €/t; $\dot{m}_{T0}$ = 35 - 177 t/h). Zur Kompensation eines höheren Anschaffungspreises von 500.000 € auf 750.000 € bzw. um eine Erhöhung von 50 % muss eine Steigerung der installierten Massenleistung von 51,34 % bzw. 32,4 t/h bei 8 €/t, 47,53 % bzw. 21,2 t/h bei 10 €/t und 44,98 % bzw. 13,0 t/h bei 14 €/t erfolgen. Im Hinblick auf einen konstanten Anschaffungspreis ist die installierte Massenleistung zunehmender flacher abfallend, wobei der Verlauf mit geringerem Anschaffungspreis weniger stark abfällt.

5.1.4.6 Variation: Schneidwerksbreite

Im nachfolgenden Unterkapitel wird exemplarisch für die Konstruktionsparameter die Schneidwerksbreite variiert. Unter Berücksichtigung einer konstanten installierten Durchsatzleistung ($\dot{m}_{TOMD}$) von 60 t/h wird die Fahrgeschwindigkeit der Erntemaschine (v_{Ernte}) an die Schneidwerksbreite angepasst. Im gezeigten Szenario wird die Schneidwerksbreite von 3 – 21 m variieren, woraus Erntegeschwindigkeiten von 2,58 – 20 km/h resultieren. Neben den spezifischen Erntekosten (k_E) werden zudem ausgewählte Nutzungsgrade analysiert sowie der Einfluss der Schneidwerksbreite (s_{AB}) auf den prozentualen spezifischen Energiebedarf (w_{mMD}) aufgezeigt (Abb. 5.31).

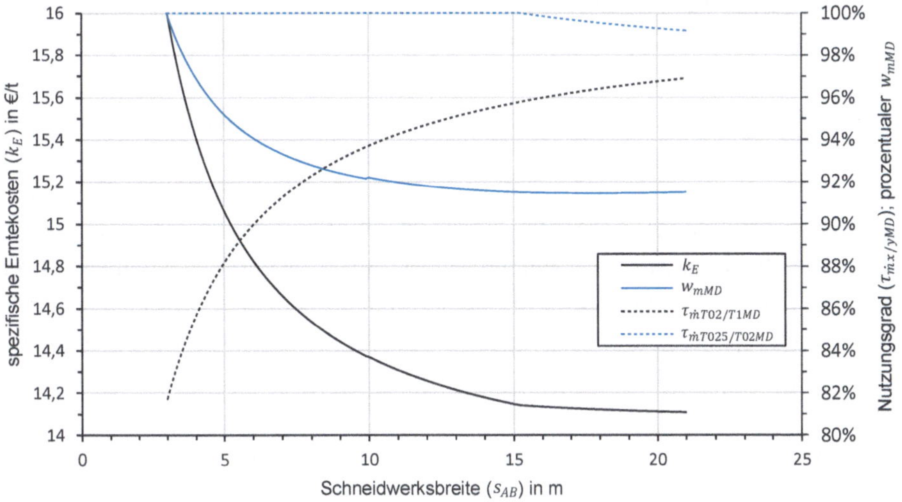

Abb. 5.31: *Spezifische Erntekosten, Nutzungsgrad und prozentualer spezifischer Energiebedarf in Abhängigkeit der Schneidwerksbreite*

Mit zunehmender Schneidwerksbreite verbessert sich der Nutzungsgrad $\tau_{\dot{m}T02/T1MD}$, da weniger Wendungen je geernteter Masse erforderlich sind. Daraus resultiert, dass die Massenleistung des Mähdreschers steigt und somit die spezifischen Erntekosten sinken. Bei einer Schneidwerksbreite von 15,2 m übersteigt die Massenleistung des Mähdreschers in der Operativzeit ($\dot{m}_{T02MD}$) die Massenleistung der Transporteinheiten ($\dot{m}_{T02TE}$). Daher sinkt ab der genannten Schneidwerksbreite der Nutzungsgrad $\tau_{\dot{m}T02/T1MD}$ und der Mähdrescher weist Wartezeiten auf. Trotz der auftretenden Wartezeiten erhöht sich die Prozesskettenleistung auf einem geringeren Niveau weiter, da sich durch die Steigerung der Massenleistung in der Operativzeit die Zyklen der Transporteinheiten (T_{02TE}) verkürzen. Die Reduktion der Zykluszeit basiert auf einer Verkürzung der Befülldauer. Im gezeigten Anwendungsfall bildet eine Schneidwerksbreite von 15,2 m im Hinblick auf das Aufwand-Nutzen-Verhältnis, aufgrund des flacher abfallenden Kostenverlaufs, das Optimum.

Mit der Variation der Schneidwerksbreite geht eine Änderung des Gewichts und der Antriebsleistung für das Schneidwerk einher. Zudem muss mit steigender Schneidwerksbreite eine angepasste Länge des Abtankrohrs berücksichtigt werden, womit eine Änderung des Leistungsbedarfs für den Übergabevorgang einhergeht. Die Länge des Abtankrohrs steigt linear mit der Schneidwerksbreite. Die Länge des Abtankrohrs entspricht dazu der Hälfte der Schneidwerksbreite. Weiterhin wirkt sich das erhöhte Gewicht negativ auf den Leistungsbedarf aus. Jedoch wird dieser durch die sinkende Fahrgeschwindigkeit überkompensiert, sodass der

Energiebedarf des Fahrantriebs mit zunehmender Schneidwerksbreite sinkt. Eine weitere Reduktion des spezifischen Energiebedarfs ist in der Funktionstechnik zu verzeichnen. Da die Massenleistung in der Grundzeit konstant bleibt, ist der Leistungsbedarf in der Grundzeit ebenfalls konstant. Durch den verringerten Anteil an Hilfszeiten, aufgrund weniger Wendungen, reduziert sich der Zeitanteil, in dem sich die Komponenten im Leerlauf befinden, sodass sich der spezifische Energiebedarf in Anlehnung an den verbesserten Nutzungsgrad $\tau_{\dot{m}T02/T1MD}$ ebenfalls verbessert. Da der Anstieg des Nutzungsgrades mit steigender Schneidwerksbreite abnimmt, sich jedoch das Abtankrohr linear mit der Schneidwerksbreite verlängert, steigt dessen spezifischer Energiebedarf und überkompensiert die zunehmenden Einsparungen. Folglich steigt der spezifische Energiebedarf ab einer Schneidwerksbreite von 17,8 m wieder leicht an. Das zugrunde liegende Gewicht des Schneidwerkes ($m_{Schneidwerk}$), in Abhängigkeit der Breite (s_{AB}), wird auf Basis von Datenblattangaben [Claas 2022] ermittelt und extrapoliert (Abb. 5.32).

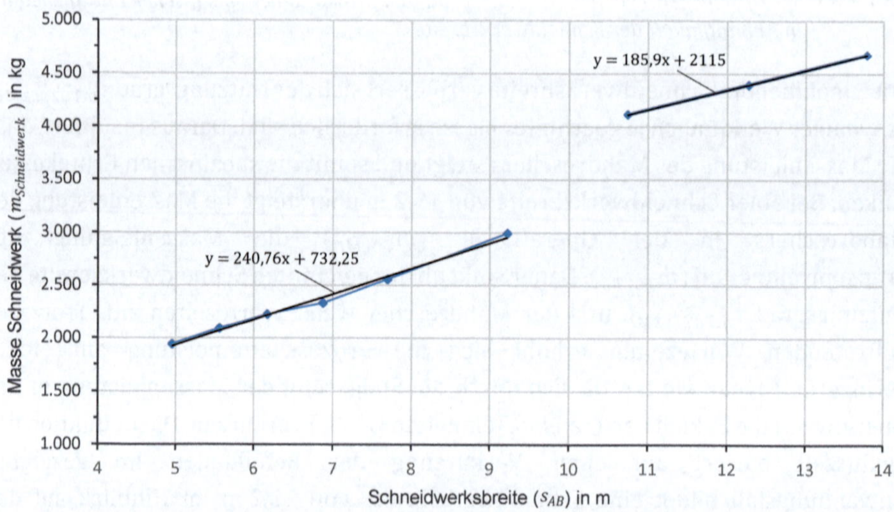

***Abb. 5.32**: Gewicht der Schneidwerke in Abhängigkeit der Breite (Datengrundlagen [Claas 2022])*

Die Datenblattangaben weisen einen linearen Zusammenhang zwischen Schneidwerksbreite und Gewicht auf. Im Rahmen der Modellbildung wird dabei zwischen Schneidwerksbreiten von kleiner und größer-gleich 10 m differenziert. Aufgrund des sprunghaften Gewichtsanstiegs im Übergangsbereich ist ein analoger Anstieg im Verlauf des prozentualen Energiebedarfs (vgl. Abb. 5.31) zu verzeichnen.

5.1.4.7 Variation: Korntankvolumen und Ort der Stoffstromübergabe

In der weiteren Anwendung der Methode werden im Hinblick auf die Konstruktionsparameter sowohl das Korntankvolumen (V_{KT}) als auch der Ort der Stoffstromübergabe und deren Auswirkungen auf das System analysiert.

Ausgehend vom Referenzkonzept wird zunächst das Korntankvolumen in einem Bereich von 1.000 - 30.000 l variiert. Im ersten Szenario geht die Korntankentleerung am Feldrand vonstatten, sodass das Referenzkonzept hinsichtlich der Stoffstromübergabe modifiziert wird. In der Modellbildung beträgt die durchschnittlich zurückgelegte Distanz zum Feldrand die Hälfte der Schlaglänge. Diese Distanz wird sowohl mit vollem als auch mit leerem Korntank je Zyklus zurücklegt (zurückgelegte Strecke für Hin- und Rückfahrt eines Umlaufs beträgt die volle Schlaglänge). Abb. 5.33 visualisiert dazu den Verlauf der spezifischen Erntekosten (k_E), der Massenleistungen in der Operativzeit ($\dot{m}_{T02MD}$; $\dot{m}_{T02TE}$) sowie in der erweiterten Operativzeit ($\dot{m}_{T025}$).

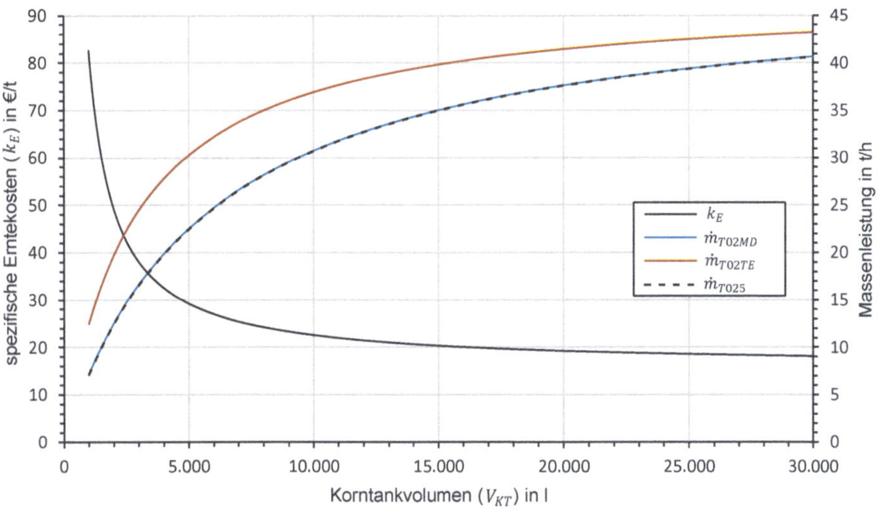

Abb. 5.33: *Spezifische Erntekosten und Massenleistungen in Abhängigkeit des Korntankvolumens - Korntankentleerung am Feldrand*

Im abgebildeten Szenario weist die Massenleistung der Erntemaschine in der Operativzeit ($\dot{m}_{T02MD}$) mit steigendem Korntankvolumen einen zunehmend flacher ansteigenden Verlauf auf. Die Erhöhung des Korntankvolumens trägt dazu bei, dass sich Fahrzeiten zum Feldrand (zur Korntankentleerung) je geernteter Masse verringern. Dies hat zur Folge, dass sich die Umlaufzeit (T_{02MD}) in Bezug auf die Erntemasse verkürzt und die Massenleistung der Erntemaschine in der Operativzeit steigt. Durch die erhöhte Massenleistung der Erntemaschine ($\dot{m}_{T02MD}$) wird die

Umlaufzeit der Transporteinheit beeinflusst. Aufgrund der höheren Massenleistung der Ernteeinheit ($\dot{m}_{T02MD}$) wird die Befülldauer der Transporteinheit reduziert, wodurch sich die Massenleistung der Transporteinheit ($\dot{m}_{T02TE}$) ebenfalls zunehmend flacher ansteigend entwickelt. Im gezeigten Anwendungsfall weist der Mähdrescher eine geringe Massenleistung in der Operativzeit auf. Dies hat zur Folge, dass die Erntemaschine die Massenleistung in der erweiterten Operativzeit ($\dot{m}_{T025}$) determiniert. Einhergehend mit der Steigerung der Massenleistung sinken die spezifischen Erntekosten. Bei einem Korntankvolumen von 12.500 l betragen die spezifischen Erntekosten 21,177 €/t, wohingegen die spezifischen Erntekosten bei 25.000 l einen Wert von 18,513 €/t aufweisen. Auf Basis des Referenzkonzepts (k_E = 21,177 €/t; V_{KT} = 12.500 l; Korntankentleerung am Feldrand)) reduzieren sich demzufolge die Kosten um 2,664 €/t bzw. 12,58 % bei einer Verdopplung des Korntankvolumens.

Unter den gleichen Rahmenbedingungen, wie im vorangegangenen Szenario, wird nachfolgend der Ort der Stoffstromübergabe geändert und der Einfluss auf das System aufgezeigt. Die nachfolgende Auswertung gründet auf dem Referenzkonzept (n_{MD} = 1; n_{TE} = 2). Demnach findet die Stoffstromübergabe während der Fahrt bzw. während des Erntevorgangs statt (vgl. Abb. 4.16 - charakteristischer Maschinenzustand 3 - Ernten & Entladen). Abb. 5.34 verdeutlicht dazu die Massenleistungen ($\dot{m}_{T02MD}$; $\dot{m}_{T02TE}$; $\dot{m}_{T025}$) und die spezifischen Erntekosten (k_E) in Abhängigkeit des Korntankvolumens (V_{KT}).

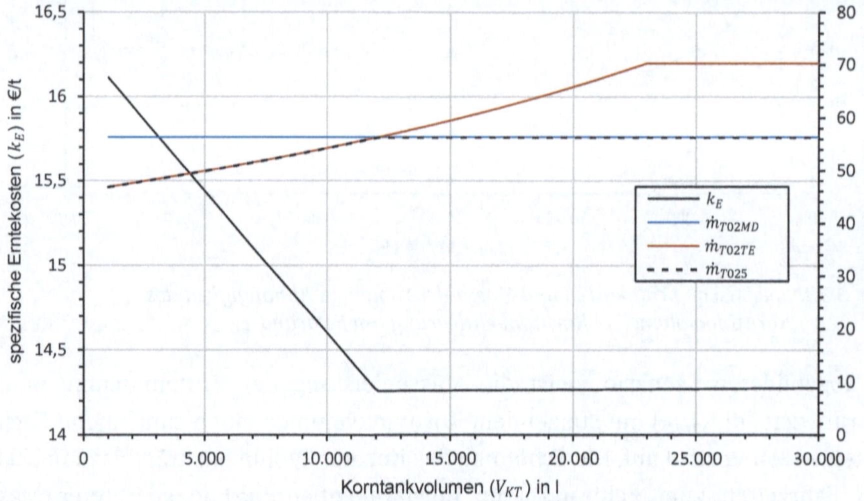

Abb. 5.34: *Spezifische Erntekosten und Massenleistungen in Abhängigkeit des Korntankvolumens - Korntankentleerung während der Fahrt*

Durch das zunehmende Korntankvolumen verringern sich die spezifischen Erntekosten annähernd linear. Für das hier abgebildete Szenario ergibt sich das Optimum bei einem Korntankvolumen von 12.100 l. Die optimalen spezifischen Erntekosten betragen dabei 14,25709 €/t (bei 12.500 l = 14,25744 €/t). Die spezifischen Erntekosten steigen nach dem Optimum wieder leicht an, da der spezifische Energiebedarf je Tonne steigt. Aufgrund der linearen Steigerung des Maschinengewichts, infolge der erhöhten Masse an transportiertem Korn, wirkt sich dies exponentiell auf den Leistungsbedarf des Fahrwerks aus.

Im Gegensatz zu der vorangegangenen Untersuchung wird die Massenleistung der Erntemaschine in der Operativzeit ($\dot{m}_{T02MD}$) bei dem vorliegenden Szenario nicht beeinflusst. Da die Stoffstromübergabe parallel zum Erntevorgang ausgeführt wird, werden keine zusätzlichen Hilfszeiten zur Stoffstromübergabe benötigt. Indes erhöht sich die Umlaufzeit des charakteristischen Zyklus (T_{02MD}), jedoch steigt im gleichen Maße die geerntete Masse (m_{T02MD}). Folglich sind durch das Korntankvolumen keine Auswirkungen auf die Massenleistung in der Operativzeit ($\dot{m}_{T02MD}$) zu verzeichnen. Im Gegensatz zur Ernteeinheit wird jedoch durch die Volumenänderung des Korntanks die Massenleistung der Transporteinheit in der Operativzeit ($\dot{m}_{T02TE}$) verbessert, da durch das steigende Korntankvolumen die Umlaufzeit der Transporteinheiten (T_{02TE}) verringert wird. Ausschlaggebend ist dabei die resultierende Reduktion der Befülldauer in Bezug auf die Transporteinheit.

Der Effekt des Korntankvolumens auf die Massenleistung der Transporteinheit ($\dot{m}_{T02TE}$) kommt bei der ersten Befüllung der Transporteinheit je Zyklus zum Tragen, da die Erntemenge im Korntank mit der Übergabeleistung des Abtankrohrs ($\dot{m}_{MDAbgabe}$ bzw. $\dot{m}_{MDaus1}$) (97,5 kg/s bzw. 130 l/s) übergeben wird. Gemäß dem Zustandsdiagramm (vgl. Abb. 4.20) wartet die Transporteinheit nach der ersten Befüllung auf dem Feld und führt eine Feldfahrt zum nächsten Übergabepunkt durch. Der nächste Übergabepunkt richtet sich nach Ort/Zeitpunkt, wenn der Korntank wieder gefüllt ist oder die verbleibende Masse zur Ausschöpfung der Transportmasse geerntet wurde. Im Hinblick auf die Transporteinheit laufen die genannten Zustände und deren Änderungen parallel zum Erntevorgang des Mähdreschers. Daher ist die Zeit, die die Transporteinheit auf dem Feld bis zur vollständigen Befüllung verbringt (Warten, Feldfahrt, Befüllung) unabhängig vom Korntankvolumen, sondern richtet sich nach der Massenleistung des Mähdreschers in der Operativzeit, da mit dieser Massenleistung die verbleibende Masse geerntet wird. Zwar wird der Korntankinhalt mit der Übergabeleistung des Abtankrohrs ($\dot{m}_{MDAbgabe}$) übergeben, jedoch erfolgt die Füllung des Korntanks mit der Massenleistung in der Operativzeit ($\dot{m}_{T02MD}$). Im Hinblick auf die Prozesskette innerhalb der Maschine, stellt damit die Massenleistung in der Operativzeit ($\dot{m}_{T02MD}$)

das schwächere Glied im Vergleich zur Übergabeleistung ($\dot{m}_{MDAbgabe}$) dar. In abstrahierter Weise ähnelt damit die Verfahrensweise nach der ersten Befüllung dem Systemverhalten im Parallelverfahren, ohne dass sich die Transporteinheit, aufgrund des integrierten Speichers (Korntank), permanent mit dem Mähdrescher in einem verknüpften Maschinenzustand zu befindet.

In Bezug auf die reine Dauer des Befüll- bzw. Übergabevorgangs ergibt sich während des Maschinenzustands Ernten & Entladen ein imaginäres Speichervolumen (V_I) bzw. eine imaginäre Speichermasse (m_I). Die imaginäre Speichermasse resultiert aus dem weiter zugeführten Massenstrom ($\dot{m}_{T02MD}$), die während der Übergabe des Stoffstroms parallel geerntet wird. Die imaginäre Speichermasse ist dabei abhängig von der Übergabeleistung ($\dot{m}_{MDAbgabe}$), dem Korntankvolumen (V_{KT}), der Schüttdichte des Ernteguts (ρ_{Korn}) sowie der Massenleistung in der Operativzeit ($\dot{m}_{T02MD}$) und berechnet sich wie folgt:

$$m_I = \frac{\rho_{Korn}}{1000} * V_{KT} * \frac{\dot{m}_{T02MD}}{\dot{m}_{MDAbgabe}} \tag{5.1}$$

Auf Grundlage der Gl. 5.1 veranschaulicht Abb. 5.35 auf Basis des Referenzkonzepts die imaginäre Speichermasse (m_I), die Kornmasse im vollen Korntank (m_{KT}) sowie die überladene Masse (m_{KT+I}) in Abhängigkeit des Korntankvolumens.

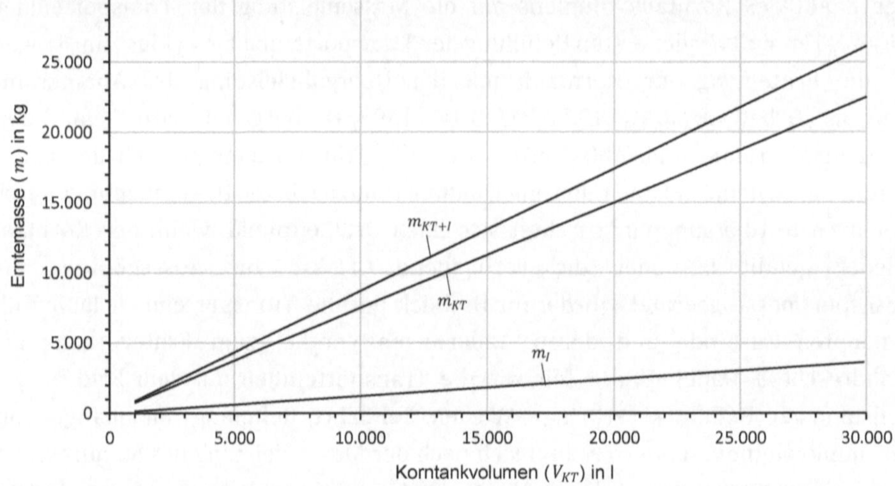

***Abb. 5.35:** Erntemasse in Abhängigkeit des Korntankvolumens*

Bei konstanten Rahmenbedingungen nimmt die imaginäre Speichermasse mit steigendem Korntankvolumen linear zu. Die übergebende Masse während einer

Korntankentleerung, parallel zum Erntevorgang, resultiert aus der Summe der Kornmasse im Korntank und der imaginären Speichermasse. In Anbetracht einer minimalen Verweildauer der Transporteinheit auf dem Feld (exklusive verfahrensbedingter Wartezeiten) ist das massenbezogene Ladevermögen der Transporteinheit (m_{LTE}) optimal, wenn diese der überladenen Masse m_{KT+I} entspricht, sodass die Volumenvorteile des Korntanks bestmöglich ausgenutzt werden können. Die Auswirkungen des Korntankvolumens (V_{KT}) auf die Teilzeiten im Zyklus der Transporteinheit sowie deren Umlaufzeit in der erweiterten Operativzeit (T_{025TE}) ist der Abb. 5.36 zu entnehmen.

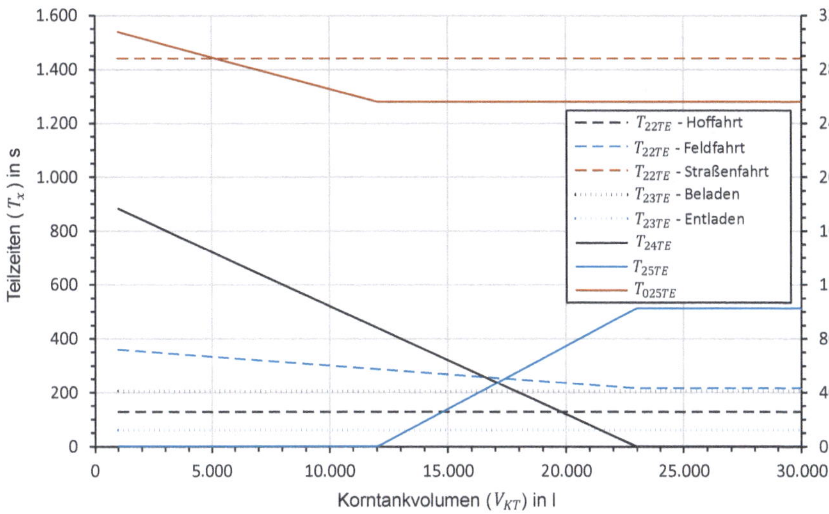

Abb. 5.36: *Teilzeiten und Umlaufzeit der Transporteinheit in Abhängigkeit des Korntankvolumens*

Mit einem zunehmenden Korntankvolumen sinkt die verfahrensbedingte Wartezeit (T_{24TE}), welche die Wartezeit zwischen den Befüllvorgängen widerspiegelt, da mit der ersten Korntankentleerung im Umlaufzyklus die Befüllung mit der Übergabeleistung des Abtankrohrs ($\dot{m}_{MDAbgabe}$) erfolgt. Ab einem Korntankvolumen von 23.000 l entfällt die Wartezeit zwischen den Befüllungen, da mit einer Korntankentleerung inkl. der imaginären Speichermasse die Transportkapazität der Transporteinheit (m_{LTE}) ausgeschöpft ist. Des Weiteren reduzieren sich dadurch die Feldfahrten (T_{22TE}), da die Ernteeinheit mit zunehmendem Korntankvolumen weniger oft angefahren werden muss, um die Transporteinheit vollständig zu befüllen. Ab einem Korntankvolumen von 23.000 l entfallen die Fahrten zwischen den Befüllungen von Übergabepunkt zu Übergabepunkt, sodass sich die Feldfahrt ab diesem Volumen lediglich aus der ersten Fahrt mit leerem Anhänger zum Mähdrescher und der letzten Fahrt zum Verlassen des Feldes mit vollem Anhänger zusammensetzt. Die reine Beladezeit (T_{23TE} - Beladen) spiegelt die Zeit der Stoffstromaufnahme wider. Diese bleibt konstant, da die Beladezeit eine Funktion aus Übergabeleistung ($\dot{m}_{MDAbgabe}$) und Lademasse der Transporteinheit (m_{LTE}) darstellt und somit nicht durch das Korntankvolumen beeinflusst wird. Ab einem Korntankvolumen von 12.100 l stellt die Ernteeinheit das schwächste Glied dar (vgl. Abb. 5.34). Folglich kommt es bei der Transporteinheit vor der ersten Befüllung zu verfahrensbedingten Verlustzeiten (T_{25TE}), die mit steigendem Korntankvolumen zunehmen und ab einem Volumen von 23.000 l stagnieren. Resultierend aus der Summe der Teilzeiten sinkt die Umlaufzeit (T_{025TE}) bis bei der Transporteinheit verfahrensbedingte Verlustzeiten eintreten. Ab diesem Zeitpunkt bleibt die Umlaufzeit in Bezug auf das Korntankvolumen konstant da sich die weiteren Änderungen der Teilzeiten gegenseitig kompensieren. Erst durch eine weitere Ernteeinheit kann jedoch der monetäre Vorteil durch eine Erhöhung des Korntankvolumens (> 12.100 l) in Bezug auf die Umlaufzeit der Transporteinheit zum Tragen kommen, da die verfahrensbedingte Verlustzeit bei der Transporteinheit entfällt.

5.1.4.8 Variation: Lademasse Transporteinheit

In der nachfolgenden Anwendung werden die Konstruktionsparameter der Transporteinheit in Form der Lademasse variiert. Dazu verdeutlicht Abb. 5.37 die Verläufe der spezifischen Erntekosten (k_E) sowie die Massenleistungen ($\dot{m}_{T02MD}$; $\dot{m}_{T02TE}$; $\dot{m}_{T025}$) in Abhängigkeit der Lademasse der Transporteinheit (m_{LTE}).

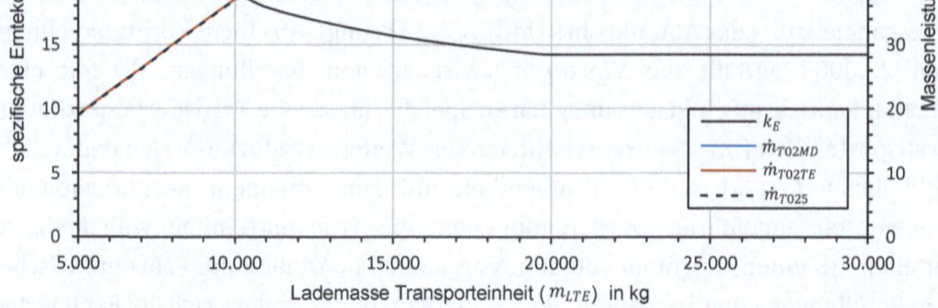

Abb. 5.37: *Spezifische Erntekosten und Massenleistung in Abhängigkeit der Lademasse der Transporteinheit*

Mit einer steigenden Transportmasse nimmt die Massenleistung der Transporteinheit in der Operativzeit zu, da sich die Umlaufzeiten maßgeblich aufgrund eines verringerten Anteils an konstanten Teilzeiten, wie Straßenfahrten, und Hilfszeiten je Erntemasse reduzieren. Der Verlauf der Massenleistung ($\dot{m}_{T02TE}$) ist in zwei Phasen unterteilt. Der erste Phasenübergang befindet sich bei einer Lademasse (m_{LTE}) von 10.878 kg. Diese Lademasse (m_{LTE}) entspricht der Summe aus der Masse im Korntank 9.375 kg (V_{KT} = 12.500 l und ρ_{Korn} = 750 kg/m^3) und der imaginären Speichermasse von 1.503 kg. Bis zu dieser Lademasse (m_{LTE}) ist die Transporteinheit mit einer Korntankentleerung vollständig befüllt, wodurch die Transporteinheit keine verfahrensbedingten Wartezeiten auf dem Feld (T_{24TE}) aufweist. Da ab einer Lademasse (m_{LTE}) von 10.878 kg mit zunehmender weiterer Lademasse die verfahrensbedingte Wartezeit auf dem Feld zwischen den Befüllvorgängen zunimmt, wird der Anstieg der Massenleistung ($\dot{m}_{T02TE}$) zunehmend flacher. Bei einer Lademasse (m_{LTE}) von 19.700 kg schneiden sich die Massenleistungen von Ernteeinheit und Transporteinheiten in der Operativzeit (zweiter Phasenübergang). Trotz eines weiteren Anstiegs der Massenleistung ($\dot{m}_{T02TE}$) bleibt die Prozesskettenleistung in der erweiterten Operativzeit ($\dot{m}_{T02S}$) durch die zunehmende Transportmasse (m_{LTE}) unverändert. Dies hat zur Folge, dass das Optimum in Bezug auf die spezifischen Erntekosten ab einer Lademasse (m_{LTE}) von 19.700 kg erreicht wird und trotz weiterer Erhöhung der Lademasse (m_{LTE}) konstant 14,25744 €/t beträgt.

Lediglich der spezifische Energiebedarf der Transporteinheit (w_{mTE}) sinkt weiter mit einer steigenden Transportmasse, da u. a. der Energiebedarf für Straßenfahrten weniger stark steigt als die Massenreferenz je Umlauf. Trotz des reduzierten spezifischen Energiebedarfs (w_{mTE}) sinken die spezifischen Erntekosten in dem dargelegten Szenario nicht weiter, da die Transporteinheiten mit einem festen Stundensatz (KS_{TE}) (Transportleistung resultiert aus Fremdmechanisierung) in dem Szenario berücksichtigt werden, welcher pauschal die energetischen Kosten inkludiert.

5.1.4.9 Variation: Lademasse der Transporteinheit, Korntankvolumen und installierte Massenleistung

Mit dem Übergabevorgang von Stoffströmen und der damit verbundenen Interaktion als Prozesskette kann eine gegenseitige Beeinflussung von Maschinen in der Operativzeit einhergehen. So wirken sich Parameteränderungen der Erntemaschine im hier untersuchten Szenario auf die Massenleistung der Transporteinheit(en) aus. Die Beeinflussung in Bezug auf die Operativzeit ist in diesem Szenario unidirektional (nur Auswirkungen der Ernteeinheit auf die Transporteinheit), da die (Stoffstrom-)

Aufnahmeleistung der Transporteinheit nicht limitiert ist ($\dot{m}_{TEAufnahme}$ bzw. $\dot{m}_{TEein1} = \infty$). Daher wirken sich der Eingangsmassenstrom im Korntank ($\dot{m}_{T02MD}$), die Abgabeleistung bzw. Übergabeleistung ($\dot{m}_{MDAbgabe}$ bzw. $\dot{m}_{MDaus1}$) und die Speicherkapazität in Form des Korntankvolumens (V_{KT}) auf die Massenleistung in der Operativzeit der Transporteinheit aus. Neben dem Einfluss der Ernteeinheit wirkt sich zudem die Speicherkapazität der Transporteinheit (m_{LTE}), im Zusammenhang mit der Stoffstromübergabe, auf deren Massenleistung in der Operativzeit ($\dot{m}_{T02TE}$) aus.

Die direkte Interaktion der Maschinen, infolge der Stoffstromübergabe, verdeutlicht, dass eine ganzheitliche Betrachtung der Prozesskette für einen effizienten Ernteprozess unerlässlich ist und sich von einer maschinenzentrischen Perspektive gelöst werden muss. Somit sind eine effiziente Auslegung der Prozesskette und der Prozesskettenparameter entscheidend.

Zur Veranschaulichung der unterschiedlichen Einflüsse von Prozesskettenparametern wird nachfolgend das Prozesskettenverhalten bei unterschiedlichen Kombinationen der Prozesskettenparameter beschrieben. Dazu stellt Abb. 5.38 ein Kennfeld zur Ermittlung der spezifischen Erntekosten (k_E) und der Massenleistung der Transporteinheit in der Operativzeit ($\dot{m}_{T02TE}$) dar, indem das Korntankvolumen (V_{KT}), die Massenleistungen der Erntemaschine in der Operativzeit ($\dot{m}_{T02MD}$) bzw. die installierte Massenleistung ($\dot{m}_{T0MD}$) variiert werden. Die übrigen Parameter entsprechen dem Referenzkonzept. Die Mehrleistung der Erntemaschine wird durch die Anpassung der Fahrgeschwindigkeit (v_{Ernte}) realisiert, wobei das Verlustniveau (θ) durchgehend 1 % beträgt und der Anschaffungspreis (AP_{MD}) konstant ist.

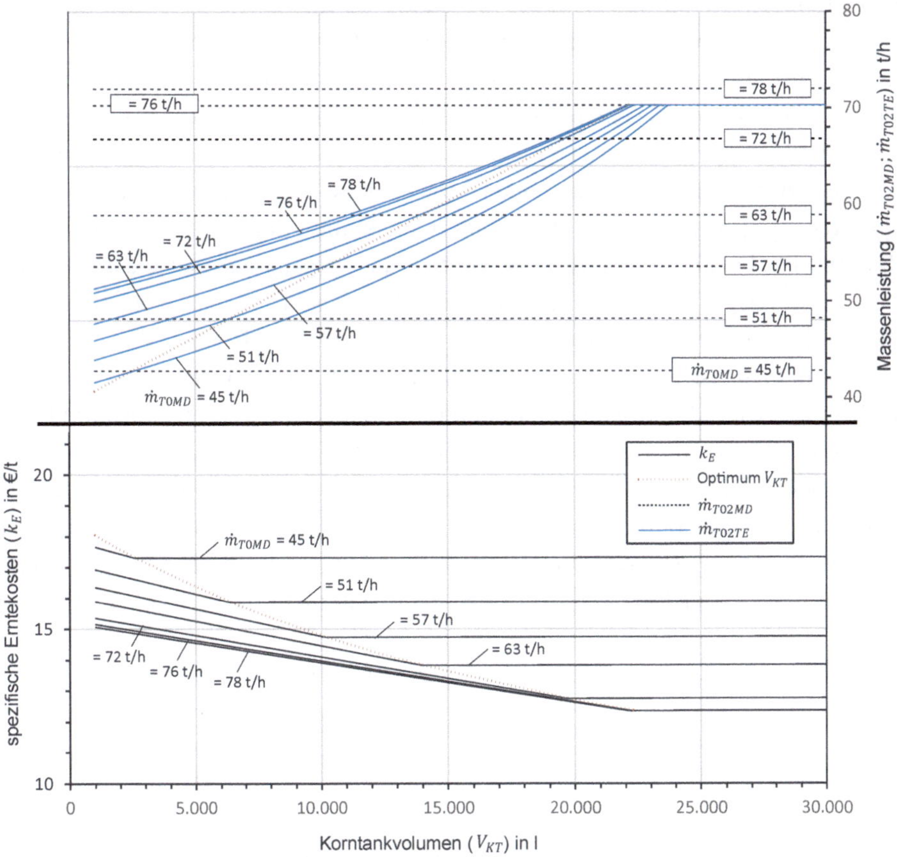

Abb. 5.38: *Spezifische Erntekosten und Massenleistungen der Transporteinheit in Abhängigkeit des Korntankvolumens und der Massenleistung des Mähdreschers*

Das Kennfeld zeigt charakteristische Verläufe der Massenleistung der Transporteinheit ($\dot{m}_{T02TE}$) in Abhängigkeit des Mähdrescherdurchsatzes ($\dot{m}_{T02MD}$) bzw. der installierten Massenleistung ($\dot{m}_{T0MD}$) und des Korntankvolumens (V_{KT}). Unterschiedliche Durchsätze und Korntankvolumina führen dabei zu divergierenden Verläufen der $\dot{m}_{T02TE}$. Die Massenleistung des Mähdreschers und der Transporteinheit in der Operativzeit resultieren u. a. aus der installierten Massenleistung des Mähdreschers ($\dot{m}_{T0MD}$). Zur besseren Anwendbarkeit der Methode sind dem Anhang (vgl. 9.2 Massenleistung in der Operativzeit in Abhängigkeit der installierten Massenleistung) die Abhängigkeit zwischen der installierten Massenleistung ($\dot{m}_{T0MD}$) und der dazugehörigen Massenleistung in der Operativzeit ($\dot{m}_{T02MD}$) für dieses Szenario zu entnehmen.

Je Mähdrescherdurchsatzleistung ($\dot{m}_{T02MD}$) bestimmt jeweils die niedrigere Massenleistung von Transporteinheit oder Ernteeinheit in der Operativzeit die Leistung der Prozesskette ($\dot{m}_{T025}$). Über alle Durchsatzklassen der Erntemaschine ($\dot{m}_{T02MD}$) hinweg bzw. je Massenleistung der Erntemaschine sind in diesem Szenario die niedrigsten spezifischen Erntekosten zu verzeichnen, wenn die Ernteeinheit die Prozesskettenleistung ($\dot{m}_{T025}$) determiniert bzw. die Massenleistung in der Operativzeit ($\dot{m}_{T02MD}$) die Prozesskettenleistung darstellt und damit der Mähdrescher bezüglich des Nutzungsgrades $\tau_{\dot{m}T025/T02MD}$ voll ausgelastet ist. Nach diesem Optimum steigen die spezifischen Erntekosten je Massenleistungsklasse ($\dot{m}_{T02MD}$) wieder leicht an, da der spezifische Energiebedarf je Tonne (w_{mMD}), infolge der erhöhten Masse an transportiertem Korn, steigt. Im Hinblick auf die optimierte Auslegung von Prozesskettenparametern indiziert der Schnittpunkt der Massenleistungen ($\dot{m}_{T02MD}$; $\dot{m}_{T02TE}$) je Durchsatzklasse das minimal notwendige Korntankvolumen, damit die Ernteeinheit das schwächste Glied in der Prozesskette bildet bzw. einen optimalen Nutzungsgrad $\tau_{\dot{m}T025/T02MD}$ aufweist, womit die niedrigsten spezifischen Erntekosten verbunden sind. In Abhängigkeit einer variablen Massenleistung ($\dot{m}_{T02MD}$) der Erntemaschine lassen sich mit Hilfe der ermittelten Kennlinien für dieses Szenario die minimalen Korntankvolumen identifizieren und die damit verbundenen geringsten spezifischen Erntekosten ableiten. Die maximal mögliche Massenleistung in der erweiterten Operativzeit in diesem Szenario liegt bei 70,29 t/h, da dies der maximalen Massenleistung der Transporteinheiten ($\dot{m}_{T02TE}$) entspricht. Zur möglichst ausgewogenen Konfiguration der Prozesskette sollte der Mähdrescher, wie die Transporteinheit, ebenfalls eine Massenleistung ($\dot{m}_{T02MD}$) von 70,29 t/h aufweisen, was einer installierten Massenleistung ($\dot{m}_{T0MD}$) von 76 t/h gleichkommt. Das damit verbundene minimale Korntankvolumen sollte mindestens 22.300 l umfassen. Die damit verbundenen spezifischen Erntekosten betragen 12,356 €/t. Übersteigt die Massenleistung des Mähdreschers in der Operativzeit ($\dot{m}_{T02MD}$) die maximale Durchsatzleistung der Transporteinheiten ($\dot{m}_{T02TE}$), verringert sich das minimal benötigte Korntankvolumen (V_{KT}), da sich der Eingangsmassenstrom im Korntank ($\dot{m}_{T02MD}$) erhöht, das imaginäre Speichervolumen (V_I) damit steigt und das Volumen des Abfahrens konstant ist. Bei einer Steigerung der installierten Mähdrescherleistung ($\dot{m}_{T0MD}$) auf 78 t/h bzw. einer Massenleistung in der Operativzeit ($\dot{m}_{T02MD}$) von 71,98 t/h verringert sich das minimale Korntankvolumen auf 22.200 l. Aufgrund geringer Betriebskosten durch eine höhere anteilige Wartezeit (Motor aus) sinken die spezifischen Erntekosten bis zu einer Massenleistung ($\dot{m}_{T02MD}$) von 110 t/h um 0,02 €/t. Danach steigen die spezifischen Erntekosten wieder an, da der Energiebedarf für den Fahrantrieb, aufgrund der zunehmenden Fahrgeschwindigkeiten, die genannten Einsparungen kompensiert.

Bei einem weiteren Anwendungsfall, der dazu dient die Prozesskette aufeinander abzustimmen, werden die Volumina respektive die Lademasse der Transporteinheit (m_{LTE}) und das Korntankvolumen (V_{KT}) aufeinander angepasst. Die Durchsatzleistung des Mähdreschers ($\dot{m}_{T0MD}$ = 45 t/h; $\dot{m}_{T02MD}$ = 42,757 t/h) bleibt dabei konstant. Abb. 5.39 visualisiert die Verläufe der Massenleistung der Transporteinheiten ($\dot{m}_{T02TE}$) sowie die damit verbundenen spezifischen Erntekosten (k_E) in Abhängigkeit des Korntankvolumens (V_{KT}) bei unterschiedlichen Lademassen der Transporteinheiten (m_{LTE}).

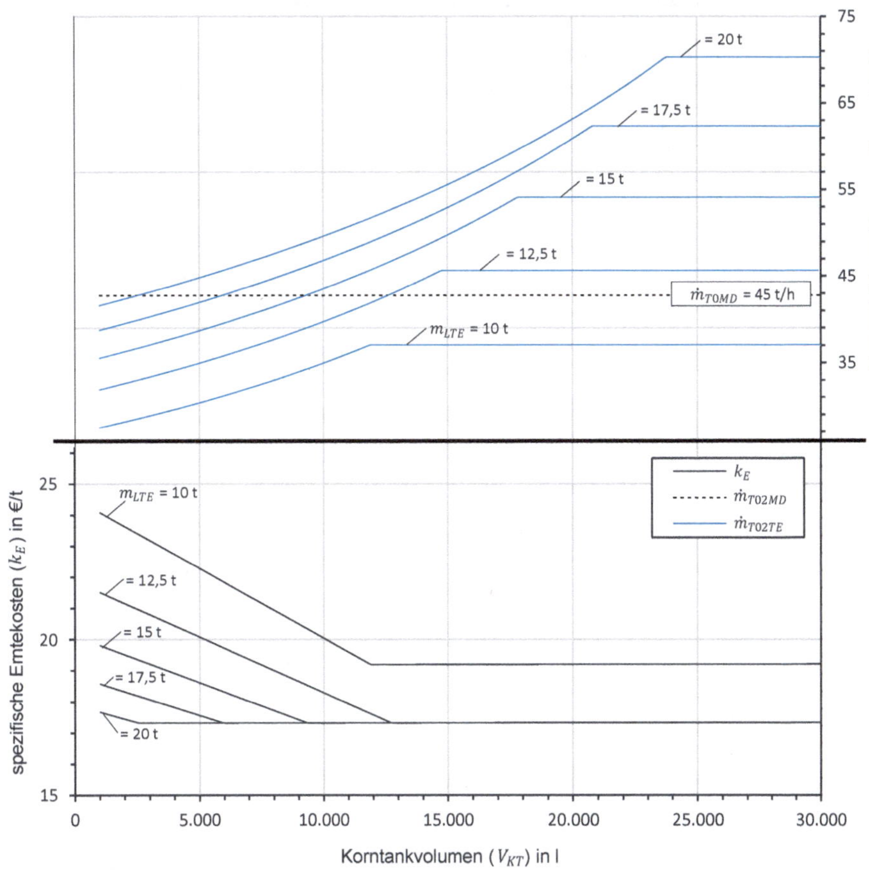

Abb. 5.39: *Spezifische Erntekosten und Massenleistung der Transporteinheit in Abhängigkeit des Korntankvolumens und der Lademasse der Transporteinheit*

Sowohl mit zunehmender Transportkapazität (m_{LTE}) als auch mit zunehmendem Korntankvolumen (V_{KT}) steigt die Massenleistung der Transporteinheit ($\dot{m}_{T02TE}$) in der Operativzeit bis zu einem Korntankvolumen, bei dem mit einer Korntankfüllung, inkl. der imaginären Speichermasse (m_I), die Transportkapazität (m_{LTE}) vollständig ausgeschöpft wird. Die spezifischen Erntekosten sinken mit zunehmender Massenleistung der Prozesskette ($\dot{m}_{T025}$), welche ab dem jeweiligen Schnittpunkt mit der Massenleistung der Ernteeinheit ($\dot{m}_{T02MD}$) durch diese determiniert wird. Demnach ergeben sich ab dem Schnittpunkt die gleichen spezifischen Erntekosten unabhängig vom Transportvolumen (V_{LTE}). Je höher das Transportvolumen (V_{LTE}) bzw. die Transportkapazität (m_{LTE}), desto niedriger ist das minimale Korntankvolumen, um die niedrigsten spezifischen Erntekosten zu erzielen.

5.2 Erntekonzept *Selbstfahrende Schneidwerke*

Neben der Anwendung der Methode zur Analyse des Mähdruschverfahrens dient die Methode zudem dazu alternative Erntekonzepte zu analysieren, zu optimieren und zu bewerten. Ein alternatives Erntekonzept stellt dazu das Erntekonzept *Selbstfahrende Schneidwerke* dar, welches von Herlitzius et al. [2011] und Wolf [2011] als theoretische Konzeptstudie bzw. Vision vorgeschlagen wird (vgl. 2.2 Erntekonzepte). Gemäß der entwickelten Vorgehensweise werden auf Basis der Methodenarchitektur nachfolgend die Methode zur Abbildung von Erntekonzepten und zur Beschreibung des Systemverhaltens angewandt. Darauf aufbauend wird das Konzept mit Hilfe des Bewertungsschemas untersucht.

Im Hinblick auf die Abbildung des Erntekonzepts zeichnet sich das hier zu untersuchende Konzept durch die Modularität bzw. die Auslösung der konventionellen Verfahrensweise auf mehrere Maschinen aus. Mit Hilfe der Abb. 5.40 wird die systemische Abbildung des Erntekonzepts beschrieben.

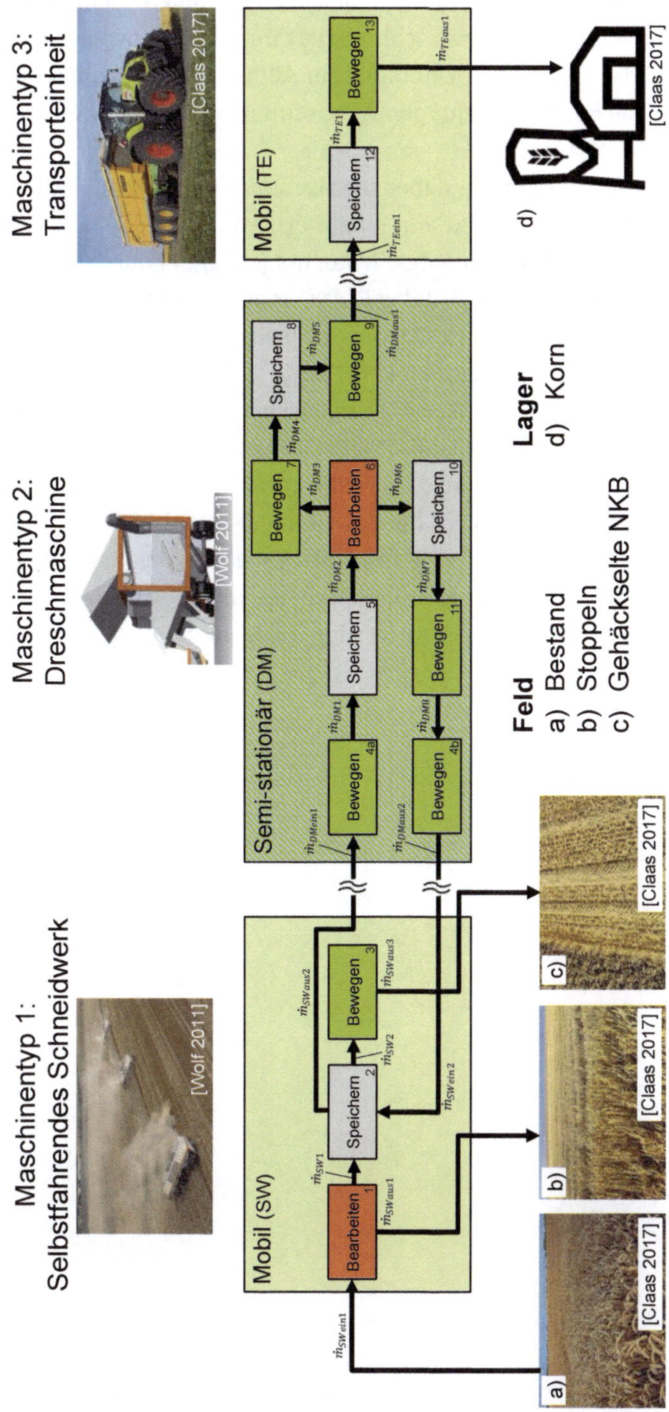

Abb. 5.40: Abbildung des Erntekonzeptes Selbstfahrende Schneidwerke

Das Erntekonzept besteht in Summe aus drei Modulen, dem selbstfahrenden Schneidwerk (SW), der Dreschmaschine (DM) und der Transporteinheit (TE), die nach Definition der entwickelten Methode zur Abbildung von Erntekonzepten durch drei unterschiedliche Maschinentypen repräsentiert werden. Der Maschinentyp des selbstfahrenden Schneidwerks sowie die Transporteinheit stellen mobile Arbeitsmaschinen dar. Demgegenüber repräsentiert die Dreschmaschine eine semi-stationäre Maschine. Ausgehend von einem erntereifen Bestand (a) erfolgt in der Modellvorstellung die Aufnahme des Ernteguts ($\dot{m}_{SWein1}$) durch das Schneidwerk. Durch den Schnittprozess (1) wird das Erntegut qualitativ transformiert. Durch die damit verbundene Teilung des Stoffstroms verbleibt der nicht aufgenommene Anteil der Pflanze als Stoppeln (b) auf dem Feld ($\dot{m}_{SWaus1}$). Die aufgenommenen Pflanzen werden hingegen in einem Bunker (2) gespeichert. Während des Sammelvorgangs werden parallel gehäckselte Nichtkornbestandteile ($\dot{m}_{SW2}$) aus dem Bunker (2) durch einen NKB-Verteiler (3) auf dem Feld verteilt ($\dot{m}_{SWaus3}$). Aus diesem Grund ist der Bunker variabel geteilt. Durch die Aufnahme der Ganzpflanzen (GP) nimmt der dafür benötige Speicherbedarf während des Erntevorgangs zu, wohingegen die Masse an gehäckselten NKB kontinuierlich abnimmt. Nach Ausschöpfung der Speicherkapazität mit Ganzpflanzen werden diese an die semi-stationär Maschine übergeben ($\dot{m}_{SWaus2}$; $\dot{m}_{DMein1}$). Den schematischen Ablauf der Stoffstromübergabe veranschaulicht Abb. 5.41.

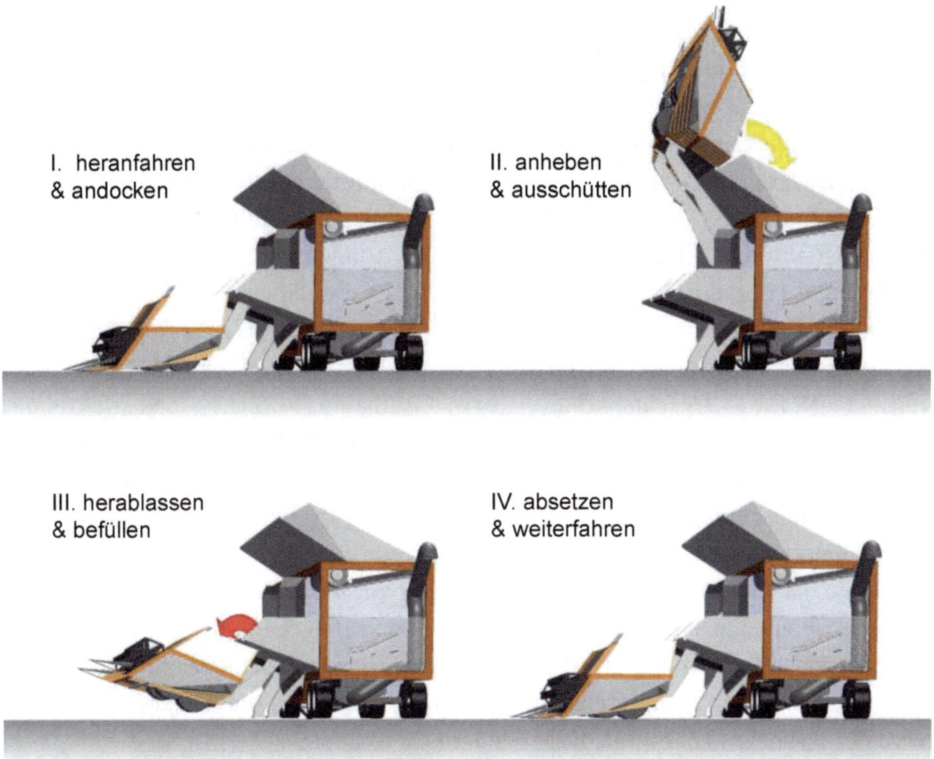

Abb. 5.41: *Schematischer Ablauf der Stoffstromübergabe von Ganzpflanze (gelb) und NKB (rot) ([Wolf 2011] verändert)*

Durch ein aktives Entleeren der Dreschmaschine (4a) in Form einer Hubvorrichtung (4) werden die Ganzpflanzen „ausgeschüttet". Anschließend verharrt das leere selbstfahrende Schneidwerk in der Zwischenposition vor dem NKB-Förderband (11), wird mit NKB befüllt und dann abgesetzt.

Die Ganzpflanzen ($\dot{m}_{DM1}$) gelangen durch das „Ausschütten" in einen integrierten Bunker (5) der Dreschmaschine. Durch den bearbeitenden Prozess (6) werden die Pflanzen ($\dot{m}_{DM2}$) zugeführt, gedroschen und das Korn von den Nichtkornbestandteilen durch eine Restkornabscheidung und Reinigung separiert sowie die Nichtkornbestandteile mittels Strohhäcksler zerkleinert. Die bearbeitenden Komponenten Dreschwerk, Restkornabscheidung, Reinigung (inkl. Überkehr) und Strohhäcksler werden im Rahmen der Abbildung des Erntekonzepts schematisch in einem bearbeitenden Vorgang (6) zusammengefasst. Die Ausprägung der bearbeitenden Funktionstechnik entspricht dem vorangegangenen Erntekonzept *Mähdrusch* und ist in der Modellbildung auf dem gleichen Detailgrad modelliert. Die Ausgangsmassenströme des bearbeitenden Vorgangs (6) bilden das Korn ($\dot{m}_{DM3}$) und die gehäckselten Nichtkornbestandteile ($\dot{m}_{DM6}$). Durch einen Kornförderer (7) (hier: Kornelevator) gelangt das Korn ($\dot{m}_{DM4}$) in den Korntank (8). Mit einem Schneckenförderer in Form des Abtankrohrs (9) wird das Korn ($\dot{m}_{DMaus1}$) an die Transporteinheit übergeben. Die gehäckselten Nichtkornbestandteile ($\dot{m}_{DM6}$) werden nach der Verarbeitung unmittelbar (die räumliche Transformation erfolgt durch die kinetische Energie des Strohhäckslers) in einem Bunker gespeichert (10). Das selbstfahrende Schneidwerk verharrt in der Hubvorrichtung (4) vor dem NKB-Förderband (11), durch das die NKB ($\dot{m}_{DM7}$) aus dem Speicher (10) wieder dem Bunker des selbstfahrenden Schneidwerks (2) zugeführt ($\dot{m}_{SWein2}$) werden bzw. durch das der NKB-Bunker (10) entleert wird ($\dot{m}_{DMaus2}$) (vgl. Abb. 5.41). Nach der Abgabe (Sicht: Dreschmaschine) bzw. Aufnahme (Sicht: Selbstfahrendes Schneidwerk) der NKB erfolgt das Absetzen des befüllten Schneidwerks (vgl. Abb. 5.41). Da dies einen raum-zeitlich transformierenden Prozessschritt, seitens der Dreschmaschine, darstellt, muss das Absenken (4b) der Hubvorrichtung (4) in der Modellsystematik als ein Zwischenprozess, vor dem Verlassen des Stoffstroms, erfolgen. Die Transporteinheit besteht analog zur Abbildung des Erntekonzepts *Mähdrusch* aus den Prozessen Speichern (12) und Bewegen (13), welche in einer mobilen Maschinenart integriert sind. Die Transporteinheit übernimmt das Korn ($\dot{m}_{TEein1}$) von der Dreschmaschine und transportiert dieses zum Lager (d). Im Lager wird der Speicher (12) mittels Hubzylinder (13) entleert.

Zur verbesserten Übersichtlichkeit werden nachfolgend die Hauptmassenströme den Stoffstrombestandteilen gegenübergestellt:

Ganzpflanze: $\dot{m}_{SW1}$; $\dot{m}_{SWaus2}$; $\dot{m}_{DMein1}$; $\dot{m}_{DM1}$; $\dot{m}_{DM2}$

Korn: $\dot{m}_{DM3}$; $\dot{m}_{DM4}$; $\dot{m}_{DM5}$; $\dot{m}_{DMaus1}$; $\dot{m}_{TEein1}$; $\dot{m}_{TE1}$; $\dot{m}_{TEaus1}$

Gehäckselte NKB: $\dot{m}_{DM6}$; $\dot{m}_{DM7}$; $\dot{m}_{DM8}$; $\dot{m}_{DMaus2}$; $\dot{m}_{SWein2}$; $\dot{m}_{SW2}$; $\dot{m}_{SWaus3}$

Zur Beschreibung des Systemverhaltens werden im Folgenden die Maschinenzustände determiniert, der Status der Komponenten je Maschinenzustand festgelegt sowie abschließend das Zustandsdiagramm und deren Änderung definiert.

Die Maschinenzustände stellen Betriebspunkte der Maschine dar, die das Arbeitsverhalten der einzelnen Maschine bzw. des Maschinentyps charakterisieren. Für das zu untersuchende Erntekonzept veranschaulicht Abb. 5.42 die determinierten charakteristischen Maschinenzustände des Maschinentyps 1, das selbstfahrende Schneidwerk.

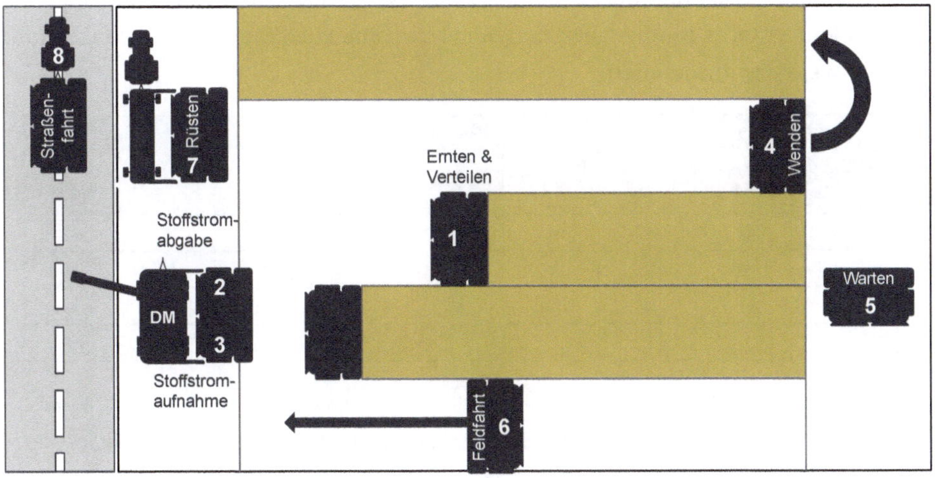

Abb. 5.42: *Charakteristische Maschinenzustände des Maschinentyps Selbstfahrendes Schneidwerk*

Im Vergleich zum Maschinentyp Mähdrescher, nimmt das selbstfahrende Schneidwerk nur in der Grenzanwendung (erster Zyklus) den singulären Maschinenzustand der reinen Ernte ein. Die Maschinenzustände des ersten (reines Ernten) und letzten Zyklus (reines Verteilen) des Erntevorgangs repräsentieren nicht im vollen Umfang den charakteristischen Zyklus des Systems. Daher soll die Grenzanwendung zur Beschreibung der charakteristischen Betriebszustände vernachlässigt werden. Aus diesem Grund nimmt das selbstfahrende Schneidwerk in der Grundzeit (T_{1SW}) den Maschinenzustand Ernten & Verteilen (1) ein. Die Ernte spiegelt das Einsammeln der Ganzpflanzen wider, wobei zeitgleich die Verteilung der Nichtkornbestandteile erfolgt. Beim Erreichen des Vorgewendes nimmt die Maschine den Zustand des Wendens (4) ein und führt nach vollständiger Ausnutzung der Bunkerkapazität eine Feldfahrt (6) zur Dreschmaschine (DM) durch. An der Dreschmaschine nimmt das selbstfahrende Schneidwerk die charakteristischen Betriebszustände zur Stoffstromübergabe ein. Diese beinhalten zum einen den Zustand zur Abgabe der Ganzpflanzen (2) und zum anderen die Aufnahme der zerkleinerten Nichtkornbestandteile (3). Die beschriebenen Maschinenzustände (1,2,3,4,6) repräsentieren die charakteristischen Betriebspunkte, die die Maschine innerhalb der Operativzeit (T_{02SW}) einnimmt. Demgegenüber kennzeichnen die Zustände Warten (5), Rüsten (7) und Straßenfahrt (8) die charakteristischen Betriebspunkte außerhalb der Operativzeit (T_{02SW}).

Im Weiteren wird auf Basis der Maschinenzustände der jeweilige Komponentenstatus festgelegt, um die einzelnen Maschinenfunktionen je Betriebspunkt zu definieren. Der Abb. 5.43 sind die Zuordnungen des Komponentenstatus für die verschiedenen Maschinenzustände des selbstfahrenden Schneidwerks zu entnehmen.

		Maschinenzustand							
		Ernten & Verteilen (1)	Stoffstrom-abgabe (2)	Stoffstrom-aufnahme (3)	Wenden (4)	Warten (5)	Feldfahrt (6)	Rüsten (7)	Straßen-fahrt (8)
Komponente	Schneidwerk	●	✖	✖	○	✖	✖	✖	✖
	NKB-Verteiler	●	✖	✖	○	✖	✖	✖	✖
	Fahrwerk	●	✖	✖	●	✖	●	✖	✖
	Zugfahrzeug							●	●

Status: ● Last ○ Leerlauf ✖ Inaktiv

Abb. 5.43: *Status der Komponenten je Maschinenzustand des Maschinentyps Selbstfahrendes Schneidwerk*

Die aufgeführten Komponenten spiegeln den Aufnahmeprozess der Pflanze (Schneidwerk) und die Verteilung der Nichtkornbestandteile (NKB-Verteiler) wider. Da es sich um eine mobile Arbeitsmaschine handelt, ist zudem das Fahrwerk, zur Fortbewegung auf dem Feld, als Systemkomponente aufgeführt. Die Fortbewegung der selbstfahrenden Schneidwerke auf der Straße sowie das Verladen der Maschinen wird mittels Zugfahrzeug und Trailer ausgeführt, daher stellt das Zugfahrzeug und die damit verbundene Last eine Randbedingung in den Maschinenzuständen Rüsten (7) und Straßenfahrt (8) dar. Alle Komponenten des selbstfahrenden Schneidwerks sind in diesen Maschinenzuständen inaktiv. Die gleiche Statuskombination findet sich ebenfalls in den Betriebspunkten Warten (5), Stoffstromabgabe (2) und Stoffstromaufnahme (3) wieder, da alle Komponenten ausgeschaltet sind. Im Hinblick auf die Stoffstromübergabe sind die dazu notwendigen bewegenden Komponenten in die semi-stationäre Dreschmaschine integriert, sodass die Arbeitsvorgänge ohne energetischen Beitrag des selbstfahrenden Schneidwerks erfolgen. In den Zuständen Ernten & Verteilen (1), Wenden (2) und Feldfahrt (6) bewegt sich das Schneidwerk auf dem Feld, wodurch der Fahrantrieb den Status Last einnimmt. Die beiden übrigen Komponenten Schneidwerk und NKB-Verteiler befinden sich dabei im Zustand Ernten & Verteilen (1) unter Last, während des Wendevorgangs (2) im Leerlauf und im Rahmen der Feldfahrt (6) im inaktiven Status.

Ergänzend zum Maschinentyp des selbstfahrenden Schneidwerks werden nachfolgend die Maschinenzustände und der dazugehörige Komponentenstatus der Dreschmaschine (Abb. 5.44) definiert.

Komponente \ Maschinenzustand	Ernten (1)	Ernten & Kornabgabe (2)	Stoffstromaufnahme GP (3)	SW anheben (3a)	Stoffstromabgabe NKB (4)	SW absetzen (4a)	Warten (5)	Feldfahrt (6)	Rüsten (7)	Straßenfahrt (8)
Bearbeitende Funktionstech.	●	●	●	○	●	○	✖	✖	✖	✖
Kornelevator	●	●	●	○	●	○	✖	✖	✖	✖
Hubvorricht.	✖	✖	●	●	✖	●	✖	✖	✖	✖
Förderband	✖	✖	✖	✖	●	✖	✖	✖	✖	✖
Abtankrohr	✖	●	✖	✖	✖	✖	✖	✖	✖	✖
Zugfahrzeug	◍	◍	◍		◍			●		●

Status: ● Last ○ Leerlauf ◍ Last (optional) ✖ Inaktiv

***Abb. 5.44:** Status der Komponenten je Maschinenzustand des Maschinentyps Dreschmaschine*

Die Dreschmaschine nimmt in der Modellvorstellung insgesamt zehn (bzw. elf inkl. Hoffahrt (9) (Status der Komponenten wie im Zustand Straßenfahrt (8)) unterschiedliche Maschinenzustände ein, wobei der Betriebspunkt Ernten (1) im Rahmen der Grundzeit (T_{1DM}) ausgeführt wird. Im Zustand Ernten (1) werden die Arbeitsvorgänge Dreschen, Abscheiden, Reinigen und Häckseln sowie das Befördern des Korns in den Korntank ausgeführt. Demgemäß befinden sich die bearbeitende Funktionstechnik und der Kornelevator im Status Last. Der Maschinenzustand Ernten & Kornabgabe (2) berücksichtigt zudem, dass parallel zur Ernte der Korntank entleert wird und das Abtankrohr eingeschaltet ist. Da das Anheben (3a) und das Absetzen (4a) des gefüllten Schneidwerks sowohl untereinander als auch in Bezug auf die Ernte (1,2) und die Stoffstromabgabe (4) sequentiell ablaufen, erfolgt kein Anheben oder Absetzen eines befüllten Schneidwerks in diesen Zuständen (1,2,4). Äquivalent dazu ist die Hubvorrichtung im Betriebszustand Ernte (1), Ernte & Kornabgabe (2) und Stoffstromabgabe NKB (4) im inaktiven Status. Aufgrund des sequenziellen Ablaufs befinden sich die bearbeitende Funktionstechnik und der Kornelevator während dem Anheben und dem Absetzen (3a & 4a) im Leerlauf. Im Rahmen der Stoffstromaufnahme GP (3) werden die Ganzpflanzen in den Ganzpflanzenbunker der Dreschmaschine „geschüttet", parallel wird mit der Verarbeitung begonnen und das leere Schneidwerk vor dem NKB-Förderer positioniert. Im Maschinenzustand Stoffstromabgabe NKB (4), befindet sich das Schneidwerk vor dem NKB-Förderband und verharrt dort, sodass die Funktion Hubvorrichtung inaktiv ist. Während der Stoffstromabgabe NKB (4) wird parallel weiter das zur Verfügung stehende Erntegut verarbeitet, sodass die bearbeitende Funktionstechnik, der Kornelevator und das NKB-Förderband in diesem Betriebszustand aktiv sind. In den übrigen Maschinenzuständen Warten (5),

Feldfahrt (6), Rüsten (7) und Straßenfahrt (8) sind alle Komponenten inaktiv. Zur reinen Feld- (6) und Straßenfahrt (8) sowie ggf. zur Fortbewegung am Feldrand, während das Schneidwerk in den Betriebszuständen Ernte (1), Ernte & Kornabgabe (2) Stoffstromaufnahme (3) und Stoffstromabgabe (4) angehoben ist, wird eine Zugmaschine benötigt, um die semi-stationäre Dreschmaschine fortzubewegen.

Die Determination der Maschinenzustände und der dazugehörige Komponentenstatus erfolgt in Anbetracht der Methodenarchitektur auf Basis der Maschinenebene. Das Arbeitsverhalten der Maschine wird hingegen auf Basis des Maschinensystems durch die Abfolge von Maschinenzuständen bzw. Zustandsänderungen mit Hilfe von Zustandsdiagrammen definiert. Zudem werden dabei Interaktionen mit anderen Maschinen in Form von Verknüpfungen zur Stoffstromübergabe berücksichtigt.

Das Zustandsdiagramm des Maschinentyps Selbstfahrendes Schneidwerk wird durch die Abb. 5.45 visualisiert.

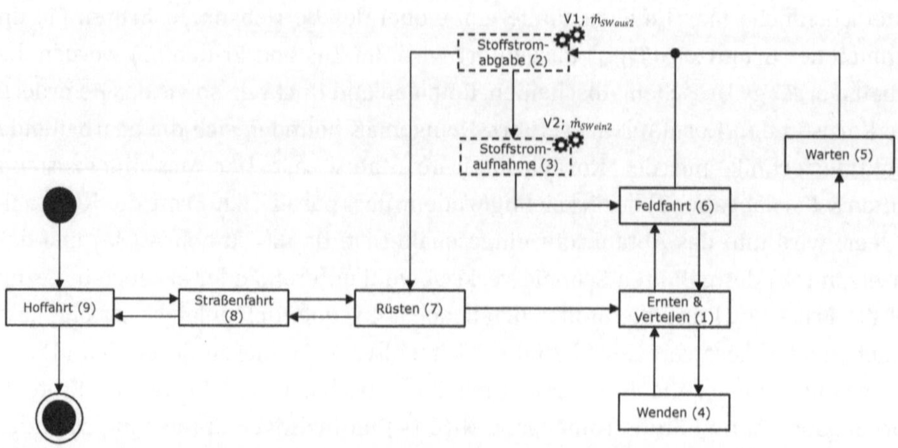

***Abb. 5.45:** Zustandsdiagramm Maschinentyp Selbstfahrendes Schneidwerk*

Das Zustandsdiagramm des selbstfahrenden Schneidwerks weist in Bezug auf die Zustände Hoffahrt (9), Straßenfahrt (8), Rüsten (7), Ernten & Verteilen (1) (Konzept Mähdrusch: Ernten (1)), Wenden (4) und Warten (5) (Konzept Mähdrusch: Warten am Feldrand (5b)) dieselbe Abfolge auf wie der Mähdrescher im Szenario 2 (vgl. Abb. 4.19) auf. Die Unterschiede der Maschinentypen resultieren hinsichtlich der Zustandsdiagramme aus der Übergabe der Stoffströme. Nach der Feldfahrt (6) zur Dreschmaschine bzw. nach dem Warten (5) vor der Dreschmaschine nimmt das selbstfahrende Schneidwerk den bedingten Maschinenzustand zur

Stoffstromabgabe (2) ein. Die Verknüpfung ist durch die Kennzeichnung V1 und dem zu übergebenden Massenstrom $\dot{m}_{SWaus2}$ definiert. Im Anschluss erfolgt ein Wechsel in den Zustand Rüsten (7), um die Ernte auf dem Feld abzuschließen oder eine Änderung in den weiteren bedingten Maschinenzustand, um den Ernteprozess fortzuführen. Aus dem bedingten Maschinenzustand Stoffstromaufnahme (4) geht die Verknüpfung V2 hervor, wobei der Massenstrom $\dot{m}_{SWein2}$ aus der Dreschmaschine ($\dot{m}_{DMaus2}$) aufgenommen wird.

Im Vergleich zu den selbstfahrenden Schneidwerken nimmt die Komplexität des Zustandsdiagrammes im Hinblick auf die Dreschmaschine (Abb. 5.46) aufgrund einer höheren Anzahl an Verknüpfungen zu, welche nachfolgend erläutert werden.

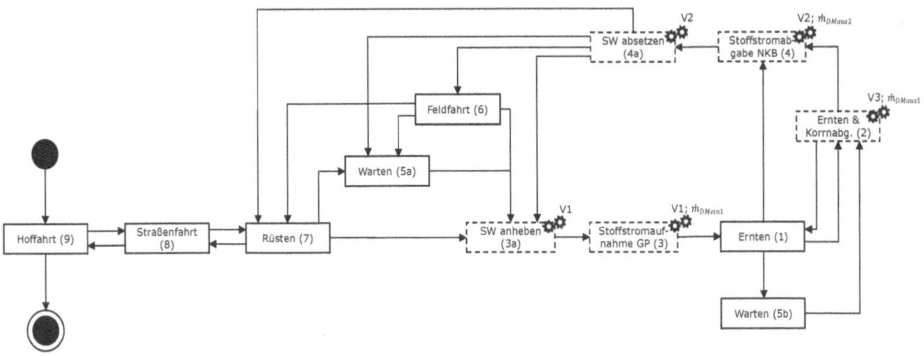

Abb. 5.46: *Zustandsdiagramm des Maschinentyps Dreschmaschine*

Nach der Zustandsabfolge Hoffahrt (9), Straßenfahrt (8) und Rüsten (7) muss der Dreschmaschine, vor Beginn der Ernte, Erntegut zur Verfügung gestellt werden. Die Dreschmaschine kann jedoch nur ein Schneidwerk anheben (3a) und in die Stoffstromaufnahme GP (3) übergehen, wenn ein befülltes selbstfahrendes Schneidwerk zur Verfügung steht. Anderenfalls nimmt die Dreschmaschine den Zustand Warten (5a) auf Maschinentyp Selbstfahrendes Schneidwerk ein. Daher stellen die beiden Maschinenzustände Schneidwerk anheben (3a) und Stoffstromaufnahme GP (3) bedingte Maschinenzustände dar, wobei das Anheben (3a) als ein Hilfsprozess für die Stoffstromabgabe (3) zu verstehen ist. Eine Verbindung der Zustandsdiagramme erfolgt in den Betriebszuständen über die Verknüpfung V1. Nach der Stoffstromaufnahme GP (3) findet die Ernte (1) statt. Wenn während des Zustands Ernte (1) eine Transporteinheit zur Verfügung steht, erfolgt eine Änderung in den bedingten Maschinenzustand Ernten & Kornabgabe (2), wodurch eine Verbindung (V3) mit der Transporteinheit eingegangen wird, um das Korn ($\dot{m}_{DMaus1}$) zu übergeben. Ist die maximale Speicherkapazität des Korntanks jedoch ausgeschöpft, ohne dass eine Transporteinheit zur Verfügung steht, wird der

Zustand Warten (5b) (auf eine Transporteinheit) eingenommen. Nach der Verarbeitung der bereitgestellten Ganzpflanzen werden die zerkleinerten Nichtkornbestandteile ($\dot{m}_{DMaus2}$) im bedingten Maschinenzustand Stoffstromabgabe NKB (4) über die Verknüpfung V2 an das selbstfahrende Schneidwerk übergeben und im Anschluss das befüllte Schneidwerk mittels des Hilfsprozesses abgesetzt (4a). Unter der Voraussetzung, dass ein weiteres gefülltes selbstfahrendes Schneidwerk unmittelbar zur Verfügung steht, kann der Prozessablauf durch das Anheben des Schneidwerks (3a) wiederholt werden. Falls dieses Szenario nicht zutrifft, der Ernteprozess aber fortgeführt werden soll, wartet die Dreschmaschine auf das nächste gefüllte selbstfahrende Schneidwerk (5a). Um eine effiziente Gestaltung des Erntekonzepts zu ermöglichen ist es notwendig, dass sich die Dreschmaschine im gewissen Maße am Feldrand quer zur Bearbeitungsrichtung der selbstfahrenden Schneidwerke bewegt, um die Feldfahrzeit der selbstfahrenden Schneidwerke zu reduzieren. Dieser Prozess bzw. die minimale Fortbewegung findet jedoch statt (vgl. Abb. 5.44 – Zugfahrzeug im Status Last), während das Schneidwerk angehoben ist (Maschinenzustand: Ernte (1), Ernte & Kornabgabe (2) und Stoffstromabgabe (4)). Bei weiteren größeren Positionsänderungen der Dreschmaschine auf dem Feld, erfolgt eine Feldfahrt (6) der Dreschmaschine ohne aufgenommenes Schneidwerk. Aus diesem Grund kann die Dreschmaschine nach dem Absetzen des Schneidwerks (4a) den Zustand Feldfahrt (6) einnehmen und ggf. den Standort auf dem Feld ändern. Ist die Ernte auf dem Feld abgeschlossen, wechselt die Dreschmaschine in den Maschinenzustand Rüsten (7).

Auf eine Beschreibung des Zustandsdiagramms des Maschinentyps Transporteinheit wird an dieser Stelle verzichtet, da dieses dem Zustandsdiagramm Szenario 2 des Mähdruschkonzepts (vgl. Abb. 4.21) entspricht und die Stoffstromaufnahme am Feldrand berücksichtigt. Im Hinblick auf den bedingten Maschinenzustand muss lediglich die Bezeichnung der Verknüpfung in V3 umbenannt werden.

Auf Basis der durchgeführten Systembeschreibung und dem bekannten Bewertungsschema erfolgen nachfolgend die Analyse, Optimierung und Bewertung für das Erntekonzept *Selbstfahrende Schneidwerke*. Die nachfolgende Untersuchung nimmt im Vergleich zum Erntekonzept *Mähdrusch* eine andere Perspektive ein. Da es sich bei dem Erntekonzept *Selbstfahrende Schneidwerke* um ein theoretisches Konzept handelt, welches in der Praxis noch keine Anwendung findet, liegt der Fokus auf der Generierung des Systemverständnisses und der Optimierung der grundlegenden Abläufe. Demgegenüber werden bei dem Erntekonzept *Mähdrusch* vor allen Dingen unterschiedliche Parametervariationen untersucht und bewertet. Im Hinblick auf die entwickelte Methode wird damit gezeigt, dass die Methode auch auf theoretische Konzepte mit teils unbekannter technischer Ausführung angewendet werden kann.

Um eine möglichst gute Vergleichbarkeit mit dem vorangegangenen Erntekonzept zu gewährleisten, entspricht die Ausgangsbasis, sofern konzeptbedingt möglich, der Standardparametrisierung des Referenzkonzepts Mähdrusch (vgl. 9.1.1 Standardparametrisierung Erntekonzept *Mähdrusch* (Referenzkonzept)). Die detaillierte Parametervariation der Ausgangsbasis (Standardparametrisierung) für das Erntekonzept *Selbstfahrende Schneidwerke* ist dem Anhang (vgl. 9.1.2 Standardparametrisierung Erntekonzept *Selbstfahrende Schneidwerke*) zu entnehmen.

Die Vorgehensweise in Bezug auf die Analyse des Erntekonzepts gliedert sich wie folgt (Abb. 5.47).

Abb. 5.47: *Vorgehensweise zur Untersuchung des Erntekonzepts Selbstfahrende Schneidwerke*

Auf Grundlage der Ausgangsbasis, welche sich nach dem Referenzkonzept und den vorgeschlagenen Abläufen von Herlitzius et al. [2011] und Wolf [2011] richtet, finden zunächst Voruntersuchungen statt. Darauf aufbauend erfolgt eine Optimierung des Erntekonzepts hinsichtlich der Abläufe. Das Resultat stellt eine modifizierte Ausgangsbasis dar, die die Grundlage für weitere Analysen bildet. Mit Hilfe der modifizierten Ausgangsbasis werden die Massenleistungen und die Anschaffungspreise der Maschinentypen variiert. Die jeweiligen Ergebnisse werden dabei auf das Referenzkonzept des Mähdruschs bezogen und mit diesem verglichen.

Zur Ausführung des Erntekonzepts wird eine Person zur Bedienung oder Überwachung der Dreschmaschine (innerhalb der Gesamtarbeitszeit (T_{08DM})) eingesetzt. Demgegenüber fallen keine Personalaufwände in Bezug auf den Einsatz der selbstfahrenden Schneidwerke aufgrund der Autonomie an. Sowohl die Transporteinheiten als auch die Zugmaschine und der Trailer für das Rüsten und die

Straßenfahrt der selbstfahrenden Schneidwerke sowie die Zugmaschine zur Fortbewegung der Dreschmaschine erfolgen durch eine Fremdmechanisierung.

Da die Funktionen des Mähdreschers in diesem Konzept abstrahiert gesehen auf zwei Maschinentypen aufgeteilt werden, gehen damit verbunden eine Änderung des Anschaffungspreises einher. Die Anschaffungskosten (AP_{SW}) für eine Maschine der selbstfahrenden Schneidwerke sollen dazu 235.000 € betragen. Aufgrund des Entfalls vom Schneidwerk sowie dem Austausch von Gleisbänderlaufwerken und des integrierten Fahrantriebs durch Achsen, soll sich der Anschaffungspreis der Dreschmaschine (AP_{DM}) auf 565.000 € reduzieren. Die benötigte Hebevorrichtung für die Entleerung der Schneidwerke soll kostenneutral aufgrund des Entfalls des Schrägförderers einfließen. In der Standardparametrisierung soll in Bezug auf die Dreschmaschine die gleiche Ausgestaltung der Funktionstechnik und die damit verbundene installierte Durchsatzleistung ($\dot{m}_{T0DM}$ = 60 t/h) wie bei dem Referenzkonzept *Mähdrusch* einhergehen. Die Dreschmaschine ist am Vorgewende des Feldes platziert und bewegt sich während des Bearbeitungsprozesses (in Feldbreite) quer zur Arbeitsrichtung der selbstfahrenden Schneidwerke. Das Bunkervolumen zur Stoffstromaufnahme der Ganzpflanze (V_{DMGP}) beträgt 58.000 l und entspricht damit dem Speichervolumen der selbstfahrenden Schneidwerke ($V_{SWGPNKB}$). Zudem ist das Bunkervolumen für die gehäckselten Nichtkornbestandteile (V_{DMNKB}) so ausgelegt, dass die Nichtkornbestandteile im Umfang der zugeführten Masse eines selbstfahrenden Schneidwerks zwischengespeichert werden können.

5.2.1 Voruntersuchung der Ausgangsbasis

Auf Grundlage der Ausgangsbasis (vgl. 9.1.2 Standardparametrisierung Erntekonzept *Selbstfahrende Schneidwerke*) wird nachfolgend die kostengünstigste Maschinenkombination im Hinblick auf die Anzahl der verwendeten selbstfahrenden Schneidwerke (n_{SW}) bestimmt. Dazu verdeutlicht die Abb. 5.48 die spezifischen Erntekosten (k_E) sowie die (Korn-) Massenleistungen ($\dot{m}_{T02DM}$; $\dot{m}_{T02TE}$; $\dot{m}_{T02SW}$) der eingesetzten Maschinentypen in der Operativzeit in Abhängigkeit der Schneidwerksanzahl (n_{SW}) (n_{DM} = 1; n_{TE} = 2).

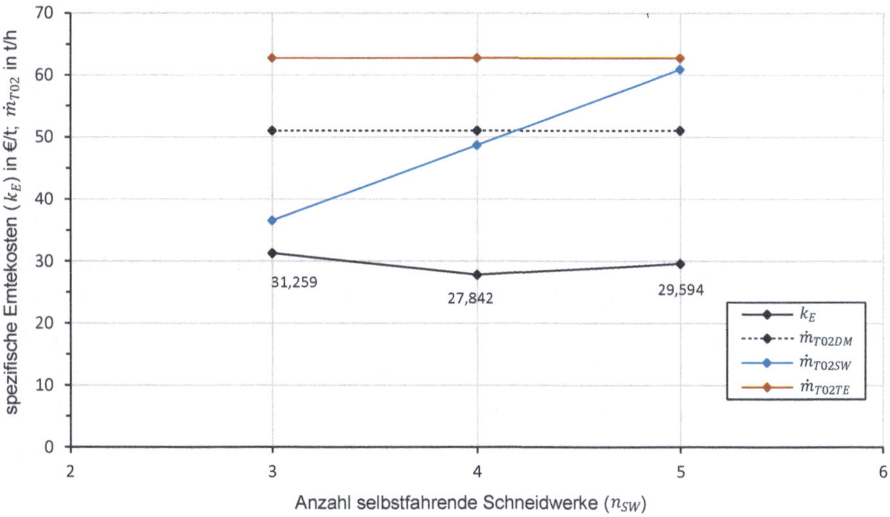

***Abb. 5.48**: Spezifische Erntekosten und Massenleistung in Abhängigkeit der Anzahl selbstfahrender Schneidwerke - Standardparametrisierung*

Im beschriebenen Szenario wird durch die Variation der Schneidwerksanzahl ein Optimum bei einer Anzahl von vier selbstfahrenden Schneidwerken erreicht, wobei die spezifischen Erntekosten 27,842 €/t betragen. Dabei fällt auf, dass es in diesem Fall wirtschaftlicher ist, die Dreschmaschine mit vier Schneidwerken nicht ganz auszulasten als ein weiteres Schneidwerk hinzuziehen.

Die installierte Massenleistung der Dreschmaschine ($\dot{m}_{T0DM}$) beträgt wie beim Mähdrescher 60 t/h. Da die gleichen funktionstechnischen Grundlagen vorliegen, beträgt das Verlustniveau (θ) 1 %. Daraus resultiert, dass die Massenleistung der Dreschmaschine in der Grundzeit 59,4 t/h ($\dot{m}_{T1DM}$) beträgt. Im Vergleich zum Mähdrescher weist die Dreschmaschine in der Operativzeit keine Wendezeiten oder sequenzielle Hilfszeiten am Feldrand auf. Im Gegensatz dazu sind im Umlauf der Dreschmaschine (T_{02DM}) jedoch zusätzliche Teilzeiten notwendig, um die Schneidwerke zur Entladung anzuheben (Stoffstromaufnahmen GP) und nach dem Befüllen mit NKB wieder abzusetzen (SW absetzen), da diese Arbeitsschritte im beschriebenen Konzept sequenziell vor bzw. nach dem Bearbeiten des Stoffstroms stattfinden. Bei einer unterstellten Dauer des Anhebevorgangs bzw. Entleervorgangs von 8 s und einer Dauer von 2 s für das Absetzen nach der Befüllung ergibt sich bei einer Schüttdichte der Ganzpflanzen ($\rho_{Pflanze}$) von 35 kg/m^3, einem Speichervolumen (V_{DMGP}) von 58.000 l und einem Kornmassenanteil (ω_{Korn}) von 50 % eine Massenreferenz (m_{Korn}) je Umlauf von 1.015 kg. Dies hat zur Folge, dass die Massenleistung in der Operativzeit der Dreschmaschine ($\dot{m}_{T02DM}$) 51,09 t/h beträgt (vgl. Referenzkonzept *Mähdrusch* $\dot{m}_{T02MD}$ = 56,26 t/h) und damit einen Nutzungsgrad von $\tau_{\dot{m}T02/T1DM}$ = 86,01 % bzw. von $\tau_{\dot{m}T02/T0DM}$ = 85,15 % (vgl. Referenzkonzept *Mähdrusch* $\tau_{\dot{m}T02/T1MD}$ = 94,71 bzw. $\tau_{\dot{m}T02/T0MD}$ = 93,77 %) aufweist.

Die installierte Massenleistung ($\dot{m}_{T0SW}$) sowie die Massenleistung in der Grundzeit ($\dot{m}_{T1SW}$) weisen bei den selbstfahrenden Schneidwerken die gleiche Durchsatzleistung auf, da hier zur besseren Vergleichbarkeit mit dem Mähdrescher (ideale Bedingungen) ebenfalls keine Aufnahmeverluste berücksichtigt werden. Daher beträgt der Durchsatz eines Schneidwerks in der Grundzeit ($\dot{m}_{T1SW}$) 96 t/h (s_{AB} = 12 m; v_{Ernte} = 8 km/h). Aufgrund der anfallenden Hilfszeiten, verringert sich die Massenleistung eines Schneidwerks in der Operativzeit ($\dot{m}_{T02SW1}$) auf 12,17 t/h. Die Teilzeiten des Schneidwerks je Umlauf (T_{02SW}) werden in Abb. 5.49 dargestellt.

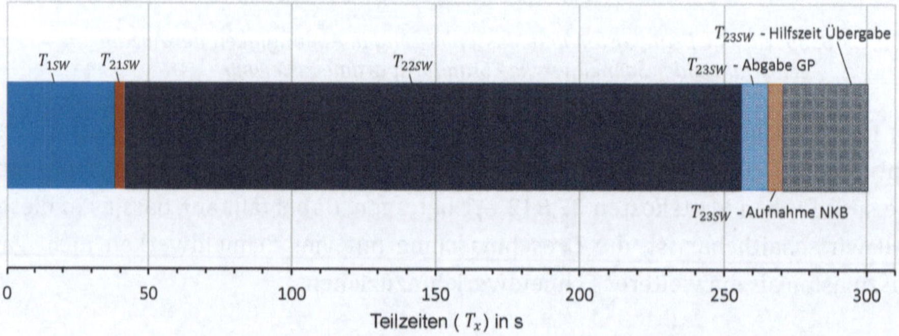

Abb. 5.49: *Teilzeiten je Umlauf eines selbstfahrenden Schneidwerks (Basisparametrisierung)*

Da die Dreschmaschine am Vorgewende positioniert ist, müssen die selbstfahrenden Schneidwerke, analog zum Mähdrescher im Szenario 2 (Korntankentleerung am Feldrand), durchschnittlich die halbe Schlaglänge zurücklegen, um den Stoffstrom zu übergeben (zurückgelegte Strecke für Hin- und Rückfahrt eines Umlaufs beträgt die volle Schlaglänge). Aufgrund des damit verbundenen hohen Zeitanteils für die Feldfahrten (T_{22SW}) zwischen der Dreschmaschine (DM) und dem Bestand wird die Massenleistung in der Operativzeit ($\dot{m}_{T02SW}$) maßgeblich reduziert. Ein weiterer signifikanter Zeitanteil entfällt im Umlauf auf die Hilfszeiten zur Stoffstromübergabe (T_{23SW} - Hilfszeit Übergabe), worunter das Rangieren und Andocken des Schneidwerks an die Dreschmaschine zur Entladung sowie das Anheben und Absenken des Schneidwerks zur Entleerung des Bunkers zählen. Das Verhältnis von reiner Erntezeit (T_{1SW}) zur gesamten Umlaufzeit (T_{02SW}) beträgt 12,67 %, was zudem den Nutzungsgrad $\tau_{\dot{m}T02/T1SW}$ widerspiegelt.

5.2.2 Optimierung des Erntekonzepts

Zur gegenseitigen Bewertung von Erntekonzepten muss eine Vergleichbarkeit gewährleistet sein. Dies bedingt, dass die zu vergleichenden und zu bewertenden Erntekonzepte optimiert werden, um eine aussagekräftige Gegenüberstellung vornehmen zu können. Wie die zuvor getätigten Analysen zeigen, weist die Dreschmaschine einen geringeren Nutzungsgrad ($\tau_{\dot{m}T02/T1DM}$) als der Mähdrescher im Referenzkonzept auf. Zudem ist der Nutzungsgrad des Schneidwerks sehr gering. Im Weiteren werden daher die Nutzungsgrade der beiden Maschinentypen durch Verbesserungen im Ernteablauf optimiert.

Die Ursache für die Verschlechterung der Massenleistung der Dreschmaschine zwischen der Grundzeit ($\dot{m}_{T1DM}$) und der Operativzeit ($\dot{m}_{T02DM}$) bzw. des damit verbundenen Nutzungsgrades ($\tau_{\dot{m}T02/T1DM}$) liegt, wie zuvor beschrieben, in den Vorgängen zum Anheben und zum Absetzen des Schneidwerks, die vor- und nachgelagert zur Bearbeitung stattfinden bzw. sequentiell zur Bearbeitung ablaufen. Eine Erhöhung der Massenleistung der Dreschmaschine in der Operativzeit ($\dot{m}_{T02DM}$) kann erzielt werden, wenn die sequenzielle Abfolge in eine parallele Tätigkeit überführt wird. Im Falle des Hebevorgangs kann dies erzielt werden, wenn die Vorbereitung zur Abgabe, das Anheben des Schneidwerks und das Absetzen des Schneidwerks parallel zum Bearbeiten des Stoffstroms eines vorgelagerten bzw. nachgelagerten Schneidwerks stattfinden. Zum einen kann dies beispielsweise durch eine Modifikation des Maschinenkonzepts in Form einer zweiten Hubvorrichtung realisiert werden. Zum anderen kann durch einen Versatz in der Abfolge des zu bearbeitenden Stoffstroms zudem eine Parallelisierung der Tätigkeiten erfolgen. D. h. der Ganzpflanzenbunker der Dreschmaschine (V_{DMGP}) ist (noch zum Teil) durch die Pflanzen des vorgelagerten Schneidwerks gefüllt, während das aktuelle Schneidwerk angehoben wird. Dadurch ist die bearbeitende Funktionstechnik während des Anhebevorgangs unter Last und arbeitet. Der Versatz ist durch die Stoffstromentkopplung der integrierten Speicher der Dreschmaschine nach bzw. vor der Stoffstromübergabe möglich. Aus dem Versatz resultiert, dass das aktuelle Schneidwerk immer die Nichtkornbestandteile des vorgelagerten Schneidwerks aufnimmt.

Durch die vorgeschlagenen Maßnahmen kommen die Vorteile eines teilstationären Systems durch die Modifikation des Maschinenkonzepts und Ablaufänderungen zum Tragen. Eine zusätzliche Hubvorrichtung und der Stoffstromversatz haben zur Folge, dass eine parallele Ausführung der Arbeitsgänge erfolgt und Hilfszeiten auf der Maschinenebene parallel zur Grundzeit anfallen. Diesbezüglich entspricht die Massenleistung in der Operativzeit ($\dot{m}_{T02DM}$) der Massenleistung in der Grundzeit

($\dot{m}_{T1DM}$). Die beschriebenen Optimierungen werden als Ansatz für die weitere Untersuchung des Erntekonzepts angewandt. Durch die Parallelisierung der Abläufe entfallen in Bezug auf die Ermittlung der Massenleistung der Dreschmaschine in der Operativzeit ($\dot{m}_{T02DM}$) die Zeitanteile für das Anheben (3a) und das Absetzen (4a) (vgl. Abb. 5.44) und das Abtankrohr ist während der Stoffstromaufnahme GP (3) und der Stoffstromabgabe (4) unter Last.

Der geringe Nutzungsgrad ($\tau_{\dot{m}T02/T1SW}$) der selbstfahrenden Schneidwerke lässt sich maßgeblich auf die Fahrten bzw. Fahrtzeit (T_{22SW}) zwischen Dreschmaschine und Bestand zurückführen. Zur Reduktion der Fahrstrecke werden zwei unterschiedliche Ernteabläufe in Form von Szenarien betrachtet.

5.2.2.1 Szenario 1

Im ersten Szenario wird das Feld in der Länge (s_{SL}) unterteilt, wodurch Teilschläge mit einer kürzeren Schlaglänge und mehrere zusätzliche Vorgewende entstehen. Damit verbunden wird die Dreschmaschine am Vorgewende eines jeweiligen Teilschlags (bzw. zwischen zwei Teilschlägen) platziert. Am Ende der Feldbreite setzt die Dreschmaschine innerhalb des Feldes zum nächsten Teilschlag um, woraus Umsetzzeiten resultieren. Die Umsetzzeiten sind mit Wendezeiten zu vergleichen und den Hilfszeiten in der Operativzeit zuzuordnen, wobei ein Teil der Umsetzzeiten parallel zum bearbeitenden Vorgang stattfindet. Zur Vermeidung eines (Teilschlag-) Rests erfolgt die Unterteilung der Schlaglänge durch einen ganzzahligen Divisor. Zur Ermittlung der optimalen Teilschlaglänge (s_{TSL}) erfolgt eine Variation des Divisors. Abb. 5.50 verdeutlicht dazu die Auswirkungen der Teilschlaglängen (s_{TSL}) auf die Zeit für die Fahrt zwischen der Dreschmaschine und dem Bestand (T_{22SW}), der Wendezeit (T_{21SW}) sowie auf die gesamte Umlaufzeit (T_{02SW}) eines selbstfahrenden Schneidwerks. Die Markierungen im Verlauf stellen die ganzzahligen Divisoren dar, ausgehend vom Wert 1 und einer (Teil-) Schlaglänge von 894,43 m.

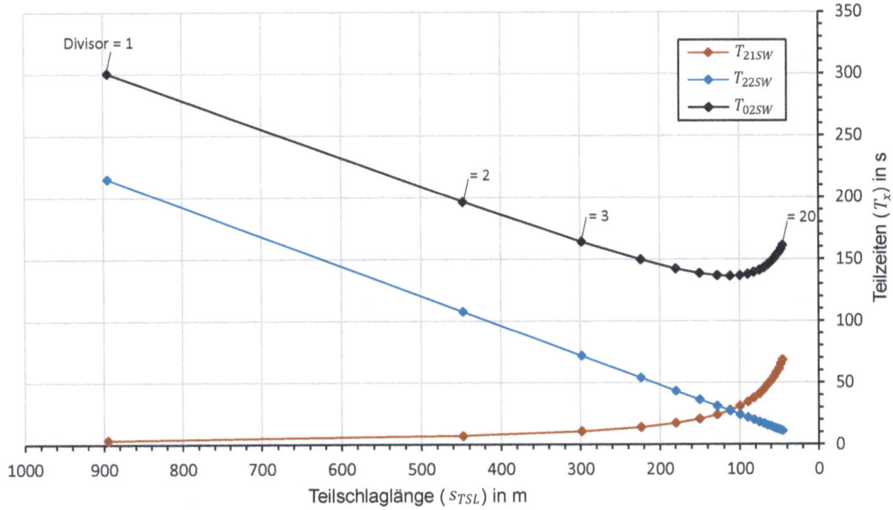

Abb. 5.50: *Teilzeiten eines selbstf. Schneidwerks in Abhängigkeit der Teilschlaglänge*

Mit einer Verkürzung der Teilschlaglänge (s_{TSL}) sinkt die Fahrzeit zwischen Dreschmaschine und Bestand (T_{22SW}) linear, da die durchschnittliche Distanz zwischen Dreschmaschine und Bestand der halben Teilschlaglänge entspricht (zurückgelegte Strecke für Hin- und Rückfahrt eines Umlaufs beträgt die volle Teilschlaglänge). Aufgrund der kürzeren Teilschlaglängen steigen die durchschnittlichen Wendezeiten (T_{21SW}) exponentiell an. Ab einem Divisor von 8 (s_{TSL} = 111,8 m) wird mehr Zeit für die Wendung als für die Fahrt zwischen der Dreschmaschine und dem Bestand aufgebracht. Dies hat zur Folge, dass die Umlaufzeit (T_{02SW}) mit einer weiteren Verkürzung der Teilschlaglänge wieder steigt. Die niedrigste Umlaufzeit wird mit dem Divisor 8 erreicht und beträgt 136,34 s, wobei die übrigen Teilzeiten unabhängig von der Teilschlaglänge konstant sind.

Im Hinblick auf die spezifischen Erntekosten (k_E) und Massenleistungen ($\dot{m}_{T02DM}$; $\dot{m}_{T02TE}$; $\dot{m}_{T02SW2}$; $\dot{m}_{T02SW3}$) ergeben sich, unter Berücksichtigung der Optimierungsmaßnahmen der Dreschmaschine (s.o.), die besten Ergebnisse für eine Anzahl (n_{SW}) von zwei und drei Schneidwerken (Abb. 5.51).

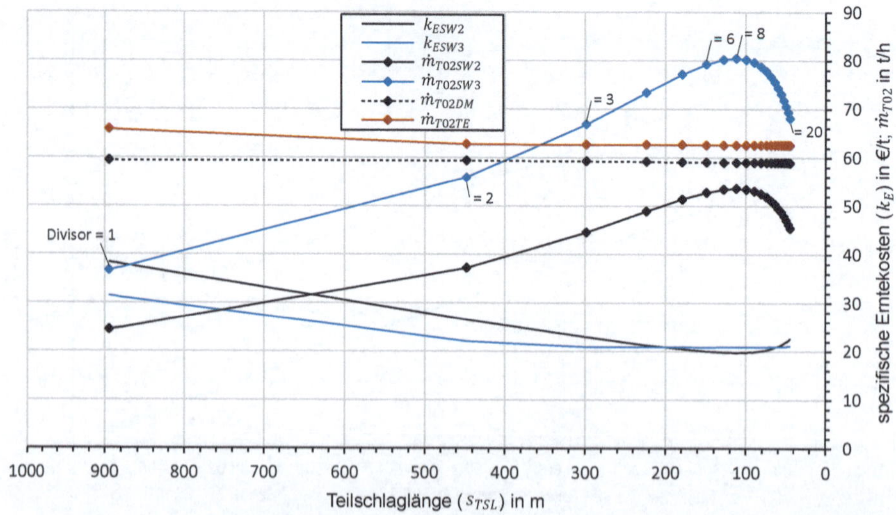

Abb. 5.51: *Spezifische Erntekosten und Massenleistungen in Abhängigkeit der Teilschlaglänge*

Die Massenleistung der Dreschmaschine ($\dot{m}_{T02DM}$) sowie der Transporteinheiten sind in der Operativzeit ($\dot{m}_{T02TE}$) unabhängig von der Anzahl der Schneidwerke. Jedoch sinken die beiden Massenleistungen in der Operativzeit ($\dot{m}_{T02DM}$ beeinflusst $\dot{m}_{T02TE}$) minimal, da die Dreschmaschine aufgrund der kürzeren Teilschlaglängen in Summe eine größere Distanz zum Umsetzen auf dem Feld (nach dem Rüstvorgang in der Operativzeit) zurücklegt bzw. die Anzahl an Umsetzvorgängen steigt. Die Erhöhung der Distanz resultiert aus der Verringerung der ersten und letzten Teilschlaglänge, weil sich die Start- und Endposition der Dreschmaschine zwischen den ersten beiden bzw. zwischen den letzten beiden Teilschlägen auf dem Feld befindet.

Die hervorgerufenen Änderungen der Umlaufzeit (T_{02SW}) haben eine direkte Auswirkung auf die Massenleistung der Schneidwerke ($\dot{m}_{T02SW}$). Da die geringste Umlaufzeit bei einer Teilschlaglänge (s_{TSL}) von 111,80 m (Divisor = 8) zu verzeichnen ist, erreicht die Massenleistung der selbstfahrenden Schneidwerke ($\dot{m}_{T02SW2}$; $\dot{m}_{T02SW3}$) dort das Maximum ($\dot{m}_{T02SW1}$ = 26,80 t/h ein Schneidwerk).

In Bezug auf den Einsatz von drei Schneidwerken werden die günstigsten spezifischen Erntekosten (k_{ESW3}) jedoch bei einer Teilschlaglänge von 149,07 m (Divisor = 6) erreicht und betragen 20,815 €/t. Das Optimum der spezifischen Erntekosten ist beim Einsatz von drei Schneidwerken nicht bei der höchsten Massenleistung der Schneidwerke ($\dot{m}_{T02SW1}$) zu verzeichnen, sondern bei einer Massenleistung eines selbstfahrenden Schneidwerks ($\dot{m}_{T02SW1}$) von 26,38 t/h. Die Ursache liegt in der unveränderten Prozesskettenleistung ($\dot{m}_{T25}$), welche durch die

Dreschmaschine determiniert wird, und in der geringeren Anzahl an Wendungen. Mit einem geringeren Divisor fallen weniger Wendungen an. Dies führt dazu, dass die Energiekosten der Schneidwerke bei einem höheren Divisor steigen, da der Leistungsbedarf während einer Wendung (Komponentenstatus: Schneidwerk und NKB-Verteiler im Leerlauf) höher ist als bei der Fahrt zwischen der Dreschmaschine und dem Bestand (Komponentenstatus: Schneidwerk und NKB-Verteiler sind inaktiv) und die Feldfahrgeschwindigkeit (v_{FF}) sowie die durchschnittliche Maschinenmasse ($\overline{m}_{SW}$) in beiden Maschinenzuständen gleich sind. Demgegenüber erhöhen sich mit abnehmender Massenleistung ($\dot{m}_{T02SW3}$) (Referenzmasse bleibt aufgrund annähernd konstanter $\dot{m}_{T025}$ gleich) die spezifischen Reparaturkosten im geringen Maße durch die steigenden Betriebsstunden (vgl. Gl. 4.46).

Trotz der nicht voll ausgelasteten Dreschmaschine sind die Kosten im Ernteverfahren mit zwei Schneidwerken niedriger als im Ernteverfahren mit drei Schneidwerken. Das Optimum wird bei einer Teilschlaglänge (s_{TSL}) von 111,80 m (Divisor = 8) erreicht, da mit dieser Teilschlaglänge die geringste Umlaufzeit (T_{02SW}) bzw. die höchste Massenleistung der Schneidwerke ($\dot{m}_{T02SW}$) von 53,60 t/h, welche gleichbedeutend mit der höchsten Massenleistung der Prozesskette ($\dot{m}_{T25}$) ist, einhergeht. Die spezifischen Erntekosten (k_{ESW2}) betragen dabei 19,763 €/t. Dies bedeutet, dass die Einsparung der Anschaffungskosten eines Schneidwerks, im jeweiligen Optimum, höher wiegt als die Reduktion der Erntemasse pro Jahr infolge der geringeren Prozesskettenleistung ($\dot{m}_{T25}$).

5.2.2.2 Szenario 2

Ein alternatives zweites Szenario zur Reduktion der Fahrstrecke könnte vorsehen, dass die Schlaglänge nicht in Teilschlaglänge unterteilt wird, sondern die Dreschmaschine den Schneidwerken in Bearbeitungsrichtung bzw. in Richtung der vollen Schlaglänge folgt. Die Fortbewegung der Dreschmaschine entlang der Schlaglänge soll parallel zur Bearbeitung des Erntegutes erfolgen, sodass die Massenleistung der Dreschmaschine in der Operativzeit ($\dot{m}_{T02DM}$) nicht beeinflusst wird. Beim Erreichen des Vorgewendes setzt die Dreschmaschine in Abhängigkeit der eingesetzten Schneidwerksanzahl in die nächste Spur um. Wie im Szenario 1 sind die resultierenden Umsetzzeiten mit Wendezeiten zu vergleichen und den Hilfszeiten in der Operativzeit zuzuordnen sind. Da das Umsetzen partiell mit Fortbewegung in Schlagrichtung erfolgt, findet ein Teil der Umsetzzeiten parallel zum bearbeitenden Vorgang statt. Eine Variation der Schneidwerksanzahl (n_{SW}) und deren Auswirkungen auf die spezifischen Erntekosten (k_E) und die Massenleistungen ($\dot{m}_{T02DM}$; $\dot{m}_{T02TE}$; $\dot{m}_{T02SW}$) werden für dieses Szenario in Abb. 5.52 visualisiert (n_{DM} = 1; n_{TE} = 2).

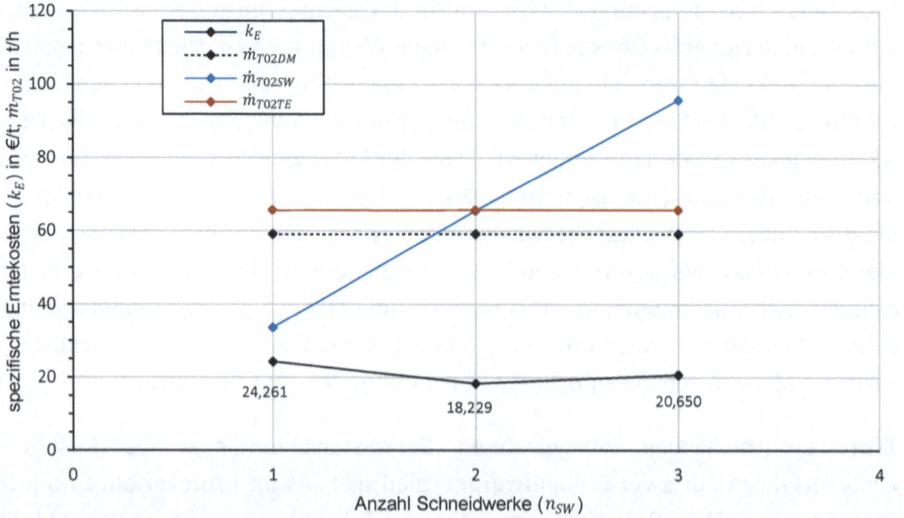

***Abb. 5.52:** Spezifische Erntekosten und Massenleistung in Abhängigkeit der Anzahl selbstfahrender Schneidwerke*

Mit einer steigenden Anzahl an Schneidwerken nimmt die Massenleistung der Dreschmaschine in der Operativzeit ($\dot{m}_{T02DM}$) minimal zu, da sich die Gesamtstrecke zum Umsetzen am Vorgewende mit einer steigenden Anzahl um jeweils eine Arbeitsbreite/Schneidwerksbreite (s_{AB}) verringert. Da die Transporteinheit nicht mit einer Bunkerfüllung der Dreschmaschine gefüllt ist, resultiert die restliche Befüllzeit aus der Massenleistung der Dreschmaschine in der Operativzeit ($\dot{m}_{T02DM}$). Da diese leicht ansteigt, verringert sich die Umlaufzeit der Transporteinheit (T_{02TE}) bzw. die Massenleistung in der Operativzeit ($\dot{m}_{T02TE}$) steigt. Die Fahrstecke der Schneidwerke zwischen Bestand und Dreschmaschine (Hin- und Rückfahrt) resultiert aus der Erntestrecke zur Befüllung eines Schneidwerkbunkers und der Gesamtarbeitsbreite aller Schneidwerke, was der Strecke quer zur Bearbeitungsrichtung entspricht. Demnach erhöht sich mit steigender Anzahl die Strecke bzw. die Fahrzeit (T_{22SW}) quer zur Bearbeitungsrichtung. Dadurch nimmt die Massenleistung der Schneidwerke ($\dot{m}_{T02SW}$) mit zunehmender Anzahl der Schneidwerke nicht linear zu.

Das Optimum im Hinblick auf die spezifischen Erntekosten von 18,229 €/t ergibt sich bei einer Anzahl von zwei Schneidwerken. Die dazugehörige Massenleistung in der Operativzeit ($\dot{m}_{T02SW1}$) beträgt je Schneidwerk 32,70 t/h, was einem Nutzungsgrad ($\tau_{\dot{m}T02/T1SW}$) von 34,06 % entspricht. Der Nutzungsgrad der Dreschmaschine ($\tau_{\dot{m}T02/T0DM}$) beläuft sich in diesem beschriebenen Szenario auf 98,58 %, welcher aus einer Massenleistung ($\dot{m}_{T02SW}$) von 59,15 t/h resultiert. Die

Massenleistung der Dreschmaschine in der Grundzeit ($\dot{m}_{T1SW}$) kann in der Operativzeit nicht voll ausgeschöpft werden, da anteilige Hilfszeiten zum Umsetzen beim Erreichen des Vorgewendes anfallen.

5.2.2.3 Ergebnis der Szenarien

Die aufgeführten Maßnahmen verdeutlichen, dass sowohl die Leistungsfähigkeit der Dreschmaschine als auch die der Schneidwerke gesteigert werden können. Im direkten Vergleich der beiden Szenarien zur Reduzierung der Fahrzeit zwischen Bestand und Dreschmaschine können mit dem Szenario 2 (Dreschmaschine folgt Schneidwerken in Bearbeitungsrichtung) bessere Resultate erzielt werden als im Szenario 1 (Teilschläge). Dies ist vor allem auf die höhere Massenleistung ($\dot{m}_{T02SW}$) bzw. auf die kürzere Umlaufzeit (T_{02SW}) (Abb. 5.53) des Schneidwerks zurückzuführen.

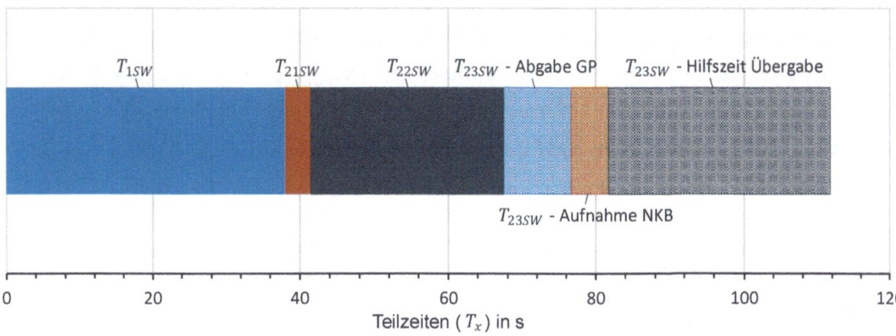

Abb. 5.53: *Teilzeiten je Umlauf eines Schneidwerks – Szenario 2 mit zwei Schneidwerken*

Bei beiden Szenarien kann im Vergleich zur Ausgangssituation die Fahrzeit zwischen Bestand und Dreschmaschine (T_{22SW}) signifikant reduziert werden. Im Szenario 2 wird aufgrund der geringen Anzahl an Vorgewenden jedoch die durchschnittliche Wendezeit (T_{21SW}) nicht durch die getätigten Maßnahmen beeinflusst bzw. verschlechtert, woraus die kürzeren Umlaufzeiten (T_{02SW}) resultieren. Infolge der Maßnahmen reduziert sich die T_{22SW} im Szenario 2 im Vergleich zur Ausgangsituation um 188 s. Durch die Maßnahmen wird ein Optimum im Szenario 2 mit zwei Schneidwerken identifiziert. Im Vergleich zur Ausgangssituation mit der Standardparametrisierung können damit folgende Verbesserungen im Hinblick auf die spezifischen Erntekosten (k_E), die Massenleistung der Dreschmaschine ($\dot{m}_{T02DM}$) und die Massenleistung der Schneidwerke ($\dot{m}_{T02SW}$) erzielt werden (Tab. 5.2).

Tab. 5.2: *Gegenüberstellung der Bewertungsgrößen Ausgangssituation und Optimum*

Bewertungsgröße	Erntekosten in t/h	$\dot{m}_{T02DM}$ in t/h	$\tau_{\dot{m}T02/T0DM}$	$\dot{m}_{T02SW}$ in t/h	$\dot{m}_{T02SW1}$ in t/h	$\tau_{\dot{m}T02/T0SW}$	n_{SW}
Ausgangssituation	27,842	51,09	85,16%	48,66	12,17	12,67%	4
Optimum	18,229	59,15	98,59%	65,40	32,70	34,06%	2
Verbesserung	**34,53%**	**15,77%**		**34,40%**	**168,79%**		**50,00%**

Die Maßnahmen haben dazu geführt, dass sich die spezifischen Erntekosten um 34,53 % auf 18,229 €/t reduziert haben. Dies ist maßgeblich auf eine Erhöhung der Prozesskettenleistung ($\dot{m}_{T25}$) bei einer gleichzeitigen Reduzierung der Kosten durch die Verringerung der Schneidwerksanzahl (n_{SW}) zurückzuführen. Beide Effekte haben ihren Ursprung in der Steigerung der Massenleistung. Zum einen hat die Erhöhung der Massenleistung ($\dot{m}_{T02SW1}$) bzw. die Steigerung des Nutzungsgrades ($\tau_{\dot{m}T02/T0SW}$) eines Schneidwerkes von 168,79 % dazu geführt, dass mehr Massenleistung ($\dot{m}_{T02SW}$) mit nur der Hälfte an Schneidwerken einhergeht und damit die Massenleistung der Dreschmaschine ($\dot{m}_{T02DM}$) übersteigt. Zudem wird durch die Maßnahmen die Massenleistung der Dreschmaschine ($\dot{m}_{T02DM}$) um 15,77 % auf 59,15 t/h erhöht. Dadurch wird die Prozesskettenleistung ($\dot{m}_{T025}$) von 48,66 t/h auf 59,15 t/h gesteigert.

Das identifizierte Optimum inkl. der damit verbundenen Verfahrensweise stellt für die weiteren Untersuchungen eine neue modifizierte Ausgangsbasis für das Erntekonzept *Selbstfahrende Schneidwerke* dar (vgl. 9.1.3 Modifizierte Standardparametrisierung Erntekonzept *Selbstfahrende Schneidwerke* - Verfahren). Zum einen dient die modifizierte Ausgangsbasis dazu, einen Vergleich zum Erntekonzept des selbstfahrenden Mähdreschers zu ziehen und die Unterschiede infolge der Verfahrensänderung zu identifizieren. Zum anderen erfolgen auf dieser Basis weitere Untersuchungen im Hinblick auf eine höhere Leistungsfähigkeit des Konzepts und in Bezug auf die Anschaffungspreise.

Im Hinblick auf die spezifischen Erntekosten (k_E) des Optimums von 18,228 €/t entfallen 5,456 €/t (k_{ESW}) auf die selbstfahrenden Schneidwerke, 8,717 €/t auf die Dreschmaschine (k_{EDM}), 2,237 €/t auf die Transporteinheiten (k_{ETE}) und 1,818 €/t auf die Opportunitätskosten (k_O). Die spezifischen Opportunitätskosten werden aufgrund der Modularität des Konzepts, im Vergleich zum Mähdrescher, einzeln ausgewiesen und sind nicht in den spezifischen Erntekosten der Maschinentypen inkludiert. Im Vergleich zu den Referenzkosten des Erntekonzepts *Mähdrusch* von 14,257 €/t verschlechtern sich die spezifischen Erntekosten durch die Verfahrensänderung (Erntekonzept *Selbstfahrende Schneidwerke*) um 3,971 €/t bzw. um 27,85 %. Trotz einer höheren Massenleistung der Prozesskette ($\dot{m}_{T25}$) überwiegen die Mehrkosten für die selbstfahrenden Schneidwerken.

Die Massenleistung in der Grundzeit ($\dot{m}_{T1DM}$) beträgt genau wie beim selbstfahrenden Mähdrescher 59,4 t/h. Aufgrund der wesentlich niedrigeren Hilfszeiten, infolge des teilweise parallelen Umsetzens während der Bearbeitung, wird eine Massenleistung von 59,15 t/h in der Operativzeit ($\dot{m}_{T02DM}$) erreicht (vgl. Referenzkonzept *Mähdrusch* $\dot{m}_{T02MD}$ = 56,26 t/h), was einem Nutzungsgrad ($\tau_{\dot{m}T02/T0DM}$) von 98,58 % entspricht und einer Verbesserung von 5,13 % (bzw. 4,81 Prozentpunkte) zum Mähdrescher (vgl. Referenzkonzept *Mähdrusch* $\tau_{\dot{m}T02/T0MD}$ = 93,77 %) gleichkommt. Die Massenleistung in Bezug auf die Gesamtarbeitszeit ($\dot{m}_{T08DM}$) kann dabei um 2,29 t/h bzw. um 4,93 % auf 48,76 t/h gesteigert werden.

Der benötigte spezifische Energiebedarf des Optimums beträgt für die Ernte ($w_{mGesamt}$) in Summe 29,25 kWh/t und damit 0,46 kWh/t mehr als beim Referenzkonzept. Vom spezifischen Gesamtenergiebedarf entfallen 3,23 kWh/t auf die Schneidwerke (w_{mSW}), 20,97 kWh/t auf die Dreschmaschine (w_{mDM}) und 5,05 kWh/t auf die Transporteinheiten (w_{mTE}). Im Vergleich zum Referenzkonzept stellt die Kombination aus selbstfahrenden Schneidwerken und Dreschmaschine das Pendant zum selbstfahrenden Mähdrescher dar. Diese Kombination bzw. die Summe aus dem jeweiligen spezifischen Energiebedarf (w_{mSWDM}) muss zum Vergleich mit dem Mähdrescher herangezogen werden und beträgt 24,20 kWh/t. Im Vergleich zum Mähdrescher benötigt die Kombination aus selbstfahrenden Schneidwerken und Dreschmaschine 0,97 kWh/t mehr als der Mähdrescher (w_{mMD}). Durch die Modularität des Systems entfallen bei der Dreschmaschine, im Vergleich zum Mähdrescher, der Energiebedarf für das angebaute Schneidwerk und den Spreuverteiler. Zudem reduziert sich die zurückgelegte Stecke auf dem Feld aufgrund der höheren effektiven Arbeitsbreite, was sich ebenfalls positiv auf den Energiebedarf der Dreschmaschine auswirkt. Gleichzeitig hat die Modularität jedoch den Effekt, dass die Hilfszeiten durch die selbstfahrenden Schneidwerke bzw. die damit verbundenen Fahrstrecken pro Erntemasse steigen, was der absoluten Einsparung entgegenwirkt. Zudem wird durch die Ernte der Ganzpflanze und dem Verteilen des Häckselstrohs mehr Pflanzenmasse in Bezug auf die geerntete Masse an Korn auf dem Feld transportiert. Des Weiteren führt das modulare Konzept und die Ernte der Ganzpflanze zu einer komplexeren Führung des Stoffstroms, sodass mehr bewegende Prozesse, die Energie benötigen, ausgeführt werden. Aufgrund der überwiegenden negativen Effekte ist der benötigte spezifische Energiebedarf hinsichtlich der Kombination aus selbstfahrenden Schneidwerken und Dreschmaschine höher als beim Mähdrescher. Die Reduzierung des spezifischen

Energiebedarfs der Transporteinheit resultiert im Vergleich zum Referenzkonzept aus der gesteigerten Massenleistung und der höheren effektiven Arbeitsbreite, wodurch sich die Wege auf dem Feld zum Beladen und Wenden reduzieren.

Aufgrund der gestiegenen Massenleistung in der Gesamtarbeitszeit ($\dot{m}_{T08DM}$), erhöht sich im gleichen Maße die jährliche Erntefläche (a_a) um 4,93 % auf 935,8 ha/a. Damit einhergehend steigt die jährliche Erntemasse (m_a) auf 9.264 t/a.

5.2.3 Variation: Massenleistungen & Anschaffungspreise

Die Konfiguration der Konstruktionsparameter der zuvor untersuchten Szenarien orientiert sich an der Standardparametrisierung des Mähdreschers (Referenzkonzept), um die Ergebnisse im Hinblick auf die reine Verfahrens- bzw. Konzeptänderung bewerten zu können. Da es sich bei diesem Erntekonzept um eine Vision handelt, gehen mit den Potenzialen dieses Erntekonzepts die Anforderungen an die weitere Entwicklung einher. Vor allem sind dabei die Dimensionierung für die Bewertung und das Ableiten nächster Entwicklungsschritte zur Konzeptumsetzung entscheidend. Aus Sicht eines Maschinenbauunternehmens ist die Relation von installierter Massenleistung zum Anschaffungspreis von Bedeutung, da sich daraus die Zielherstellkosten und der unternehmerische Gewinn ableiten lassen. Durch eine Variation von Anschaffungspreis und Massenleistungen, werden sowohl im Hinblick auf die selbstfahrenden Schneidwerke als auch für die Dreschmaschine Kennfelder ermittelt, die zur Bewertung des Erntekonzepts genutzt werden.

Zur Bewertung der Mehrleistung werden die Konstruktionsparameter der Dreschmaschine dahingehend optimiert, dass die installierte Massenleistung ($\dot{m}_{T0DM}$) voll ausgeschöpft werden kann. Dies hat zur Folge, dass die Konstruktionsparameter im Hinblick auf die Stoffstromübergabe so optimiert werden bzw. an eine Mehrleistung angepasst werden, dass diese Vorgänge die installierte (Bearbeitungs-) Leistung nicht schmälern. Auf Basis der Erkenntnisse der vorangegangenen Parametervariation des selbstfahrenden Mähdreschers wird im Hinblick auf die Dreschmaschine das Bunkervolumen für Korn (V_{KT}) von 12.500 l (9.375 kg) auf 26.700 l (20.025 kg) sowie die Abtankleistung des Korns ($\dot{m}_{DMaus1}$), von 351 t/h (97,5 kg/s bzw. 130 l/s) auf 360 t/h angehoben (vgl. 9.1.3 Modifizierte Standardparametrisierung Erntekonzept *Selbstfahrende Schneidwerke*).

Zur Ermittlung der Kennfelder werden alle Maschinentypen zunächst unabhängig voneinander betrachtet, damit die selbstfahrenden Schneidwerke und die Dreschmaschine einzeln genauer analysiert und die spezifischen Erntekosten je Maschinentyp ausgewiesen werden können. Die Anpassung der genannten

Konstruktionsparameter hat zur Folge, dass keine Wechselwirkungen zwischen den beteiligten Maschinentypen im Hinblick auf die Massenleistung in der Operativzeit ($\dot{m}_{T02}$) durch die Stoffstromübergabe auftreten. Die Anzahl der Schneidwerke beeinflusst minimal die absolute Umsetzstrecke der Dreschmaschine am Vorgewende (s.o.). Daher wird zur Vermeidung einer Wechselwirkung auf die $\dot{m}_{T02DM}$, die Umsetzstrecke als konstant angenommen. Die Strecke beträgt 267 m, was der Umsetzstrecke bei einer Anzahl von 15 Schneidwerken entspricht. Die konstante Umsetzstrecke wirkt sich auf die spezifischen Erntekosten (k_{EDM}) mit einer Verbesserung von maximal 0,01 €/t im Vergleich zur dynamischen Anpassung durch die Schneidwerksanzahl aus. Aufgrund des geringen Betrags werden die Einsparungen vernachlässigt.

Die spezifischen Erntekosten der Prozesskette stellen die Summe der Gesamtkosten je Maschinentyp und der Opportunitätskosten dar. Das Verlustniveau beträgt für die nachfolgende Untersuchung 1 %, demnach belaufen sich die spezifischen Opportunitätskosten (k_O) im aufgeführten Szenario auf 1,818 €/t. Der Fokus der nachfolgenden Untersuchung liegt auf der Analyse der Schneidwerke und Dreschmaschine. Da jeder Maschinentyp einzeln betrachtet werden kann, wird für Transporteinheiten ein konstantes Optimum in Bezug auf die spezifischen Erntekosten des Maschinentyps (k_{ETE}) angenommen. Unter Annahme, dass die eingesetzten Transporteinheiten permanent an deren Auslastungsgrenze betrieben werden, beträgt das Optimum der spezifischen Transportkosten (k_{ETE}), unter den gegebenen Rahmenbedingungen, 1,606 €/t. Aufgrund des angepassten Bunkervolumen der Dreschmaschine für Korn (V_{KT}) ist die Transporteinheit mit einer Entleerung vollständig befüllt, sodass die Massenleistung in der Operativzeit ($\dot{m}_{T02DM}$) die spezifischen Transportkosten (k_{ETE}) nicht beeinflusst.

Mit Hilfe der ermittelten Kennfelder können zu unterschiedlichen Ausgangssituationen die entsprechenden Massenleistungen, die spezifischen Erntekosten je Maschinentyp oder die Anschaffungspreise ermittelt werden. Dabei hängen die variablen Größen wie folgt zusammen: Ausgehend von der installierten Massenleistung der Dreschmaschine ($\dot{m}_{T0DM}$) respektive der Erntegeschwindigkeit der Schneidwerke (v_{Ernte}) wird der Bezug zur Massenleistung in der Operativzeit ($\dot{m}_{T02}$) hergestellt. Auf Basis der Massenleistung in der Operativzeit werden anhand variierender Anschaffungskosten die spezifischen Erntekosten für den jeweiligen Maschinentyp ermittelt.

In Bezug auf die Massenleistung weist der Mähdrescher bei einer Kanalbreite von 1,7 m einen Referenzdurchsatz ($\dot{m}_{T0MD}$) von 60 t/h auf. Die Länge der Dreschmaschine (in Fahrtrichtung) soll 12 m betragen. Unter Berücksichtigung der benötigten Systemtechnik soll daraus eine effektive Kanalbreite von 10 m resultieren. Für die untersuchten Szenarien wird angenommen, dass die spezifische installierte Massenleistung in Bezug auf die Kanalbreite nicht steigt bzw., dass mit einer steigenden Kanalbreite keine überproportionale Steigerung der Massenleistung einhergeht. Nachfolgend wird daher die installierte Massenleistung ($\dot{m}_{T0DM}$) in einem Bereich von 60 t/h - 350 t/h betrachtet und damit eine konstante und sinkende spezifische installierte Massenleistung hinsichtlich der Kanalbreite berücksichtigt. Abb. 5.54 verdeutlicht dazu die Massenleistung in der Operativzeit ($\dot{m}_{T02DM}$) in Abhängigkeit der installierten Massenleistung ($\dot{m}_{T0DM}$).

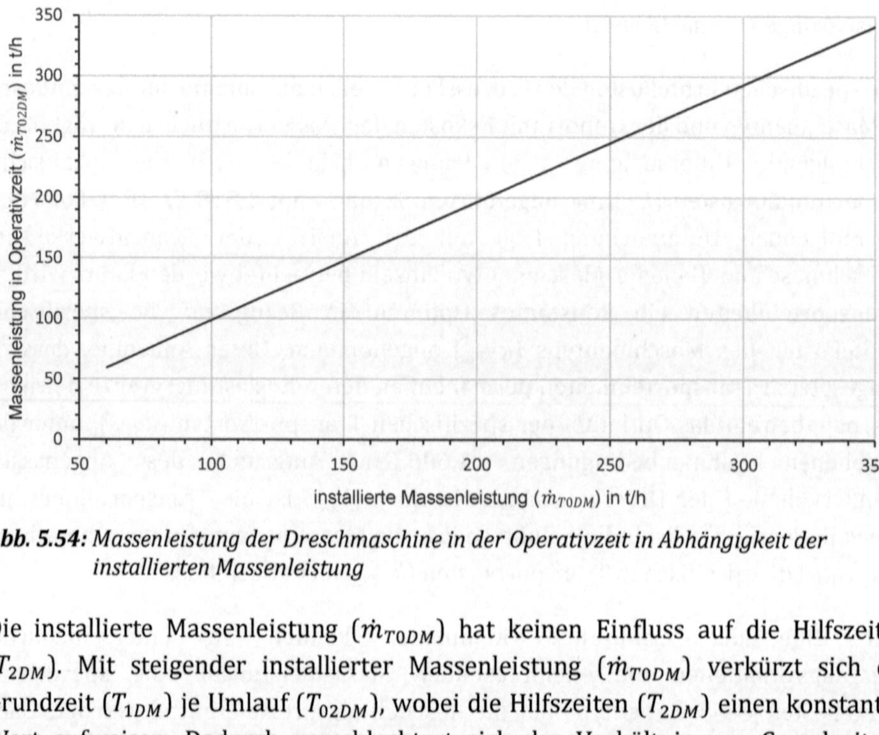

***Abb. 5.54:** Massenleistung der Dreschmaschine in der Operativzeit in Abhängigkeit der installierten Massenleistung*

Die installierte Massenleistung ($\dot{m}_{T0DM}$) hat keinen Einfluss auf die Hilfszeiten (T_{2DM}). Mit steigender installierter Massenleistung ($\dot{m}_{T0DM}$) verkürzt sich die Grundzeit (T_{1DM}) je Umlauf (T_{02DM}), wobei die Hilfszeiten (T_{2DM}) einen konstanten Wert aufweisen. Dadurch verschlechtert sich das Verhältnis von Grundzeit zu Hilfszeit und demzufolge der Nutzungsgrad $\tau_{\dot{m}T02/T0DM}$. Der Nutzungsgrad $\tau_{\dot{m}T02/T0DM}$ verringert sich im gezeigten Bereich in geringem Umfang von 98,7 % (bei $\dot{m}_{T0DM}$ = 60 t/h) auf 97,5 % (bei $\dot{m}_{T0DM}$ = 350 t/h) und damit um 1,1 %.

Ausgehend von einer variablen Massenleistung in der Operativzeit ($\dot{m}_{T02DM}$) verdeutlicht Abb. 5.55 deren Auswirkungen auf die spezifischen Erntekosten der Dreschmaschine (k_{EDM}) in Abhängigkeit des Anschaffungspreises (AP_{DM}).

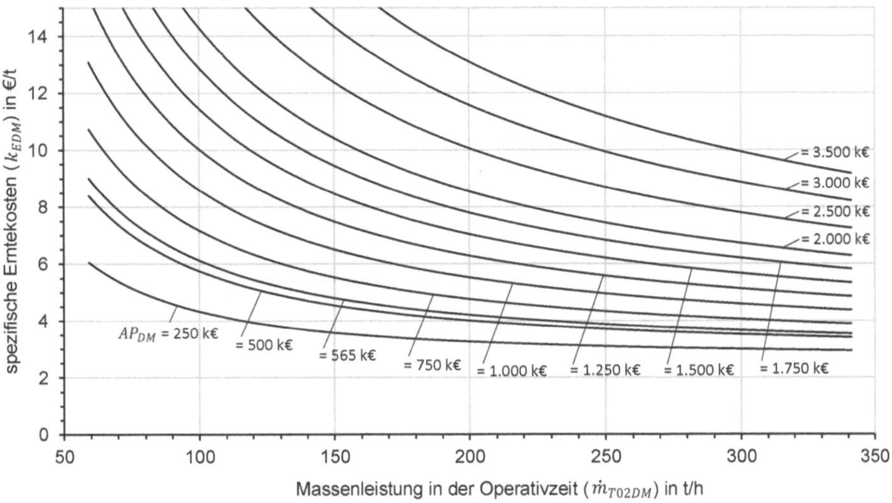

***Abb. 5.55:** Spezifische Erntekosten der Dreschmaschine in Abhängigkeit der Massenleistung in der Operativzeit und des Anschaffungspreises*

Bei den Verläufen ist zu verzeichnen, dass mit steigender Massenleistung ($\dot{m}_{T02DM}$) die spezifischen Erntekosten sinken und dabei zunehmend flacher abfallen. Die grundlegende spezifische Kostensenkung resultiert aus der gesteigerten Erntemasse bei einer konstanten jährlichen Nutzungsdauer. Der regressive Verlauf beruht hingegen auf der Verschlechterung des Nutzungsgrades mit zunehmender installierter Massenleistung ($\dot{m}_{T0DM}$). Neben dem Nutzungsgrad $\tau_{\dot{m}T02/T0DM}$ verschlechtert sich zudem der Nutzungsgrad $\tau_{\dot{m}T08/T0DM}$. Dies ist auf einen steigenden Anteil von nicht produktiven Zeiten zurückzuführen, da mit steigender Massenleistung der Anteil an Feldwechseln (T_{62DM}) und Rüstzeiten (T_{3DM}) zunimmt sowie prozentuale Störzeiten und Erholungszeiten in der Gesamtarbeitszeit (T_{08DM}) Berücksichtigung finden. Im Hinblick auf die Variation des Anschaffungspreises (AP_{DM}) wird zudem ersichtlich, dass die spezifischen Erntekosten bei einer konstanten Massenleistung ($\dot{m}_{T02DM}$) linear vom Anschaffungspreis abhängig sind.

Eine alternative Form der Analyse stellt die Berücksichtigung eines spezifischen Anschaffungspreises je installierter Massenleistung (ap_{DM}) anstelle der konstanten Anschaffungskosten unabhängig der installierten Massenleistung dar (Abb. 5.56).

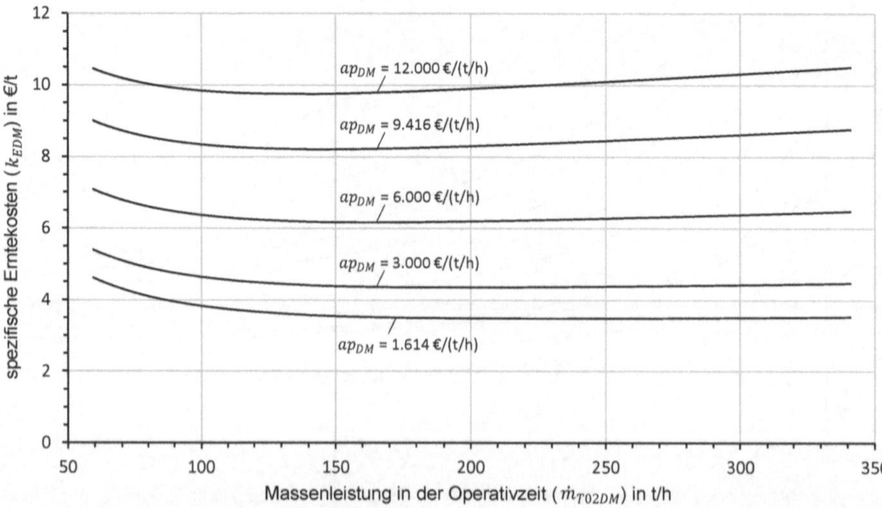

***Abb. 5.56:** Spezifische Erntekosten der Dreschmaschine in Abhängigkeit der Massenleistung sowie des spezifischen Anschaffungspreises*

Im Vergleich zum vorigen Kennfeld steigt der absolute Anschaffungspreis aufgrund der spezifischen Anwendung mit steigender Massenleistung proportional an. Die unterschiedlichen spezifischen Anschaffungspreise spiegeln den Mehrwert wider, der aufgrund von Synergieeffekten in der Funktions- und Systemtechnik im Hinblick auf die Anschaffungs- bzw. Herstellkosten zu erzielen wäre. Werden keine spezifischen Verbesserungen erzielt, entsprechen 9.416 €/(t/h) (ap_{DM}) der Ausgangssituation von 565.000 € bei einer installierten Massenleistung ($\dot{m}_{T0DM}$) von 60 t/h. Einen weiteren Grenzfall stellt ap_{DM} = 1.614 €/(t/h) dar. Diese spezifischen Anschaffungskosten unterstellen, dass bei gleichbleibendem Anschaffungspreis von 565.000 € eine installierte Massenleistung ($\dot{m}_{T0DM}$) von 350 t/h erzielt werden kann.

Wie zuvor beschrieben, steigen mit zunehmender Massenleistung die absoluten Anschaffungskosten proportional an. Da sich jedoch der Nutzungsgrad ($\tau_{\dot{m}T08/T0DM}$) mit zunehmender Massenleistung ($\dot{m}_{T02DM}$ bzw. $\dot{m}_{T0DM}$) verschlechtert, verbessern sich die spezifischen Erntekosten nicht zwangsläufig mit einer zunehmenden Massenleistung. Dabei ist festzuhalten, dass mit geringeren spezifischen Anschaffungskosten ein Optimum der spezifischen Erntekosten bei höheren Massenleistungen ($\dot{m}_{T02DM}$) erzielt wird. Daraus leitet sich ab, dass mit sinkenden spezifischen Anschaffungskosten, die jeweiligen zu erzielenden Optima ebenfalls sinken (Abb. 5.57).

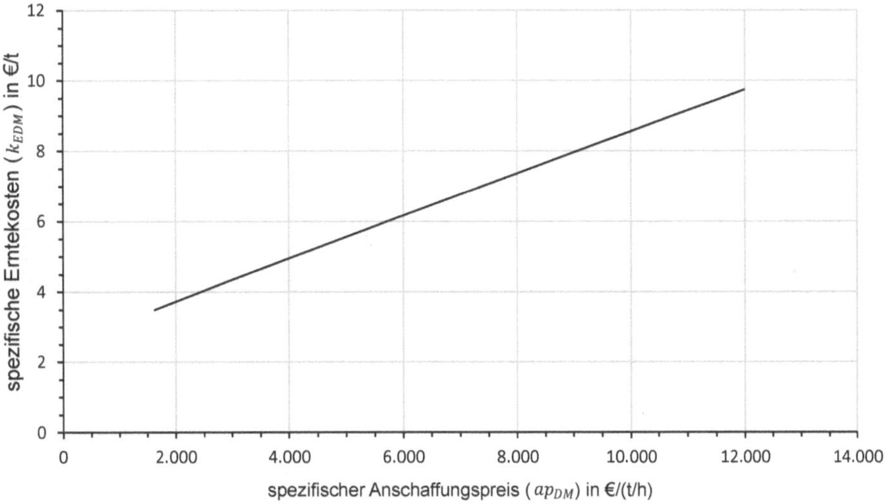

Abb. 5.57: *Zu erreichende Optima der spezifischen Erntekosten in Abhängigkeit des spezifischen Anschaffungspreises (unterschiedliche Massenleistungen)*

Das Optimum für einen spezifischen Anschaffungspreis von 9.416 €/(t/h) liegt bei 8,21 €/t und einer installierten Massenleistung ($\dot{m}_{T0DM}$) von 143 t/h bzw. bei einer Massenleistung in der Operativzeit ($\dot{m}_{T02DM}$) von 140,6 t/h. Im Gegensatz dazu werden bei ap_{DM} = 1.614 €/(t/h) spezifische Erntekosten von 3,49 €/t bei einer installierten Massenleistung ($\dot{m}_{T0DM}$) von 232,0 t/h bzw. bei einer Massenleistung in der Operativzeit ($\dot{m}_{T02DM}$) von 227,4 t/h erzielt.

Analog zu der Dreschmaschine werden nachfolgend äquivalente Kennfelder für die selbstfahrenden Schneidwerke vorgestellt (Abb. 5.58).

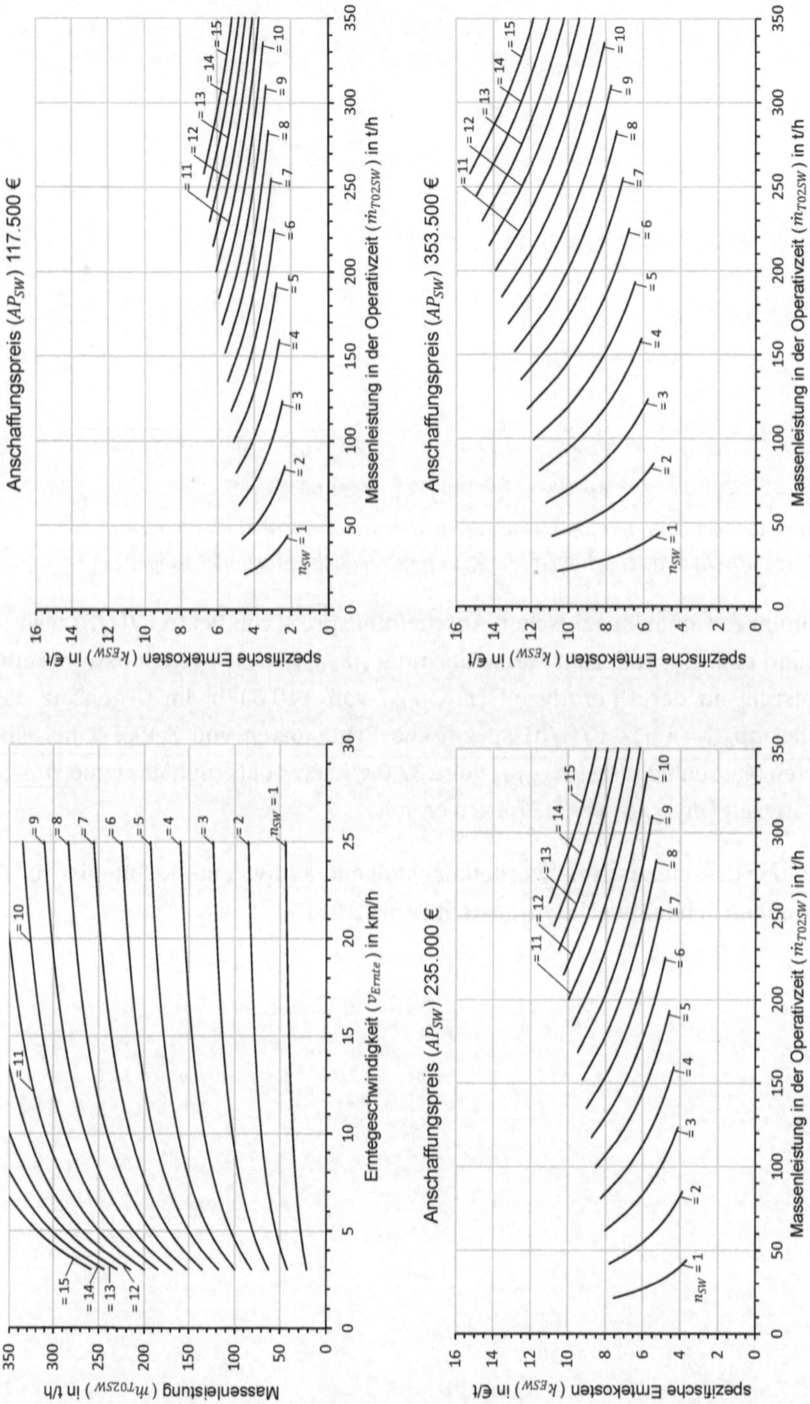

***Abb. 5.58:** Massenleistung in der Operativzeit und der spezifischen Erntekosten in Abhängigkeit der Schneidwerksanzahl und Erntegeschwindigkeit*

Die Massenleistung in der Grundzeit ($\dot{m}_{T1SW}$ bzw. $\dot{m}_{T0SW}$) wird durch die Erntegeschwindigkeit (v_{Ernte}) der Schneidwerke (konstant: Schneidwerksbreite s_{AB} = 12 m; Kornertrag $\overline{m}_{AKorn}$ = 10 t/ha) variiert. Der Betriebsparameter Erntegeschwindigkeit bildet damit eine direkte Einflussgröße auf die Massenleistung in der Operativzeit ($\dot{m}_{T02SW}$). Dementsprechend wird die Massenleistung in der Operativzeit ($\dot{m}_{T02SW}$) als Funktion der Erntegeschwindigkeit dargestellt. Durch die steigende Erntegeschwindigkeit verhält sich die Grundzeit bzw. die reine Erntezeit zunehmend flacher abfallend, was wiederum zur Folge hat, dass die Massenleistung $\dot{m}_{T02SW}$, bei konstant bleibenden Hilfszeiten, zunehmend flacher ansteigt.
Aufgrund der Modularität des Systems ist es zudem erforderlich, neben der Massenleistung und dem Anschaffungspreis, den Betrachtungsrahmen um die Dimension der Schneidwerksanzahl (n_{SW}) zu erweitern, wobei gleiche Gesamtdurchsätze ($\dot{m}_{T02SW}$) mit einer divergierenden Anzahl an Schneidwerken und den damit verbundenen unterschiedlichen Massenleistungen des einzelnen Schneidwerks ($\dot{m}_{T02SW1}$) realisiert werden können.

Im Hinblick auf die wirtschaftlichste Variante sollte bei gleicher Massenleistung ($\dot{m}_{T02SW}$) die niedrigere Schneidwerksanzahl für die Prozesskettenkonfiguration gewählt werden, um die günstigsten spezifischen Erntekosten zu erzielen. Mit steigender Massenleistung ($\dot{m}_{T02SW}$) nehmen dabei die spezifischen Erntekosten zunehmend flacher ab. Eine Steigerung des Anschaffungspreises hat zur Folge, dass die spezifischen Erntekosten (k_{ESW}) steigen, jedoch mit steigender Massenleistung ($\dot{m}_{T02SW}$) stärker abnehmen. Der Anstieg der spezifischen Erntekosten verhält sich dabei in Relation zum Anschaffungspreis linear.

Nachfolgend werden die Kennfelder an drei Szenarien exemplarisch angewandt. Die spezifischen Erntekosten (k_E) setzen sich aus den spezifischen Erntekosten der Dreschmaschine (k_{EDM}), der selbstfahrenden Schneidwerken (k_{ESW}), der Transporteinheiten (k_{ETE} = 1,606 €/t) und den spezifischen Opportunitätskosten (k_O = 1,818 €/t) zusammen. Im Rahmen der Kennfeldanwendung bzw. der Untersuchung von unterschiedlichen Szenarien ist darauf zu achten, dass bei allen Maschinentypen die gleiche Massenleistung in der Operativzeit ($\dot{m}_{T02}$) erreicht wird, damit die anfallenden Kosten derselben Massenreferenz zuzuordnen sind.

<u>Szenario I</u>

- Gegeben:
    - Anschaffungspreis einer Dreschmaschine (AP_{DM}): 1.250.000 €
    - Anschaffungspreis eines Schneidwerks (AP_{SW}): 235.000 €
    - Installierte Massenleistung der Dreschmaschine ($\dot{m}_{T0DM}$): 200 t/h

- Gesucht:
  - Spezifische Erntekosten der Dreschmaschine (k_{EDM})
  - Günstigste spezifische Erntekosten (k_E) und Konfiguration (Anzahl (n_{SW}) & Erntegeschwindigkeit (v_{Ernte})) für den Maschinentyp der selbstfahrenden Schneidwerke

- Anwendung:
  - DM: Bei einer installierten Massenleistung ($\dot{m}_{T0DM}$) der Dreschmaschine von 200 t/h leitet sich eine Massenleistung in der Operativzeit ($\dot{m}_{T02DM}$) von 196,3 t/h ab (vgl. Abb. 5.54). In Kombination mit dem Anschaffungspreis belaufen sich die spezifischen Erntekosten der Dreschmaschine (k_{EDM}) auf 6,348 €/t (vgl. Abb. 5.55).
  - SW: Um eine Massenleistung von 196,3 t/h in der Operativzeit ($\dot{m}_{T02SW}$) zu erreichen, werden mindestens sechs Schneidwerke (n_{SW}) benötigt (vgl. Abb. 5.58). Bei einer Massenleistung ($\dot{m}_{T02SW}$) von 196,3 t/h betragen die günstigsten spezifischen Erntekosten (k_{ESW}) 5,441 €/t, wobei sechs Schneidwerke eingesetzt werden (vgl. Abb. 5.58; Anschaffungspreis (AP_{SW}): 235.000 €). Zur Erreichung der genannten Massenleistung ($\dot{m}_{T02SW}$) bedarf es bei sechs Schneidwerken einer Erntegeschwindigkeit (v_{Ernte}) von 11,4 km/h (vgl. Abb. 5.58).
  - Spezifische Erntekosten: Die Summe der spezifischen Erntekosten (k_E) betragen für dieses Szenario 15,213 €/t. Im Vergleich zu den Referenzkosten des Mähdreschers von 14,257 €/t geht mit diesem Szenario eine Kostensteigerung von 0,956 €/t einher.

Zur Egalisierung der Kostensteigerung wird im Szenario II der Anschaffungspreis (AP_{SW}) für ein Schneidwerk ermittelt, um die Referenzkosten von 14,257 €/t zu erzielen.

<u>Szenario II</u>

- Gegeben:
  - Anschaffungspreis einer Dreschmaschine (AP_{DM}): 1.250.000 €
  - Installierte Massenleistung der Dreschmaschine ($\dot{m}_{T0DM}$): 200 t/h
  - Spezifische Zielerntekosten (k_E): 14,257 €/t

- Gesucht: Anschaffungspreis eines Schneidwerks (AP_{SW})

- Anwendung: Unter Berücksichtigung der spezifischen Erntekosten der Dreschmaschine (k_{EDM}) von 6,348 €/t (vgl. Szenario I), der spezifischen Transportkosten (k_{ETE}), der spezifischen Opportunitätskosten (k_O) und den zu erreichenden Zielkosten (k_E) stehen 4,485 €/t als spezifische Erntekosten der

Schneidwerke (k_{ESW}) zur Verfügung. Aufgrund des linearen Zusammenhangs zwischen den spezifischen Erntekosten und dem Anschaffungspreis des Schneidwerks (AP_{SW}) sowie einer Erntegeschwindigkeit (v_{Ernte}) von 11,4 km/h (vgl. Szenario I) werden die spezifischen Zielerntekosten bei einem Anschaffungspreis (AP_{SW}) von 183.170 € pro selbstfahrendem Schneidwerk erreicht (vgl. Abb. 5.58).

Neben dem Anschaffungspreis des Schneidwerks (AP_{SW}) wird im Szenario III, analog zum Szenario II, der Anschaffungspreis für die Dreschmaschine (AP_{DM}) ermittelt.

<u>Szenario III</u>

- Gegeben:
    - Anschaffungspreis eines Schneidwerks (AP_{SW}): 235.000 €
    - Installierte Massenleistung der Dreschmaschine ($\dot{m}_{T0DM}$): 200 t/h
    - Spezifische Zielerntekosten (k_E): 14,257 €/t
- Gesucht: Anschaffungspreis der Dreschmaschine (AP_{DM})
- Anwendung: Unter Berücksichtigung der spezifischen Erntekosten der Schneidwerke (k_{ESW}) von 5,441 €/t (vgl. Szenario I), der spezifischen Transportkosten (k_{ETE}), der spezifischen Opportunitätskosten (k_O) und den zu erreichenden Zielkosten (k_E) stehen 5,392 €/t als spezifische Erntekosten der Dreschmaschine (k_{EDM}) zur Verfügung. Aufgrund des linearen Zusammenhangs zwischen den spezifischen Erntekosten (k_{EDM}) und den Anschaffungskosten der Dreschmaschine (AP_{DM}) sowie einer installierten Massenleistung ($\dot{m}_{T0DM}$) von 200 t/h bzw. einer $\dot{m}_{T02DM}$ von 196,3 t/h (vgl. Szenario I) werden die spezifischen Zielkosten (k_{EDM}) bei einem Anschaffungspreis (AP_{DM}) von 939.090 € erreicht (vgl. Abb. 5.55).

Tab. 5.3 fasst die Parametrisierung und die Ergebnisse der drei Szenarien zusammen.

Tab. 5.3: *Übersicht Parametrisierung und Ergebnisse der Szenarien des Erntekonzepts Selbstfahrende Schneidwerke*

Formelzeichen	Einheit	Szenario		
		I	II	III
AP_{SW}	€	235.000	183.170	235.000
AP_{DM}	€	1.250.000	1.250.000	939.090
$\dot{m}_{T0DM}$	t/h	200	200	200
$\dot{m}_{T02}$	t/h	196,3	196,3	196,3
n_{SW}	-	6	6	6
v_{Ernte}	km/h	11,4	11,4	11,4
k_{ESW}	€/t	5,441	4,485	5,441
k_{EDM}	€/t	6,348	6,348	5,392
k_{ETE}	€/t	1,606	1,606	1,606
k_O	€/t	1,818	1,818	1,818
k_E	€/t	15,213	14,257	14,257
Δk_E zu Referenzkonzept	€/t	0,956	0	0

5.3 Erntekonzept *Kompakternte*

Zusätzlich zu den Untersuchungen zum Erntekonzept *Mähdrusch* und *Selbstfahrende Schneidwerke* wird die Methode im Folgenden auf das Erntekonzept *Kompakternte* angewandt. Rumpler [2012, 2014, 2016] untersucht in praktischen Versuchen das alternative Erntekonzept (vgl. 2.2 Erntekonzepte). Das Erntekonzept der Kompakternte zeichnet sich dadurch aus, dass ein selbstfahrender Mähdrescher ohne Reinigung eingesetzt wird. Daraus resultiert, dass ein Gemisch aus Korn und NKB geerntet wird. Dem Gemisch werden zudem 25 % des aufgenommenen Strohs in gehäckselter Form hinzugefügt. Die Reinigung des Gemischs erfolgt stationär am Lager. Folglich werden mit dem Ernteverfahren neben Korn auch Nichtkornbestandteile als verwertungsfähiges Produkt eingelagert.

Gemäß der beschriebenen Vorgehensweise wird nachfolgend, auf Basis der vorgestellten Systemarchitektur, die Systembeschreibung mit Hilfe der Methode zur Abbildung des Erntekonzepts und mit der Methode zur Beschreibung des Systemverhaltens durchgeführt.

Anhand der Abb. 5.59 wird die Methode zur Abbildung des Erntekonzepts *Kompakternte* erläutert.

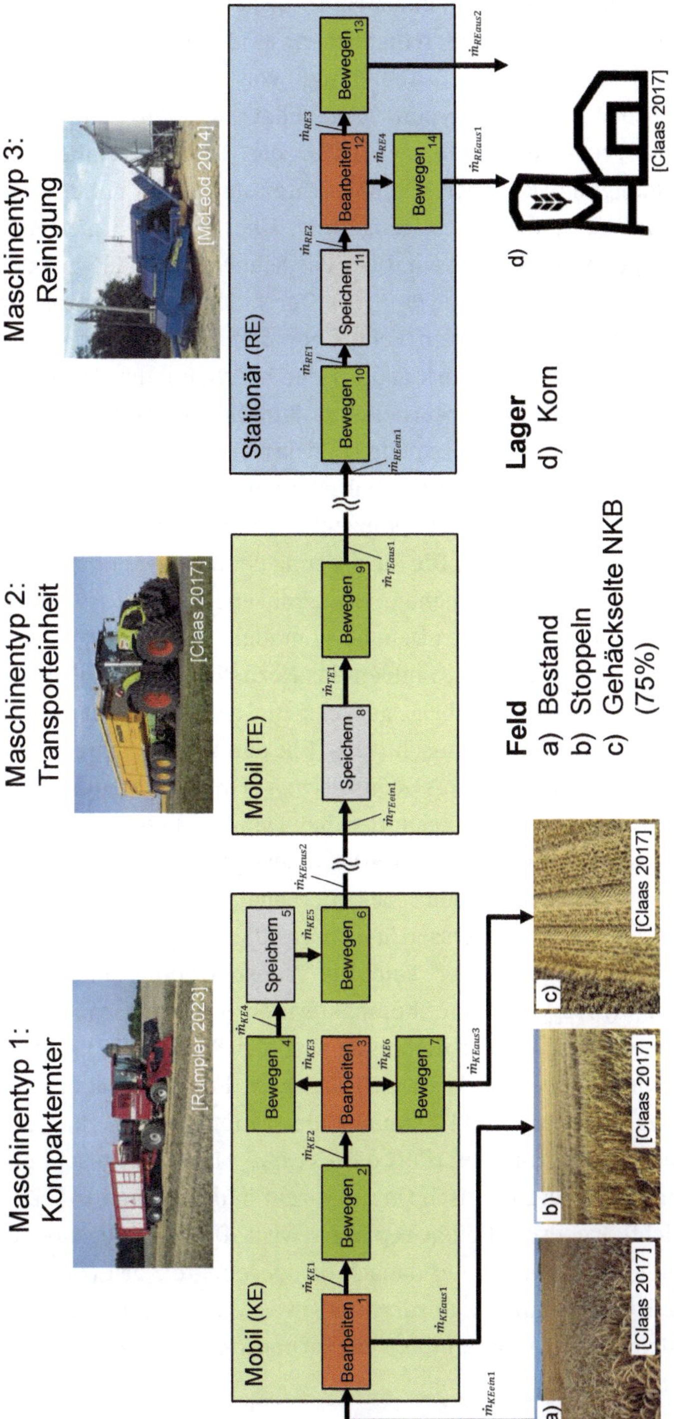

Abb. 5.59: Abbildung des Erntekonzepts Kompakternte

Das Erntekonzept der Kompakternte besteht, wie das vorangegangene Erntekonzept, aus drei unterschiedlichen Modulen, die nach Definition der entwickelten Methode zur Abbildung von Erntekonzepten durch drei unterschiedliche Maschinentypen abgebildet werden. Die Maschinentypen repräsentieren den Kompakternter (KE), die Transporteinheit (TE) und die stationäre Reinigung (RE). Der Kompakternter stellt eine mobile Arbeitsmaschine dar und weist bis auf die Reinigung (inkl. Überkehr) die gleichen integrierten Prozesse wie der Mähdrescher auf. Über das Schneidwerk (1) wird der Bestand (a) modelltechnisch aufgenommen ($\dot{m}_{KEein1}$). Durch den Schnittprozess verbleiben die Stoppeln (b) ($\dot{m}_{KEaus1}$) auf dem Feld. Über den Schrägförderer (2) werden die Pflanzen nach dem Schneidwerk ($\dot{m}_{KE1}$) der bearbeitenden Funktionstechnik (3) zugeführt ($\dot{m}_{KE2}$). Durch die bearbeitende Funktionstechnik werden die Pflanzen gedroschen, das Restkorn abgeschieden und das Stroh gehäckselt. Die bearbeitenden Komponenten Dreschwerk, Restkornabscheidung und Strohhäcksler werden im Rahmen der Abbildung des Erntekonzepts schematisch in einem bearbeitenden Vorgang (3) zusammengefasst. Die Ausprägung der bearbeitenden Funktionstechnik entspricht dem vorangegangenen Erntekonzept *Mähdrusch* und ist in der Modellbildung auf dem gleichen Detailgrad modelliert. Die Ausgangsmassenströme des bearbeitenden Vorgangs (3) bilden das Korn-NKB-Gemisch ($\dot{m}_{KE3}$) (inkl. 25 % gehäckseltem Stroh) und das übrige gehäckselte Stroh ($\dot{m}_{KE6}$). Durch einen Förderer (4) gelangt das Korn-NKB-Gemisch ($\dot{m}_{KE4}$) in den Gemischbunker (5). Ausgehend von diesem Speicher (5) wird das Gemisch ($\dot{m}_{KE5}$) mittels Übergabeeinheit (6) (hier: Kratzkettenförderer) an die Transporteinheit ($\dot{m}_{KEaus2}$) übergeben. Das gehäckselte Stroh ($\dot{m}_{KE6}$) wird mit Hilfe eines NKB-Verteilers (7) wieder auf dem Feld ($\dot{m}_{KEaus3}$) verteilt. Die Transporteinheit besteht analog zu den vorangegangenen Erntekonzepten aus den Prozessen Speichern (8) und Bewegen (9), welche in einer mobilen Maschinenart integriert sind. Die Transporteinheit übernimmt das Korn-NKB-Gemisch ($\dot{m}_{TEein1}$) vom Kompakternter und transportiert dieses zur stationären Reinigung. An der Reinigung wird der Speicher (8) mittels Kratzboden (9) entleert und das Gemisch an die stationäre Reinigung übergeben ($\dot{m}_{TEaus1}$). Mittels Kratzkettenförderer (10) nimmt die stationäre Reinigung das Korn-NKB-Gemisch ($\dot{m}_{REein1}$) auf und befördert dieses ($\dot{m}_{RE1}$) in den Gemischbunker (11). Aus dem Bunker gelangt das Gemisch ($\dot{m}_{RE2}$) direkt in die Reinigung (12), wo das Korn von den Nichtkornbestandteilen separiert wird. Die Ausgangsmassenströme des bearbeitenden Prozesses bilden danach das gereinigte Korn ($\dot{m}_{RE3}$) und die NKB ($\dot{m}_{RE4}$). Durch einen Schneckenförderer (13) verlässt das Korn ($\dot{m}_{REaus2}$) bzw. durch ein Förderband (14) verlassen die Nichtkornbestandteile ($\dot{m}_{REaus1}$) die stationäre Reinigung ins Lager (d).

Zur verbesserten Übersichtlichkeit werden nachfolgend die Hauptmassenströme den Stoffstrombestandteilen gegenübergestellt:

Ganzpflanze: $\dot{m}_{KE1}$; $\dot{m}_{KE2}$

Korn-NKB-Gemisch: $\dot{m}_{KE3}$; $\dot{m}_{KE4}$; $\dot{m}_{KE5}$; $\dot{m}_{KEaus2}$; $\dot{m}_{TEein1}$; $\dot{m}_{TE1}$; $\dot{m}_{TEaus1}$; $\dot{m}_{REein1}$; $\dot{m}_{RE1}$; $\dot{m}_{RE2}$

Korn: $\dot{m}_{RE3}$; $\dot{m}_{REaus2}$

NKB: $\dot{m}_{KE6}$; $\dot{m}_{KEaus3}$; $\dot{m}_{RE4}$; $\dot{m}_{REaus1}$

Zur Beschreibung des Systemverhaltens werden im Folgenden die Maschinenzustände determiniert, der dazugehörige Status der Komponenten je Maschinenzustand festgelegt sowie abschließend das Zustandsdiagramm und deren Änderung definiert. Abb. 5.60 verdeutlicht dazu die Maschinenzustände und den Komponentenstatus des Kompakternters.

Komponente	Maschinenzustand							
	Ernten (1)	Entladen (2)	Ernten & Entladen (3)	Wenden (4)	Warten (5)	Feldfahrt (6)	Rüsten (7)	Straßenfahrt (8)
Schneidwerk	●	✖	●	○	✖	✖	✖	✖
Schrägförderer	●	✖	●	○	✖	✖	✖	✖
Bearbeitende Funktionstech.	●	○	●	○	✖	○	✖	✖
Förderer Gemisch	●	○	●	○	✖	○	✖	✖
Übergabeeinheit	✖	●	●	✖	✖	○	✖	✖
NKB-Verteiler	●	○	●	○	✖	○	✖	✖
Fahrwerk	●	✖	●	●	✖	●	● / ✖	●

Status: ● Last ○ Leerlauf ✖ Inaktiv

Abb. 5.60: *Status der Komponenten je Maschinenzustand des Maschinentyps Kompakternter*

Der Maschinentyp Kompakternter weist die gleichen Betriebszustände wie der selbstfahrende Mähdrescher (vgl. Abb. 4.16) auf und kann in Summe acht Maschinenzustände (neun inkl. Hoffahrt (9) (Status der Komponenten wie im Zustand Straßenfahrt (8)) einnehmen. In Bezug auf den Status der Komponenten sind diese gleichbedeutend wie beim selbstfahrenden Mähdrescher ausgeprägt. Abweichend sind das Dreschwerk, die Restkornabscheidung und der Strohhäcksler in der bearbeitenden Funktionstechnik konsolidiert. Verfahrensbedingt entfällt demnach das optionale Zu- bzw. Abschalten des Strohhäckslers in Verbindung mit dem Laststatus des Dreschwerks und der Restkornabscheidung. Folglich weist der Strohhäcksler immer den gleichen Status wie das Dreschwerk und die

Restkornabscheidung auf. Anstelle des Abtankrohrs zur Kornentladung wird zur Abgabe des Korn-NKB-Gemischs beim Kompakternter ein Kratzkettenförderer (Übergabeeinheit) eingesetzt sowie ein NKB-Verteiler für das gehäckselte Stroh (75 %) anstelle des Spreuverteilers verwendet. Im Maschinenzustand des Wartens (5) sollen alle Komponenten inaktiv sein.

Im Hinblick auf die stationäre Reinigung muss der Status der Komponenten lediglich für drei Betriebspunkte definiert werden (Abb. 5.61).

Komponente	Maschinenzustand: Reinigen (1)	Maschinenzustand: Reinigen & Stoffstrom-aufnah. (2)	Maschinenzustand: Warten (3)
Aufnahme-einheit	✖	●	✖
Reinigung	●	●	✖
Abgabeeinheit Korn	●	●	✖
Abgabeeinheit NKB	●	●	✖

Status: ● Last ✖ Inaktiv

Abb. 5.61: *Status der Komponenten je Maschinenzustand des Maschinentyps Reinigung*

Der Maschinentyp Reinigung nimmt die drei Maschinenzustände Reinigen (1), Reinigen & Stoffstromaufnahme (2) und Warten (3) ein. Die Komponenten werden durch die Aufnahmeeinheit (Kratzkettenförderer), die Reinigung, die Abgabeeinheit für Korn (Schneckenförderer) und die Abgabeeinheit für NKB (Förderband) repräsentiert. Im ausschließlichen Reinigungsvorgang (1) laufen alle Komponenten bis auf die Aufnahmeeinheit (inaktiv) unter Last. Folglich läuft die Abgabe des Korns und der Nichtkornbestandteile parallel zur Bearbeitung des Ernteguts ab. Bei gleichzeitiger Entgegennahme des Gemischs (2) von der Transporteinheit ist der Kratzkettenförderer aktiv, sodass unmittelbar mit dem Start der Entladung die Verarbeitung des Gemischs beginnt. Im Maschinenzustand Warten (3) sollen alle Komponenten inaktiv sein. Da es sich um eine stationäre Arbeitsmaschine handelt, entfallen das Rüsten in der Gesamtarbeitszeit (T_{08RE}) sowie die Komponenten des Fahrwerks bzw. die Komponenten des Fahrantriebs.

Das Arbeitsverhalten der Maschinen wird im Folgenden durch die Abfolge von Maschinenzuständen bzw. Zustandsänderungen und Verknüpfungen zu anderen Maschinentypen festgelegt. Anhand der Abb. 5.62 wird mit Hilfe des Zustandsdiagramms die Zustandssystematik für die Reinigung erläutert.

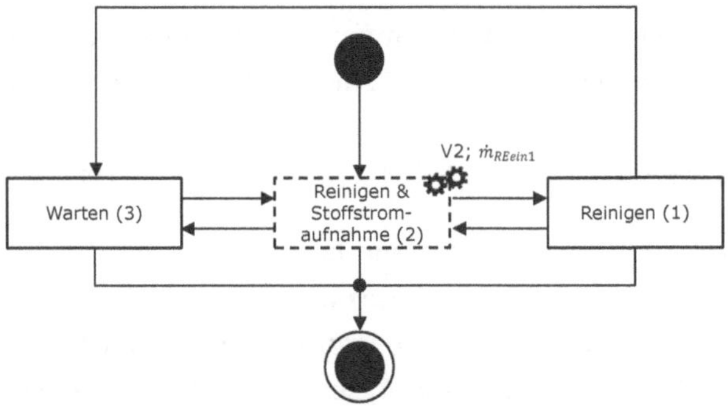

Abb. 5.62: *Zustandsdiagramm des Maschinentyps Reinigung*

Auf Basis der Ausgangssituation muss der Reinigung zunächst Erntegut bereitgestellt werden. Sofern eine befüllte Transporteinheit zur Verfügung steht, startet der Prozess. Die Reinigung nimmt daraufhin den bedingten Maschinenzustand Reinigen & Stoffstromaufnahme (2) ein und verknüpft (V2) sich mit der Transporteinheit. Sobald der Aufnahmeprozess abgeschlossen ist und sich noch Erntegut im Gemischbunker befindet, wechselt die Reinigung in den Betriebspunkt Reinigen (1). Erfolgt die Verarbeitung des Korn-NKB-Gemischs in der gleichen Zeit wie die Stoffstromaufnahme, wechselt die Reinigung direkt in den Zustand Warten (3). Dieser Zustand (3) tritt ein, wenn der Gemischbunker leer ist und keine gefüllte Transporteinheit zur Verfügung steht. Da sich die Reinigung aufgrund der stationären Positionierung bereits physisch am Ausgangspunkt befindet, kann aus jedem Zustand heraus der Ernteprozess beendet werden.

Das Zustandsdiagramm des Maschinentyps Transporteinheit (Abb. 5.63) ist bis auf eine zweite Verknüpfung (V2) und einen zusätzlichen Betriebspunkt „Warten vor Reinigung" identisch mit dem Zustandsdiagramm des Szenarios 1 (Korntankentleerung auf dem Feld) des Erntekonzepts *Mähdrusch* (vgl. Abb. 4.20).

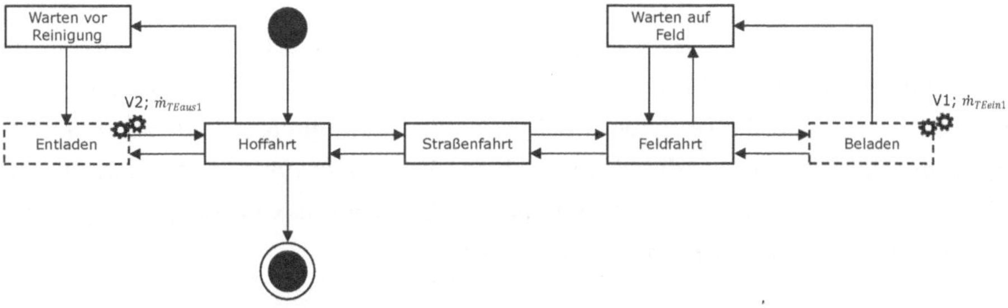

Abb. 5.63: *Zustandsdiagramm des Maschinentyps Transporteinheit*

Da die Transporteinheit im Vergleich zum Mähdruschkonzept mit zwei Maschinentypen interagiert, geht damit ein zweiter bedingter Maschinenzustand

(Entladen) bzw. eine zweite Verknüpfung (V2) einher. Daraus resultiert der zusätzliche Betriebspunkt „Warten vor Reinigung", sofern der Bunker der Reinigung noch voll ist. Im Gegensatz zum Entladevorgang beschreibt die Verknüpfung V1 die Verbindung zum Kompakternter um den Kornmassenstrom ($\dot{m}_{TEein1}$) aufzunehmen.

Auf eine Beschreibung des Zustandsdiagramms des Maschinentyps Kompakternter wird an dieser Stelle verzichtet, da dieses dem Zustandsdiagramm Szenario 1 des Mähdruschkonzepts (vgl. Abb. 4.19) entspricht. Im Hinblick auf den bedingten Maschinenzustand muss lediglich die Bezeichnung des Massenstroms in $\dot{m}_{KEaus2}$ umbenannt werden.

Bezüglich des Bewertungsschemas können Erntekosten sowie weitere Bewertungsgrößen sowohl in Bezug auf die Masse des Gemischs als auch in Bezug auf die anteilige Kornmasse referenziert werden. Um eine Vergleichbarkeit mit den vorangegangenen Konzepten zu gewährleisten, werden in den nachfolgenden Analysen die gesamten Erntekosten auf die geerntete Kornmenge referenziert. Dies hat zur Folge, dass die gesamten Erntekosten und weitere Referenzgrößen für das Gemisch auf das Korn entfallen, was wiederum zur Folge hat, dass die Nichtkornbestandteile als kostenloses Nebenprodukt geerntet werden. Eine Aufteilung im Hinblick auf die Kostenverursacher, aufgeteilt nach Korn und NKB, bzw. die Betrachtung der Erntekosten des Gemischs ist nur bedingt sinnvoll. Zum einen wird das Konzept als ganzheitliche Prozesskette analysiert und zum anderen hätte ein Referenzieren auf die gesamte Erntemenge, in Form des Gemischs, zur Folge, dass die Erntekosten auf eine höhere Erntemenge entfallen und damit die spezifischen Erntekosten sinken. Damit einhergehend wird jedoch im Hinblick auf eine Gewinn- und Verlustrechnung unterstellt, dass sowohl der Marktwert von Korn und dem Gemisch als auch die Erntekosten von Korn und NKB identisch wären. Aus diesem Grund beziehen sich nachfolgend die anfallenden Erntekosten für das Gemisch auf die Menge an geerntetem Korn. Eine Umrechnung dieser spezifischen Bewertungsgrößen auf die Massenreferenz des Gemischs kann durch die Multiplikation mit dem Massenanteil an verwertbarem Korn ($\omega_{KVerwertung}$) im Gemisch erfolgen (0,7097 bzw. 70,97 %). Zur Erlangung einer detaillierten Vergleichbarkeit kann der mögliche Verkaufserlös der geernteten Nichtkornbestandteile (o_{NKB}) von den spezifischen Erntekosten (k_E), bezogen auf die geerntete Masse an Korn, subtrahiert werden.

Im Rahmen der Analyse werden die spezifischen Opportunitätskosten aufgrund der Modularität des Konzepts, im Vergleich zum Mähdrescher, einzeln ausgewiesen und sind nicht in den spezifischen Erntekosten der Maschinentypen inkludiert.

Um eine möglichst gute Vergleichbarkeit mit den vorangegangenen Erntekonzepten zu gewährleisten, entspricht die Ausgangsbasis, sofern konzeptbedingt möglich, der Standardparametrisierung des Referenzkonzepts *Mähdrusch* (vgl. 9.1.1 Standardparametrisierung Erntekonzept *Mähdrusch* (Referenzkonzept)). Die detaillierte Parametervariation der Ausgangsbasis für das Erntekonzept *Kompakternte* ist dem Anhang (vgl. 9.1.4 Standardparametrisierung Erntekonzept *Kompakternte*)) zu entnehmen. Aufgrund der geringeren Schüttdichten des Gemischs im Vergleich zum Korn werden die Speichervolumina des Kompakternters (V_{KE}) auf 35.000 l und das Ladevolumen der Transporteinheit (V_{LTE}) auf 50.000 l erhöht. Dazu entspricht das Fassungsvermögen der Reinigung (V_{RE}) im Sinne einer synchronisierten Prozesskettenparametrisierung dem Ladevolumen der Transporteinheit (V_{LTE}).

Die Zusammensetzung des Gemischs basiert auf den genannten Stoffstromanteilen nach Rumpler [2012; 2014; 2016]. Das Gemisch besteht demnach aus Korn, dem erntbaren Spreuertrag und 25 % des erntbaren Strohertrags in gehäckselter Form. Im Hinblick auf das Verlustniveau (θ) entfallen, jeweils unabhängig von der Massenleistung, 0,5 % auf den Kompakternter und 0,5 % auf die Reinigung. Da die Reinigung den letzten Maschinentyp in der Prozesskette darstellt, hat dies zur Folge, dass mehr Korn vom Kompakternter gespeichert und übergeben bzw. mehr Korn von der Transporteinheit transportiert wird, als nach der Reinigung eingelagert wird. Der Massenanteil des Korns (ω_{Korn}) im Gemisch beträgt im Hinblick auf die Standardparametrisierung 71,33 %. Aufgrund der nachgelagerten Reinigungsverluste wird hingegen die Menge an verwertbarem Korn geschmälert. Daher weist das Gemisch in der Prozesskette einen verwertbaren Massenanteil des Korns ($\omega_{KVerwertung}$) von 70,97 % auf.

Zur Ausführung des Erntekonzepts geht die Stoffstromübergabe zwischen dem Kompakternter und der Transporteinheit während der Fahrt vonstatten. In Bezug auf die Reinigung wird eine Person zur Bedienung oder Überwachung (innerhalb der Gesamtarbeitszeit (T_{08RE})) eingesetzt. Eine Variation der Massenleistung erfolgt in Bezug auf den Kompakternter durch eine Anpassung der Fahrgeschwindigkeit.

Hinsichtlich der Analyse des Erntekonzepts wird folgende Vorgehensweise angewandt (Abb. 5.64).

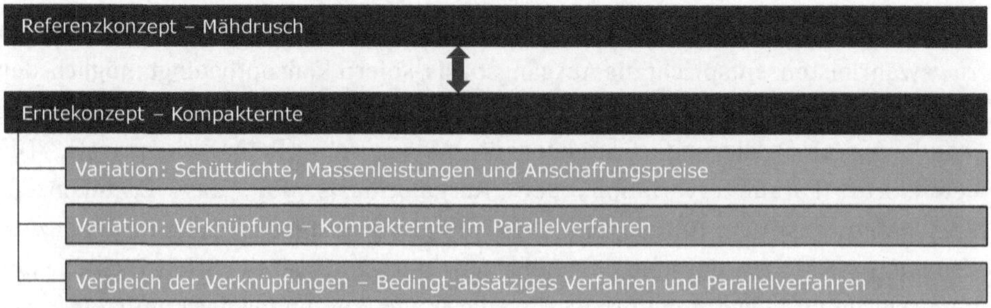

Abb. 5.64: *Vorgehensweise zur Untersuchung des Erntekonzepts Kompakternte*

Zunächst erfolgen eine Variation der Schüttdichte, der Massenleistungen sowie der Anschaffungspreise der Maschinentypen im bedingt-absätzigen Verfahren. Darauf aufbauend wird die Verknüpfung variiert und die gleiche Analyse im Parallelverfahren durchgeführt. Abschließend werden die Verknüpfungen verglichen und die Auswirkungen des Verfahrenswechsels dargelegt. Die jeweiligen Ergebnisse werden wie bei den vorangegangenen Erntekonzepten auf das Referenzkonzept des Mähdruschs bezogen und mit diesem verglichen.

5.3.1 Variation: Schüttdichte, Massenleistungen und Anschaffungspreise

Charakteristisch für das Ernteverfahren ist die Ernte eines Korn-NKB-Gemischs. Im Vergleich zum Mähdrusch geht aufgrund der geringeren Schüttdichte des Ernteproduktes ein höheres Transportvolumen einher.

Aus diesem Grund wird in dem hier abgebildeten Szenario die Schüttdichte des Korn-NKB-Gemischs ($\rho_{Gemisch}$) variiert, um die Auswirkungen auf das Ernteverfahren zu untersuchen.

Hinsichtlich des Maschinenkonzepts entfällt im Vergleich zum Mähdrescher die Reinigung und der Korntank. Der Speicher des Kompakternters soll hinter der Maschine (bspw. in Form eines Häckseltransportwagens) platziert werden. Dies hat zur Folge, dass mehr Bauraum im Kompakternter zur Verfügung steht, um die Massenleistung der installieren Funktionstechnik zu steigern. Aus diesem Grund wird neben der Variation der Schüttdichte ($\rho_{Gemisch}$) auch die installierte Massenleistung des Kompakternters ($\dot{m}_{TOKE}$) variabel gesteigert. Damit verbunden wird zudem eine Steigerung der installierten Massenleistung der Reinigung ($\dot{m}_{TORE}$) untersucht.

Wie bereits bei den vorgegangenen Untersuchungen des Erntekonzepts *Selbstfahrende Schneidwerke*, wird im Hinblick auf die spezifischen Transportkosten unterstellt, dass die eingesetzten Transporteinheiten permanent an deren Auslastungsgrenze betrieben werden. Dadurch wird in diesem Szenario die Anwendungskomplexität reduziert und die Auswirkungen der einzelnen Variationen besser erkenntlich. Die damit verbundenen optimalen spezifischen Transportkosten (k_{ETE}) sind jedoch von der Schüttdichte ($\rho_{Gemisch}$) und der Massenleistung des Kompakternters in der Operativzeit ($\dot{m}_{T02KE}$) abhängig (Abb. 5.65).

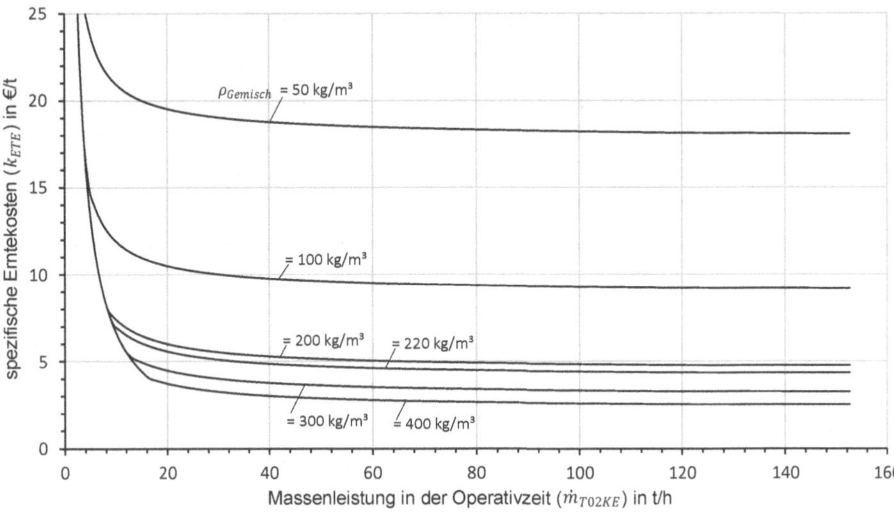

Abb. 5.65: *Spezifische Transportkosten in Abhängigkeit der Massenleistung des Kompakternters und der Schüttdichte*

Die anfallenden Erntekosten für den Transportvorgang beziehen sich wie zuvor erläutert auf die Masse des verwertbaren Korns. Die spezifischen Transportkosten (k_{ETE}) sinken mit steigender Schüttdichte ($\rho_{Gemisch}$), was in einer zunehmend flacher ansteigenden Massenleistung in der Operativzeit ($\dot{m}_{T02TE}$) resultiert, da mit zunehmender Schüttdichte neben der Transportmasse je Transporteinheit auch die Umlaufzeit (T_{02TE}) linear ansteigt. Die Steigerung der Umlaufzeit basiert zum einen auf der Zunahme der Entladezeit am Hof, da die Massenleistung zur Entladung des Gemischs ($\dot{m}_{TEaus1}$) konstant bleibt aber die Lademasse (m_{LTE}) mit steigender Schüttdichte zunimmt. Zum anderen nimmt die Beladezeit auf dem Feld zu, da mit steigender Schüttdichte eine längere Dauer einhergeht, bis das Transportvolumen voll ausgeschöpft ist. Die Dauer der Straßenfahrt bleibt von der zunehmenden Schüttdichte unberührt. Im Verhältnis zur steigenden Umlaufzeit resultiert daraus, dass die zeitanteilige Straßenfahrt je Umlauf sinkt.

Mit zunehmender Massenleistung in der Operativzeit des Kompakternters ($\dot{m}_{T02KE}$) weisen die Transportkosten einen regressiven Verlauf auf. Die Reduktion der Kosten gründet diesbezüglich auf einer Steigerung der Massenleistung in der Operativzeit der Transporteinheit ($\dot{m}_{T02TE}$) infolge einer zunehmend kürzeren Umlaufzeit. Die Verkürzung der Umlaufzeit resultiert wiederum aus der Steigerung der Massenleistung des Kompakternters ($\dot{m}_{T02KE}$), da sich die Zeit verkürzt bis die notwendige Restmenge, zur Ausschöpfung des vollen Transportvolumens, nach der ersten Bunkerentleerung geerntet wurde. Die optimale Auslastung der Transporteinheit wird erreicht, wenn die Transporteinheit in Bezug auf die Massenleistung das schwächste Glied in der Prozesskette darstellt. Durch die Variation der Massenleistung des Kompakternters (beginnend bei $\dot{m}_{T0DM}$ = 1 t/h) stellt der Kompakternter definitionsbedingt bis zu der Massenleistung einer Transporteinheit das schwächste Glied dar, was zu einer Diskontinuität im Kurvenverlauf führt („Knick"). Mit steigender Schüttdichte nimmt die Massenleistung der Transporteinheit ($\dot{m}_{T02TE}$) zu, wodurch der Kompakternter erst mit zunehmender Massenleistung das Niveau der Transporteinheit erreicht bzw. überschreitet.

Im Hinblick auf den Kompakternter werden die Massenleistung ($\dot{m}_{T0KE}$) und der Anschaffungspreis (AP_{KE}) variiert. Eine Erhöhung der Massenleistung erfolgt in dem gezeigten Szenario durch eine Steigerung der Erntegeschwindigkeit (v_{Ernte}). Auf Basis der daraus resultierenden Massenleistung ($\dot{m}_{T0KE}$) ergeben sich folgende Zusammenhänge in der Operativzeit ($\dot{m}_{T02KE}$; $\dot{m}_{T02KEGemisch}$) (Abb. 5.66). Die Schüttdichte hat dabei keine Auswirkungen auf die Massenleistungen des Kompakternters, da die Stoffstromübergabe während der Fahrt stattfindet.

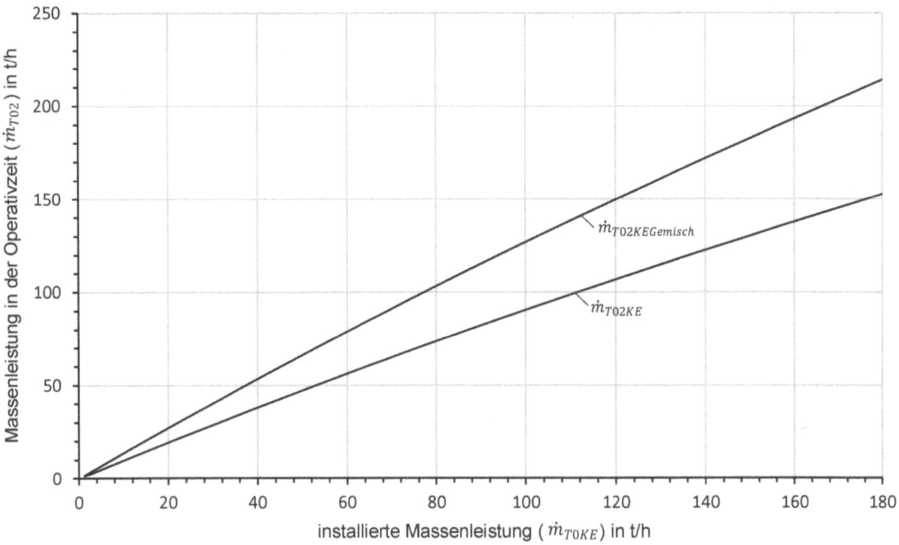

Abb. 5.66: *Massenleistung in der Operativzeit in Abhängigkeit der installierten Massenleistung des Kompakternters*

Mit zunehmender Massenleistung ($\dot{m}_{T0KE}$) steigt die Massenleistung in der Operativzeit ($\dot{m}_{T02KE}$) zunehmend flacher an. Die Grundzeit (T_{1KE}) für eine Referenzmasse sinkt durch die höhere installierte Massenleistung, jedoch bleiben die notwendigen Hilfszeiten (T_{2KE}) unverändert. Dadurch verschlechtert sich das Verhältnis von Grundzeit zu Hilfszeit und der damit verbundene Nutzungsgrad ($\tau_{\dot{m}T02/T0KE}$). Die Massenleistung in Bezug auf Korn ($\dot{m}_{T02KE}$) stellt 71,33 % der Massenleistung des Gemischs ($\dot{m}_{T02KEGemisch}$) dar, welches aus dem massebezogenen Kornanteil im geernteten Gemisch resultiert.

In Abhängigkeit einer steigenden Massenleistung in der Operativzeit ($\dot{m}_{T02}$) sowie in Kombination mit einer Variation des Anschaffungspreises (AP) werden nachfolgend die Auswirkungen auf die jeweiligen spezifischen Erntekosten sowohl für den Kompakternter (k_{EKE}) (Abb. 5.67) als auch für die stationäre Reinigung (k_{ERE}) (Abb. 5.68) verdeutlicht. Im Gegensatz zur Massenleistung wirkt sich die Schüttdichte minimal auf die spezifischen Erntekosten des Kompakternters aus. Die Änderung resultiert aus einem höheren Energiebedarf für den Fahrantrieb, da mit steigender Schüttdichte und konstantem Bunkervolumen eine höhere Masse auf dem Feld bewegt wird. Da mit steigender Schüttdichte auch die Referenzmasse steigt, wirkt sich der steigende Energiebedarf in Relation zur Masse nur in einem geringen Maß auf die spezifischen Erntekosten aus. Die spezifischen Erntekosten variieren in Abhängigkeit der Schüttdichte über das gezeigte Spektrum an Anschaffungspreis und Erntegeschwindigkeit (v_{Ernte} = 0 – 15 km/h) um

0,01 - 0,03 €/t. Aufgrund der geringen Abweichungen wird die Schüttdichtevariation im Hinblick auf die spezifischen Erntekosten des Kompakternters vernachlässigt, um die Anwendungskomplexität zu reduzieren. Aus diesem Grund beträgt die Schüttdichte ($\rho_{Gemisch}$) im gewählten Szenario 220 kg/m³.

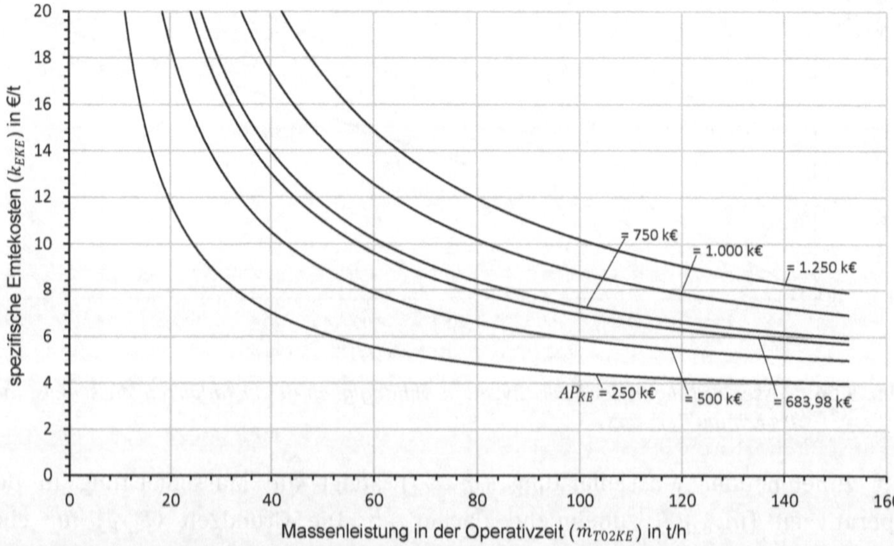

Abb. 5.67: *Spezifische Erntekosten des Kompakternters in Abhängigkeit der Massenleistung und des Anschaffungspreises*

Auf Basis der Erkenntnisse aus den vorgegangenen Konzepten und Untersuchungen sind Konstruktionsparameter und parallele Abläufe im Hinblick auf die Stoffstromaufnahme und -abgabe der stationären Reinigung so determiniert, dass diese Vorgänge die installierte (Bearbeitungs-) Leistung nicht schmälern. Dies hat zur Folge, dass die installierte Massenleistung ($\dot{m}_{TORE}$) voll ausgeschöpft werden kann und demnach der Massenleistung in der Operativzeit ($\dot{m}_{T02KE}$) entspricht. Wie bei dem Kompakternter hat die Schüttdichte dabei keinen Einfluss auf die Massenleistungen der stationären Reinigung. Zudem wirkt sich die Schüttdichte im Fall der stationären Reinigung nicht auf die spezifischen Erntekosten (k_{ERE}) aus, da die Relationen von Kostenverursachern und Erntemasse konstant bleiben.

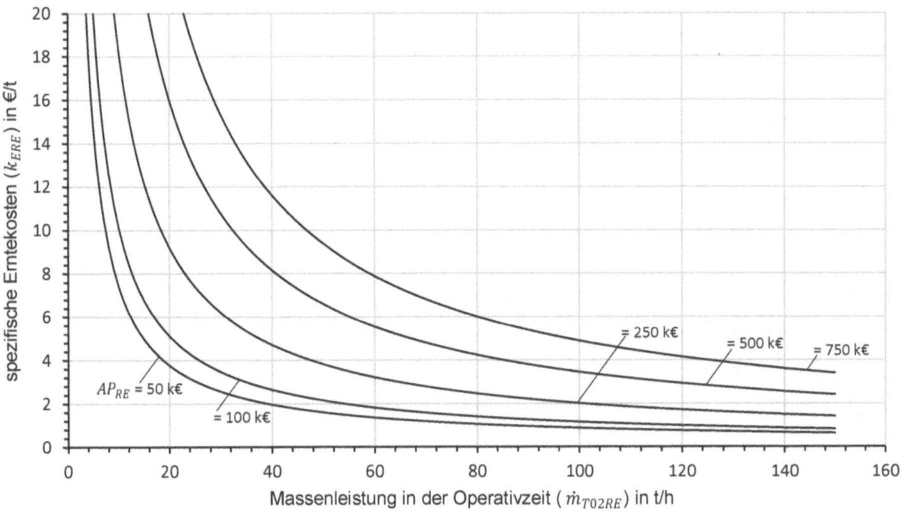

***Abb. 5.68:** Spezifische Erntekosten der Reinigung in Abhängigkeit der Massenleistung und des Anschaffungspreises*

Bei beiden Maschinentypen geht mit steigender Massenleistung in der Operativzeit ($\dot{m}_{T02}$) ein regressiver Verlauf der spezifischen Erntekosten einher. Die Kostensenkung beruht auf einer gesteigerten Erntemasse ($m_{Verwertung}$) im Verhältnis zu einer konstanten jährlichen Nutzungsdauer (t_{Erntea}). Wie bei der Dreschmaschine, resultiert der regressive Verlauf mit einer zunehmenden Massenleistung ($\dot{m}_{T0}$ bzw. $\dot{m}_{T02}$) aus der Verschlechterung des Nutzungsgrades. Die Verschlechterung bezieht sich im Falle des Kompakternters auf die Nutzungsgrade $\tau_{\dot{m}T02/T0KE}$ und $\tau_{\dot{m}T08/T0KE}$, da u. a. zum einen die Hilfszeit (T_{2KE}) weniger stark sinkt als die Grundzeit (T_{1KE}) und zum anderen die Anzahl der Feldwechsel zunimmt. In Bezug auf die stationäre Reinigung beträgt der Nutzungsgrad $\tau_{\dot{m}T02/T0RE}$ aus den oben genannten Gründen konstant 100 %. Jedoch verschlechtert sich der Nutzungsgrad $\tau_{\dot{m}T08/T0RE}$, da prozentuale Stör- und Erholungszeiten in Bezug auf die Gesamtarbeitszeit (T_{08RE}) berücksichtigt werden.
Bei konstanter Massenleistung ($\dot{m}_{T02}$) weisen sowohl der Kompakternter als auch die stationäre Reinigung hinsichtlich des Anschaffungspreises einen linearen Zusammenhang zu den spezifischen Erntekosten auf.

Nachfolgend werden die Kennfelder an unterschiedlichen Szenarien exemplarisch angewendet. Die spezifischen Erntekosten (k_E) setzen sich aus den spezifischen Erntekosten des Kompakternters (k_{EKE}), der Transporteinheiten (k_{ETE}) und der stationären Reinigung (k_{ERE}) sowie den spezifischen Opportunitätskosten (k_O = 1,814 €/t) zusammen. Aufgrund der zwei Verlustniveaus (θ) verringern sich die spezifischen Opportunitätskosten im Vergleich zu den vorangegangenen

Konzepten damit minimal. Im Rahmen der Kennfeldanwendung bzw. der Untersuchung von unterschiedlichen Szenarien ist, wie bereits bei dem Erntekonzept *Selbstfahrende Schneidwerke*, darauf zu achten, dass bei allen Maschinentypen die gleiche Massenleistung in der Operativzeit ($\dot{m}_{T02}$) erreicht wird, damit die anfallenden Kosten derselben Massenreferenz zuzuordnen sind. Der Erlös der geernteten Nichtkornbestandteile (o_{NKB}) wird mit 0 €/t veranschlagt, sodass die NKB bei der Kennfeldanwendung als kostenloses Nebenprodukt berücksichtigt wird.

Zur direkten Vergleichbarkeit der Erntekonzepte *Mähdrusch* und *Kompakternte* soll im Szenario I der Anschaffungspreis des Kompakternters (AP_{KE}) ebenfalls 683.980 € betragen und eine installierte Massenleistung ($\dot{m}_{T0KE}$) von 60 t/h aufweisen. Die Anschaffungskosten für den Kompakternter gründen in der Annahme, dass durch den Entfall der Reinigungen Kosten eingespart werden, welche jedoch durch das größere Bunkervolumen kompensiert werden.

<u>Szenario I</u>

- Gegeben:
  - Anschaffungspreis Kompakternter (AP_{KE}): 683.980 €
  - Anschaffungspreis stationäre Reinigung (AP_{RE}): 250.000 €
  - Installierte Massenleistung des Kompakternters ($\dot{m}_{T0KE}$): 60 t/h
  - Schüttdichte des Gemischs ($\rho_{Gemisch}$): 220 kg/m^3
- Gesucht:
  - Spezifische Erntekosten (k_E)
- Anwendung:
  - KE: Bei einer installierten Massenleistung ($\dot{m}_{T0KE}$) des Kompakternters von 60 t/h leitet sich eine Massenleistung in der Operativzeit ($\dot{m}_{T02KE}$): von 56,26 t/h ab (vgl. Abb. 5.66). In Kombination mit dem Anschaffungspreis (AP_{KE}) belaufen sich die spezifischen Erntekosten des Kompakternters (k_{EKE}) auf 10,054 €/t (vgl. Abb. 5.67).
  - TE: Bei einer Schüttdichte des Gemischs ($\rho_{Gemisch}$) von 220 kg/m^3 und einer Hoffeldentfernung (s_{HF}) von 5 km betragen die spezifischen Erntekosten für den Transport (k_{ETE}) 4,669 €/t (vgl. Abb. 5.65).
  - RE: Da alle Maschinentypen die gleiche Massenleistung in der Operativzeit aufweisen müssen, beträgt sowohl die installierte Massenleistung der stationären Reinigung ($\dot{m}_{T0RE}$) als auch die Massenleistung in der Operativzeit ($\dot{m}_{T02RE}$) 56,26 t/h. Bei einem Anschaffungspreis (AP_{RE}) von 250.000 € betragen die spezifischen Erntekosten (k_{ERE}) 3,425 €/t (vgl. Abb. 5.68).

- Spezifische Erntekosten (k_E): Die Summe der spezifischen Erntekosten (k_E) beträgt für dieses Szenario 19,962 €/t. Im Vergleich zu den Referenzkosten des Mähdruschs von 14,257 €/t, geht mit diesem Szenario eine Kostensteigerung von 5,705 €/t einher, wobei zusätzlich Nichtkornbestandteile geerntet werden. Werden die angefallenen spezifischen Erntekosten jedoch auf die Bezugsmasse des Gemischs referenziert, betragen die spezifischen Erntekosten 70,97 %. Die spezifischen Erntekosten für das Gemisch ($k_{EGemisch}$) belaufen sich somit auf 14,167 €/t und sind damit 0,09 €/t günstiger als im Referenzkonzept.

Zur Erreichung der spezifischen Referenzkosten (k_E) von 14,257 €/t kann der Referenzbetrag unter den gegebenen Annahmen aus Szenario I (exkl. AP_{KE} & AP_{RE}) im abgebildeten Bereich nur erreicht werden, wenn die Anschaffungspreise beider Maschinentypen reduziert werden. Aus diesem Grund soll nachfolgend der Anschaffungspreis der Reinigung (AP_{KE}) 100.000 € betragen und die damit verbundenen spezifischen Zielanschaffungskosten für den Kompakternter (k_{EKE}) ermittelt werden.

<u>Szenario II</u>

- Gegeben:
  - Installierte Massenleistung des Kompakternters ($\dot{m}_{T0KE}$): 60 t/h
  - Anschaffungspreis stationäre Reinigung (AP_{RE}): 100.000 €
  - Schüttdichte des Gemischs ($\rho_{Gemisch}$): 220 kg/m^3
  - Spezifische Zielerntekosten (k_E): 14,257 €/t
- Gesucht:
  - Anschaffungspreis Kompakternter (AP_{KE})
- Anwendung:
  - RE: Bei einer Massenleistung in der Operativzeit ($\dot{m}_{T02RE}$) von 56,26 t/h (vgl. Szenario I) und einem Anschaffungspreis (AP_{RE}) von 100.000 € betragen die spezifischen Erntekosten (k_{ERE}) 1,939 €/t (vgl. Abb. 5.68).
  - KE: Unter Berücksichtigung der spezifischen Erntekosten der stationären Reinigung (k_{EKE}) von 1,939 €/t, der Transportkosten (k_{ETE}) von 4,669 €/t, den spezifischen Opportunitätskosten (k_O) und den zu erreichenden Zielkosten (k_E) stehen 5,835 €/t für die spezifischen Erntekosten des Kompakternters (k_{EKE}) zur Verfügung. Aufgrund des linearen Zusammenhangs zwischen den spezifischen Erntekosten und den Anschaffungskosten des Kompakternters werden die spezifischen Zielerntekosten bei einem Anschaffungspreis (AP_{KE}) von 260.278 € erreicht (vgl. Abb. 5.67).

In Anbetracht des ermittelten niedrigen Anschaffungspreises für den Kompakternter (AP_{KE}) sowie des reduzierten Anschaffungspreises der stationären Reinigung (AP_{RE}) wird im Szenario III die Mehrleistung der Prozesskette analysiert. Durch den Entfall der Reinigung steht zur funktionstechnischen Erweiterung zusätzlicher Bauraum zur Verfügung. Durch eine Erweiterung der Funktionstechnik soll eine Mehrleistung generiert werden.

<u>Szenario III</u>

- Gegeben:
  - Anschaffungspreis stationäre Reinigung (AP_{RE}): 100.000 €
  - Installierte Massenleistung des Kompakternters ($\dot{m}_{T0KE}$): 120 t/h
  - Schüttdichte des Gemischs ($\rho_{Gemisch}$): 220 kg/m^3
  - Spezifische Zielerntekosten (k_E): 14,257 €/t
- Gesucht:
  - Anschaffungspreis Kompakternter (AP_{KE})
- Anwendung:
  - TE: Ausgehend von einer installierten Massenleistung des Kompakternters ($\dot{m}_{T0KE}$) von 120 t/h beträgt die Massenleistung in der Operativzeit des Kompakternters ($\dot{m}_{T02KE}$) 106,86 t/h (vgl. Abb. 5.66). Auf Basis dieser Referenzmassenleistung betragen die spezifischen Transportkosten (k_{ETE}) bei einer Schüttdichte von 220 kg/m^3 4,409 €/t (vgl. Abb. 5.65).
  - RE: Die spezifischen Erntekosten für die stationäre Reinigung (k_{ERE}) betragen bei einer Massenleistung in der Operativzeit ($\dot{m}_{T02RE}$) von 106,86 t/h 1,102 €/t (vgl. Abb. 5.68).
  - KE: Aufgrund der spezifischen Zielkosten (k_E) von 14,257 €/t stehen abzüglich der spezifischen Opportunitätskosten (k_O), der spezifischen Transportkosten (k_{ETE}) und den spezifischen Erntekosten für die stationäre Reinigung (k_{ERE}) 6,932 €/t als spezifische Erntekosten für den Kompakternter (k_{EKE}) zur Verfügung. Aufgrund des linearen Zusammenhangs von spezifischen Erntekosten (k_{EKE}) und Anschaffungspreis (AP_{KE}) werden bei einer installierten Massenleistung ($\dot{m}_{T0KE}$) von 120 t/h bzw. einer Massenleistung ($\dot{m}_{T02KE}$) von 106,86 t/h (vgl. Abb. 5.66) die spezifischen Erntekosten (k_{EKE}) von 6,932 €/t bei einem Anschaffungspreis (AP_{KE}) von 729.708 € erzielt (vgl. Abb. 5.67). Um dieses Szenario umzusetzen, muss mit dem Entfall der Reinigung eine Verdopplung der Durchsatzleistung in Bezug auf das Dreschwerk und die Restkornabscheidung einhergehen. Diese Steigerung sowie das größere Bunkervolumen von 35.000 l müssen im Vergleich zum Mähdrescher (Referenz: AP_{MD} = 683.980 €) mit einem höheren Anschaffungspreis von

45.728 € umgesetzt werden. Dabei ist noch einmal hervorzuheben, dass sich die Kosten auf die Referenzmasse an geerntetem Korn beziehen. Durch das Verfahren wird jedoch ein verwertbares Gemisch geerntet, welches zu 29,03 % aus NKB besteht und als zusätzliches Ernteprodukt zur Vermarktung bzw. Nutzung zur Verfügung steht.

Tab. 5.4 fasst die Parametrisierung und die Ergebnisse der drei Szenarien zusammen.

Tab. 5.4: *Übersicht Parametrisierung und Ergebnisse der Szenarien des Erntekonzepts Kompakternte*

Formelzeichen	Einheit	Szenario		
		I	II	III
AP_{KE}	€	683.980	260.278	729.708
AP_{RE}	€	250.000	100.000	100.000
$\dot{m}_{TOKE}$	t/h	60	60	120
$\dot{m}_{TO2}$	t/h	56,26	56,26	106,86
$\rho_{Gemisch}$	kg/m³	220	220	220
s_{HF}	km	5	5	5
Verfahren	-	bedingt-absätzig	bedingt-absätzig	bedingt-absätzig
k_{EKE}	€/t	10,054	5,835	6,932
k_{ETE}	€/t	4,669	4,669	4,409
k_{ERE}	€/t	3,425	1,939	1,102
k_O	€/t	1,814	1,814	1,814
k_E	€/t	19,962	14,257	14,257
Δk_E zu Referenzkonzept	€/t	5,705	0	0

5.3.2 Variation: Verknüpfung – Kompakternte im Parallelverfahren

Aufgrund der Ernte eines Gemischs und der damit verbundenen geringeren Schüttdichte im Vergleich zum Korn, muss bei dem Erntekonzept *Kompakternte* mehr Masse und Volumen gehandhabt und verarbeitet werden. Dies wirkt sich vor allem auf die Transportaufwendungen und auf die Stoffstromübergabe bzw. auf die Stoffstromaufnahme und -abgabe aus. Ein ähnlich hoher Aufwand, im Hinblick auf die zuvor genannten Ernteprozesse, erfolgt bei der Silomaisernte. Die Silomaisernte erfolgt dabei in der Regel im Parallelverfahren, sodass auf integrierte Bunker bei der

Erntemaschine verzichtet wird und das Erntegut direkt auf die Transporteinheiten überladen wird. Aufgrund der ähnlichen Ausgangssituation zur Silomaisernte wird nachfolgend die Kompakternte im Parallelverfahren bzw. eine parallele Maschinenverknüpfung analysiert. Die parallele Verknüpfung bezieht sich dazu auf die Zusammenarbeit bzw. die Stoffstromübergabe von Kompakternter und Transporteinheit und nicht auf die Zusammenarbeit von Transporteinheit und stationärer Reinigung. Zur Analyse und besseren Vergleichbarkeit erfolgt die nachfolgende Auswertung nach der zuvor angewandten Vorgehensweise. Die Verfahrensänderung zwischen Kompakternter und Transporteinheit hat keine Auswirkungen auf die Leistungsfähigkeit und die spezifischen Erntekosten der stationären Reinigung. Aus diesem Grund können das Kennfeld (vgl. Abb. 5.68) und die Erkenntnisse in Bezug auf die stationäre Reinigung aus der vorangegangenen Analyse übernommen werden.

Die spezifischen Erntekosten für den Transport basieren auf der optimalen Auslastung der Transporteinheiten. In Abhängigkeit der Massenleistung des Kompakternters in der Operativzeit ($\dot{m}_{T02KE}$) und einer Variation der Schüttdichte ($\rho_{Gemisch}$) illustriert Abb. 5.69 die spezifischen Transportkosten (k_{ETE}) der Kompakternte im Parallelverfahren.

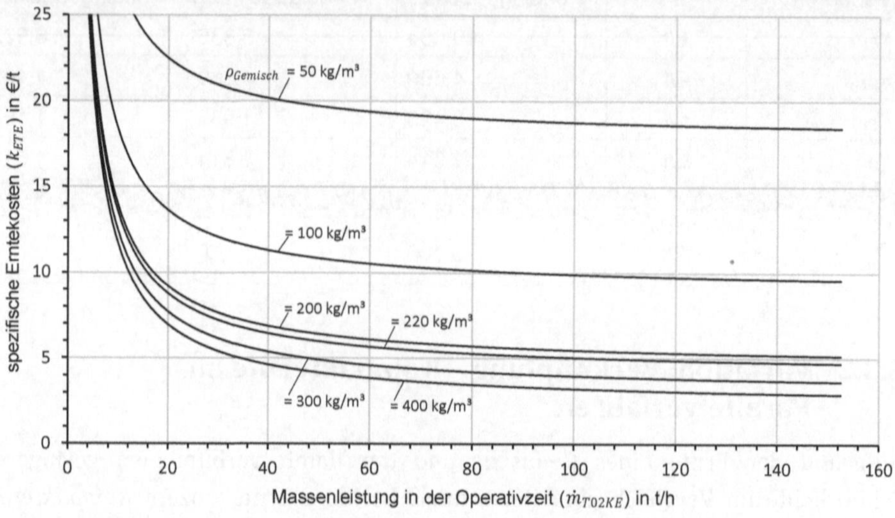

Abb. 5.69: *Spezifische Transportkosten in Abhängigkeit der Massenleistung des Kompakternters und der Schüttdichte im Parallelverfahren*

Die spezifischen Kostenfunktionen der Transporteinheiten im Parallelverfahren weisen aufgrund der gleichen Ursachen einen ähnlichen Kurvenverlauf wie bei der bedingt-absätzigen Verknüpfung auf. Mit zunehmender Massenleistung des

Kompakternters in der Operativzeit ($\dot{m}_{T02KE}$) nehmen die spezifischen Kosten zunehmend flacher ab. Ferner weisen die Kosten bei einer konstanten Massenleistung einen regressiven Verlauf mit steigender Schüttdichte ($\rho_{Gemisch}$) auf. Im Gegensatz zum bedingt-absätzigen Verfahren liegt das Niveau der Massenleistung des Kompakternters ($\dot{m}_{T02KE}$) immer über dem der Transporteinheit ($\dot{m}_{T02TE}$), weil aufgrund des Parallelverfahrens die Befülldauer der Transporteinheit ausschließlich von der Massenleistung des Kompakternters in der Operativzeit ($\dot{m}_{T02KE}$) abhängt. Dies hat zur Folge, dass die Umlaufzeit (T_{02TE}) für eine Referenzmasse bei der Transporteinheit immer größer ist als bei dem Kompakternter (T_{02KE}).

Die spezifischen Transportkosten (k_{ETE}) weisen im Vergleich zur vorangegangenen Untersuchung einen höheren Betrag auf. Dies ist auf eine geringere Massenleistung in der Operativzeit ($\dot{m}_{T02TE}$) zurückzuführen, da aufgrund der fehlenden Speichermöglichkeit des Kompakternters die Beladung der Transporteinheit mit der Massenleistung in der Operativzeit des Kompakternters ($\dot{m}_{T02KE}$) (fehlender Effekt der ersten Befüllung) erfolgt. Daraus resultierend steigt die Beladezeit und die damit verbundene Umlaufzeit (T_{02TE}) für die Referenzmasse im Vergleich zum bedingt-absätzigen Verfahren. Im Fall der bedingt-absätzigen Verknüpfung erfolgt die Stoffstromübergabe der Bunkerinhalte mit der installierten Abgabeleistung zur Stoffstromübergabe ($\dot{m}_{KEaus2}$), welche höher ist als die Massenleistung in der Operativzeit des Kompakternters ($\dot{m}_{T02KE}$). Wenn die Transporteinheit nicht mit einer Bunkerfüllung vollständig befüllt ist, wartet diese bis die Ernteeinheit (n_{KE} = 1) die verbleibende Restmenge geerntet und übergeben hat. Da der Übergabevorgang während der Fahrt auf dem Feld stattfindet, erfolgt die Übergabe der Restmenge während der Fahrt. Der Beginn der Stoffstromübergabe ist dabei optimal ausgelegt, sodass genau mit Abschluss der Befüllung die Ernte der restlichen Menge abgeschlossen ist. Demnach läuft die Stoffstromübergabe der Restmenge parallel zur Ernte. Dies hat zur Folge, dass die Wartezeit auf dem Feld inkl. der Übergabezeit der Restmenge auf Basis der Massenleistung in der Operativzeit der Ernteeinheit ($\dot{m}_{T02KE}$) erfolgt. Verfahrensbedingt resultiert daraus, dass die Umlaufzeit (T_{02TE}) im bedingt-absätzigen Verfahren kürzer ist als im Parallelverfahren und damit eine höhere Massenleistung in der Operativzeit ($\dot{m}_{T02TE}$) erzielt werden kann. Dabei ist festzuhalten, dass die prozentuale Änderung der spezifischen Erntekosten (k_{ETE}), bei einer optimal ausgelasteten Transporteinheit, zwischen der bedingt-absätzigen Verknüpfung und der parallelen Verknüpfungen gleichbedeutend mit der prozentualen Änderung der Massenleistung in der Operativzeit ($\dot{m}_{T02TE}$) ist.

Im Vergleich zur bedingt-absätzigen Verknüpfung nehmen die spezifischen Transportkosten (k_{ETE}) im Parallelverfahren flacher ab bzw. weisen einen regressiveren Verlauf auf. Die Ursache liegt in diesem Fall darin begründet, dass sich die steigende Schüttdichte ($\rho_{Gemisch}$), aufgrund der zuvor beschriebenen Verfahrensunterschiede in der Stoffstromübergabe, in einem höheren Maße auf die Beladezeit auswirkt als bei dem bedingt-absätzigen Verfahren. Bei einer Schüttdichte ($\rho_{Gemisch}$) von 220 kg/m^3 und einer Massenleistung in der Operativzeit ($\dot{m}_{T02TE}$) von 56,26 t/h betragen die spezifischen Transportkosten (k_{ETE}) im bedingt-absätzigen Verfahren 4,669 €/t und im Parallelverfahren 5,780 €/t. Ausgehend vom bedingt-absätzigen Verfahren erhöhen sich damit die spezifischen Transportkosten (k_{ETE}) durch den reinen Verfahrenswechsel hin zum Parallelverfahren um 23,80 %.

Wie schon bei dem bedingt-absätzigen Verfahren werden hinsichtlich des Kompakternters die Massenleistung ($\dot{m}_{T02KE}$), durch eine Steigerung der Fahrgeschwindigkeit (v_{Ernte}), und der Anschaffungspreis (AP_{KE}) variiert (Abb. 5.70). Die Änderung der Verknüpfung wirkt sich dabei nicht auf die installierte Massenleistung ($\dot{m}_{T0KE}$), die Massenleistung in der Operativzeit ($\dot{m}_{T02KE}$) oder deren Verhältnis aus, sodass Abb. 5.66 sowohl für das bedingt-absätzige als auch für das Parallelverfahren gültig ist. Im Gegensatz zum bedingt-absätzigen Verfahren hat die Schüttdichte keine Auswirkungen auf die spezifischen Erntekosten (k_{EKE}), da kein Bunker vorhanden ist und so mit der Steigerung der Schüttdichte keine Steigerung der Maschinenmasse (m_{KE}) und des damit verbundenen Energiebedarfs einhergeht.

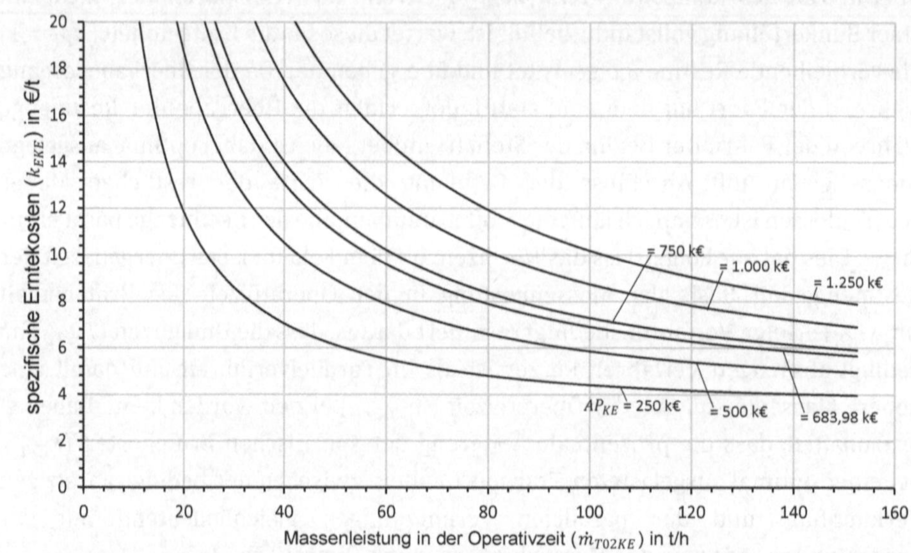

***Abb. 5.70**: Spezifische Erntekosten des Kompakternters in Abhängigkeit der Massenleistung und des Anschaffungspreises im Parallelverfahren*

Der relative und absolute Kostenverlauf des Parallelverfahrens unterscheidet sich hinsichtlich des Kompakternters nur auf einem minimalen Niveau vom bedingt-absätzigen Verfahren. Im Vergleich zum bedingt-absätzigen System betragen die spezifischen Erntekosten (k_{EKE}) im Parallelverfahren im Durchschnitt 0,017 €/t weniger, wobei die Differenz unabhängig von dem jeweiligen Anschaffungspreis (AP_{KE}) ist. Die Differenz basiert dabei auf einem minimal geringeren spezifischen Energieverbrauch. Im Parallelverfahren wird im Vergleich zur bedingt-absätzigen Arbeitsweise mehr spezifische Energie zur Stoffstromübergabe aufgrund des permanenten Überladevorgangs benötigt. Demgegenüber resultiert aus der geringeren Maschinenmasse, aufgrund der fehlenden zu transportierenden Speichermasse, eine Verringerung des spezifischen Energiebedarfs für das Fortbewegen der mobilen Arbeitsmaschine.

Aus den Analysen geht hervor, dass die Kompakternte im Parallelverfahren bei gleichen Ausgangsbedingungen, aufgrund der gestiegenen spezifischen Transportkosten, teurer ist als das bedingt-absätzige Verfahren. Daher wird nachfolgend auf Basis des Szenarios III (bedingt-absätziges Verfahren) das Parallelverfahren untersucht. Zur Kompensation der spezifischen Mehrkosten für den Transport wird der Anschaffungspreis des Kompakternters (AP_{KE}) zur Erreichung der Referenzerntekosten (k_E) ermittelt.

<u>Szenario IV (Parallelverfahren)</u>

- Gegeben:
  - Anschaffungspreis stationäre Reinigung (AP_{RE}): 100.000 €
  - Installierte Massenleistung des Kompakternters ($\dot{m}_{T0KE}$): 120 t/h
  - Schüttdichte des Gemischs ($\rho_{Gemisch}$): 220 kg/m^3
  - Spezifische Zielerntekosten (k_E): 14,257 €/t
- Gesucht:
  - Anschaffungspreis Kompakternter (AP_{KE})
- Anwendung:
  - TE: Ausgehend von einer installierten Massenleistung ($\dot{m}_{T0KE}$) von 120 t/h beträgt die Massenleistung in der Operativzeit ($\dot{m}_{T02KE}$) 106,86 t/h (vgl. Abb. 5.66). Auf Basis dieser Referenzmassenleistung betragen die spezifischen Transportkosten (k_{ETE}) bei einer Schüttdichte ($\rho_{Gemisch}$) von 220 kg/m^3 4,996 €/t (vgl. Abb. 5.69) und damit 0,587 €/t mehr als im bedingt-absätzigen Verfahren.
  - RE: Die spezifischen Erntekosten für die stationäre Reinigung (k_{ERE}) von 1,102 €/t bleiben durch den Verfahrenswechsel unverändert (vgl. Szenario III bzw. Abb. 5.68).

- KE: Aufgrund der spezifischen Zielkosten (k_E) von 14,257 €/t stehen abzüglich der spezifischen Opportunitätskosten (k_O), der spezifischen Transportkosten (k_{ETE}) und der spezifischen Erntekosten für die stationäre Reinigung (k_{ERE}) 6,345 €/t als spezifische Erntekosten für den Kompakternter (k_{EKE}) zur Verfügung. Aufgrund des linearen Zusammenhangs von spezifischen Erntekosten (k_{EKE}) und Anschaffungspreis (AP_{KE}) werden bei einer installierten Massenleistung ($\dot{m}_{T0KE}$) von 120 t/h bzw. einer Massenleistung ($\dot{m}_{T02KE}$) von 106,86 t/h (vgl. Abb. 5.66) die spezifischen Erntekosten (k_{EKE}) von 6,345 €/t bei einem Anschaffungspreis (AP_{KE}) von 623.853 € erzielt (vgl. Abb. 5.70). Im Vergleich zum Szenario III des bedingt-absätzigen Verfahrens geht damit eine notwendige Reduktion des Anschaffungspreises von 105.855 € einher, um die Referenzerntekosten zu erreichen. Unter Berücksichtigung eines Anschaffungspreises der stationären Reinigung (AP_{RE}) von 100.000 €, resultiert daraus, dass die Kombination von Kompakternter (AP_{KE} = 623.853 €) und stationärer Reinigung im gewählten Szenario einen 39.873 € höheren Anschaffungspreis aufweisen darf, damit die gleichen spezifischen Erntekosten (k_E) wie bei dem konventionellen Mähdrescher (AP_{MD} = 683.980 €; $\dot{m}_{T0MD}$ = 60 t/h) erzielt werden. Dabei muss jedoch beachtet werden, dass für den Differenzbetrag eine Verdoppelung der installierten Leistung ($\dot{m}_{T0KE}$ & $\dot{m}_{T0RE}$) gewährleistet sein muss.

Zum direkten Vergleich wird Tab. 5.4 um das Szenario IV erweitert (Tab. 5.5).

Tab. 5.5: *Erweiterte Übersicht Parametrisierung und Ergebnisse der Szenarien des Erntekonzepts Kompakternte*

Formelzeichen	Einheit	Szenario			
		I	II	III	IV
AP_{KE}	€	683.980	260.278	729.708	623.853
AP_{RE}	€	250.000	100.000	100.000	100.000
$\dot{m}_{T0KE}$	t/h	60	60	120	120
$\dot{m}_{T02}$	t/h	56,26	56,26	106,86	106,86
$\rho_{Gemisch}$	kg/m³	220	220	220	220
s_{HF}	km	5	5	5	5
Verfahren	-	bedingt-absätzig	bedingt-absätzig	bedingt-absätzig	parallel
k_{EKE}	€/t	10,054	5,835	6,932	6,345
k_{ETE}	€/t	4,669	4,669	4,409	4,996
k_{ERE}	€/t	3,425	1,939	1,102	1,102
k_O	€/t	1,814	1,814	1,814	1,814
k_E	€/t	19,962	14,257	14,257	14,257
Δk_E zu Referenzkonzept	€/t	5,705	0	0	0

5.3.3 Vergleich der Verknüpfungen - Bedingt-absätziges Verfahren und Parallelverfahren

Zur weiteren Vergleichbarkeit und Bewertung der unterschiedlichen Verfahren werden nachfolgend die spezifischen Erntekosten für die unterschiedlichen Verknüpfungen auf Basis derselben Parametrisierung und der zuvor vorgestellten und exemplarisch angewandten Kennfelder ermittelt. Um gleichzeitig eine Vergleichbarkeit mit dem Referenzkonzept zu ermöglichen, entsprechen die Massenleistung des Kompakternters ($\dot{m}_{T0KE}$) 60 t/h und die Summe der Anschaffungspreise von Kompakternter (AP_{KE}) und Reinigung (AP_{RE}) denen des Mähdreschers (AP_{MD} = 683.980 €). Bei einem Anschaffungspreis der stationären Reinigung (AP_{RE}) von 100.000 € betragen die Anschaffungskosten für den Kompakternter (AP_{KE}) 583.980 €. Aus Tab. 5.6 sind die spezifischen Erntekosten (k_E) und deren Zusammensetzung für die beiden Verfahren der Kompakternte zu entnehmen.

- Gegeben:
  - Anschaffungspreis Kompakternter (AP_{KE}): 583.980 €
  - Anschaffungspreis stationäre Reinigung (AP_{RE}): 100.000 €
  - Installierte Massenleistung des Kompakternters ($\dot{m}_{T0MD}$): 60 t/h
  - Schüttdichte des Gemischs ($\rho_{Gemisch}$) 220 kg/m^3
- Gesucht:
  - Spezifische Erntekosten (k_E)
- Ergebnis: Tab. 5.6

Tab. 5.6: *Gegenüberstellung der Parametrisierung und Ergebnisse der beiden Verfahren*

Formelzeichen	Einheit	**Bedingt-absätzig Abtanken während Ernte**	**Parallelverfahren**
AP_{KE}	€	583.980	583.980
AP_{RE}	€	100.000	100.000
$\dot{m}_{T0KE}$	t/h	60	60
$\dot{m}_{T02}$	t/h	56,26	56,26
$\rho_{Gemisch}$	kg/m³	220	220
s_{HF}	km	5	5
Verfahren	-	bedingt-absätzig	parallel
k_{EKE}	€/t	9,057	9,053
k_{ETE}	€/t	4,669	5,780
k_{ERE}	€/t	1,939	1,939
k_O	€/t	1,814	1,814
k_E	€/t	17,479	18,586
Δk_E zu Referenzkonzept	€/t	3,222	4,329

Der Vergleich der Verfahren verdeutlicht, dass mit der gegebenen Parametrisierung, die günstigsten spezifischen Erntekosten im bedingt-absätzigen Verfahren in Kombination mit der Stoffstromübergabe während der Ernte erzielt werden. Aufgrund der höheren spezifischen Transportkosten (k_{ETE}) betragen die spezifischen Erntekosten (k_E) im Parallelverfahren 1,107 €/t mehr als im bedingt-absätzigen Verfahren (Abtanken während Ernte). Im Vergleich zum Referenzkonzept (14,257 €/t) liegen die spezifischen Erntekosten (k_E) im Hinblick auf die Kompakternte im bedingt-absätzigen Verfahren 3,222 €/t und im Parallelverfahren 4,329 €/t über dem Mähdruschkonzept.

Wird den geernteten Nichtkornbestandteilen ein Verkaufserlös (o_{NKB}) in Höhe des Differenzbetrages zum Referenzkonzept unterstellt, so stellt die Kompakternte ein gleichwertig wirtschaftliches Verfahren dar.

6 Ergebnis und Diskussion

Im folgenden Kapitel werden die Ergebnisse in Bezug auf die entwickelte Methode sowie im Hinblick auf die ermittelten Anwendungsergebnisse dargelegt. Des Weiteren werden im Rahmen der Diskussion die erzielten Ergebnisse und die Vorgehensweise diskutiert sowie die Plausibilität der Modellierung und die Anwendungsergebnisse thematisiert.

6.1 Ergebnis – Methodenentwicklung

In der vorliegenden Arbeit wird eine Methode zur Bewertung von Erntekonzepten entwickelt. Durch die erfolgreiche exemplarische Anwendung und Demonstration wird aufgezeigt, dass die Intention der Entwicklung, die gesetzten Anforderungen und die Ziele erfüllt werden. Auf die erfolgreiche Erfüllung wird im Folgenden näher eingegangen.

Im Rahmen der Entwicklung wird ein systematischer Aufbau der Methode, unter Berücksichtigung der Erkenntnisse aus dem Stand der Forschung und Technik, umgesetzt. Mit Hilfe der hierarchischen Struktur, der Untergliederung von Systemebenen in abstrahierte Teilsysteme und deren charakteristische Beschreibung sowie dem dargelegten Detaillierungsniveau des Stoffstroms kann ein modularer generischer Aufbau hinsichtlich der Systembeschreibung von Erntekonzepten erzielt werden. Die Methode basiert grundlegend auf der Transformation der Pflanze infolge der beschriebenen Funktionen und Prozesse. Dadurch wird durchgängig der Ernteprozess fokussiert und die Pflanze bildet den gemeinsamen Nenner aller Erntekonzepte. Auf Grundlage der gebildeten Kennzahlen wird das Bewertungsschema aufgebaut, welches adaptiv an die generische Systembeschreibung adjustiert und ergänzt werden kann, um die Erntekonzepte intentionsbezogen zu bewerten. Die Methode wird anhand unterschiedlicher Erntekonzepte verprobt und demonstriert, wobei die ausgewählten Erntekonzepte ein breites Spektrum an unterschiedlichen Eigenschaften aufweisen. Sowohl Konzepte mit bekannter als auch mit unbekannter technischer Umsetzung können mit der Methode erfolgreich bewertet werden. Im Rahmen der Anwendung werden unterschiedliche Parameter der Maschine und des Maschinensystems sowie Kontextfaktoren gezielt variiert. Durch deren Variation auf verschiedenen Systemebenen kann das Systemverhalten durch die Analyse der Prozesskette aufgezeigt und die damit verbundenen Potenziale bzw. Ursachen für Produktivitätsverluste identifiziert werden. Infolge der ermittelten Potenziale werden unter Verwendung der entwickelten Kennzahlen Optimierungsmaßnahmen

© Der/die Autor(en), exklusiv lizenziert an Springer Fachmedien Wiesbaden GmbH, ein Teil von Springer Nature 2026

F. Peters, *Methode zur Bewertung von Erntekonzepten am Beispiel der Getreideernte*, Fortschritte Naturstofftechnik,
https://doi.org/10.1007/978-3-658-52386-2_6

abgeleitet. Mit der erfolgreichen Demonstration und Anwendung werden vielfältige Gestaltungs- und Analysemöglichkeiten der Methode verdeutlicht.

Auf Basis der erfolgreichen Anwendung der Methode wird aufgezeigt, dass die entwickelte Methode als Entwicklungswerkzeug in Maschinenbauunternehmen und Forschungseinrichtungen verwendet werden kann. Aufgrund der modular generischen Struktur erlaubt die Methode eine universelle Herangehensweise im Hinblick auf die Gestaltung und Analyse von Erntekonzepten. Zur praxisgerechten Handhabung wird, infolge der adaptiven Eigenschaften, die Möglichkeit eröffnet, die Anwendungskomplexität bedarfsgerecht anzupassen bzw. zu reduzieren.

Ausgehend von einem idealisierten, homogenen, erntereifen und aufrechtstehenden Pflanzenbestand wird der Prozess bis hin zur Einlagerung eines verwertungsfähigen oder vermarktungsfähigen Produktes in der Methodenentwicklung berücksichtigt. Aufgrund der modular generischen Struktur und der holistischen Betrachtungsweise eröffnet die Methode zum einen die Möglichkeit, spezifisch detaillierte Systeminformationen den weiteren Produktionsschritten des Anbauzyklus zur Verfügung zu stellen, um die Methode flexibel zu erweitern. Zum anderen kann die Methode aufgrund des Aufbaus und Umfangs generisch auf Konzepte zur Ausführung von Produktionsschritten außerhalb der Ernte übertragen werden.

6.2 Ergebnis – Anwendung der Methode

Im Rahmen der Anwendung wird am Beispiel von drei Erntekonzepten aufgezeigt unter welchen Rahmenbedingungen und Parametrisierungen wirtschaftlich wettbewerbsfähige Konzepte in Bezug auf ein Referenzkonzept resultieren. Neben der Wirtschaftlichkeit, in Form der spezifischen Erntekosten, werden zudem weitere spezifische Kennzahlen als Bewertungsgrößen herangezogen.

Die entstandenen Ergebnisse sollen als Entscheidungsgrundlage fungieren, um weitere Entwicklungsschritte abzuleiten und damit zur weiteren Entwicklung des Erntekonzepts *Mähdrusch* sowie zur praktischen Umsetzung von alternativen Erntekonzepten beizutragen.

Auf Grundlage unterschiedlicher Szenarien werden exemplarische Auswertungen dargelegt und Kennfelder entwickelt, die zur weiteren Anwendung dienen. Mit den zur Verfügung gestellten Auswertungen und Kennfeldern können spezifische Analysen durchgeführt sowie Effekte des Systemverhaltens und gewonnene Erkenntnisse der Parametervariationen auf weitere Anwendungsfälle übertragen werden.

Im Hinblick auf die Potenziale der unterschiedlichen Systemebenen ist festzuhalten, dass durch Anpassungen des Erntekonzepts tendenziell größere Auswirkungen auf höheren Systemebenen bezüglich der spezifischen Erntekosten zu verzeichnen sind. Ausschlaggebend sind dafür beispielsweise die Maschinenkonfiguration, der Ort zur Übergabe des Stoffstroms und die Art der Maschinenverknüpfung während der Übergabe sowie die Abfolge der Maschinenzustände und die Ausführung des Verfahrens. Demgegenüber führt eine Variation auf der Parameterebene zu einem regressiven Verlauf der spezifischen Erntekosten. Damit kann die ursprüngliche Einschätzung von Garbers [2013] und Nacke [2013] hinsichtlich des Potenzialzuwachses in höheren Systemebenen mit den Ergebnissen dieser Arbeit unterstützt werden.

Im Hinblick auf das Maschinensystem und die Kontextfaktoren zeigen die Untersuchungen (vgl. 5.1.2 Variation: Konfiguration Maschinensystem; 5.1.3 Variation: Kontextfaktoren) des Erntekonzepts *Mähdrusch,* dass das Optimum bezüglich der spezifischen Erntekosten von einer Vielzahl an Einflussgrößen und deren Wechselwirkungen abhängt und je nach Rahmenbedingungen unterschiedliche Optima eintreten können. Die Ergebnisse verdeutlichen das Systemverhalten und die Sensitivität des Systems in Folge der Parametervariationen und der Konfiguration des Systems. Als Ergebnis ist festzuhalten, dass die Produktivität vor allem von der Konfiguration des Gesamtsystems und der damit verbundenen Synchronisierung, unter Berücksichtigung der Kontextfaktoren bzw. Rahmenbedingungen, bestimmt wird.

In Bezug auf den Mähdrescher ist zu konstatieren (vgl. 5.1.4 Variation Maschinenparameter), dass eine wirtschaftliche Leistungssteigerung zunehmend aufwendiger wird. Mit einer Steigerung der installierten Leistung weisen die spezifischen Erntekosten einen regressiven Verlauf auf. In Kombination mit dem linearen Zusammenhang zum Anschaffungspreis wird daher mit steigender installierter Durchsatzleistung eine zunehmend höhere Mehrleistung benötigt, um konstante spezifische Erntekosten zu erzielen (vgl. z. B.: Abb. 5.29). Dieses Ergebnis stützt die postulierte Annahme von Herlitzius [2013] hinsichtlich eines zunehmend schlechter werdenden Kosten-Nutzen-Verhältnisses bzw. eines progressiven Kostenverlaufs in Abhängigkeit des Nutzens des heutigen Maschinenkonzepts.

Zur Reduktion des Maschinengewichts auf dem Feld können Potenziale zur Minimierung der Korntankvolumina in Abhängigkeit von der gegebenen Abfuhrlogistik und der Kontextfaktoren dargelegt werden. Unter anderem ist hinsichtlich der Konstruktionsparameter eine weitere Verbesserung der spezifischen Erntekosten durch eine optimierte Schneidwerksbreite zu verzeichnen.

Dabei wird das optimale Kosten-Nutzen-Verhältnis von der Ausgestaltung des Erntekonzepts bzw. der Konfiguration des Systems bestimmt.

Mit den Ergebnissen der Arbeit wird aufgezeigt, dass unter bestimmten Rahmenbedingungen alternative Erntekonzepte ein wirtschaftlich gleichwertiges Ergebnis im Vergleich zum etablierten Erntekonzept des Mähdruschs erzielen (vgl. Tab. 5.3; Tab. 5.5).

Die spezifischen Erntekosten des Erntekonzepts *Selbstfahrende Schneidwerke* können durch eine Optimierung der Verfahrens- und Zustandsabläufe sowie des Maschinenkonzepts reduziert werden. Unter den getroffenen Annahmen weist das Erntekonzept im Vergleich zu den anderen Konzepten einen höheren spezifischen Anschaffungspreis in Bezug auf die installierte Massenleistung auf, um die gleichen spezifischen Erntekosten zu erzielen (vgl. Tab. 5.3). Zum einen verdeutlicht dies die Produktivität des Grundkonzeptes, da trotz eines höheren spezifischen Anschaffungspreises die gleichen spezifischen Erntekosten wie bei dem Referenzkonzept erzielt werden (vgl. Tab. 5.3). Zum anderen leitet sich daraus als weiterer konkreter Optimierungs- bzw. Entwicklungsschritt eine detaillierte Untersuchung des spezifischen Anschaffungspreises ab. Es ist zu untersuchen, zu welchen Kosten eine möglichst hohe installierte Massenleistung in der Dreschmaschine integriert werden kann und inwiefern sich die spezifischen Anschaffungskosten durch Synergieeffekte, infolge der effektiven Kanalbreite von 10 m, verringern. Zudem ist der Anschaffungspreis des selbstfahrenden Schneidwerks zu konkretisieren. Aufgrund der Modularität des Erntekonzepts *Selbstfahrende Schneidwerke* ist ein lineares Kosten-Nutzen-Verhältnis bei einer weiteren Leistungssteigerung zu erwarten.

Das Erntekonzept *Kompakternte* ist aufgrund des erhöhten Transportaufkommens im Vergleich zum Mähdrusch kostenintensiver. Jedoch wird mit dem Verfahren ein zusätzliches (Neben-) Produkt geerntet. Die Wirtschaftlichkeit des Konzepts hängt daher u. a. von dem Erlös der geernteten Nichtkornbestandteile ab, welche in weiteren Entwicklungsschritten genauer untersucht werden müssen. Mit einer Mehrleistung des Erntekonzepts gehen attraktive bzw. realistisch zu erzielende Anschaffungspreise einher (vgl. Tab. 5.4 - Szenario III). Daher sollte im Rahmen der Konzeptumsetzung die Funktionstechnik an den zusätzlich zur Verfügung stehenden Bauraum der Maschinen skaliert werden, wodurch ein konstantes Kosten-Nutzen-Verhältnis erzielt bzw. beibehalten wird. Sowohl durch den Entfall der Reinigung im Kompakternter als auch durch die stationäre Maschinenart der ortsfesten Reinigung bieten beide Maschinen das Potenzial mehr Bauraum für die Skalierung der Funktionstechnik zur Verfügung zu stellen.

6.3 Diskussion – Methodenentwicklung

Im Weiteren werden die Methode und deren Umfang sowie die erzielten Ergebnisse diskutiert. Weitere Detaillierungs- und Erweiterungsmöglichkeiten der Methode heben dazu nochmals den erzielten generischen und adaptiven Aufbau und die Vielzahl an intentionsbezogenen Anwendungsmöglichkeiten in Bezug auf die Ergebnisse der Methodenentwicklung hervor.

Mit der vorliegenden Arbeit wird eine komplexe, vielschichtige und umfangreiche Aufgabenstellung bearbeitet und demonstriert. Die damit verbundene Herausforderung der Arbeit gründet auf der erforderlichen holistischen und generischen Betrachtungsweise der Thematik, da es notwendig ist die gesamte Prozesskette zu untersuchen, um aussagekräftige Erkenntnisse im Hinblick auf die Bewertung von Erntekonzepten zu erzielen.

Mit der entwickelten Methode wird die Möglichkeit einer einheitlichen systematischen Basis zur Bewertung und universellen Analyse von grundlegend unterschiedlichen Erntekonzepten geschaffen, um neue Erkenntnisse zu gewinnen und Wissen zu generieren. Durch die Granularität, die Systemstruktur sowie durch den ausgeprägten Methodenumfang können komplexe Systeme und damit verbundene Aufgabenstellungen im Hinblick auf die Weiterentwicklung des Ernteprozesses vergleichend und vielschichtig untersucht werden. Das Ergebnis der Arbeit zeichnet sich dadurch aus, dass unter Berücksichtigung eines umfangreichen Betrachtungsrahmens, dem Produktionsschritt Ernte, Konzepte universell und detailliert gestaltet und analysiert werden können. Durch die Kombination aus einem umfangreichen Betrachtungsrahmen und einem hohen Detaillierungsgrad, können die Auswirkungen und die Sensitivität des Systems durch einzelne (Detail-) Modifikationen im Kontext höherer Systemebenen bzw. im Kontext des Gesamtprozesses Ernte bewertet werden. Damit wird die Möglichkeit und Grundlage geschaffen, Erntekonzepte über die Systemgrenze der einzelnen Maschine hinaus, möglichst ganzheitlich zu bewerten. Zudem kann auf Basis des adaptiven Bewertungsschemas die gesamte Prozesskette auf unterschiedlichen Systemebenen mittels Kennzahlen untersucht werden.

Die Methode ist aufgrund des abstrakten generischen Aufbaus dazu geeignet, sowohl bestehende Erntekonzepte als auch Erntekonzepte in einer frühen Entwicklungsphase aus unterschiedlichen Gesichtspunkten zu bewerten und zu optimieren. Dadurch können im Rahmen der Entwicklung einerseits frühzeitig Maßnahmen und Anforderungen abgeleitet werden, obwohl die technische Umsetzung im Zweifel wenig detailliert und konkret ist oder auf einer Prinziplösung basiert. Andererseits bietet die Methode bei ausgereifteren Konzepten die Möglichkeit Details in der Praxis weiter zu optimieren.

Mit Hilfe des abstrakten generischen Ansatzes der Methodenentwicklung kann die Methode durch Anpassungen und Erweiterungen in nachfolgenden Arbeiten auf weitere (Ernte-) Konzepte und Verfahren, die über die Getreideernte hinausgehen, angewandt werden. Durch die Übertragung der Methode muss je nach Anwendungsfall eine spezifische Anpassung der transformierten Stoffstrombestandteile mit den zugehörigen Detaillierungsniveaus stattfinden. Zu transformierende Güter können Erntegüter wie Gras oder Kartoffeln darstellen, aber auch in abstrahierter Weise Boden im Zusammenhang mit Konzepten des Ackerbaus.

Zur Erweiterung der Methode können die Systemparameter und -ergebnisse des betrachteten Produktionsschritts Ernte und der darunter liegenden Systemebenen verwendet oder erweitert werden. Aufgrund der modularen generischen Struktur und der holistischen Betrachtungsweise eröffnet die Methode die Möglichkeit, spezifisch detaillierte Systeminformationen den weiteren Produktionsschritten des Anbauzyklus zur Verfügung zu stellen, um die Methode flexibel zu erweitern. Die beschriebenen und gegebenen Voraussetzungen sind notwendig, um die betrachtete Systemgrenze um die weitere Bergung oder Verarbeitung des Ernteresiduums zu erweitern. Nachfolgende Aufwendungen zur Bergung, Zerkleinerung und/oder Einarbeitung werden somit in die Bewertung miteinbezogen, da nach der Ernte das Ernteresiduum in unterschiedlicher Form und Menge auf dem Feld vorliegen kann. Hinsichtlich der untersuchten Konzepte liegt eine annähernd gleiche Ausgangssituation des Ernteresiduums vor, sodass eine Vergleichbarkeit erzielt wird. Liegen unterschiedliche Ausgangszustände vor, so ist die Methode um die nachfolgenden Arbeitsschritte zu erweitern und in die Bewertung miteinzubeziehen. Die gleiche Systematik tritt bei den Aufwänden auf, um reversible Bodenverdichtungen durch nachgelagerte Arbeitsgänge (bspw. Tiefenlockerung) zu beseitigen. Bei irreversiblen Bodenverdichtungen müssen hingegen Ertragseinbußen in Folgejahren berücksichtigt werden. Auf Basis des Maschinengewichts, der Fahrwerkseigenschaften, der befahrenen Fläche sowie der Bodenbeschaffenheit ist eine Erweiterung der Methode um die Faktoren und Auswirkungen der Bodenverdichtung möglich.

Hinsichtlich der Materialparameter wird die Methode am Beispiel von idealen Weizen aufgebaut. Durch eine Erweiterung der Methode könnten inhomogene und suboptimale Zustände des Bestands, wie Lagergetreide, Berücksichtigung finden und damit verbunden Aufnahmeverluste in Abhängigkeit des Erntekonzepts in die Bewertung miteinbezogen werden. Zudem eröffnet die Methode durch eine

Erweiterung und Detaillierung die Möglichkeit, andere Fruchtarten oder Stoffeigenschaften wie die Kornfeuchte hinzuzuziehen. Die Qualität des Getreides bzw. des Ernteproduktes kann durch das Detaillierungsniveau des Stoffstroms in Form von Bruchkorn und unausgedroschenen Ähren berücksichtigt werden. Zur Berücksichtigung von weiterführenden Qualitätsmerkmalen, wie dem Reifegrad oder der Fallzahl, sind Modelle für diese Qualitätsmerkmale zu entwickeln und in die Methode zu implementieren. Höhere Maschinendurchsätze können dazu führen, dass die Pflanzen im Hinblick auf die Qualitätsmerkmale in einem optimaleren Zeitfenster geerntet werden und so beispielsweise Witterungseinflüsse umgegangen werden. Zum einen können die höheren Maschinendurchsätze durch eine Steigerung der installierten Massenleistung erzielt werden und damit die Erlöse des Ernteguts steigern. Zum anderen kann aber auch ein höheres Verlustniveau in Kauf genommen werden, um eine bessere Qualität zu ernten. Zur Bewertung dieses Szenarios sind die Opportunitätskosten entscheidend, indem die entgangenen Einnahmen dem höheren Verkaufserlös gegenübergestellt werden.

Mit einem idealisierten und deterministischen Prozessaufbau und -ablauf sowie konstanten Koeffizienten bzw. Zeitanteilen zur Ermittlung der Störzeiten, Erholungszeiten und sonstiger Verlustzeiten treten bei der Konzeptbewertung, im relativen Vergleich, nur geringe Einflüsse auf. Jedoch führt ein zunehmender Grad der Automatisierung durch Assistenzsysteme zur Verringerung der Erholungszeit und zu einem Entfall der Teilzeit durch autonome Maschinensysteme. Zudem tritt im relativen Vergleich von Konzepten ein variabler Anteil von Stör- und Verlustzeiten durch äußere Einflüsse, durch die Einsatzsicherheit der Konzepte oder durch witterungsunanfälligere bzw. witterungsunabhängigere Erntekonzepte auf. Durch eine weitere Detaillierung der Konzepte in Bezug auf die genannten Teilzeiten können die Effekte und deren Auswirkungen bewertet werden.

6.4 Diskussion –Anwendung der Methode

Im Folgenden werden die Methodenanwendung, die getroffenen Annahmen und die daraus gewonnenen Erkenntnisse diskutiert.

Im Rahmen der Methodenanwendung wird der Ernteprozess des Mähdruschs auf der Systemebene der Ernte unter Berücksichtigung der darunter befindlichen Ebenen, und dem damit verbundenen Detaillierungsgrad, umfangreich untersucht. Durch eine Vielzahl an Parametervariationen auf unterschiedlichen Systemebenen wird das Systemverhalten mit intentionsspezifischen Kennzahlen analysiert und bewertet, um ein weiterführendes Verständnis über den etablierten Mähdruschprozess zu erlangen. Auf einer einheitlichen systematischen Basis werden zudem erstmalig mehrere grundlegend unterschiedliche Erntekonzepte (*Mähdrusch, Selbstfahrende Schneidwerke, Kompakternte*) in einem umfangreichen Betrachtungsrahmen und einer hohen Detailtiefe bewertet und optimiert sowie darauf aufbauend miteinander verglichen. Die Analyse und der Vergleich bringen Erkenntnisse hervor, um weitere konkrete Entwicklungsschritte in Bezug auf die unterschiedlichen Erntekonzepte abzuleiten. Des Weiteren zeichnet sich die Methodenanwendung durch eine Vielzahl an Möglichkeiten aus, die durch eine hohe Variabilität an Einflussgrößen und Analyseoptionen auf verschiedenen Systemebenen geprägt ist. Im Hinblick auf den intentionsspezifischen Untersuchungsgegenstand können sowohl Einflussgrößen wie Kontextfaktoren, Konstruktions-, Betriebs- und Materialparameter sowie die Anordnung, Art und Anzahl der Komponenten in der Maschine, die Anordnung, Art und Anzahl der Maschinen im Maschinensystem als auch deren Verknüpfungen und unterschiedliche Verfahrensabläufe berücksichtigt werden. Die Analyse und Bewertung erfolgt mittels (spezifischer) Bewertungsgrößen in Form des Energiebedarfs, des Nutzungsgrades, der Massenleistung, des Zeitbedarfs, der Erntefläche, der Erntemasse, der Erntequalität, der Maschinenkosten sowie der Erntekosten.

Im Hinblick auf die Methodenanwendung und Bewertung des Erntekonzepts *Selbstfahrende Schneidwerke* sowie bei dem Erntekonzept *Kompakternte* wird im Sinne der Anwendungskomplexität angenommen, dass die eingesetzten Transporteinheiten immer am Optimum betrieben werden, womit die günstigsten spezifischen Erntekosten verbunden sind. Demgegenüber wird im Referenzkonzept des Erntekonzepts *Mähdrusch* mit den resultierenden spezifischen Transportkosten (2,352 €/t) einer geringer ausgelasteten Transporteinheit kalkuliert. Unter den Rahmenbedingungen des Referenzkonzepts betragen die spezifischen Transportkosten einer vollausgelasteten Transporteinheit 2,333 €/t. Im Vergleich ergibt sich daraus eine Kostendifferenz von 0,019 €/t. Aufgrund des geringen Betrags bzw. der geringen Kostendifferenz ist eine Vergleichbarkeit gewährleistet.

Bezüglich der erstellten Kennfelder des Kompakternters und der Dreschmaschine wird jeweils eine Maschine eingesetzt. Bei der weiteren Verwendung der Kennfelder für mehrere Maschinen müssen die spezifischen Erntekosten in Abhängigkeit der Massenleistung in der Operativzeit für die einzelne Maschine ermittelt und angesichts des Maschinentyps summiert werden.

Zur Ermittlung der spezifischen Erntekosten des Erntekonzepts *Kompakternte* werden die anfallenden Gesamtkosten auf die geerntete Masse an Korn referenziert. Durch Subtraktion des spezifischen Verkaufserlöses der Nichtkornbestandteile können die spezifischen Erntekosten weiter detailliert werden. Im Hinblick auf die Nichtkornbestandteile ist zu berücksichtigen, dass ein Nährstoffentzug im Vergleich zu den anderen Konzepten erfolgt. Eine spätere Ausbringung zum Ausgleich des Nährstoffentzugs, in Form der Düngung, wird im Modell als kostenneutral angesehen.

Modulare Erntekonzepte erlauben aufgrund der Gestaltungsvariante eine inkrementellere Ausführung der Maschinenanzahl, was sich auf die gesteigerte Einsatzsicherheit des Konzepts auswirkt. Die Einsatzsicherheit kann durch eine temporäre Reduzierung der Maschinenanzahl und durch eine Steigerung der Reparaturkosten mit der Methode bewertet werden.

Im Rahmen der Anwendung wird unterstellt, dass das jährliche Erntezeitfenster durch die Erntetage und Erntezeit pro Tag determiniert und dieses vom Erntekonzept vollständig ausgenutzt wird, woraus eine jährliche Erntefläche resultiert. In einem umgekehrten Anwendungsfall könnte auch die Erntefläche festgelegt werden und die benötigte Erntezeit das Resultat bilden.

Im Hinblick auf die Anwendung der Methode können durch Folgearbeiten weitere Konkretisierungen und Änderungen der Standardparametrisierungen sowie der getroffenen Annahmen erfolgen. Bezüglich einer weiteren Detaillierung des angewandten Modells können außerdem konstante Parameter, wie bspw. der Motorwirkungsgrad, durch Kennfelder ersetzt werden. Zudem basiert der Aufbau des Modells u. a. auf charakteristischen Zyklen der Maschinen. Um eine weitere Vielfalt an unterschiedlichen charakteristischen Zyklen je Maschinentyp zu erzielen, ist in Betracht zu ziehen, die Methodenanwendung in einer agentenbasierten Simulationsumgebung aufzubauen.

Die Anwendung der Methode erfolgt unter Verwendung des Simulationswerkzeugs Simulink®. Die Wahl des Simulationswerkzeugs liegt maßgeblich darin begründet, dass dieses einen anwenderfreundlichen generischen Modellaufbau ermöglicht und definierte Programmmodule in unterschiedlichen Hierarchieebenen, gemäß der Methode, umgesetzt werden können. Zudem ist Simulink® ein etabliertes Werkzeug in der Produktentwicklung und Forschung. Folglich sind viele potenzielle Endnutzer mit der grundlegenden Anwendung des Werkzeugs vertraut. Zudem können im Hinblick auf mögliche Weiterentwicklungen, bereits vorhandene Simulink® oder MATLAB® Modelle mit einem vergleichsweise geringen Aufwand in das existierende Modell integriert und (Teil-) Ergebnisse über bekannte und vorhandene Schnittstellen exportiert werden. Aus diesen Gründen wird der anwendergerechte und praxisnahe Einsatz des entwickelten Modells in Simulink® gefördert.

6.5 Diskussion – Plausibilität der Methodenanwendung

Aufgrund der idealisierten Bedingungen und abstrahierten Betrachtungsweise kann eine Validierung der absoluten Anwendungsergebnisse nur indirekt anhand von praktischen Werten erfolgen. In der Praxis treten die angenommenen idealen Bedingungen nicht auf. Zudem kommt es in der Praxis zur fortlaufenden Überlagerung von Effekten durch unzählige externe und nur schwer quantifizierbare Faktoren. Außerdem sind die (Teil-) Ergebnisse bzw. der Modellumfang sehr vielschichtig. Daher kann lediglich eine stichprobenartige Plausibilität der Ergebnisse exemplarisch auf verschiedenen Systemebenen dargelegt werden.

Zur Ermittlung des Energiebedarfs der Maschinen werden validierte Teilmodelle von Fillingham [2017] und Fleczoreck [2013] eingesetzt. Diese werden modularisiert und sofern zulässig skaliert. Die Arbeitsweise der Funktionstechnik und die damit verbundenen Verluste basieren auf einer Verlustkennlinie, die im Rahmen von Praxisversuchen ermittelt wurde. Das damit simulierte optimale Verlustniveau (vgl. Abb. 5.24) entspricht dabei der guten fachlichen Praxis. In Bezug auf das Systemverhalten weisen vergleichbare Szenarien hinsichtlich der Massenleistungen und der spezifischen Erntekosten die gleiche Charakteristik wie bei den Untersuchungen von Herrmann [1999] auf. Die absoluten spezifischen Erntekosten des Mähdreschers (Referenzkonzept) (10,088 €/t exkl. Opportunitätskosten) stimmen in der Größenordnung mit dem aufgeführten Wert (8,86 €/t) von Nacke [2006] überein, wobei die Abweichungen des Ergebnisses plausibel zu den abweichenden Eingangswerten sind. Im Falle der Transporteinheit und des Überladewagens wird auf eine Fremdmechanisierung zurückgegriffen. Durch den fixierten Stundensatz wird die Fehleranfälligkeit der spezifischen Transport- und Überladekosten reduziert. Die gesamten spezifischen Erntekosten des Referenzkonzepts (14,257 €/t) weisen unter Verwendung des KTBL-Feldarbeitsrechners [KTBL 2023] und einer möglichst annähernden Parametrisierung (15,297 €/t) einen qualitativ ähnlichen Betrag auf. Die Differenz resultiert vor allem aus den Unterschieden in der Parametrisierung (vgl. 9.3 Parametrisierung und Ergebnis KTBL-Feldarbeitsrechner; 9.1.1 Standardparametrisierung Erntekonzept *Mähdrusch* (Referenzkonzept)).

Im Hinblick auf die alternativen Erntekonzepte liegen keine aussagefähigen Referenzwerte vor, was aus der fehlenden bzw. unzureichenden Umsetzung der Konzepte rührt. Aufgrund der gleichen Modellierungsgrundlage aller Erntekonzepte, auf Basis von modularen Teilmodellen, wird der relative Vergleich der Erntekonzepte untereinander sowie die Parametervariation innerhalb eines

Erntekonzepts als plausibel erachtet werden. Daher sind sowohl die Optimierungspotenziale als auch die Bewertung der Erntekonzepte in Relation zueinander schlüssig und die daraus resultierenden Ergebnisse aussagefähig.

Die vorliegende Arbeit thematisiert die Entwicklung einer Methode. Die Plausibilität der Methode an sich (primäres Resultat) kann durch die erfolgreiche Anwendung am Beispiel der drei unterschiedlichen Erntekonzepte und der Parametervariation auf verschiedenen Systemebenen umfangreich nachgewiesen werden (vgl. 6.1 Ergebnis – Entwicklung der Methode). Die Ergebnisse der Anwendung und deren Plausibilität stellen das sekundäre Resultat der Arbeit dar

7 Zusammenfassung und Ausblick

Mit steigenden Anforderungen an die Produktivität des Mähdreschers ist zu erwarten, dass das Kosten-Nutzen-Verhältnis eine progressive Entwicklungstendenz aufweisen wird [Herlitzius 2013]. Alternative Maschinenkonzepte und alternative Verfahren in der Getreideproduktion können dazu beitragen das Kosten-Nutzen-Verhältnis bei einer weiteren Produktivitätssteigerung des Ernteprozesses zu verbessern. Zur Ermittlung von weiteren Potenzialen des heutigen Mähdruschkonzepts sowie zur Untersuchung von Potenzialen alternativer Erntekonzepte thematisiert die vorliegende Arbeit die Entwicklung einer Methode zur Bewertung von Erntekonzepten am Beispiel der Getreideernte.

Zur Entwicklung der Methode werden zunächst die Entwicklung der Getreideernte und alternative Erntekonzepte vorgestellt. Des Weiteren werden auf Basis des Stands der Forschung und Technik Untersuchungen und Bewertungen von Ernteprozessen und landwirtschaftlichen Prozessketten sowie Grundlagen zum Aufbau, der Analyse und Bewertung von allgemeinen Prozessketten dargelegt. Nach der Konkretisierung der Anforderungen und Zielsetzung der Methode erfolgt die Methodenentwicklung und deren exemplarische Anwendung. Die Methode soll dazu beitragen universelle Gestaltungsmöglichkeiten und Verfahrensabläufe der Erntekonzepte vor dem Hintergrund einer holistischen Betrachtungsweise sowohl ganzheitlich zu bewerten und zu vergleichen als auch zu analysieren. Darauf aufbauend sind Optimierungspotenziale zu identifizieren und Maßnahmen abzuleiten, um damit eine produktive Auslegung der Erntekonzepte zu erzielen.

Die Methodenentwicklung verfolgt dazu einen vierstufigen Ansatz. Auf Basis einer hierarchischen Methodenarchitektur erfolgt die abstrahierte Abbildung der Erntekonzepte und die Beschreibung des Systemverhaltens. Durch die ersten drei Schritte wird die Systembeschreibung der Erntekonzepte komplementiert, wobei der beschriebene Ernteprozess die Transformation der Pflanze entlang der Prozesskette fokussiert. In einem vierten Schritt wird das Bewertungsschema entwickelt, welches auf einem Kennzahlensystem zur Prozesskettenbewertung gründet und über ein Kostenverrechnungssystem in den spezifischen Erntekosten mündet. Die Kombination aus Systembeschreibung und Bewertungsschema bildet die Methode zur Bewertung der Erntekonzepte.

Darauf aufbauend wird die Methode exemplarisch auf das Erntekonzept *Mähdrusch*, das Erntekonzept *Selbstfahrende Schneidwerke* sowie auf das Erntekonzept

© Der/die Autor(en), exklusiv lizenziert an Springer Fachmedien Wiesbaden GmbH, ein Teil von Springer Nature 2026
F. Peters, *Methode zur Bewertung von Erntekonzepten am Beispiel der Getreideernte*, Fortschritte Naturstofftechnik,
https://doi.org/10.1007/978-3-658-52386-2_7

Kompakternte angewandt. Im Rahmen der Anwendung werden unterschiedliche Parameter der Maschine und des Maschinensystems sowie Kontextfaktoren gezielt variiert und die Erntekonzepte bewertet und verglichen. Durch die Variation der Konzepte auf verschiedenen Systemebenen kann mit Hilfe der Prozesskettenanalysen das Systemverhalten aufgezeigt und die damit verbundenen Potenziale bzw. Ursachen für Produktivitätsverluste identifiziert und Optimierungsmaßnahmen abgeleitet werden. Mit der erfolgreichen Bewertung und Optimierung der unterschiedlichen Erntekonzepte werden die vielseitigen Einsatzmöglichkeiten der Methode aufgezeigt sowie die Methode verprobt, demonstriert und auf Plausibilität geprüft. Aus dem Ergebnis der Anwendung resultiert, dass eine weitere wirtschaftliche Produktivitätssteigerung des Mähdreschers möglich, aber mit zunehmendem Aufwand verbunden ist. Alternative Erntekonzepte erreichen unter bestimmten Rahmenbedingungen das gleiche spezifische Kostenniveau wie das Erntekonzept *Mähdrusch*. Zur weiteren Realisierung des Erntekonzepts *Selbstfahrende Schneidwerke* und des Erntekonzepts *Kompakternte* müssen diese Konzepte hinsichtlich der technischen Umsetzung und der damit verbundenen Anschaffungspreise konkretisiert werden.

Im Hinblick auf die Methodenentwicklung können in weiteren Forschungsprojekten zum einen die Methode und die Modellierung weiter detailliert werden und zum anderen eine Erweiterung des Betrachtungsumfangs erfolgen. Aufgrund des modularen und adaptiven Methodenaufbaus bietet die Methode eine hohe Variantenvielfalt an Detaillierungs- und Erweiterungsmöglichkeiten. Zur Eingrenzung der Möglichkeiten und der Ableitung von konkreten Schritten zur Weiterentwicklung der Methode, müssen vor allem jene Bereiche fokussiert werden, die spezifische Differenzierungsmerkmalen der Konzepte herausstellen, um intentionsbezogene Untersuchungen durchzuführen. Eine Methodenerweiterung trägt dazu bei, die Erntekonzepte ganzheitlicher zu betrachten, indem Auswirkungen und Wechselwirkungen der Konzepte hinsichtlich weiterer Schritte im Produktionssystem Ackerbau berücksichtigt werden. In nächsten Schritten sollte dazu eine Erweiterung der Methode um die Bergung, Zerkleinerung und/oder Einarbeitung des Ernteresiduums erfolgen. Darüber hinaus ist die Bodenverdichtung und deren Auswirkungen, welche aus dem Einsatz des Erntekonzepts resultieren, in den Methodenumfang miteinzubeziehen. Im Rahmen der weiteren Methodendetaillierung sind zudem Qualitätsmerkmale des Getreides (z. B. Reifegrad und Fallzahl) zu ergänzen, um bspw. die Auswirkungen von Witterungseinflüssen auf die Erntekonzepte zu berücksichtigen. Zur vertieften Betrachtung der Witterungseinflüsse sowie des Automatisierungsgrades der eingesetzten Maschinenkonzepte trägt eine weitere Detaillierung der Methode hinsichtlich der Stör- und Erholungszeiten sowie der sonstigen Verlustzeiten dazu bei, weitere Potenziale alternativer Erntekonzepte in die Bewertung miteinfließen zu lassen.

Im Rahmen der Anwendung kann eine weitere Detaillierung erfolgen, indem konstante Faktoren durch Kennfelder ersetzt werden, um in einem detaillierteren Maße das Systemverhalten zu untersuchen. Zur weiteren Betrachtung von Detailabläufen in der Praxis ist hingegen zu untersuchen, welche Optimierungen sich durch die Methodenanwendung in einer agentenbasierten Simulationsumgebung erzielen lassen.

Auf Basis der demonstrierten Methodenanwendung und den daraus gewonnenen Ergebnissen können im Weiteren spezifische Analysen mittels exemplarischer Auswertungen und Kennfelder durchgeführt werden, um weitere Ausgestaltungen der Erntekonzepte zu untersuchen. In Kombination mit den aufgezeigten Potenzialen der Erntekonzepte dienen die Analysen dazu weitere Entwicklungsschritte abzuleiten und eine weitere Umsetzung der alternativen Erntekonzepte zu forcieren. Als nächste Entwicklungsschritte sind dazu vor allem die Konkretisierung der möglichen installierten Massenleistung im vorhandenen Bauraum in Relation zum Anschaffungspreis zu eruieren. Zudem können in nachfolgenden Forschungsarbeiten weitere Maschinen- und Erntekonzepte wie der Ährenschnitt [Feiffer 2009], das NEXAT-System [NEXAT 2023], der autonome Schwarm selbstfahrender Mähdrescher [Herlitzius et al. 2011], das zusätzliche Sammeln von Spreu [Marti et al. 2013] sowie das alternative Erntekonzept von Siemens et al. [2007; 2008] mit Hilfe der entwickelten Methode bewertet und verglichen werden. Ferner kann in anschließenden Arbeiten die Methode auf weitere Verfahren der Ernte sowie auf weitere Verfahren im Produktionssystem Ackerbau (Bodenbearbeitung, Aussaat und Pflege) und Grünland angewandt und angepasst werden.

Mit der vorliegenden Arbeit wird eine komplexe, vielschichtige und umfangreiche Aufgabenstellung bearbeitet und demonstriert. Die damit verbundene Herausforderung der Arbeit gründet auf der erforderlichen holistischen und generischen Betrachtungsweise der Thematik, da es notwendig ist die gesamte Prozesskette zu untersuchen, um aussagekräftige Erkenntnisse im Hinblick auf die Bewertung von Erntekonzepten zu erzielen.

8 Literaturverzeichnis

[Aufhammer 1998] Aufhammer, W.: Getreide- und andere Körnerfruchtarten – Bedeutung, Nutzung und Anbau. Stuttgart: Verlag Eugen Ulmer, 1998. ISBN 3-8252-8156-6.

[Baruah et al. 2004] Baruah, D. C.; Panesar, B. S.: Energy Requirement Model for a Combine Harvester, Part I: Development of Component Model. In: (Journal) Biosystems Engineering (2005), Volume 90 Issue 1, S. 9-25. Veröffentlicht online 22.12.2004.

[Baumgarten 1988] Baumgarten, J.: Theoretisch experimentelle Untersuchungen zur Optimierung des Trennprozesses in einer Kaskadenreinigungseinrichtung des Mähdreschers. Dresden, Technische Universität Dresden, Dissertation, 1988.

[Baumgarten et al. 2009] Baumgarten, J.; Neu, S.; Kettelhoit, B.: An assistance system for the optimization of the harvesting process in combine harvesters. Conference: Agricultural Engineering, VDI-MEG Tagung LAND.TECHNIK AgEng 2009, Hannover 06./07.11.2009. VDI-Berichte Nr. 2060. Düsseldorf: VDI Verlag, 2009, S.365-370.

[Beck 1992] Beck, T.: Meßverfahren zur Beurteilung des Stoffeigenschaftseinflusses auf die Leistung der Trennprozesse im Mähdrescher. Stuttgart, Universität Stuttgart, Dissertation, 1991. VDI Fortschritt-Berichte, Reihe 14, Nr. 54, 1992.

[Beck 1999] Beck, F.: Simulation der Trennprozesse im Mähdrescher. Stuttgart, Universität Stuttgart, Dissertation, 1999. Fortschritt-Berichte VDI, Reihe 14,. Nr. 92, 1999.

[Becker 2005] Becker, T.: Prozesse in Produktion und Supply Chain optimieren. Berlin Heidelberg: Springer-Verlag, 2005. ISBN 3-540-25-25841-8.

[Bernhardt 2015] Bernhardt, J.: Theoretische und experimentelle Untersuchungen zur Optimierung der Korn-Stroh-Trennung am Hordenschüttler unter Verwendung alternativer Bahnkurven. Dresden, Technische Universität Dresden, Dissertation, 2014. Fortschritt-Berichte VDI. Reihe 14, Nr. 144, 2015.

[Böttinger 1993] Böttinger, S.: Die Abscheidefunktion von Hordenschüttler und Reinigungsanlage in Mähdreschern. Stuttgart, Universität Stuttgart, Dissertation, 1993. Fortschritt-Berichte VDI. Reihe 14, Nr. 66, 1993.

© Der/die Herausgeber bzw. der/die Autor(en), exklusiv lizenziert an Springer Fachmedien Wiesbaden GmbH, ein Teil von Springer Nature 2026
F. Peters, *Methode zur Bewertung von Erntekonzepten am Beispiel der Getreideernte*, Fortschritte Naturstofftechnik,
https://doi.org/10.1007/978-3-658-52386-2

[BSC 2014] N.N.: Schneidwerk mit eingebautem Mulcher [online]. BSC 2Kx. http://bsc2kx.com/accueil/. [Zugriff am 30.07.2014].

[Budach 2001] Budach, S.: Theoretische und experimentelle Untersuchung rotierender Korn-Stroh-Trennelemente für Mähdrescher mit Tangentialdreschwerk. Dresden, Technische Universität Dresden, Dissertation, 2001. Aachen: Shaker Verlag, 2001. ISBN 3-8265-9319-7.

[Büermann 1996] Büermann, M.: Untersuchung zum Einfluß der geometrischen Zuordnung der Förder- und Trennelemente auf das Abscheideverhalten von Tangentialdreschwerken. Stuttgart, Universität Stuttgart, Dissertation, 1996. Fortschritt-Berichte VDI. Reihe 14, Nr. 78, 1996.

[Caspers 1973] Caspers, L.: Die Abscheidefunktion als Beitrag zur Theorie des Schlagleistendreschwerks. Braunschweig, Technische Universität Braunschweig, Dissertation, 1973. Landbauforschung Völkenrode. Nr. Sonderheft 19. Braunschweig: Forschungsanstalt f. Landwirtschaft Braunschweig-Völkenrode, 1973.

[Claas 2017] N.N: Claas Media Database. Claas interne Datenbank. 2017.

[Claas 2022] N.N.: Vorsatzgeräte – Mähdrescher Vorsatzgeräte Lexion Trion Avero Dominator [online]. Produktbroschüre. Herzebrock: CLAAS Vertriebsgesellschaft mbH. https://www.claas.de/blueprint/servlet/resource/blob/2644030/4248ed8cf20c09d331ec7cf823ec09ba/442965_23-dataRaw.pdf. [Zugriff am 28.05.2022].

[Claas 2023a] N.N.: Technische Daten Claas Lexion 8000/7000 [online]. Harsewinkel: CLAAS KGaA mbH. https://www.claas.de/produkte/maehdrescher/lexion-8900-7400. [Zugriff am 15.11.2023].

[Claas 2023b] N.N.: Claas Convio Felx/ Convio [online]. Harsewinkel: CLAAS KGaA mbH. https://www.claas.de/produkte/maehdrescher/vorsatzgeraete-2020/bandschneidwerke/convio. [Zugriff am 15.11.2023].

[De Bruin 2017] N.N: Harrington Seed Destructor [online]. Mount Gambier: De Bruin Engineering Pty Ltd. https://ihsd.com/. [Zugriff am 15.12.2017].

[Deiters 2009] Deiters, H.: Standardisierung von Lastzyklen zur Beurteilung der Effizienz mobiler Arbeitsmaschinen. Braunschweig, Technische Universität Carolo-Wilhelmina zu Braunschweig, Dissertation, 2009. Aachen: Shaker Verlag, 2009. ISBN 978-3-8332-8111-3.

[DIN 2009] N.N.: Internationales Elektrotechnisches Wörterbuch - Teil 351: Leittechnik (IEC 60050-351:2006). DIN IEC 60050-351. Berlin: DIN Deutsches Institut für Normung e.V., DKE Deutsche Kommission Elektrotechnik Elektronik Informationstechnik im DIN und VDE. 2009.

[Döring 2011] Döring, D.: Eine kurze Einführung in die Systemtheorie. Lehr- und Übungsbücher. 1. Auflage. Wiesbaden: Vieweg + Teuber Verlag, 2011. ISBN 978-3-8348-1429-6.

[Drucker 1974] Drucker, P. F.: Management – Tasks, Responsibilities, Practices. First Edition. New York: Harper &Row, 1974. ISBN 0-06-011092-9.

[Duden 2017a] N.N.: Methode [online]. Bedeutung, Duden. Berlin: Cornelsen Verlag GmbH. https://www.duden.de/rechtschreibung/Methode. [Zugriff am 18.12.2017].

[Duden 2017b] N.N.: Top-down-Methode [online]. Bedeutung, Duden. Berlin: Cornelsen Verlag GmbH. https://www.duden.de/rechtschreibung/Top_down_Methode. [Zugriff am 18.12.2017].

[Duden 2017c] N.N.: Bottom-up-Methode [online]. Bedeutung, Duden. Berlin: Cornelsen Verlag GmbH. https://www.duden.de/rechtschreibung/Bottom_up_Methode. [Zugriff am 18.12.2017].

[Eggerl 2017] Eggerl, A.: Optimization of combine processes using expert knowledge and methods of artificial intelligence. Dresden, Technische Universität Dresden, Dissertation, 2017.

[Eggerl et al. 2013] Eggerl, A.; Bösch, H.; Bruns, A.; Wöbcke, S.: Model-based development of control algorithms for optimizing combine processes. VDI-MEG Kolloquium Landtechnik „Mähdrescher", Hohenheim 12./13.09.2013. Heft Nr. 40. Max-Eyth-Gesellschaft Agrartechnik im VDI, 2013, S. 59-68.

[Ehrlenspiel 2003] Ehrlenspiel, K.: Integrierte Produktentwicklung - Denkabläufe, Methodeneinsatz, Zusammenarbeit. 2. Überarbeitete Auflage. München: Carl Hanser Verlag, 2003. ISBN 3-446-22119-0.

[Ehrlenspiel et al. 2013] Ehrlenspiel, K.; Meerkamm, H.: Integrierte Produktentwicklung – Denkabläufe, Methodeneinsatz, Zusammenarbeit. 5. überarbeitete und erweiterte Auflage. München: Carl Hanser Verlag, 2013. ISBN 978-3-466-43548-3.

[ESM 2017] N.N.: Groß-Erntetechnik Schneidwerk Doppelmesser "bidux" 120 [online]. Ennepetal: ESM Ennepetaler Schneid- und Mähtechnik GmbH & Co. KG. https://www.esm-ept.de/produkte/oszillierende-maehtechnik/sonderanwendungen/gross-erntetechnik/. [Zugriff am 18.12.2017].

[FAOstat 2022] N.N.: Data – Crops and livestock products [online]. Year 2022. Rom: Food and Agriculture Organization of the United Nations (FAO). https://www.fao.org/faostat/en/#data/QCL. [Zugriff am 28.12.2023].

[Fechner 2016] Fechner, W.: Methode zur Berechnung komplexer Transportketten. VDI-MEG Kolloquium Landtechnik, 20. Arbeitswissenschaftliche Kolloquium, Hohenheim 01./02.03.2016. Heft Nr. 41. Max-Eyth-Gesellschaft Agrartechnik im VDI, 2016, S. 39-50.

[Feiffer 2009] Klüßendorf-Feiffer, A.: Druscheignung als zentrale Führungsgröße im Erntemanagement – Am Beispiel von vier verfahrenstechnischen Ansätzen. Berlin, Humboldt-Universität zu Berlin, Dissertation, 2009.

[Fendt 2023] N.N.: Fendt Ideal [online]. Produktbroschüre. Marktoberdorf: AGCO GmbH – Fendt Marketing. https://www.fendt.com/de/geneva-assets/livelink/484706-fendtideal-2001-de-v2.pdf. [Zugriff am 15.11.2023].

[Fillingham 2017] Fillingham, T. R. W.: Measuring and Modelling the Greenhouse Gas Emissions of a combine Harvester. Edgemond, Harper Adams University, Dissertation, 2017.

[Fillingham et al. 2015] Fillingham R.; Blackmore, S.; Clare, D.; White, D. R.; Korte, H.; Kettelhoit, B.: Development of a model to optimize the energy requirement of a grain harvest. Conference: Agricultural Engineering, VDI-MEG Tagung LAND.TECHNIK AgEng 2015, Hannover 06./07.11.2015. VDI-Berichte Nr. 2251. Düsseldorf: VDI Verlag, 2015, S.161-167.

[Finkenzeller 1941] Finkenzeller, R.: Das Körnerbrechen beim Dreschen - Seine Ursache und Beseitigung. Berlin, Technische Hochschule Berlin, Dissertation, 1941. RKTL-Schriften, Nr. 102, Berlin, 1941.

[Fleck et al. 2014] Fleck, B.; Nacke, E.; Böttinger, S.; Frerichs, L.; Hanke, S.: Der Weg zur freiwilligen Selbstverpflichtung der europäischen Landtechnikindustrie zur Reduktion von CO_2-Emissionen. Conference: Agricultural Engineering, VDI-MEG Tagung LAND.TECHNIK 2014, Berlin 19./20.11.2014. VDI-Berichte Nr. 2226. Düsseldorf: VDI Verlag, 2014, S.301-308.

[Fleczoreck 2013] Fleczoreck, T.: Effizienzbewertung von Antrieben mobiler Arbeitsmaschinen am Beispiel eines Mähdreschers. Braunschweig, Technische Universität Carolo-Wilhelmina zu Braunschweig, Dissertation, 2013.

[Fleischer 1969] Fleischer, E.: Zyklische verfahrensbedingte Verlustzeiten transportverbundener Fließarbeitsverfahren und Möglichkeiten ihrer Senkung. In: Deutsche Agrartechnik, 19. Jg. Heft 1, Januar 1969, S. 36-39.

[Fleischer 1971] Fleischer, E.: Zu einigen technologischen Gesetzmäßigkeiten transportverbundener Fließarbeitsverfahren und ihrer Nutzung für die Praxis (Teil I). In: Deutsche Agrartechnik, 21. Jg. Heft 11, November 1971, S. 501-504.

[Freye 1980] Freye, T.: Untersuchungen zur Trennung von Korn-Spreu-Gemischen durch die Reinigungsanlage des Mähdreschers. Hohenheim, Universität Hohenheim, Dissertation, 1980.

[Garbers 2013] Garbers, H.: Ernte und Ernteprozesse von Mähdruschfrüchten – Trends und Entwicklungen. VDI-MEG Tagung Landtechnik für Profis, Technik in der Getreideernte, Harsewinkel 23./24.01.2013. VDI Berichte Nr. 2192. Düsseldorf: VDI Verlag, 2013, S. 5-14.

[Geisler 1988] Geisler, G.: Pflanzenbau – Ein Lehrbuch – Biologische Grundlagen und Technik der Pflanzenproduktion. 2., neubearbeitete und erweiterte Auflage. Berlin und Hamburg: Verlag Paul Parey, 1988. ISBN 3-489-61510-7.

[Götzfried 2013] Götzfried, A.: Analyse und Vergleich fertigungstechnischer Prozessketten für Flugzeugtriebwerks-Rotoren. München, Technische Universität München, Dissertation, 2013. Forschungsberichte IWB, Band 277. München: Herbert Utz Verlag, 2013.

[Gregory 1988] Gregory, J. M.: Modellling Applications in Agricultural Engineering - Combine Model for Grain Threshing. In: Mathematical and Computer Modelling, Vol. 11, 1988, S.506-509.

[Gutenschwager et al. 2017] Gutenschwager, K.; Rabe, M.; Spieckermann, S.; Wenzel, S.: Simulation in Produktion und Logistik – Grundlagen und Anwendung. Berlin: Springer Vieweg, 2017. ISBN 978-3-662-55745-7.

[Hameed et al. 2013]; Hameed, I. A.; Bochtis, D.; Sørensen, C. A.: An Optimized Field Coverage Planning Approach for Navigation of Agricultural Robots in Fields Involving Obstacles Areas. In: International Journal of Advanced Robotic Systems, Volume 10. Issue 5, 2013. https://doi.org/10.5772/56248.

[Hanke et al. 2018] Hanke, S.; Trösken, L.; Frerichs, L.: Entwicklung und Parametrisierung eines objektorientierten Modells zur Abbildung von landwirtschaftlichen Verfahrensschritten. In: LANDTECHNIK – Agricultural Engineering, Band 73, Nr. 2, 2018, S. 22-36.

[Hanus et al. 2008] Hanus, H.; Heyland, K.-U.; Keller, E. R.: Handbuch des Pflanzenbaus - Getreide und Futtergräser. Band 2. Stuttgart: Verlag Eugen Ulmer, 2008. ISBN 978-3-8001-3260-3.

[Harms 1995] Harms, H.-H.: Ernte- und Aufbereitungstechnik von Halmgütern. Internationale Tagung, Logistik bei der Nutzung biogener Festbrennstoffe, Stuttgart 30./31.05.1995. Schriftenreihe "Nachwachsende Rohstoffe", Band 5, Münster: Landwirtschaftsverlag GmbH, 1995, S. 23-40. ISBN 3-7843-2765-6.

[Heege 1977] Heege, H. J.: Zur Frage der Arbeitsorganisation im Landbau – Fließverfahren oder absätzige Verfahren. In: Grundlagen der Landtechnik, Band 27, Nr. 5, 1977, S. 157-162.

[Heizinger 2015] Heizinger, V. J.: Algorithmische Analyse von Prozessketen in der Agrarlogistik. Freising, Technische Universität München, Dissertation, 2015.

[Herlitzius 1995] Herlitzius, T.: Prozeßanalyse und Möglichkeiten der Prozeßführung am Beispiel eines Mähdreschers mit Tangentialdreschwerk. Dresden, Technische Universität Dresden, Dissertation, 1995.

[Herlitzius 2013] Herlitzius, T.: Mähdrescher – Quo Vadis Herausforderungen an die Entwicklung des Selbstfahrerkonzeptes. VDI-MEG Tagung Landtechnik für Profis, Technik in der Getreideernte, Harsewinkel 23./24.01.2013. VDI Berichte Nr. 2192. Düsseldorf: VDI Verlag, 2013, S. 99-108.

[Herlitzius et al. 2011] Herlitzius, T.; Mueller, H.; Kranke, G.; Witting, H.; Wolf, J.: Concept Study of a Self Propelled Harvester versus a modular System. Conference: Agricultural Engineering, VDI-MEG Tagung LAND.TECHNIK AgEng 2011, Hannover 11./12.11.2011. VDI-Berichte Nr. 2124. Düsseldorf: VDI Verlag, 2011, S.69-75.

[Herlitzius et al. 2013] Herlitzius, T.; Grosa, A.; Henke, M.; Krzywinski, J.; Pahner, F.; Klinger, M.: Concept Study of a Modular and Scalable Self-Propelled Implement System. Conference: Agricultural Engineering, VDI-MEG Tagung LAND.TECHNIK AgEng 2013, Hannover 08./09.11.2013. VDI-Berichte Nr. 2193. Düsseldorf: VDI Verlag, 2013, S.37-45.

[Hermann et al. 2017] Hermann, D.; Schøler, F.; Bilde, M. L.; Andersen, N. A.; Ravn, O.: Computer based Control of the Separation Process in a Combine Harvester. Conference: Agricultural Engineering, VDI-MEG Tagung LAND.TECHNIK AgEng 2017, Hannover 10./11.11.2017. VDI-Berichte Nr. 2300. Düsseldorf: VDI Verlag, 2017, S.485-490.

[Herrmann 1999] Herrmann, A.: Modellierung verfahrenstechnischer Bewertungskriterien bei unterschiedlicher Verknüpfung von Ernte- und Transportvorgängen. Halle (Saale), Martin-Luther-Universität Halle Wittenberg, Habilitation, 1999. Forschungsbericht Agrartechnik des Arbeitskreises Forschung und Lehre der Max-Eyth-Gesellschaft Agrartechnik im VDI (VDI-MEG), Nr. 335, 1999.

[Hielscher 2008] Hielscher, T.: Qualitätsmanagement in fertigungstechnischen Prozessketten – Vorgehensweise zur fehlerbasierten Optimierung der gefertigten Bauteilqualität. Kaiserslautern, Technische Universität Kaiserslautern, Dissertation, 2008.

[Hübner 2000] Hübner, R.: Entwicklung eines Modells zur Auslegung einer rotierenden Reinigungseinrichtung im Mähdrescher. Dresden, Technische Universität Dresden, Dissertation, 2000.

[Huisman 1983] Huisman, W.: Optimum cereal combine harvester operation by means of automatic machine and threshing speed control. Wageningen, Landwirtschaftliche Hochschule Wageningen, Dissertation, 1983.

[Huynh et al. 1982] Huynh, V. M.; Powell, T.; Siddall, J. N.: Threshing and Separating Process - A Mathematical Model. In: Transactions of the ASAE, Volume 25, Issue 1,1982, S. 65-73.

[ISO 2005] N.N.: Qualitätsmanagementsysteme – Grundlagen und Begriffe. DIN EN ISO 9000, Berlin: DIN Deutsches Institut für Normung e. V., 2005.

[John Deere 2023] N.N.: Hochleistungsschneidwerke für Mähdrescher – Maximale Ernteerträge in Bestzeit [online]. Produktbroschüre. Walldorf: John Deere Walldorf GmbH & Co. KG. https://www.deere.de/de/magazines/publication.html?id=2b46c228#1. [Zugriff am 15.11.2023].

[Kim 1990] Kim, S. H.: Combine Simulation Model to Evaluate Design and Operation Alternatives. Texas, Texas Tech University, Dissertation, 1990.

[KTBL 2000] KTBL: Taschenbuch Landwirtschaft 2000/2001. Darmstadt: Kuratorium für Technik und Bauwesen in der Landwirtschaft e.V. (KTBL), 2000.

[KTBL 2022] KTBL: Arbeitswirtschaft in der Landwirtschaft – Einführung, Arbeitszeitanalyse, Zeitbedarfskalkulation. Darmstadt: Kuratorium für Technik und Bauwesen in der Landwirtschaft e. V. (KTBL), 2022.

[KTBL 2023] KTBL: KTBL-Feldarbeitsrechner [online]. Onlineanwendung. Darmstadt: Kuratorium für Technik und Bauwesen in der Landwirtschaft e.V. (KTBL). https://daten.ktbl.de/feldarbeit/entry.html. [Zugriff am 30.12.2023].

[Kübler 1994] Kübler, E.: Weizenanbau. Stuttgart: Verlag Eugen Ulmer, 1994. ISBN 3-8001-3091-2.

[Kübler 2008] Kübler, S.: Simulation verfahrenstechnischer Prozesse im Feldbau. Halle (Saale), Martin-Luther-Universität Halle-Wittenberg, Dissertation, 2008. Forschungsbericht Agrartechnik des Arbeitskreises Forschung und Lehre der Max-Eyth-Gesellschaft Agrartechnik im VDI (VDI-MEG), Nr. 469, 2008.

[Kugler 1980] Kugler, K.: Der Einfluß wichtiger Konstruktions- und Betriebsparameter von Schlagleistendrescheinrichtungen auf deren Korn- und Strohabscheidung sowie Energie- und Materialbedarf. Dresden, Technische Universität Dresden, Dissertation, 1980.

[Kumpmann 2016] Kumpmann, I.: Sweedhart: Unkraut nicht bekämpfen sondern als Biomasse nutzen [online]. Bayreuth: Informationsdienst Wissenschaft e.V. -idw-. Veröffentlicht am 14.09.2016. https://idw-online.de/de/news?print=1&id=659035. [Zugriff am 15.07.2018].

[Listner 1984] Listner, G.: Analyse und Gestaltung von Verfahren der Getreideernte. Berlin, Humboldt-Universität zu Berlin, Dissertation, 1984.

[Little 1961] Little, J. D. C.: A proof for queuing formula: L = λW. In: Operations Research, Volume 9, Issue 3, 1961, S 383-387.

[LWK 2024] N.N.: Bodenbearbeitungssysteme - Definition der Bodenbearbeitungssysteme [online]. Münster: Landwirtschaftskammer Nordrhein-Westfalen. Aktualisierung am 12.01.2024. https://www.landwirtschaftskammer.de/landwirtschaft/ackerbau.../boden/bearbeitung/bodenbearbeitungssysteme.htm. [Zugriff am 01.02.2024].

[Maertens et al. 2004] Maertens, K.; De Baerdemaeker, J.: Design of a virtual Combine harvester. In: Mathematics and Computers in Simulation. Volume 65, 2004, S. 49-57.

[Marti et al. 2013] Marti, F.; Streit, B.; Berger, N.; Froidevaux, N.; Muhr, M.; Thüer, F.; Güller, W.: Sammlung von Spreu und Kurzstroh – Ergebnisse und Erfahrungen aus 3 Jahren Projektarbeit an der HAFL. Tänikoner Agrartechniktage 2013, Tänikon 20.06.2013. Präsentation, 2013.

[McLeod 2014] N.N.: McLeod Harvest – The World´s Premier Harvesting System [online]. Präsentation. Winnipeg: University of Manitoba. *home.cc.umanitoba.ca/~carlberg/**MCLEOD**WHOLE.ppt*. [Zugriff am 15.06.2014].

[Mederle et al. 2016] Mederle, M.; Gerl, M.; Heizinger, V.; Bernhardt, H.: Analyse von Prozesszeiten beim Mähdrusch unter Berücksichtigung unterschiedlicher Agrarstrukturen. VDI-MEG Kolloquium Landtechnik, 20. Arbeitswissenschaftliche Kolloquium, Hohenheim 01./02.03.2016. Heft Nr. 41. Max-Eyth-Gesellschaft Agrartechnik im VDI, 2016, S. 29-38.

[Meiners 1983] Meiners, U.: Die Kornfege in Mitteleuropa – Wort- und sachkundliche Studien zur Geschichte einer frühen landwirtschaftlichen Maschine. Münster: F. Coppenrath Verlag, 1983. ISBN 3-88547-216-3.

[Miu et al. 2008] Miu, P.; Kutzbach H.-D.: Modeling and simulation of grain threshing and separation in threshing units—Part I. In: Computers and Electronics in Agriculture, Volume 60, Issue 1, 2008, S. 96-104.

[Mümken 2015] Mümken, P.: Grundlagenuntersuchungen zum Tangentialdreschwerk - Er-stellung eines Bruchmodells für Getreide. Stuttgart, Universität Stuttgart, Dissertation, 2015. Forschungsbericht Agrartechnik des Arbeitskreises Forschung und Lehre der Max-Eyth-Gesellschaft Agrartechnik im VDI (VDI-MEG), Nr. 551, 2015.

[Nacke 2006] Nacke, E.: Mähdrescher – Arbeits- und Reparaturkosten. Rendsburg-Oberrönfeld: RKL-Schriftenreihe, Rationalisierungskuratorium für Landwirtschaft (RKL), 2006, S. 729-742.

[Nacke 2013] Nacke, E.: Klimaschutz – CO2-Strategien der Landtechnikindustrie. Energieeffizienz der Landtechnik - Potenziale zur CO2 Reduktion - Symposium des Instituts für mobile Maschinen und Nutzfahrzeuge, Braunschweig 12./13.03.2013. Technische Universität Braunschweig. Institut für mobile Maschinen und Nutzfahrzeuge. 2013.

[Naefe 2012] Naefe, P.: Einführung in das Methodische Konstruieren – Für Studium und Praxis. Lehrbuch. 2. Überarbeitete und erweiterte Auflage. Wiesbaden: Springer Vieweg, 2012. ISBN 978-3-658-00002-8.

[Nendel et al. 1999] Nendel, K.; Clauß, B.; Böttger, U.; Käferstein, P.; Gohla, M.; Reimer, H.; Trepper, H.; Neidel, W.: Kopplung von energetischer Verwertung und Aufbereitung von Biomasse – Erhöhung der Wirtschaftlichkeit [online]. Abschlussbericht zum Forschungsvorhaben, Förderzeichen 95NR035-F. Chemnitz, Magdeburg, Radebeul: Institut für Allgemeinen Maschinenbau und Kunststofftechnik der Technische Universität Chemnitz, Institut für Apparate- und Umwelttechnik der Otto-v.-Guericke-Universität Magdeburg, Neidel-Büro Beratende Ingenieure. 1999. https://monarch.qucosa.de/api/qucosa%3A17902/attachment/ATT-2/. [Zugriff am 18.12.2016].

[NEXAT 2023] N.N.: Ernte [online]. Rieste: Nexat GmbH. https://www.nexat.de/produkte/ernte/. [Zugriff am 27.12.2023].

[Nguyen 2008] Nguyen, X. T.: Grundlagenuntersuchungen zur Kombination von zwei Tangentialdreschwerken mit tangentialer Gutzuführung. Dresden, Technische Universität Dresden, Dissertation, 2008.

[Nilsson 1999a] Nilsson, D.: SHAM – a simulation model for design straw fuel delivery systems. Part 1: model description. In: Biomass and Bioenergy, Volume 16, Issue 1, 1999, S. 25-38.

[Nilsson 1999b] Nilsson, D.: SHAM - a simulation model for design straw fuel delivery systems. Part 2: model application. In: Biomass and Bioenergy, Volume 16, Issue 1, 1999, S. 39-50.

[Nilsson 2000] Nilsson, D.: Dynamic Simulation of Straw Harvesting Systems: Influence of Climatic. Geographical and Biological Factors on Performance and Costs. In: Journal of Agricultural Engineering Research, Volume 76, Issue 1, 2000, S. 27-36.

[Nilsson 2001] Nilsson, D.: Influence of various machinery combinations, fuel proportions and storage capacities on costs for co-handling of straw and reed canary grass to district heating plants. In: Biomass and Bioenergy, Volume 20, Issue 1, 2001, S. 247-260.

[Oksanen 2007] Oksanen, T.: Path planning algorithms for agricultural field machines. Helsinki, Helsinki University of Technology, Dissertation, 2007. Automation Technology Laboratory. Series A: Research Reports No. 31, Helsinki, 2007.

[Pantke et al. 2017] Pantke, S.; Korn C.; Herlitzius, T.; Leonhardt, T., Zürn, R.: Concept for Weed Seed Separation in Combine Harvester. Conference: Agricultural Engineering, VDI-MEG Tagung LAND.TECHNIK AgEng 2017, Hannover 10./11.11.2017. VDI-Berichte Nr. 2300. Düsseldorf: VDI Verlag, 2017, S.117-126.

[Paulitz 1978] Paulitz, J.: Eine Methode zur Modellsynthese und Optimierung der Abscheideprozesse am Dreschkorb einer Schlagleistendrescheinrichtung. Dresden, Technische Universität Dresden, Dissertation, 1978.

[Pehnt 2010] Pehnt, M.: Energieeffizienz – Ein Lehr- und Handbuch. 1., korrigierter Nachdruck. Berlin Heidelberg: Springer Verlag, 2010. e-ISBN 978-642-14251-2.

[Pfohl 2010] Pfohl, H.-C.: Logistiksysteme – Betriebswirtschaftliche Grundlagen. 8., neu bearbeitete und aktualisierte Auflage. Berlin Heidelberg: Springer Verlag, 2010. e-ISBN 978-3-642-04162-4.

[Pirkacher 2017] Pirkacher, R.: Agrartechnik im Einsatz [online]. http://www.agrartechnik-im-einsatz.de/de/index.php?page=view_picture&id=681931 [Zugriff am 18.08.2017].

[Prentice et al. 1999] Prentice B. E.; Stewart, S.; Wang, Z.: An Economic Assessment of the McLeod Harvest [online]. Forschungsbericht. Winnipeg: University of Manitoba. 1999. http://www.mcleodharvest.com/pdf/prentice.pdf. [Zugriff am 09.06.2016].

[Rademacher 2014] Rademacher, T.: Erntevorsätze für Mähdrescher – Die Vielfalt nimmt zu. In: Eilbote, Winsen (Luhe): Eilbote Boomgaarden Verlag GmbH, Ausgabe Nr. 12/2014, 2014.

[Rumpler 2012] Rumpler, J.: Mähdrescher ohne Reinigung?. In: Lohnunternehmen; 67. Jahrgang, Ausgabe 2. 2012, 2012,S. 46-49.

[Rumpler 2014] Rumpler, J.: Neues zum Kompakternteverfahren – Technologische Erprobung war erfolgreich. In: LOP - Landwirtschaft ohne Pflug, Ausgabe 12/2014, 2014, S.26-30.

[Rumpler 2016] Rumpler, J.: Innovation SpreuStroh – Neue Perspektiven mit neuen Verfahren. Präsentation. Auftaktveranstaltung Innovationsforum SpreuStroh, Malschwitz 21.01.2016.

[Rumpler 2023] N.N: Spreuwerk [online]. Dessau – Roßlau: Spreuwerk®, Ingenieurbüro Landtechnik Dr.-Ing. Johann Rumpler. https://spreuwerk.com/kompakternte/. [Zugriff am 29.12.2023].

[Schäfer 2003] Schäfer, L.: Analyse und Gestaltung fertigungstechnischer Prozessketten – Konzept zur datenbasierten Ermittlung qualitätswirksamer Einfluss-Ursache-Wirkungszusammenhänge und zur Ableistung von Maßnahmen zur Prozesssicherheit. Kaiserslautern, Universität Kaiserslautern, Dissertation, 2003.

[Scherer et al. 1978] Scherer, R.; Kutzbach, H.-D.: Das Festigkeitsverhalten des Maiskorns. In: Grundlagen der Landtechnik, Band 28, Nr. 6, ,1978, S. 229-234.

[Schmidt 2002] Schmidt, G.: Prozessmanagement – Modelle und Methoden. 2.Auflage. Berlin Heidelberg: Springer Verlag, 2002. ISBN 978-3-540-43170-1.

[Schwarz 2017] Schwarz, M.: Grundlagenuntersuchungen am Mähdrescher-Vorbereitungsboden mit pneumatischer Unterstützung. Stuttgart, Universität Stuttgart, Dissertation, 2017. Forschungsbericht Agrartechnik des Arbeitskreises Forschung und Lehre der Max-Eyth-Gesellschaft Agrartechnik im VDI (VDI-MEG), Nr. 587, 2017.

[Shearer et al. 2015] Shearer, S. A.; Wolters, D. J.; Root, P. G.; Klopfenstein, A. A.; Schroeder, B. A.: Modeling of Grain Harvest Logistics for Modern In-Field Equipment Complements. Conference: Agricultural Engineering, VDI-MEG Tagung LAND.TECHNIK AgEng 2015, Hannover 06./07.11.2015. VDI-Berichte Nr. 2251. Düsseldorf: VDI Verlag, 2015, S.379-385.

[Siemens et al. 2007] Siemens, M. C.; Hulick, D. E.: Development of an Alternative, Reaper/Flail Based Harvesting System for Biomass Collection and No-Till Seeding – 2nd Year. Conference: International Conference on Crop Harvesting and Processing, Louisville 11-14.02.2017. Louisville, 2007.

[Siemens et al. 2008] Siemens, M. C.; Hulick, D. E.: A new grain harvesting system for single-pass grain harvest, biomass collection, crop residue sizing, and grain segregation. In: Transactions of the ASABE, Volume 51, Issue 5, 2008, S. 1519-1527.

[Sonnen 2007] Sonnen, J.: Simulation von Ernteprozessketten für Siliergüter. Berlin, Humboldt-Universität zu Berlin, Dissertation. 2007. Forschungsbericht Agrartechnik des Arbeitskreises Forschung und Lehre der Max-Eyth-Gesellschaft Agrartechnik im VDI (VDI-MEG), Nr. 454, 2007.

[Steckel 2018] Steckel, T.: Entwicklung einer kontextbasierten Systemarchitektur zur Verbesserung des kooperativen Einsatzes mobiler Arbeitsmaschinen. Hohenheim, Universität Hohenheim, Dissertation, 2018.

[TGL 1974] N.N.: TGL 22289 – Zeitgliederung in der Land- und Forstwirtschaft – Begriffe, Kurzzeichen, Erläuterung. Berlin: Fachbereichsstandard der Deutschen Demokratischen Republik., 1974.

[Tribine 2017] N.N.: Tribine [online]. Newton: Tribine Industries, Inc. https://tribine.com/. [Zugriff am 18.12.2017].

[Tribine 2018] N.N.: Tribine [online]. Produktbroschüre 2018. Newton: Tribine Industries, Inc. https://79b968.p3cdn1.secureserver.net/wp-content/uploads/2018/08/2018-2019-TRIBINE-T1000-BROCHURE.pdf. [Zugriff am 27.12.2023].

[Trollope 1982] Trollope, J. R.: A Mathematical Model of the Threshing Process in a Conventional Combine Thresher. In: Journal of Agricultural Engineering Research, Volume 27, Issue 2, 1982, S. 119-130.

[Trösken et al. 2018] Trösken, L.; Steinhaus, S.; Frerichs, L.: Verfahrenssimulation zur Ermittlung von Maschineneinsatzzeiten auf landwirtschaftlichen Betrieben. Conference: Agricultural Engineering, VDI-MEG Tagung LAND.TECHNIK 2018, Leinfelden-Echterdingen 20./21.11.2018. VDI-Berichte Nr. 2332. Düsseldorf: VDI Verlag, 2018, S.7-15.

[Trösken et al. 2020] Trösken, L.; Meiners, A.; Frerichs, L.; Böttinger, S.: Modellbasierte Berechnungen von Kraftstoffverbräuchen landwirtschaftlicher Verfahrensketten. In LANDTECHNIK – Agricultural Engineering, Band 75, Nr. 4, 2020, S. 278-300.

[TU Dresden 2011] N.N.: Stationär Dreschen [online]. Dresden: Technische Universität Dresden, Professur für Technisches Design. Veröffentlicht am 15.05.2011. https://technischesdesign.mw.tu-dresden.de/blog/modular-dreschen/. [Zugriff am 19.12.2017].

[TU Dresden 2012] N.N.: Mähdrone – Studie eines im Schwarm operierenden Getreideernters [online]. Dresden: Technische Universität Dresden, Professur für Technisches Design. Veröffentlicht am 12.06.2012. https://technischesdesign.mw.tu-dresden.de/blog/mahdrone-hannes-wittig/. [Zugriff am 19.12.2017].

[VDI 1993] N.N: Methodik zum Entwickeln und Konstruieren technischer Systeme und Produkte. VDI 2221. VDI-Richtlinien. Düsseldorf: Verein Deutscher Ingenieure e.V., VDI – Gesellschaft Entwicklung Konstruktion Vertrieb, 1993.

[VDI 2001] N.N.: Simulation von Logistik-, Materialfluss und Produktionssystemen – Kostensimulation. VDI 3633 Blatt 7. VDI-Richtlinien. Düsseldorf: Verein Deutscher Ingenieure e.V., VDI-Gesellschaft Fördertechnik Materialfluss Logistik, 2001.

[VDI 2014] N.N.: Simulation von Logistik-, Materialfluss und Produktionssystemen – Grundlagen. VDI 3633 Blatt 1. VDI-Richtlinien. Düsseldorf: Verein Deutscher Ingenieure e.V., VDI-Gesellschaft Produktion und Logistik (GPL), 2014.

[VDI 2021] N.N.: Modellierung und Simulation – Modellbildungsprozess. VDI 4465. VDI-Richtlinien. Düsseldorf: Verein Deutscher Ingenieure e.V., VDI-Gesellschaft Produktion und Logistik (GPL), 2021.

[Vöcking et al. 2017] Vöcking, H.; Heitmann, C.; Wilken, A.: Automatic Adjustment of Combine Harvesters. Conference: Agricultural Engineering, VDI-MEG Tagung LAND.TECHNIK AgEng 2017, Hannover 10./11.11.2017. VDI-Berichte Nr. 2300. Düsseldorf: VDI Verlag, 2017, S.99-104.

[von Toll 2013] von Toll, C.: Energieorientierte Analyse der Landmaschinentechnik - Untersuchungen zur maschinenrelevanten Energiebilanzierung in der Getreideproduktion mit Erfassung von CO_2-Einsparpotenzialen. Berlin, Technische Universität Berlin, Dissertation, 2013.

[Voßhenrich et al. 2006] Voßhenrich, H.-H.; Reckleben, Y.; Gattermann, B.: Kurze oder lange Stoppeln?. In: DLG-Mitteilung, Hochschnitt I, Mulchsaat-Praxis, Ausgabe 7/2006, 2006, S. 42-45.

[Wacker 1985] Wacker, P.: Untersuchungen zum Dresch- und Abscheidevorgang von Getreide in einem Axialdreschwerk. Hohenheim, Universität Hohenheim, Dissertation, 1985. Forschungsbericht Agrartechnik des Arbeitskreises Forschung und Lehre der Max-Eyth-Gesellschaft (MEG), Nr. 117, 1985.

[Weigert et al. 2010] Weigert, G.; Rose, O.; Gocev, P.; Mayer, G.: Kennzahlen zur Bewertung logistischer Systeme. In: Zülch G, Stock P (Hrsg) Integrationsaspekte der Simulation: Technik, Organisation und Personal. Karlsruhe: KIT Scientific Publishing, 2010, S 599-606.

[Willms 2008] Willms, H.: Methodisches System zur Auslegung kostenoptimalen und prozessstabile Fertigungsverkettungen. Aachen, Rheinisch-Westfälische Technische Hochschule Aachen, Dissertation, 2008.

[Winkler et al. 2014] Winkler, B.; Frisch, J.: Weiterentwicklung der Zeitgliederung für landwirtschaftliche Arbeiten. 19. Arbeitswissenschaftliches Kolloquium des VDI-MEG Arbeitskreises Arbeitswissenschaften im Landbau. Dresden 11./12.03.2014. Bornimer Agrartechnische Berichte, Heft 83. Potsdam-Bornim / Dresden: Leibnitz-Institut für Agrartechnik Potsdam-Bornim e.V. (ATB), 2014, S. 14-21.

[Wleklinski 2001] Wlekinski, C. Methode zur Effektivitäts- und Effizienzbewertung der Entwicklung maschinenbaulicher Anlagen. Paderborn, Universität Paderborn, Dissertation, 2001.

[Wolf 2011] Wolf, J.: Studie für ein modulares Maschinensystem für die Getreideernte der Zukunft. Dresden, Technische Universität Dresden, Großer Beleg, 2011.

[Zhou 2015] Zhou, K.: Simulation Modelling for In-field Planning of Sequential Machinery Operations in Cropping Systems. Aarhus, Aarhus University, Dissertation, 2015.

9 Anhang

9.1 Standardparametrisierung der Erntekonzepte (Ausgangssituation)

9.1.1 Standardparametrisierung Erntekonzept *Mähdrusch* (Referenzkonzept)

Kontextfaktoren

Bezeichnung	Formelzeichen	Betrag	Einheit
Schlaggröße	A_S	40	ha
Schlaglänge	s_{SL}	894,43	m
Schlagbreite	s_{SB}	447,21	m
Längen-Breiten-Verhältnis des Schlages	$\frac{s_{SL}}{s_{SB}}$	0,5	
durchschnittlich erntbarer Kornertrag	$\overline{m}_{AKorn}$	10	t/ha
Massenanteil Korn	ω_{Korn}	50	%
Schüttdichte Korn	ρ_{Korn}	750	kg/m³
spezifischer Erlös Korn	o_{Korn}	180	€/t
Anzahl Erntetage pro Jahr	n_{Ertned}	20	d/a
tägliche Erntezeit (tägliches Erntezeitfenster)	t_{Ertned}	9	h/d
Hof-Feld-Entfernung	s_{HF}	5	km
Feld-Feld-Entfernung		1	km

Sonstige allgemeine Parameter

Bezeichnung	Formelzeichen	Betrag	Einheit
Dieselpreis		1	€/l
Energiedichte Diesel		10	kWh/l
Preis Harnstofflösung		0,7	€/l
jährlicher Zinssatz für Eigenkapital	p_{EK}	0,028	1/a
jährlicher Zinssatz für Fremdkapital	p_{FK}	0,028	1/a
Koeffizient zur Kalkulation T_4 auf Basis T_{025}		0,05	

© Der/die Herausgeber bzw. der/die Autor(en), exklusiv lizenziert an Springer Fachmedien Wiesbaden GmbH, ein Teil von Springer Nature 2026
F. Peters, *Methode zur Bewertung von Erntekonzepten am Beispiel der Getreideernte*, Fortschritte Naturstofftechnik,
https://doi.org/10.1007/978-3-658-52386-2

Koeffizient zur Kalkulation T_5 auf Basis T_{04}		0,05	
sonstige Verlustzeiten	T_8	0	h
jährliche spezifische Unterbringungskosten	u	7,5	€/(m²a)
Rollwiderstand Acker Traktorgespann		0,06	
Rollwiderstand Straße Traktorgespann		0,02	
Wirkungsgrad Zugleistung Traktor (berücksichtigt Fahrwerk, Antriebsstrang, Motor)		0,225	

Verfahren

Bezeichnung	**Formelzeichen**	**Betrag**	**Einheit**
Maschinenverknüpfung		bedingt-absätzig	
Korntankentleerung		auf dem Feld während der Ernte	

Mähdrescher

Bezeichnung	**Formelzeichen**	**Betrag**	**Einheit**
Anzahl Mähdrescher	n_{MD}	1	
Korntankvolumen	V_{KT}	12.500	l
Abgabemassenstrom Korn des Mähdreschers/Abtankleistung	$\dot{m}_{MDAbgabe}$	97,5	kg/s
Installierte Massenleistung	$\dot{m}_{T0MD}$	60	t/h
Verlustniveau	θ	1	%
Kanalbreite Mähdrescher		1,7	m
Erntegeschwindigkeit	v_{Ernte}	5	km/h
Geschwindigkeit Feldfahrt	v_{FF}	10	km/h
Durchschnittliche Geschwindigkeit Straßenfahrt		20	km/h
Arbeitsbreite bzw. Schneidwerksbreite	s_{AB}	12	m

Zeit je Wendung		36	s/ Wendung
Leergewicht Mähdrescher		21,5	t
Anschaffungspreis Mähdrescher	AP_{MD}	683.980	€
Restwert Mähdrescher	RW	0	€
Gesamtnutzungsdauer der Maschine	T_{Gesamt}	10	a
Flächenbedarf der Maschine	$A_{Maschine}$	100	m²
jährliche Versicherungskosten	$K_{VGesamt}$	1.128	€/a
Kostensatz Personal innerhalb der Gesamtarbeitszeit	KS_{T08}	19,19	€/h
Wirkungsgrad Dieselmotor	$\eta_{Dieselmotor}$	0,4	
Pflege-, Wartungs- und Einstellzeit (Rüstzeit) je Schlag		0,25	h/Schlag
jährliche Servicezeit	t_{sa}	82	h/a
Kostensatz Service	KS_S	19,19	€/h
Reparaturfaktor	r	0,000066	1/h
Betriebsstofffaktor für Schmierstoffe	B_{Sch}	0,02	
Betriebsstofffaktor für Additive	B_{Add}	0,056	
Korrekturfaktor Anschaffungspreis		0,7	

Transporteinheit

Bezeichnung	**Formelzeichen**	**Betrag**	**Einheit**
Fassungsvermögen/ Lademasse Transporteinheit	m_{LTE}	20.000	kg
Leergewicht Transporteinheit		20.000	kg
Geschwindigkeit Feldfahrt	v_{FF}	15	km/h
Durchschnittliche Geschwindigkeit Straßenfahrt		25	km/h
Anzahl Transporteinheit	n_{TE}	2	
Kostensatz Fremdmechanisierung Transporteinheit	KS_{TE}	60	€/h
Entladezeit		60	s

Überladeeinheit

Bezeichnung	Formelzeichen	Betrag	Einheit
Fassungsvermögen/ Lademasse Überladeeinheit		24.800	kg
Leergewicht Überladeinheit		19.550	kg
Ausgangsmassenstrom der Überladeeinheit/Abtankleistung	$\dot{m}_{UEaus1}$	162	kg/s
Geschwindigkeit Feldfahrt	v_{FF}	15	km/h
Durchschnittliche Geschwindigkeit Straßenfahrt		25	km/h
Anzahl Überladeeinheit	n_{UE}	0	
Kostensatz Fremdmechanisierung Überladeeinheit		80	€/h

9.1.2 Standardparametrisierung Erntekonzept *Selbstfahrende Schneidwerke*

Kontextfaktoren

Bezeichnung	Formelzeichen	Betrag	Einheit
Schlaggröße	A_S	40	ha
Schlaglänge	s_{SL}	894,43	m
Schlagbreite	s_{SB}	447,21	m
Längen-Breiten-Verhältnis des Schlages	$\frac{s_{SL}}{s_{SB}}$	0,5	-
durchschnittlich erntbarer Kornertrag	$\overline{m}_{AKorn}$	10	t/ha
Massenanteil Korn	ω_{Korn}	50	%
Schüttdichte Korn	ρ_{Korn}	750	kg/m³
Schüttdichte Ganzpflanze	$\rho_{Pflanze}$	35	kg/m³
Schüttdichte gehäckselte NKB		45	kg/m³
spezifischer Erlös Korn	o_{Korn}	180	€/t
Anzahl Erntetage pro Jahr	n_{Ertned}	20	d/a
tägliche Erntezeit (tägliches Erntezeitfenster)	t_{Ertned}	9	h/d
Hof-Feld-Entfernung	s_{HF}	5	km
Feld-Feld-Entfernung		1	km

Sonstige allgemeine Parameter

Bezeichnung	Formelzeichen	Betrag	Einheit
Dieselpreis		1	€/l
Energiedichte Diesel		10	kWh/l
Preis Harnstofflösung		0,7	€/l
jährlicher Zinssatz für Eigenkapital	p_{EK}	0,028	1/a
jährlicher Zinssatz für Fremdkapital	p_{FK}	0,028	1/a
Koeffizient zur Kalkulation T_4 auf Basis T_{025}		0,05	
Koeffizient zur Kalkulation T_5 auf Basis T_{04}		0,05	
sonstige Verlustzeiten	T_8	0	h
jährliche spezifische Unterbringungskosten	u	7,5	€/(m²a)
Rollwiderstand Acker Traktorgespann		0,06	
Rollwiderstand Straße Traktorgespann		0,02	
Wirkungsgrad Zugleistung Traktor (berücksichtigt Fahrwerk, Antriebsstrang, Motor)		0,225	

Verfahren

Bezeichnung	Formelzeichen	Betrag	Einheit
Maschinenverknüpfung		bedingt-absätzig	
Korntankentleerung Dreschmaschine		am Feldrand bzw. Vorgewende	

Selbstfahrendes Schneidwerk

Bezeichnung	Formelzeichen	Betrag	Einheit
Anzahl selbstfahrendes Schneidwerk	n_{SW}	3-5	
Fassungsvermögen selbstfahrendes Schneidwerk	$V_{SWGPNKB}$	58.000	l
Installierte Massenleistung	$\dot{m}_{T0SW}$	96	t/h

Verlustniveau	θ	0	%
Erntegeschwindigkeit	v_{Ernte}	8	km/h
Geschwindigkeit Feldfahrt	v_{FF}	15	km/h
Durchschnittliche Geschwindigkeit Straßenfahrt		20	km/h
Arbeitsbreite bzw. Schneidwerksbreite	s_{AB}	12	m
Zeit je Wendung		36	s/ Wendung
Leergewicht selbstfahrendes Schneidwerk		7	t
Anschaffungspreis selbstfahrendes Schneidwerk	AP_{SW}	235.000	€
Restwert selbstfahrendes Schneidwerk	RW	0	€
Gesamtnutzungsdauer der Maschine	T_{Gesamt}	10	a
Flächenbedarf der Maschine	$A_{Maschine}$	60	m^2
jährliche Versicherungskosten	$K_{VGesamt}$	1.128	€/a
Kostensatz Personal innerhalb der Gesamtarbeitszeit	KS_{T08}	0	€/h
Wirkungsgrad Dieselmotor	$\eta_{Dieselmotor}$	0,4	
Pflege-, Wartungs- und Einstellzeit (Rüstzeit) je Schlag		0,25	h/Schlag
jährliche Servicezeit	t_{sa}	82	h/a
Kostensatz Service	KS_S	19,19	€/h
Reparaturfaktor	r	0,000066	1/h
Betriebsstofffaktor für Schmierstoffe	B_{Sch}	0,02	
Betriebsstofffaktor für Additive	B_{Add}	0,056	
Korrekturfaktor Anschaffungspreis		0,7	
Leergewicht Zugfahrzeug & Trailer		14	t
Ladekapazität Trailer (Anzahl Schneidwerk)		3	
Kostensatz Fremdmechanisierung Zugfahrzeug &Trailer		60	€/h

Dreschmaschine

Bezeichnung	**Formelzeichen**	**Betrag**	**Einheit**
Anzahl Dreschmaschine	n_{DM}	1	
Fassungsvermögen Ganzpflanzenbunker DM	V_{DMGP}	58.000	l
Fassungsvermögen NKB-Bunker Dreschmaschine	V_{DMNKB}	30.000	l
Korntankvolumen	V_{KT}	12.500	l
Ausgangsmassenstrom Korn der Dreschmaschine/Abgabeleistung	$\dot{m}_{DMaus1}$	97,5	kg/s
Ausgangsmassenstrom NKB der Dreschmaschine/Abgabeleistung	$\dot{m}_{DMaus2}$	720	t/h
Installierte Massenleistung Korn	$\dot{m}_{T0DM}$	60	t/h
Verlustniveau	θ	1	%
Kanalbreite Dreschmaschine		1,7	m
Geschwindigkeit Feldfahrt	v_{FF}	15	km/h
Durchschnittliche Geschwindigkeit Straßenfahrt		20	km/h
Leergewicht Dreschmaschine		18	t
Anschaffungspreis DM	AP_{DM}	565.000	€
Restwert Dreschmaschine	RW	0	€
Gesamtnutzungsdauer der Maschine	T_{Gesamt}	10	a
Flächenbedarf der Maschine	$A_{Maschine}$	100	m^2
jährliche Versicherungskosten	$K_{VGesamt}$	1.128	€/a
Kostensatz Personal innerhalb der Gesamtarbeitszeit	KS_{T08}	19,19	€/h
Wirkungsgrad Dieselmotor	$\eta_{Dieselmotor}$	0,4	
Pflege-, Wartungs- und Einstellzeit (Rüstzeit) je Schlag		0,25	h/Schlag
jährliche Servicezeit	t_{sa}	82	h/a
Kostensatz Service	KS_S	19,19	€/h
Reparaturfaktor	r	0,000066	1/h
Betriebsstofffaktor für Schmierstoffe	B_{Sch}	0,02	
Betriebsstofffaktor für Additive	B_{Add}	0,056	
Korrekturfaktor Anschaffungspreis		0,7	

Kostensatz Fremdmechanisierung Zugfahrzeug (exkl. Fahrer und Diesel)		20	€/h

Transporteinheit

Bezeichnung	**Formelzeichen**	**Betrag**	**Einheit**
Fassungsvermögen/ Lademasse Transporteinheit	m_{LTE}	20.000	kg
Leergewicht Transporteinheit		20.000	kg
Geschwindigkeit Feldfahrt	v_{FF}	15	km/h
Durchschnittliche Geschwindigkeit Straßenfahrt		25	km/h
Anzahl Transporteinheit	n_{TE}	2	
Kostensatz Fremdmechanisierung Transporteinheit	KS_{TE}	60	€/h
Entladezeit		60	s

9.1.3 Modifizierte Standardparametrisierung Erntekonzept *Selbstfahrende Schneidwerke*

Aufgeführt werden Änderungen im Vergleich zu 9.1.2.

Verfahren

Bezeichnung	**Formelzeichen**	**Betrag**	**Einheit**
Korntankentleerung Dreschmaschine		auf dem Feld während der Ernte	

Dreschmaschine

Bezeichnung	**Formelzeichen**	**Betrag**	**Einheit**
Korntankvolumen	V_{KT}	26.700	l
Ausgangsmassenstrom Korn der Dreschmaschine/Abgabeleistung	$\dot{m}_{DMaus1}$	100	kg/s
Kanalbreite Dreschmaschine		10	m

9.1.4 Standardparametrisierung Erntekonzept *Kompakternte*

Kontextfaktoren

Bezeichnung	Formelzeichen	Betrag	Einheit
Schlaggröße	A_S	40	ha
Schlaglänge	s_{SL}	894,43	m
Schlagbreite	s_{SB}	447,21	m
Längen-Breiten-Verhältnis des Schlages	$\frac{s_{SL}}{s_{SB}}$	0,5	-
durchschnittlich erntbarer Kornertrag	$\bar{m}_{AKorn}$	10	t/ha
durchschnittlich erntbarer Spreuertrag		2	t/ha
durchschnittlich erntbarer Strohertrag		8	t/ha
Anteil Strohertrag im Gemisch		25	%
Massenanteil Korn	ω_{Korn}	50	%
Massenanteil verwertbares Korn (im Gemisch)	$\omega_{KVerwertung}$	70,97	%
Schüttdichte Korn	ρ_{Korn}	750	kg/m³
Schüttdichte Korn-NKB-Gemisch	$\rho_{Gemisch}$	220	kg/m³
spezifischer Erlös Korn	o_{Korn}	180	€/t
Anzahl Erntetage pro Jahr	n_{Ertned}	20	d/a
tägliche Erntezeit (tägliches Erntezeitfenster)	t_{Ertned}	9	h/d
Hof-Feld-Entfernung	s_{HF}	5	km
Feld-Feld-Entfernung		1	km

Sonstige allgemeine Parameter

Bezeichnung	Formelzeichen	Betrag	Einheit
Dieselpreis		1	€/l
Energiedichte Diesel		10	kWh/l
Preis Harnstofflösung		0,7	€/l
jährlicher Zinssatz für Eigenkapital	p_{EK}	0,028	1/a
jährlicher Zinssatz für Fremdkapital	p_{FK}	0,028	1/a
Koeffizient zur Kalkulation T_4 auf Basis T_{025}		0,05	

Koeffizient zur Kalkulation T_5 auf Basis T_{04}		0,05	
sonstige Verlustzeiten	T_8	0	h
jährliche spezifische Unterbringungskosten	u	7,5	€/(m²a)
Rollwiderstand Acker Traktorgespann		0,06	
Rollwiderstand Straße Traktorgespann		0,02	
Wirkungsgrad Zugleistung Traktor (berücksichtigt Fahrwerk, Antriebsstrang, Motor)		0,225	

Verfahren

Bezeichnung	**Formelzeichen**	**Betrag**	**Einheit**
Maschinenverknüpfung		bedingt-absätzig	
Bunkerentleerung KE		auf dem Feld (während der Ernte)	

Kompakternter

Bezeichnung	**Formelzeichen**	**Betrag**	**Einheit**
Anzahl Kompakternter	n_{KE}	1	
Fassungsvermögen Gemischbunker Kompakternter	V_{KE}	35.000	l
Ausgangsmassenstrom Gemisch des Kompakternters/ Übergabeleistung	$\dot{m}_{KEaus2}$	400	t/h
Installierte Massenleistung Korn	$\dot{m}_{TOKE}$	60	t/h
Verlustniveau	θ	0,5	%
Kanalbreite Kompakternter		1,7	m
Erntegeschwindigkeit	v_{Ernte}	5	km/h
Geschwindigkeit Feldfahrt	v_{FF}	15	km/h

Durchschnittliche Geschwindigkeit Straßenfahrt		20	km/h
Arbeitsbreite bzw. Schneidwerksbreite	s_{AB}	12	m
Zeit je Wendung		36	s/ Wendung
Leergewicht Kompakternter		22	t
Anschaffungspreis Kompakternter	AP_{KE}	683.980	€
Restwert Kompakternter	RW	0	€
Gesamtnutzungsdauer der Maschine	T_{Gesamt}	10	a
Flächenbedarf der Maschine	$A_{Maschine}$	100	m^2
jährliche Versicherungskosten	$K_{VGesamt}$	1.128	€/a
Kostensatz Personal innerhalb der Gesamtarbeitszeit	KS_{T08}	19,19	€/h
Wirkungsgrad Dieselmotor	$\eta_{Dieselmotor}$	0,4	
Pflege-, Wartungs- und Einstellzeit (Rüstzeit) je Schlag		0,25	h/Schlag
jährliche Servicezeit	t_{sa}	82	h/a
Kostensatz Service	KS_S	19,19	€/h
Reparaturfaktor	r	0,000066	1/h
Betriebsstofffaktor für Schmierstoffe	B_{Sch}	0,02	
Betriebsstofffaktor für Additive	B_{Add}	0,056	
Korrekturfaktor Anschaffungspreis		0,7	

Transporteinheit

Bezeichnung	**Formelzeichen**	**Betrag**	**Einheit**
Fassungsvermögen Transporteinheit	V_{LTE}	50.000	l
Leergewicht Transporteinheit		15.880	kg
Geschwindigkeit Feldfahrt	v_{FF}	15	km/h
Durchschnittliche Geschwindigkeit Straßenfahrt		25	km/h
Anzahl Transporteinheit	n_{TE}	2	
Kostensatz Fremdmechanisierung Transporteinheit	KS_{TE}	60	€/h
Ausgangsmassenstrom Gemisch der Transporteinheit/ Abgabeleistung	$\dot{m}_{TEaus1}$	1.000	t/h

Stationäre Reinigung

Bezeichnung	**Formelzeichen**	**Betrag**	**Einheit**
Anzahl stationäre Reinigung	n_{RE}	1	
Fassungsvermögen Gemischbunker stationäre Reinigung	V_{RE}	58.000	l
Ausgangsmassenstrom Korn der stationären Reinigung /Abgabeleistung	$\dot{m}_{REaus2}$	100	kg/s
Ausgangsmassenstrom NKB der stationären Reinigung /Abgabeleistung	$\dot{m}_{REaus1}$	100	t/h
Installierte Massenleistung Korn	$\dot{m}_{TORE}$	variabel	t/h
Verlustniveau	θ	0,5	%
Kanalbreite stationäre Reinigung		3	m
Anschaffungspreis stationäre Reinigung	AP_{RE}	variabel	€
Restwert stationäre Reinigung	RW	0	€
Gesamtnutzungsdauer der Maschine	T_{Gesamt}	10	a
Flächenbedarf der Maschine	$A_{Maschine}$	50	m²
jährliche Versicherungskosten	$K_{VGesamt}$	1.128	€/a
Kostensatz Personal innerhalb der Gesamtarbeitszeit	KS_{T08}	19,19	€/h
Wirkungsgrad Dieselmotor	$\eta_{Dieselmotor}$	0,4	
Pflege-, Wartungs- und Einstellzeit (Rüstzeit) je Schlag		0,25	h/Schlag
jährliche Servicezeit	t_{sa}	82	h/a
Kostensatz Service	KS_S	19,19	€/h
Reparaturfaktor	r	0,000066	1/h
Betriebsstofffaktor für Schmierstoffe	B_{Sch}	0,02	
Betriebsstofffaktor für Additive	B_{Add}	0,056	
Korrekturfaktor Anschaffungspreis		0,7	

9.2 Massenleistung in der Operativzeit in Abhängigkeit der installierten Massenleistung

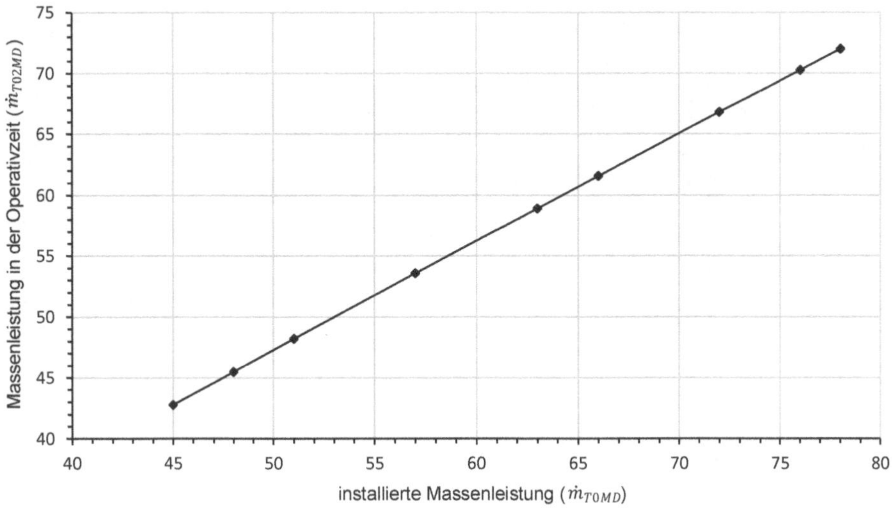

Abb. 9.1: *Massenleistung in der Operativzeit in Abhängigkeit der installierten Massenleistung des Mähdreschers*

9.3 Parametrisierung und Ergebnis KTBL-Feldarbeitsrechner

Kuratorium für Technik und Bauwesen in der Landwirtschaft e.V.
Bartningstraße 49 | D-64289 Darmstadt | Tel. +49 6151 7001 - 0
E-Mail: ktbl@ktbl.de

Feldarbeitsrechner
Maschinenkosten und Arbeitszeitbedarf

Arbeitsverfahren
Mähdrusch von Weizen, Roggen, Triticale mit Übernahme und Transport zum Lager

Schlaggröße: 40 ha, Bodenbearbeitungswiderstand: mittel, Entfernung zum Schlag: 5 km, Menge: 10 t/ha, Arbeitsbreite: 10.4 m, Dieselpreis: 0,85 €/l

Teilarbeit		Arbeitszeit-bedarf	Flächen-leistung	Maschinenkosten						Diesel-bedarf	Kumulierter Energieaufwand			
				Abschreibung	Zinskosten	Sonstiges	Reparaturen	Betriebsstoffe	Summe		Betriebsstoff	Betriebsmittel	Maschine	Gesamt
		Akh/ha	ha/h	€/ha						l/ha	MJ/ha			
Mähdrescher, 12.000 l, 400 kW; Schneidwerk, 10,5 m	Feldarbeit	0,33	4,12	49,17	12.91	3,07	15,58	32,14	112,87	37,81	1.802,00	0,00	197,98	1.999,98
Doppelzug je 18 t, Dreiseitenkippanhänger; 138 kW	Transport	2,55	0,00	14,04	4,05	2,49	11,35	6,64	38,57	7,81	372,00	0,00	136,78	508,78
Summe		2,88		63,21	16,96	5,56	26,93	38,78	151,44	45,62	2.174,00	0,00	334,76	2.508,76

*Betriebsmittel: Ausschließlich Folie, Netz und Garn; ohne Betriebsmittel wie Dünge- und Pflanzenschutzmittel

Haftungsausschluss:

Für Schäden, die durch die Benutzung der Internetseiten entstehen, sowie für Entscheidungen, die auf Basis der bereitgestellten Informationen und Datenbanken getroffen werden und deren Folgen daraus, schließt das KTBL jegliche Haftung aus.

Abb. 9.2: *Parametrisierung und Ergebnis KTBL-Feldarbeitsrechner [KTBL 2023]*

Nach dem KTBL-Feldarbeitsrechner [KTBL 2023] betragen die flächenspezifischen Erntekosten, auf Basis der aufgeführten Parametrisierung, 151,44 €/ha. Bei einem verwertbaren Kornertrag von 9,9 t/ha ($\overline{m}_{AKorn}$ = 10 t/ha; θ = 1 %) resultieren daraus spezifische Erntekosten von 15,297 €/t.

GPSR Compliance

The European Union's (EU) General Product Safety Regulation (GPSR) is a set of rules that requires consumer products to be safe and our obligations to ensure this.

If you have any concerns about our products, you can contact us on ProductSafety@springernature.com

In case Publisher is established outside the EU, the EU authorized representative is:

Springer Nature Customer Service Center GmbH
Europaplatz 3
69115 Heidelberg, Germany

Batch number: 10455867

Printed by Printforce, the Netherlands